高等学校应用型特色规划教材

ASP.NET 网站开发简明教程

侯艳书　田小飞　编　著

清华大学出版社
北　京

内 容 简 介

本书从初学者的角度出发，以通俗易懂的语言，丰富多彩的案例，详细介绍以 ASP.NET 进行 Web 应用程序开发应该掌握的各项技术。

全书共分为 13 章，主要内容包括 ASP.NET 的发展历史、特色和优势、.NET 框架的基础知识和新增功能，Visual Studio 2010 开发工具的安装、标准的 Web 服务器控件、验证控件、内置对象、用户控件、站点导航控件、母版页和内容页、数据库操作对象、数据源控件、数据列表显示控件、常用的第三方控件(例如分页控件和验证码控件)、HTTP 模块、HTTP 处理程序、目录和文件处理操作类和 DOM 对象处理 XML 数据，以及 Web.config 配置文件和 Web 网站的部署/发布等。

本书所有的知识点都结合具体的示例进行介绍，涉及的程序代码都给出了详细的注释，能够使读者轻松领会 ASP.NET Web 应用程序开发的精髓，快速提高开发技能。

本书可供 ASP.NET Web 开发的初学者学习和使用，或作为非计算机专业学生的参考资料，也可供从事 ASP.NET 开发的人员参考使用。

图书在版编目(CIP)数据

ASP.NET 网站开发简明教程/侯艳书，田小飞编著. --北京：清华大学出版社，2015（2021. 9 重印）
(高等学校应用型特色规划教材)
ISBN 978-7-302-38070-2

Ⅰ. ①A… Ⅱ. ①侯… ②田… Ⅲ. ①网页制作工具—程序设计—高等学校—教材 Ⅳ. ①TP393.092

中国版本图书馆 CIP 数据核字(2014)第 221119 号

责任编辑： 杨作梅
封面设计： 杨玉兰
责任校对： 周剑云
责任印制： 宋 林

出版发行： 清华大学出版社
网　　址： http://www.tup.com.cn, http://www.wqbook.com
地　　址： 北京清华大学学研大厦 A 座　　**邮　　编：** 100084
社 总 机： 010-62770175　　**邮　　购：** 010-62786544
投稿与读者服务： 010-62776969, c-service@tup.tsinghua.edu.cn
质量反馈： 010-62772015, zhiliang@tup.tsinghua.edu.cn
课件下载： http://www.tup.com.cn, 010-62791865
印 装 者： 三河市龙大印装有限公司
经　　销： 全国新华书店
开　　本： 185mm×260mm　　**印　　张：** 27.75　　**字　　数：** 672 千字
附 DVD 1 张
版　　次： 2015 年 1 月第 1 版　　**印　　次：** 2021 年 9 月第 4 次印刷
定　　价： 59.00 元

产品编号：056201-02

前　　言

ASP.NET 的前身是 ASP 技术，它是一项微软公司的技术，是一种使嵌入网页中的脚本可由 Internet 服务器执行的服务器端脚本技术，是运行于 IIS 之中的程序。目前，ASP.NET 已经成为网络编程的主流技术之一，支持多种语言的开发。

ASP.NET 自身有许多优势，例如它提供丰富的控件库和后置代码功能，而且方便程序员的调试，利用这些优势，可以很容易理解所创建的 Web 应用程序。本书将详细介绍 ASP.NET Web 应用程序开发所需要的各项技术。

1. 本书内容

本书共分为 13 章，各章主要内容说明如下。

第 1 章：搭建 ASP.NET 开发环境。介绍 ASP.NET 的基础知识，包括发展历史、特色和优势、ASP.NET 4 的新增功能、.NET Framework 4 以及 Visual Studio 2010 的开发和安装等内容。

第 2 章：Web 服务器控件。首先对常用的 Web 服务器控件进行介绍，然后依次介绍文本控件、选择控件、列表控件、图像控件、操作按钮控件、容器控件和日历控件等。

第 3 章：Web 服务器验证控件。着重介绍 Web 服务器验证控件，首先从验证方式开始介绍，接着介绍服务器端验证，然后依次介绍 5 种基础验证控件，最后介绍错误显示控件和验证组。

第 4 章：ASP.NET 的内置对象。首先介绍一些常用的内置对象，然后详细地介绍这些内置对象及其应用。

第 5 章：用户控件。详细介绍 ASP.NET 中的用户控件，包括用户控件的概念、优点，以及用户控件的创建和使用等内容。另外，还介绍用户控件下 Web 窗体页的区别，以及如何将普通的 Web 窗体页转化为用户控件。

第 6 章：导航控件和母版页。首先介绍站点地图控件，然后介绍 Menu、TreeView 和 SiteMapPath 这 3 种导航控件，最后介绍母版页和内容页的使用。

第 7 章：数据库操作对象。详细介绍 ADO.NET 中提供的数据库操作对象，包括如何连接数据库、如何向数据库的表中添加/删除/修改或者查询单条或多条数据记录等。

第 8 章：数据列表显示控件。着重介绍 ASP.NET 中的数据列表显示控件，如 Repeater 控件、DataList 控件、GridView 控件、Details 控件和 FormView 控件等。在介绍这些控件之前，会首先介绍一些绑定数据的常用方法。

第 9 章：第三方控件和模块处理。着重介绍第三方的验证码实现、分页控件、HTTP 模块和 HTTP 处理程序等。

第 10 章：处理目录和文件的常用类。从 System.IO 命名空间开始介绍，然后介绍目录处理类和操作，以及文件处理类和操作。

第 11 章：用 DOM 对象处理 XML 数据。首先了解一下常用的 XML 文档，接着认识 System.Xml 命名空间下的常用类，然后介绍基于流的 XML 处理，最后介绍如何在内存中

处理 XML 文件。

第 12 章：配置文件和网站部署。包括 3 部分的内容：首先介绍配置文件和 Web.config 文件的操作；然后了解 IIS 服务器和配置管理；最后介绍网站的部署和发布。

第 13 章：音乐产品展示平台。利用 Visual Studio 2010 开发工具、SQL Server 2008 数据库和 ASP.NET 技术实现一个音乐产品的展示平台。该章的内容在三层架构的基础上实现，包括首页模块、专辑模块、歌手模块、曲风模块和排行榜模块等多项内容。

2. 本书特色

本书中的大量内容来自实际的开发项目，针对初学者和中级读者量身定做，由浅入深地介绍与 ASP.NET 有关的知识。本书具有以下特色。

(1) 知识全面，内容丰富

本书紧紧围绕 ASP.NET 中常用的知识点展开讲解，涵盖了实际开发中所遇到的页面指令、控件编程、页面机制、数据库以及三层架构等多个问题。

(2) 基于理论，注重实践

本书不仅介绍理论知识，而且在合适位置安排综合实验指导或者小型应用程序，将理论知识应用到实践中，加强读者的实际应用能力，巩固基础知识。另外，还将一些概念和术语放到文档中，以方便读者了解。

(3) 应用广泛，提供文档

对于大多数的精选案例，都向读者提供详细步骤、结构清晰简明，分析深入浅出，而且有些程序能够直接在项目中使用，避免读者进行二次开发。

(4) 结合视频，直观学习

本书为实例配备了视频教学文件，同光盘一起提供。读者可以通过视频文件更加直观地学习与 ASP.NET 有关的技术和知识。

(5) 贴心提示，便于阅读

为了便于读者阅读，全书还穿插一些技巧、提示等小贴士，体例约定如下。

提示：通常是一些贴心的提醒，让读者加深印象，或者提供解决问题的方法。

注意：提出学习过程中需要特别注意的一些知识点和内容以及相关信息。

技巧：通过简短的文字，指出知识点在应用时的一些小窍门。

3. 读者对象

本书可供 ASP.NET Web 开发的初学者学习和使用，或作为非计算机专业学生的参考资料，也可供从事 ASP.NET 开发的人员参考使用。

目　　录

第 1 章　搭建 ASP.NET 开发环境

ASP.NET 是目前最主流的网络编程技术之一，它是 Microsoft 公司推出的 Web 应用程序开发技术。ASP.NET 不同于 ASP 技术，它是一个用于 Web 开发的全新框架。

本章将介绍 ASP.NET 的基本知识，使读者对 ASP.NET 有一些初步了解。通过对本章内容的学习，读者不仅可以了解 ASP.NET 的开发语言和新增功能，还可以掌握 ASP.NET 的开发工具和运行环境，并进行安装和配置。

本章的学习目标如下：

- 了解动态网站开发技术的发展历史和开发语言。
- 了解 ASP.NET 技术的发展历史。
- 了解 ASP.NET 与 ASP 的主要区别。
- 了解 ASP.NET 的特性和优势。
- 熟悉 ASP.NET 4 新增的一些功能。
- 熟悉.NET 框架的实现目标。
- 了解公共语言运行时和类库。
- 熟悉.NET Framework 4 中新增的功能。
- 了解 Visual Studio 的版本和发展历史。
- 掌握如何安装 VS2010 开发工具。
- 掌握如何创建 ASP.NET 网站。

1.1　ASP.NET 技术

ASP.NET 是一个统一的 Web 开发模型，它包含开发者使用尽可能少的代码生成企业级 Web 应用程序所必需的各种服务。ASP.NET 作为.NET 框架的一部分提供。当开发者编写 ASP.NET 应用程序代码时，可以访问.NET 框架类库中的各种功能。

1.1.1　基础概述

动态网站开发技术的发展大体来说经历了 4 个历史阶段。

- CGI 阶段：在这个阶段中，开发者使用 C 语言、Perl 语言和 VB 语言开发动态网站。而且动态网站的开发技术在当时只有少数程序设计人员掌握。
- SAPI 阶段：NSAPI 和 ISAPI 是这个阶段的代表，从开发者的角度讲，这种开发方式并没有带来开发上的方便。
- 脚本语言阶段：脚本语言阶段涌现出了许多杰出的脚本语言，例如 ASP、PHP、嵌入式 Perl 和 JSP 等。脚本语言的出现大大简化了动态网站开发的难度，特别是 ASP 和 PHP。这些简单易学、功能强大的语言成为许多网站开发者的首选。
- 组件技术阶段：ASP.NET 技术和 J2EE 技术都是这个阶段的代表。本书就是以

ASP.NET 为基准，对这个新一代的开发技术进行详细的讲解。

ASP.NET 的出现是必然的，它是由 Microsoft 公司推出的一个程序框架，它与以前的网页开发技术相比，有了很大的进步。ASP.NET 可使用与公共语言运行时(CLR)兼容的任何语言编写应用程序的代码。使用这些语言，可以开发利用公共语言运行时、类型安全、继承等方面优点的 ASP.NET 应用程序。

1. 开发工具

ASP.NET 网站或应用程序通常使用 Microsoft 公司的 IDE(集成开发环境)产品 Visual Studio(简称 VS)进行开发。在开发过程中可以进行所见即所得的编辑。也可以使用其他的开发工具，包括 Adobe Dreamweaver、SharpDevelop、MonoDevelop、Microsoft Expression Web 和 Microsoft WebMatrix。

2. 开发语言

ASP.NET 的首选开发语言是 C#和 VB.NET，也支持多种语言的开发，如表 1-1 所示。

表 1-1　ASP.NET 支持的开发语言

开发语言	支持软件	说　明
C#		微软官方支持
VB.NET		微软官方支持
F#		插件形式支持
PowerShell		插件形式支持
Java/J#	J#	微软官方支持
Python	IronPython	开源项目支持
Ruby	IronRuby	开源项目支持
Delphi		第三方公司支持
JScript	JScript	官方支持
Lua	Nua	开源项目支持

1.1.2　发展历史

介绍 ASP.NET 时，不得不提到 ASP 技术，这项技术就是 ASP.NET 的前身。

ASP(Active Server Pages，动态服务器页面)是微软公司的技术，是一种使嵌入网页中的脚本可由因特网服务器(IIS)执行的服务端技术。

随着 ASP 的发展，它的缺点也逐渐被开发人员所熟知：ASP 都是表现层、逻辑层以及数据访问层混到一块的，很难实现三层开发以及代码封装的效果，这样日后的代码维护是相当繁琐的事情；而且直译式的 VBScript 或 JScript 语言让效能受到了限制；另外，可扩展性因为基础架构扩充性不足也受到了限制。这就急需寻找解决这些问题的突破口。

1997 年，微软开始针对 ASP 的缺点准备开发新项目时，刚刚毕业的项目新人与 IIS 团队合作，开始推出新一代的 ASP 技术模型，在同年的圣诞节，这项技术被称为 XSP(它的原型就是 Java 语言)。

随后，为了将 XSP 移植到 CLR 平台中，XSP 将其内核程序全部以 C#语言重新撰写，并且更名为 ASP+，作为 ASP 技术的后继者，并且提供了简单的迁移方法给 ASP 开发人员。

然后，ASP+首次的 Beta 版本以及应用在 PDC2000 中亮相，由 Bill Gates 主讲 Keynote(即关键技术的概览)，由富士通公司展示使用 Cobol 语言撰写 ASP+应用程序。并且宣布它可以使用 VB.NET、C#、Perl、Nemerle 和 Python 语言来开发。

2000 年，微软正式推出.NET 战略，ASP+顺利地更名为 ASP.NET。经过长时间的开发，ASP.NET 1.0 在 2002 年 1 月 5 日与.NET Framework 1.0 一起亮相。ASP.NET 1.0 正式发布后，其发展速度也异常惊人，2003 年升级为 1.1 版本。

ASP.NET 1.1 版本发布后，更激发了 Web 应用程序开发人员对 ASP.NET 的兴趣，它对网络技术产生了巨大的推动作用。由于微软公司提出了“减少 70%代码”的目标，于是在 2005 年 11 月微软公司又发布了 ASP.NET 2.0。ASP.NET 2.0 的发布是.NET 技术走向成熟的标志。

伴着强劲的发展势头，2008 年微软推出了 ASP.NET 3.5，使网络程序开发更倾向于智能化。ASP.NET 3.5 是建立在 ASP.NET 2.0 CLR(公共语言运行库)基础上的一个框架，其底层类库依然调用的是.NET 2.0 以前封装好的所有类，但在.NET 2.0 的基础上增加了很多新特性，如 LINQ 数据库访问技术等。

2010 年，ASP.NET 4 伴随着.NET Framework 4 已经在 Visual Studio 2010 平台上应用。

2012 年，最新版本 ASP.NET 4.5 以及.NET Framework 4.5 已经在 Visual Studio 2012 平台上应用。

虽然 ASP.NET 4.5 已经出现，它和 NET Framework 4.5 已经能够在 Visual Studio 2012 或更高版本平台上使用，但是新平台还需要一段时间的测试和适应。因此本书仍然以 ASP.NET 4、.NET Framework 4 和 Visual Studio 2010 进行介绍。

1.1.3 与 ASP 的区别

虽然 ASP 是 ASP.NET 的前身，但是 ASP.NET 比 ASP 进步了好多，许多开发者都会把它们进行比较。

表 1-2 从 4 个方面列出了它们的不同点。

表 1-2 ASP.NET 与 ASP 的不同点

	ASP	ASP.NET
开发语言	采用弱类型的脚本语言 VBScript 进行编程	采用面向对象语言进行编程。 例如 C#、VB.NET
运行机制	解释运行机制，效率低、运行速度慢	编译执行更快、更加安全、效率高
开发模式	纠缠不清的开发模式。前台程序和后台代码混杂在同一个页面中，维护成本高	前台程序与后台代码分离，复用性和维护性得到了提高
安全性	安全性问题难以解决，信息容易泄露	安全性比较高

1.1.4 特色和优势

ASP.NET 提供了非常强大的功能，它有很多的特色和优势，这些优点使越来越多的开发者希望使用 ASP.NET 技术进行网站开发。

(1) 与浏览器无关

ASP.NET 生成的代码遵循 W3C 标准化组织推荐的 XHTML 标准，开发者只需要设计一次页面，就可以让该页以完全相同的方式显示、工作在任何浏览器上。

(2) 方便设置断点、易于调试

调试一直是程序开发者头痛的一件事，好的调试工具能够使程序调试达到事半功倍的效果。由于使用的 Web 服务器不受 IDE 约束(微软有了 IIS，就有了先天的优势)，因此提供了跟踪调试的功能，非常方便代码的找错。

(3) 编译后执行，运行效率提高

代码编译是指将代码“翻译”成机器语言，但是在 ASP.NET 中并未直接编译成机器语言，而是先编译成微软中间语言(Microsoft Intermediate Language，MSIL 或 IL)，然后由即时编译器(Just In Time，JIT)进一步编译成机器语言。编译好的代码再次运行时不需要重新编译，而是直接使用，这极大地提高了 Web 应用程序的性能。

(4) 丰富的控件库

如果要在 JSP 中实现一个树形导航菜单，就需要很多行代码。但是在 ASP.NET 中，程序开发者可以直接使用控件来完成，这样就节省了大量的开发时间。内置的控件可以帮助开发者实现许多功能，从而取得减少代码量的效果。

(5) 代码后置，使代码更清晰

ASP.NET 采用了代码后置技术，将 Web 窗体页面的控件与程序逻辑代码分开保存，这样不仅使代码更加清晰，而且有利于开发者阅读和维护。

1.2 ASP.NET 4 的新增功能

新版本的出现不仅会兼容旧版本的功能，而且还会在旧版本的基础上增加新的功能。.NET Framework 4 针对 ASP.NET 4 的几个方面提供了增强功能，这有利于 Web 应用程序的开发。

1.2.1 ASP.NET 的核心服务

ASP.NET 4 中引用了多项可改进 ASP.NET 核心服务(例如输出缓存和会话状态缓存)的功能，这些功能的说明如下。

1. Web.config 文件重构

随着新功能的增加，包含 Web 应用程序配置信息的 Web.config 文件在过去几个版本的.NET Framework 中获得了极大发展。.NET Framework 4 中的主要配置元素已移动到 machine.config 文件中，应用程序现在可以继承这些设置。这样，ASP.NET 4 应用程序中的

Web.config 文件就可以为空，或者仅指定应用程序面向的框架版本。指定代码如下：

```
<?xml version="1.0"?>
<configuration>
    <system.web>
        <compilation targetFramework="4.0" />
    </system.web>
</configuration>
```

2. 可扩展输出缓存

ASP.NET 4 为输出缓存增加了扩展性，使开发者能够配置一个或多个自定义输出缓存提供程序。输出缓存提供程序可使用任何存储机制保存 HTML 内容。这些存储选项包括本地或远程磁盘、云存储和分布式缓存引擎。

借助于 ASP.NET 4 中的输出缓存提供程序的可扩展性，开发者可以为网站设计更主动且更智能的输出缓存策略。通过从 OutputCacheProvider 类型派生一个类，可以创建自定义输出缓存提供程序，然后，使用 outputCache 元素中新增的提供程序子节，可以在 Web.config 文件中对提供程序进行配置。

默认情况下，ASP.NET 4 中的所有 HTTP 响应、呈现的页和控件都使用内存中的输出缓存。通过为 defaultProvider 属性指定其他提供程序名称，可以更改 Web 应用程序的默认输出缓存提供程序。

另外，可以为各控件和各请求选择不同的输出缓存提供程序，还可以用编程方式指定要使用的提供程序。

3. 自动启动 Web 应用程序

某些 Web 应用程序在为第一项请求提供服务之前，必须加载大量数据或执行开销很大的初始化处理。在 ASP.NET 早期版本中，针对此类情况必须采取自定义方法“唤醒” ASP.NET 应用程序，然后在 Global.asax 文件的 Application_Load()方法中运行初始化代码。

为了处理这种情况，当 ASP.NET 4 在 Windows Server 2008 R2 的 IIS 7.5 中运行时，可以使用一项新增的自动启动功能。该功能提供一种可控的方法来启动应用程序池，初始化 ASP.NET 应用程序，然后接受 HTTP 请求。通过这种方法，可以在处理第一项 HTTP 请求之前执行开销很大的应用程序初始化。

4. 永久重定向页面

在应用程序的生存期内，Web 应用程序中的内容经常会发生移动，这可能导致链接过期(例如搜索引擎返回的链接)。在 ASP.NET 中，程序员使用传统的 Redirect()方法将请求转发至新的 URL 时，该方法会发出 302(找到)响应(用于临时重定向)，产生额外的 HTTP 往返。

ASP.NET 4 增加了一个 RedirectPermanent()方法，使用该方法可以方便地发出 301(永久移动)响应。

代码如下：

```
RedirectPermanent("/newpath/foroldcontent.aspx");
```

5．会话状态压缩

默认情况下，ASP.NET 提供两个用于存储整个 Web 会话状态的选项：第一个选项是一个调用进程外会话状态服务器的会话状态提供程序；第二个选项是一个在 Microsoft SQL Server 数据库中存储数据的会话状态提供程序。由于这两个选项都在 Web 应用程序的工作进程外存储状态信息，因此，将会话状态发送至远程存储器之前必须对其进行序列化。如果会话状态中保存了大量数据，序列化数据的大小可能变得很大。

ASP.NET 4 针对这两种类型的进程外会话状态提供程序引入了一个新的压缩选项，使用此选项，在 Web 服务器上有多余 CPU 周期的应用程序可以大大缩减序列化会话状态数据的大小。

可以使用配置文件中的 sessionState 元素的新的 compressionEnabled 属性设置此选项。当 compressionEnabled 配置选项设置为 true 时，ASP.NET 使用.NET Framework GZipStream 类对序列化会话状态进行压缩和解压缩。

6．扩展允许的 URL 范围

ASP.NET 4 引入了一些新选项，用于扩展应用程序 URL 的范围。旧版本的 ASP.NET 根据 NTFS 文件路径限制，将 URL 路径长度约束为不超过 260 个字符。ASP.NET 4 中，可以根据应用程序的需要，使用 httpRuntime 配置元素的两个新特性来选择增大(或减小)此限制。代码如下：

```
<httpRuntime maxRequestPathLength="260" maxQueryStringLength="2048" />
```

ASP.NET 4 还允许配置 URL 字符检查所用的字符。当 ASP.NET 在 URL 的路径部分中发现无效字符时，它会拒绝请求并发出 HTTP 400(错误的请求)状态代码。在旧版本的 ASP.NET 中，URL 字符检查限于固定字符集。ASP.NET 4 中可以使用 httpRuntime 配置元素的新 requestPathInvalidChars 属性来自定义有效字符集。代码如下：

```
<httpRuntime requestPathInvalidChars="&lt;,&gt;,*,%,&amp;,:,\,?" />
```

1.2.2 可扩展请求验证

ASP.NET 4 中的请求验证功能可以进行扩展，以便开发者使用自定义请求验证逻辑。如果要扩展请求验证，可以从新增的 System.Web.Util 命名空间下的 RequestValidator 类中派生创建一个类，然后将应用程序配置为使用自定义类型(在 Web.config 文件的 httpRuntime 元素中)。

1．对象缓存和对象缓存扩展性

缓存实现已很常见，在非 Web 应用程序中也得到了使用。自第一个版本以来，ASP.NET 就提供了一个功能强大的内存中对象缓存(System.Web.Caching.Cache)。但是，仅仅为了使用 ASP.NET 对象缓存而在 Windows 窗体或 WPF 应用程序中包含对 System.Web.dll 的引用并不是一个好方法。

为了使缓存可用于所有应用程序，.NET Framework 4 中引入了一个新程序集、一个新命名空间、一些基类型和一个具体缓存实现。新增的 System.Runtime.Caching.dll 程序集在 System.Runtime.Caching 命名空间中包含一个新的缓存 API。

此命名空间包含两个核心类集：①抽象类型，它为构建任何类型的自定义缓存实现提供基础；②一个具体的内存中对象缓存实现(MemoryCache 类)。

2．可扩展的 HTML、URL 和 HTTP 标头编码

ASP.NET 4 中可以为常用的文本编码(例如 HTML 编码、URL 编码、HTML 特性编码和对出站 HTTP 标头编码)任务创建自定义编码例程。通过从新 System.Web.Util.HttpEncoder 类型派生，然后将 ASP.NET 配置为在 Web.config 文件的 httpRuntime 节中使用自定义类型。开发者可以创建自定义编码器，代码如下：

```
<httpRuntime encoderType="Samples.MyCustomEncoder, Samples" />
```

配置自定义编码器后，只要调用 HttpUtility 或 HttpServerUtility 类的公共编码方法，ASP.NET 就会自动调用自定义编码实现。

3．单个辅助进程中对各应用程序的性能监视

在 ASP.NET 4 中，利用了 CLR 引入的新资源监视功能，如果要启用此功能，可以在 aspnet.config 配置文件中添加 XML 配置代码。aspnet.config 文件不是应用程序 Web.config 文件，它位于.NET Framework 的安装目录中。代码如下：

```
<?xml version="1.0" encoding="UTF-8" ?>
<configuration>
   <runtime>
      <appDomainResourceMonitoring enabled="true"/>
   </runtime>
</configuration>
```

4．Web 窗体和 MVC 附带的 jQuery

Visual Studio 的 Web 窗体和 MVC 模板包括开放的源代码 jQuery 库，创建新的网站或项目时，会创建包含以下文件的脚本文件夹。

- jQuery-1.4.1.js：可阅读的未缩减版 jQuery 库。
- jQuery-1.4.1.min.js：缩减版 jQuery 库。
- jQuery-1.4.1-vsdoc.js：jQuery 库的 IntelliSense 文档文件。

1.2.3　Web 窗体

从 ASP.NET 1.0 版本开始，Web 窗体已成为 ASP.NET 的核心功能。ASP.NET 4 在这方面做了许多改进，下面将对主要方面进行说明。

1．可以设置 meta 标记

Page 类增加了 MetaKeywords 和 MetaDescription 两个属性，这两个属性表示所呈现 HTML 中与页面对应的 meta 标记。代码如下：

```
<head id="Head1" runat="server">
    <title>Untitled Page</title>
    <meta name="keywords" content="keyword1, keyword2' />
    <meta name="description" content="Description of my page" />
</head>
```

2. 加强针对视图状态的控件

Control 类新增加了一个 ViewStateMode 属性，使用该属性可以针对页面上未显式启用视图状态的所有控件禁用视图状态。

3. 支持最近引入的浏览器和设备

ASP.NET 包含一项名为“浏览器功能”的功能，可以用于确定用户浏览器的功能。浏览器功能由存储在 HttpRequest.Browser 属性中的 HttpBrowserCapabilities 对象来表示。在 ASP.NET 4 中，这些浏览器定义文件已更新为包含有关最近引入的浏览器和设备(例如 Google Chrome、Research in Motion BlackBerry 智能电话和 Apple iPhone)的信息。

4. 可以更方便地使用浏览器功能

ASP.NET 4 包含一项称为“浏览器功能提供程序”的新功能，此功能可用于构建一个提供程序，该提供程序又可用于编写自定义代码以确定浏览器功能。

5. 支持对 Web 窗体使用 ASP.NET 路由

路由是 ASP.NET 3.5 SP1 引入的一项功能，通过此功能，可将应用程序配置为使用对用户和搜索引擎有意义的 URL，这样无须指定物理文件名。使用这项功能，可以提高站点的用户友好度，并增加站点内容被搜索引擎发现的概率。ASP.NET 4 增加了对使用 Web 窗体进行路由的内置支持。

6. 加强对生成的 ID 的控制

ASP.NET 4 增加了两种用于生成 id 属性的新算法，这些算法可生成更易用于客户端脚本的 id 特性，因为它们的可预测性更强，并且由于更简单，因而使用起来更方便。

7. 加强对控件中呈现的 HTML 的控制

加强对 FormView 和 ListView 控件中呈现的 HTML 的控制。

8. 支持使用 QueryExtender 控件筛选数据

为简化筛选操作，ASP.NET 4 中增加了一个新的 QueryExtender 控件。可以将此控件添加到 EntityDataSource 或 LinqDataSource 控件以筛选这些控件返回的数据。QueryExtender 控件依赖于 LINQ，但开发者无须了解如何编写 LINQ 查询即可使用该查询扩展程序。

QueryExtender 控件支持多种筛选选项，表 1-3 列出了 QueryExtender 的筛选选项。

9. 项目模板更改

早期版本的 ASP.NET 使用 Visual Studio 创建新网站或 Web 应用程序时，生成的项目仅包含 Default.aspx 页面、默认文件 Web.config 和 App_Data 文件夹。Visual Studio 还支持空网站项目类型，这种类型不包含任何文件。

表 1-3 QueryExtender 控件的筛选选项

选 项	说 明
SearchExpression	搜索一个或多个字段中的字符串值，并将这些值与指定的字符串值进行比较
RangeExpression	在一个或多个字段中搜索由一对值指定的范围内的值
PropertyExpression	对指定的值与字段中的属性值进行比较。如果表达式的计算结果为 true，则返回所检查的数据
OrderByExpression	按指定的列和排序方向对数据进行排序
CustomExpression	调用一个函数，用于定义页面中的自定义筛选器

ASP.NET 4 引入了 3 个新模板，一个用于空 Web 应用程序项目，另外两个分别用于 Web 应用程序和网站项目，其说明如下。

(1) 空 Web 应用程序和网站项目模板

这些模板类似于早期版本的 ASP.NET 中的空网站布局，但它们包含一个 Web.config 文件，用于指定面向的.NET Framework 版本。

(2) Web 应用程序和网站项目模板

这些模板包括一些在早期版本中未创建的文件。其他文件提供基本成员资格功能、使用该功能的母版页和内容页、Ajax 和 CSS 文件。

1.2.4 动态数据

动态数据是 2008 年中期在.NET Framework 3.5 SP1 版本中引入的。此功能为创建数据驱动应用程序提供了许多增强功能，例如，快速生成数据驱动网站的 RAD 体验、基于数据模型中定义的约束的自动验证，以及可以使属于动态数据项目中的字段模板轻松更改为 GridView 和 DetailsView 控件中的字段生成的标记。

ASP.NET 4 使动态数据的功能得到了增强，可以为开发者提供快速生成数据驱动网站的更强大功能。

1. 在现有 Web 应用程序中对单个数据绑定控件启动动态数据

可以在不使用基本框架的现有 ASP.NET Web 应用程序中使用动态数据功能，做法是对单个数据绑定控件启用动态数据。动态数据提供表示层和数据层支持，以呈现这些控件。

对数据绑定控件启用动态数据时，可以得到以下好处：

- 设置数据字段的默认值。动态数据能在运行时为数据控件中的字段提供默认值。
- 在不创建和注册数据模型的情况下与数据库交互。
- 不必编写任何代码而自动验证用户输入的数据。

2. 声明性 DynamicDataManager 控件的语法

DynamicDataManager 控件可以通过声明方式进行配置(与 ASP.NET 中的大多数控件一样)，而不是只能在代码中配置。

使用的代码如下：

```
<asp:DynamicDataManager ID="DynamicDataManager1" runat="server"
  AutoLoadForeignKeys="true">
    <DataControls>
        <asp:DataControlReference ControlID="GridView1" />
    </DataControls>
</asp:DynamicDataManager>
<asp:GridView id="GridView1" runat="server"></asp:GridView>
```

3. 用于 URL 和电子邮件地址的新字段模板

ASP.NET 4 引入了两个新的内置字段模板 EmailAddress.ascx 和 Url.ascx。这些模板用于使用 DataTypeAttribute 属性标记为 EmailAddress 或 Url 的字段。对于 EmailAddress 对象，该字段显示为使用 mailto 协议创建的超链接。当用户单击该链接时，将打开用户的电子邮件客户端并创建一条主干消息。类型为 Url 的对象显示为普通超链接。

1.2.5 ASP.NET Chart 控件

ASP.NET 4 中新增加了 Chart 服务器控件，此控件可以创建包含用于复杂统计分析或财务分析的简单直观图表的 ASP.NET 应用程序，Chart 控件支持的功能如下：

- 数据系列、图表区域、轴、图例、标签和标题等。
- 数据绑定和数据操作，例如复制、拆分、合并、对齐、分组、排序、搜索和筛选。
- 统计公式和财务公式。
- 高级图表外观，例如三维、抗锯齿、照明和透视。
- 事件和自定义项。
- 交互性和 Microsoft Ajax。
- 支持 Ajax 内容传递网络(CDN)。

除了前面所介绍的功能外，ASP.NET 4 版本还增强了其他的功能，例如 ASP.NET MVC 和多定向的增强功能实现。这些功能非常简单，这里不再进行详细的列表介绍。

1.3 ASP.NET 与其他 Web 技术

不可否认 ASP.NET 有着很强大的功能，但是要做出一个好的网站，仅仅依靠 ASP.NET 是远远不够的，有些方面还需要借助于其他的技术。例如 XML、SQL Server、JavaScript 和 PHP 等，下面列出很多目前比较流行的 Web 应用开发技术。

(1) XML(eXtensible Markup Language，可扩展标记语言)

XML 用于标记电子文件，使其具有结构性的标记语言，可以用来标记数据、定义数据类型，是一种允许用户对自己的标记语言进行定义的源语言。XML 是标准通用标记语言(SGML)的子集，非常适合 Web 传输。它提供统一的方法来描述和交换独立于应用程序或供应商的结构化数据。

(2) CSS(Cascading Style Sheet，级联样式表)

CSS 是用来进行网页风格设计的，通过设置样式表，可以统一地控制 HTML 中各个标记的显示属性。级联样式表可以使人更加有效地控制网页外观，使用它还可以扩充精确指定网页元素位置、外观和创建特殊效果的能力。

(3) JavaScript

JavaScript 是一种基于对象和事件驱动并具有相对安全性的客户端脚本语言，同时也是一种广泛用于客户端 Web 开发的脚本语言，常用来为 HTML 网页添加动态功能，例如响应用户的各种操作。

(4) VBScript(Visual Basic Script，Visual Basic 脚本语言)

VBScript 有时会被缩写为 VBS，它是 ASP 开发动态网页默认的编程语言，配合 ASP 的内置对象和 ADO 对象使用，开发者可以很快掌握访问数据库的 ASP 动态网页开发技术。

(5) jQuery

jQuery 是继 Prototype 之后的又一个优秀的 JavaScript 框架，它是轻量级的 JS 库，不仅兼容 CSS 3，还兼容各种浏览器版本。使用 jQuery 能够使用户的 HTML 网页保持代码和 HTML 内容分离，也就是说，不用再在 HTML 网页中插入一堆 JS 来调用命令了，只需定义 id 即可。

(6) Ajax(Asynchronous JavaScript And XML，异步 JavaScript 和 XML)

Ajax 不是一种新的编程语言，而是一种用于创建更好更快以及交互性更强的 Web 应用程序的技术。Ajax 的核心对象是 XMLHttpRequest，该对象是一种支持异步请求的技术。

(7) Flash

Flash 是由 Macromedia 公司推出的交互式矢量图和 Web 动画的标准，由 Adobe 公司收购。设计者使用 Flash 可以创作出既漂亮又可改变尺寸的导航界面以及其他奇特的效果。

(8) Java

Java 是一种可以撰写跨平台应用软件的面向对象的程序设计语言，是由 Sun Microsystems 公司于 1995 年 5 月推出的 Java 程序设计语言和 Java 平台(即 JavaSE、JavaEE、JavaME)的总称。

Java 技术具有卓越的通用性、高效性、平台移植性和安全性，广泛应用于个人计算机(PC)、数字中心、游戏控制台、科学超级计算机、移动电话和互联网，同时拥有全球最大的开发者专业社群。

(9) J2EE(Java 2 Platform，Enterprise Edition)

J2EE 是 Java 2 平台企业版，它是一套全然不同于传统应用开发的技术架构，包含许多组件，可以简化且规范应用系统的开发与部署，进而提高可移植性、安全与再用价值。

(10) PHP

PHP 是一种 HTML 中内嵌式的语言，是一种在服务器端执行的嵌入 HTML 文档的脚本语言，语言的风格类似于 C 语言，目前被广泛地运用。

(11) SQL(Structured Query Language，结构化查询语言)

SQL 的主要功能就是同各种数据库建立联系进行沟通，按照 ANSI(美国国家标准协会)的规定，SQL 被作为关系型数据库管理系统的标准语言。SQL 语句可以用来执行各种各样的操作，例如更新数据库中的数据、从数据库中提取数据等。目前，绝大多数流行的关系

型数据库管理系统(例如 Oracle、Sybase、Microsoft SQL Server 和 Access 等)都采用了 SQL 语言标准。

(12) MySQL

MySQL 是一个关系型数据库管理系统，关联数据库将数据保存在不同的表中，而不是将所有数据放在一个大仓库内，这样就加快了速度并提高了灵活性。

上述列出的技术中到底应该选用哪些技术进行开发呢？这里为读者推荐一个比较合理的组合。以 ASP.NET 为主，使用 ASP.NET 来完成主要的功能和程序；然后使用 CSS 控制页面的布局和 Web 元素的外观；再用 JavaScript 或 jQuery 完成客户端的响应。这是因为 ASP.NET 属于服务器端技术，它对客户端的响应能力有限。另外，如果开发者想要把网页做得更加漂亮，还可以选择 Flash 技术。

1.4 .NET Framework 4

.NET 框架是支持生成和运行下一代应用程序及 Web 服务的内部 Windows 组件。.NET 框架的关键组件为公共语言运行时和.NET 框架类库。.NET 框架提供了托管执行环境、简化的开发和部署以及与各种编程语言的集成。

1.4.1 .NET 框架概念概述

.NET 框架是一个集成在 Windows 中的组件，它支持生成和运行下一代应用程序与 XML Web 服务，使用.NET 框架实现的目标如下：

- 提供一个一致的面向对象的编程环境，而无论对象代码是在本地存储和执行，还是在本地执行但在 Internet 上分布，或者是在远程执行的。
- 提供一个将软件部署和版本控制冲突最小化的代码执行环境。
- 提供一个可提高代码(包括由未知的或不完全受信任的第三方创建的代码)执行安全性的代码执行环境。
- 提供一个可消除脚本环境或解释环境的性能问题的代码执行环境。
- 使开发人员的经验在面对类型大不相同的应用程序(如基于 Windows 的应用程序和基于 Web 的应用程序)时保持一致。
- 按照业界标准生成所有通信，以确保基于.NET 框架的代码可以与任何其他的代码集成。

.NET 框架具有两个主要组件：公共语言运行时(Common Language Runtime，CLR)和.NET 框架类库。公共语言运行时是.NET 框架的基础。程序开发者可以将运行时看作一个在执行时管理代码的代理，它提供内存管理、线程管理和远程处理等核心服务，并且还强制实施严格的类型安全以及可提高安全性和可靠性的其他形式的代码准确性。事实上，代码管理的概念是运行时的基本原则。以运行时为目标的代码称为托管代码，而不以运行时为目标的代码称为非托管代码。

.NET 框架的另一个主要组件是类库，它是一个综合性的面向对象的可重用类型集合，我们可以使用它开发多种应用程序，这些应用程序包括传统的命令行或图形用户界面(GUI)应用程序，也包括基于 ASP.NET 所提供的最新创新的应用程序(如 Web 窗体和 XML Web

服务)。

.NET 框架可由非托管组件承载，这些组件将公共语言运行时加载到它们的进程中并启动托管代码的执行，从而创建一个可以同时利用托管和非托管功能的软件环境。.NET 框架不但提供若干个运行时宿主，而且还支持第三方运行时宿主的开发。例如，图 1-1 给出了公共语言运行时、类库与应用程序之间以及与整个系统之间的关系，而且该图还显示了托管代码如何在更大的结构内运行。

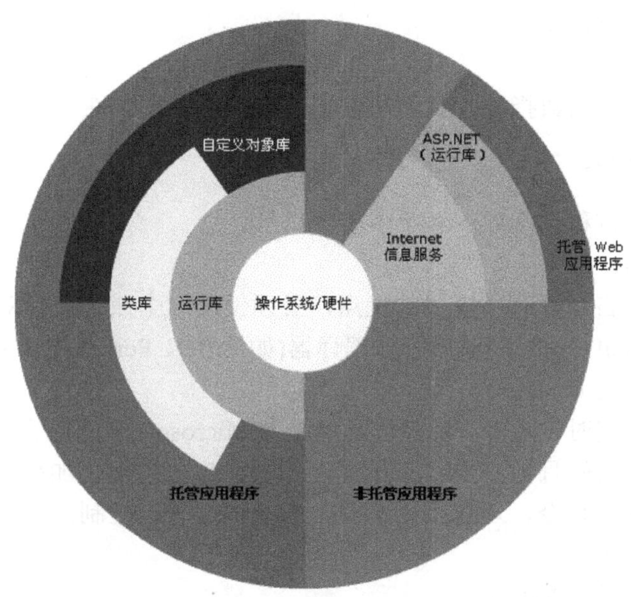

图 1-1 CLR、类库与应用程序以及整个系统之间的关系

1.4.2 公共语言运行时

.NET 框架提供了一个称为公共语言运行时的运行时环境，它运行代码并提供使开发过程更轻松的服务。

公共语言运行时的功能通过编译器和工具公开，开发者可以编写利用此托管执行环境的代码。使用基于公共语言运行时的语言编译器开发的代码称为托管代码；托管代码具有许多优点，例如跨语言集成、跨语言异常处理、增强的安全性、版本控制和部署支持、简化的组件交互模型、调试和分析服务等。

公共语言运行时自动处理对象布局并管理对象引用，当不再使用对象时释放它们。按这种方式实现生存期管理的对象称为托管数据。垃圾回收消除了内存泄漏以及其他一些常见的编程错误。如果开发者编写的代码是托管代码，则可以在.NET 框架应用程序中使用托管数据、非托管数据或者同时使用这两种数据。由于语言编译器会提供自己的类型(如基元类型)，因此开发者可能并不总是知道(或需要知道)这些数据是否是托管的。

有了公共语言运行时，就可以很容易地设计出对象能够跨语言交互的组件和应用程序，也就是说，用不同语言编写的对象可以互相通信，并且它们的行为可以紧密集成。而且，有了公共语言运行时，Visual Basic 语言的面向对象的功能比以前多了。公共语言运行时提供了下列优点：

- 性能得到了改进。
- 能够轻松使用其他语言开发的组件。
- 类库提供了可扩展类型。
- 语言功能，如面向对象编程的继承、接口和重载。
- 允许创建多线程的可缩放应用程序的显式自由线程处理支持。
- 结构化异常处理支持。
- 自定义特性支持。
- 垃圾回收。
- 使用委托取代函数指针，从而增强了类型安全和安全性。

1. 托管的执行过程

执行托管代码的过程包括以下 4 个步骤。

(1) 选择编译器。

为了获得公共语言运行时所提供的优点，必须使用一个或多个针对运行时的语言编译器，如 VB、C#、Visual C++、F#或第三方编译器(如 Eiffel、Perl 或 Cobol 编译器)中的一个。

(2) 将代码编译为 MSIL。

当编译为托管代码时，编译器将源代码翻译为 Microsoft 中间语言(MSIL)，这是一组可以有效地转换为本机代码且独立于 CPU 的指令。MSIL 包括用于加载、存储和初始化对象以及对对象调用方法的指令，还包括用于算术和逻辑运算、控制流、直接内存访问、异常处理和其他操作的指令。

(3) 将 MSIL 编译为本机代码。

① 运行 Microsoft 中间语言之前，必须先根据公共语言运行时将其编译为适合目标计算机体系结构的本机代码。.NET 框架提供了两种方式来执行此类转换，这两种方式如下。

- .NET 框架实时(JIT)编译器：通常情况下，都是通过实时(JIT)编译器来完成的。由于公共语言运行时为它支持的每种计算机结构都提供了一种或多种 JIT 编译器，因此同一组 MSIL 可以在所支持的任何结构上 JIT 编译和运行。
- .NET 框架 Ngen.exe(本机影像生成器)：由于 JIT 编译器会在调用程序集中定义的单个方法时将该程序集的 MSIL 转换为本机代码，因而必定会对运行时的性能产生不利影响，但是大多数情况下，这种性能降低是可以接受的。更重要的是，由 JIT 编译器生成的代码会绑定到触发编译的进程上，无法在多个进程间共享。

② 为了能在多个应用程序调用或共享一组程序集的多个进程之间共享生成的代码，公共语言运行时支持一种提前编译模式，此提前编译模式使用 Ngen.exe(本机映像生成器)将 MSIL 程序集转换为本机代码。Ngen.exe 的作用与 JIT 编译器极为相似，但操作还是存在着不同，如下所示：

- 它在应用程序运行之前而不是在应用程序运行过程中执行从 MSIL 到本机代码的转换。
- 它一次编译整个程序集，而不是一次编译一个方法。
- 它将本机映像缓存中生成的代码以文件的形式持久保存在磁盘上。

(4) 运行代码。

2. 自动内存管理

自动内存管理是公共语言运行时在托管执行过程中提供的服务之一。公共语言运行时的垃圾回收器为应用程序管理内存的分配和释放。对开发者而言，这表示在开发托管应用程序时不必编写执行内存管理任务的代码。自动内存管理可解决常见问题，例如，忘记释放对象并导致内存泄漏，或尝试访问已释放对象的内存。

(1) 分配内存

初始化新进程时，运行时会为进程保留一个连续的地址空间区域，这个保留的地址空间被称为托管堆。托管堆维护着一个指针，用它指向将在堆中分配的下一个对象的地址。最初该指针设置为指向托管堆的基址。托管堆上部署了所有引用类型，应用程序创建第一个引用类型时，将为托管堆的基址中的类型分配内存。应用程序创建下一个对象时，垃圾回收器在紧接第一个对象后面的地址空间内为它分配内存。只要地址空间可用，垃圾回收器就会继续以这种方式为新对象分配空间。

从托管堆中分配内存要比非托管内存分配速度快。由于运行时通过为指针添加值来为对象分配内存，所以这几乎与从堆栈中分配内存一样快。另外，由于连续分配的新对象在托管堆中是连续存储的，所以应用程序可以快速访问这些对象。

(2) 释放内存

垃圾回收器的优化引擎根据所执行的分配决定执行回收的最佳时间，它在执行回收时会释放应用程序不再使用的对象的内存。

为了改进性能，运行时为单独堆中的大型对象分配内存。垃圾回收器会自动释放大型对象的内存。但是，为了避免移动内存中的大型对象，不会压缩此内存。

(3) 级别和性能

为优化垃圾回收器的性能，将托管堆分为三代：第 0 代、第 1 代和第 2 代。运行时的垃圾回收算法基于以下几个普遍原理，这些垃圾回收方案的原理已在计算机软件业通过实验得到了证实。首先，压缩托管堆的一部分内存要比压缩整个托管堆速度快。其次，较新的对象生存期较短，而较旧的对象生存期则较长。最后，较新的对象趋向于相互关联，并且大致同时由应用程序访问。

(4) 为非托管资源释放内存

对于应用程序创建的大多数对象，可以依赖垃圾回收器自动执行必要的内存管理任务。但是，非托管资源需要显式清除。最常用的非托管资源类型是包装操作系统资源的对象，例如文件句柄、窗口句柄或网络连接。

虽然垃圾回收器可以跟踪封装非托管资源的托管对象的生存期，但是，却无法具体了解如何清理资源。创建封装非托管资源的对象时，建议在公共 Dispose()方法中提供必要的代码以清理非托管资源。通过提供 Dispose()方法，对象的用户可以在使用完对象后显式释放其内存。使用封装非托管资源的对象时，应该了解 Dispose()方法并在必要时调用它。

1.4.3　类库

.NET 框架包含可加快和优化开发过程并提供对系统功能访问的类、接口和值类型。为了便于语言之间进行交互操作，大多数.NET 框架类型都符合公共语言规范(Common

Language Specification，CLS)，因此，可在编译器符合 CLS 的任何编程语言中使用。

.NET 框架类型是生成.NET 应用程序、组件和控件的基础，使用.NET 框架包含的类型可执行以下功能：

- 表示基础数据类型和异常。
- 封装数据结构。
- 执行 I/O。
- 访问关于加载类型的信息。
- 调用.NET 框架安全检查。
- 提供数据访问、多客户端 GUI 和服务器端控制的客户端 GUI。

.NET 框架提供了丰富的接口以及抽象类和非抽象(具体)类，可以按原样使用这些具体的类，或者在多数情况下从这些类派生自己的类。

如果要使用接口的功能，既可以创建实现接口的类，也可以从某个实现接口的.NET 框架类中派生类。

1．命名约定

.NET 框架类库中的类型使用点语法命名方案，该方案隐含了层次结构的意思。它是将相关类型分为不同的命名空间组，以便可以更容易地搜索和引用它们。一个完整的名称的前一部分是命名空间(即最右边的点之前的内容)，最后一部分则是类型的名称。例如，System.Text.Encoding 表示 Encoding 类型，这个类型在 System.Text 命名空间下，该命名空间下的类型可用于操作文本。

使用点语法命名方案可以使扩展.NET 框架的库开发者能够轻松地创建分层类型组，并且使用一致的、带有提示性的方式对其进行命名。它还允许用全名(即命名空间和类型名称)明确地标识类型，这样可以防止类型名称发生冲突。

库开发者在创建命名空间的名称时可以遵循“公司名称.技术名称”的原则，例如，Microsoft.Word 就符合这个原则。

利用命名模式将相关类型分组为命名空间是生成和记录类库的一种非常有用的方式。但是，此命名方案对可见性、成员访问、继承、安全性或绑定无效。一个命名空间可以被划分在多个程序集中，而单个程序集可以包含来自多个命名空间的类型。程序集为公共语言运行时中的版本控制、部署、安全性、加载和可见性提供外形结构。

2．类库提供的命名空间

System 命名空间是.NET 框架中基本类型的根命名空间，该命名空间包括表示由所有应用程序使用的基本数据类型的类：Object(继承层次结构的根)、Byte、Char、Array、Int32 和 String 等。

在这些类型中，有许多与编程语言所使用的基元数据类型相对应。可以在使用.NET 框架基础数据类型时使用编程语言的相应关键字。

除了基本类型外，System 命名空间还包含 100 多个类，范围从处理异常的类到处理核心运行时概念的类，例如应用程序域和垃圾回收器。另外，System 命名空间还包含许多二级命名空间，如表 1-4 所示。

表 1-4 System 命名空间下的常用二级命名空间

命名空间	说 明
System.Collections	该命名空间包含具有定义各种标准的、专门的和通用的集合对象等功能的类
System.Data	该命名空间包含访问和管理多种不同来源的数据的类
System.Dynamic	该命名空间提供支持动态语言运行时的类和接口
System.Drawing	该命名空间包含与 Windows 图形设备接口的接口类
System.IO	该命名空间包含支持输入和输出的类。包括以同步或异步方式在流中读取和写入数据、压缩流中的数据、创建和使用独立存储区以及处理出入串行端口的数据流等操作的支持
System.Windows.Forms	该命名空间定义包含工具箱中的控件及窗体自身的类
System.Net	该命名空间包含用于网络通信的类或命名空间
System.Linq	该命名空间下的类支持使用语言集成查询(LINQ)的查询
System.Text	该命名空间包含用于字符编码和字符串操作的类型
System.XML	该命名空间包含用于处理 XML 类型数据的支持

1.4.4 .NET Framework 4 的新增功能

.NET Framework 4 相较于先前的版本，新增或改进了许多功能。例如，该版本引进了改进的安全框架，下面介绍其他的新增功能和改进。

1. 应用程序兼容性和部署

.NET Framework 4 与使用.NET 框架早期版本生成的应用程序有很高的兼容性，此外，还在安全性、标准遵从性、正确性、可靠性和性能等方面做了一些更改。

.NET Framework 4 不能自动使用自己的公共语言运行时版本来运行由.NET 框架早期版本生成的应用程序。如果要使用.NET Framework 4 运行较早的应用程序，则必须使用 Visual Studio 中项目的属性指定的目标.NET 框架版本编译应用程序，或使用应用程序配置文件中的名称为 supportedRuntime 的元素节点，来指定所支持的运行时。

此版本对部署的改进包括以下 3 个方面。

(1) Client Profile

.NET Framework 4 Client Profile 比以前的版本支持更多的平台，并可提供应用程序的快速部署体验。默认情况下，一些新增的项目模板现在以.NET Framework 4 Client Profile 为目标。

(2) 进程内并行执行

此功能使应用程序能够在同一个进程中加载和启动多个版本的.NET 框架。例如可以在同一进程中加载基于.NET Framework 2.0 SP1 的外接程序(或组件)和基于.NET Framework 4 的外接程序的应用程序。

(3) 可移植类库

安装 Visual Studio 2010 Service Pack 1(SP1)和 Portable Library Tools 后，可创建不必重

新编译即可在各种.NET 框架平台上运行的可移植类库。

2. 核心新增功能和改进

核心功能的新增和改进包括以下几个方面。

(1) 诊断和性能

.NET 框架的早期版本没有提供用于确定特定应用程序域是否会影响其他应用程序域的方法，这是由于操作系统 API 和工具(例如 Windows 任务管理器)仅精确到进程级别。

从.NET Framework 4 开始，可以获得每个应用程序域的处理器使用情况和内存使用情况估计值。

(2) 全球化

.NET Framework 4 提供了新的非特定和特定区域性、更新的属性值、字符串处理的改进以及其他一些改进。

(3) 垃圾回收

.NET Framework 4 提供背景垃圾回收，这个功能替代了以前版本中的并发垃圾回收并提高了性能。

(4) 代码协定

代码协定允许指定方法或类型的签名没有单独表示的协定信息。

新的 System.Diagnostics.Contracts 命名空间包含的类可提供一种与语言无关的方式，以前置条件、后置条件和对象固定的形式来表示编码假设。这些协定利用运行时检查改进了测试，启用了静态协定验证并支持文档生成。

(5) 仅用于设计时的互操作程序集

.NET Framework 4 中编译器可以嵌入互操作程序集中的类型信息，仅选择应用程序(例如外接程序)实际使用的类型。

(6) 协变和逆变

.NET Framework 4 中已经有多个泛型接口和委托支持协变和逆变。

(7) BigInteger 和复数

新的 System.Numerics.BigInteger 结构是一个任意精度 Integer 数据类型，它支持所有标准整数运算(包括位操作)。可以通过任何.NET 框架语言使用该结构。另外，一些新的.NET 框架语言(例如 F#和 IronPython)对此结构具有内置的支持。

(8) 元组

.NET Framework 4 提供了用于创建包含结构化数据的元组对象的 System.Tuple 类。它还提供了泛型元组类以支持具有 1~8 个组件的元组(即从单一实例到八元组)。为了支持具有 9 个或更多组件的元组对象，提供了一个具有 7 个类型参数和任何元组类型的第 8 个参数的泛型元组类。

(9) 文件系统枚举改进

新的文件枚举方法可以提高访问大文件目录或循环访问大文件中的行的应用程序的运行性能。

(10) 内存映射文件

.NET 框架现在支持内存映射文件，可以使用内存映射文件编辑非常大的文件和创建共

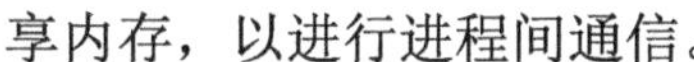

享内存，以进行进程间通信。

(11) 其他新增的功能

下面列出了一些其他常用的新增功能、改进和便利，其中有几个功能是根据客户的建议增加的：

- 为了支持区分区域性的格式设置，TimeSpan 结构包含了 ToString()、Parse()和 TryParse()方法的新重载版本，以及新的 ParseExact()和 TryParseExact()方法。
- 新的 String.IsNullOrWhiteSpace()方法指示字符串是否为 null、为空或仅包含空白字符。
- 使用 String.Concat()方法将枚举集合中的每个元素连接在一起，而无须先将元素转换成字符串。
- 新的 Enum.HasFlag()方法确定在某个枚举值中是否设置了一个或多个位域或标志。Enum.TryParse()方法返回一个布尔值，指明能否成功分析字符串或整数值。
- System.Environment.SpecialFolder 枚举包含多个新文件夹。
- 从 System.IO.Stream 类继承的类中的 CopyTo()方法可以轻松地将一个流复制到另一个流中。
- 使用新的 Path.Combine()方法重载可组合文件路径。
- 新的 System.IObservable<T>和 System.IObserver<T>接口为基于推送的通知提供通用机制。
- System.IntPtr 和 System.UIntPtr 类包括对加法运算符和减法运算符的支持。
- 通过将类型包装在 System.Lazy<T>内部，为任何自定义类型启用迟缓初始化。
- System.IO.Compression.DeflateStream 和 System.IO.Compression.GZipStream 类的压缩算法得到了改进，以便不再扩充已压缩的数据。此外，还移除了压缩流的 4GB 大小限制。
- 新的 Monitor.Enter(Object, Boolean)方法重载采用布尔值引用，并仅在成功进入监视器时才自动将其设置为 true。
- 可以使用 Thread.Yield()方法让调用线程执行准备好在当前处理器上运行的另一个线程。
- System.Guid 结构现在包含 TryParse()方法和 TryParseExact()方法。
- 新的 Microsoft.Win32.RegistryOptions 枚举可用于指定计算机重新启动后不保留的可变注册表项。
- 注册表项不再受限于 255 个字符的最大长度。

3. 托管的可扩展框架

托管的可扩展框架(Managed Extensibility Framework，MEF)是.NET Framework 4 中的一个新库，可以帮助开发者生成可扩展和可组合的应用程序。

使用 MEF，可指定可以扩展应用程序的位置，公开要提供给其他可扩展应用程序的服务并创建供可扩展应用程序使用的部件。MEF 还可以基于元数据启用可用部件的便捷发现功能，而无须加载部件的程序集。

4．并行计算

.NET Framework 4 引入了用于编写多线程和异步代码的新编程模型，极大地简化了应用程序和库开发人员的工作。该新模型使开发人员可以通过固有方法编写高效、细化且可伸缩的并行代码，而不必直接处理线程或线程池。新的 System.Threading.Tasks 命名空间和其他相关类型支持此新模型。并行 LINQ(PLINQ)是 LINQ to Objects 的并行实现，能够通过声明性语法实现类似的功能。

5．客户端

Windows Presentation Foundation(WPF)版本 4 包含以下方面的更改和改进：

- 添加了新控件，包括 Calendar、DataGrid 和 DatePicker。
- VisualStateManager 支持更改控件的状态。
- 可以创建在 Windows 7 上同时接收来自多个触控的输入的应用程序。
- 图形和动画支持布局舍入、像素着色器版本 3.0、缓存合成和缓动函数。
- 改进了文本呈现，并支持在文本框中自定义插入符号的颜色和选定内容的颜色。
- InputBinding 的 Command 属性、动态对象和 Text 属性支持绑定。
- XAML 浏览器应用程序(XBAP)支持与网页通信，并且支持完全信任部署。
- 利用 System.Windows.Shell 命名空间中新增的类型，开发者能够与 Windows 7 任务栏通信，还能将数据传递到 Windows Shell。
- Visual Studio 2010 中的 WPF 和 Silverlight 设计器中提供了各种设计器改进，有助于创建 WPF 或 Silverlight 应用程序。

6．数据

.NET Framework 4 对数据进行了新增和更改，主要有以下 3 个方面的改进。

(1) ADO.NET

ADO.NET 提供了一些用于 Entity Framework(实体框架)的新功能，其中包括持久性未知对象、LINQ 查询中的函数以及自定义对象层代码生成。

(2) 动态数据

ASP.NET 4 的动态数据得到了增强，为开发者提供快速生成数据驱动网站的更强大功能。主要包括两个方面：基于数据模型中定义的约束的自动验证；可以使属于动态数据项目一部分的字段模板轻松更改为 GridView 和 DetailsView 控件中的字段生成的标记。

(3) WCF 数据服务

ADO.NET 数据服务已以被重命名为“WCF 数据服务”，它具有以下新功能：

- 数据绑定。
- 计算实体集中的实体数。
- 服务器驱动的分页。
- 查询投影。
- 自定义数据服务提供程序。
- 二进制资源的流式处理。

本节所介绍的.NET Framework 4 版本的新增和改进功能并非有关新增功能的完整信息，并且有可能会发生更改。读者可以在官方网站上查找更多的资料和信息。

1.5 Visual Studio 工具

Visual Studio 是一个基于组件的开发工具和其他技术的套件，用于构建功能强大的高性能应用程序。此外，Visual Studio 已经过优化，还可用于基于团队的企业解决方案设计、开发和部署。

1.5.1 VS 简介

Visual Studio 通常简称为 VS，是美国微软公司的开发工具包。VS 是一套完整的开发工具集，它包括了整个软件生命周期中所需要的大部分工具，例如 UML 工具、代码管控工具、集成开发环境(IDE)等。VS 是目前最流行的 Windows 平台应用程序开发环境，目前最新版本为基于.NET Framework 4.5 的 VS2013 版本。在 VS 引入.NET 框架之后又经过了多个版本，具体说明如表 1-5 所示。

表 1-5 VS 引入.NET 框架后的版本

版本名称	内部版本	发布日期	.NET 框架的支持版本	说 明
VS .NET 2002	7.0	2002-02-13	1.0	去除 FoxPro 与 J++，以 J#取代 J++
VS .NET 2003	7.1	2003-04-24	1.1	
VS2005	8.0	2005-11-07	2.0	将.NET 由产品名称中移除
VS2008	9.0	2007-11-19	2.0、3.0、3.5	去除 J#
VS2010	10.0	2010-04-12	2.0、3.0、3.5、4.0	加入 F#
VS2012 RTM (旗舰版)	11.0	2012-08-25	2.0、3.0、3.5、4.0、4.5	
VS2013 Preview (预览版)	12.0	2013-06-26	2.0、3.0、3.5、4.0、4.5、4.5.1	

1.5.2 VS 的发展历史

1997 年，微软发布了 VS97。包含有面向 Windows 开发使用的 Visual Basic 5.0、Visual C++ 5.0，以及面向 Java 开发的 Visual J++和面向数据库开发的 Visual FoxPro，还包含有创建 DHTML(Dynamic HTML)所需要的 Visual InterDev。其中，Visual Basic 和 Visual FoxPro 使用单独的开发环境，其他的开发语言使用统一的开发环境。

1998 年，微软发布了 VS 6.0，所有开发语言的开发环境版本均升至 6.0，这也是 Visual Basic 最后一次发布，从下一个版本(7.0)开始，Microsoft Basic 进化成了一种新的面向对象的语言：Microsoft Visual Basic .NET。

2002 年，随着.NET 口号的提出与 Windows XP / Office XP 的发布，微软发布了 VS .NET(内部版本号为 7.0)。在这个版本的 VS 中，微软剥离了 Visual FoxPro，使其作为一个单独的开发环境以 Visual FoxPro 7.0 单独销售，同时取消了 Visual InterDev。与此同时，微软引入了建立在.NET 框架上(版本 1.0)的托管代码机制并创建了一门新的语言 C#。C#是编写.NET 框架的语言。

2003 年，微软对 VS2002 进行了部分修订，以 VS2003 的名义发布(内部版本号为 7.1)。Visio 作为使用统一建模语言(UML)架构应用程序框架的程序被引入，同时被引入的还包括移动设备支持和企业模版。同时，.NET 框架也升级到了 1.1 版。

2005 年，微软发布了 VS2005，将.NET 从各种语言的名字中抹去，但是这个版本的 VS 仍然还是面向.NET 框架的(版本 2.0)。

2007 年，微软发布了 VS2008。

2010 年，微软发布了 VS2010 以及.NET Framework 4.0。

2012 年，微软在西雅图发布了 VS2012。

2013 年，微软发布了 VS2013 的预览版，并发布其程序组件库.NET 4.5.1 的预览版。

1.5.3 VS2010 简单介绍

(1) VS2010 版本于 2010 年 4 月 12 日发布，其集成开发环境的界面被重新设计和组织，变得更加简单明了。这个版本被使用得最为广泛，其主要特点如下：

- 支持 Windows Azure，这是微软云计算架构发展的一个重要里程碑。
- 助力移动和嵌入式装置开发。
- 实践了热门的 Agile/Scrum 开发方法，强化团队竞争力。
- 升级的软件测试功能及工具为软件质量严格把关。
- 搭配 Windows 7、Silverlight 4 和 Office，发挥多核并行运算威力。
- 创建美感与效能并重的新一代软件。
- 支持最新 C++标准，增强的 IDE，切实提高程序员的开发效率。

VS 支持用户通过多种不同的程序语言进行开发，但是不同的版本所支持的语言并不完全相同。VS2010 中支持 4 种编程语言，它们分别是 Visual Basic、Visual C#、Visual C++和 Visual F#。

(2) VS2010 是一个非常经典的版本，与先前的版本相比，它新增了 9 个主要功能，这些功能如下：

- C# 4.0 中的动态类型和动态编程。
- 多显示器支持。
- 使用 VS2010 的特性支持 TDD。
- 支持 Office。
- Quick Search 特性。
- C++ 0x 新特性。
- IDE 增强。
- 使用 Visual C++ 2010 创建 Ribbon 界面。
- 新增了基于.NET 平台的语言——F#。

1.6 VS2010 的安装

ASP.NET 可以开发基于 B/S 架构的应用程序，但是它必须在一定的平台上进行开发。VS 是一套完整的开发工具，可以用来生成 ASP.NET Web 应用程序、XML Web 服务、桌面应用程序和移动应用程序等。下面将介绍如何对 VS2010 进行安装。安装之前首先看一下它的系统要求。

1.6.1 系统要求

VS2010 支持多个操作系统，那么它对这些系统有哪些要求呢？下面分 3 个方面简单进行介绍。

(1) 硬件要求

在计算机操作系统中安装 VS2010 时的硬件需要满足以下要求：

- 1.6GHz CPU 或更快的速度。
- RAM(x86 为 1GB RAM，x64 为 2GB RAM)。
- 在虚拟机上运行额外需要 512MB RAM。
- SharePoint 开发要求。
- 3GB 的可用硬盘空间。
- 转速为 5400r/min 的硬盘。
- 与 DirectX 9 兼容的视频卡，其显示分辨率为 1024×768 或更高。
- DVD-ROM 驱动器。

(2) 系统要求

安装 VS2010 时，需要满足支持 x86 或者 x64 的体系结构。

(3) 支持的操作系统

VS2010 支持多个操作系统，下面列举了这些操作系统，其中*表示除了 Starter Edition 以外的所有版本：

- Windows XP (x86) with Service Pack 3*。
- Windows XP (x64) with Service Pack 2*。
- Windows Vista (x86 & x64) with Service Pack 1*。
- Windows 7 (x86 & x64)。
- Windows Server 2003 (x86 & x64) with Service Pack 2。
- Windows Server 2003 R2 (x86 & x64)。
- Windows Server 2008 (x86 & x64) with Service Pack 2。
- Windows Server 2008 R2 (x64)。

1.6.2 安装 VS2010

安装 VS2010 之前，可以在 CSDN 中文的官方网站(http://msdn.microsoft.com/zh-CN/)下载此工具，下载完成后进行解压，解压完成后，按照以下步骤进行操作。

(1) 在 VS2010 解压后的安装包中找到 setup.exe 文件并双击，弹出“Microsoft Visual Studio 2010 安装程序”对话框，如图 1-2 所示。

(2) 单击图 1-2 中的第一个安装选项链接，弹出“Microsoft Visual Studio 2010 旗舰版”对话框，效果如图 1-3 所示。

图 1-2 VS2010 安装程序对话框

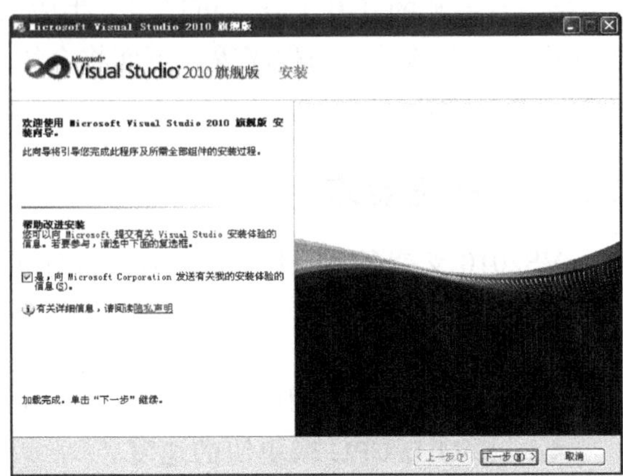

图 1-3 VS2010 旗舰版安装对话框

(3) 单击图 1-3 中的“下一步”按钮继续安装，进入“起始页”界面，如图 1-4 所示。界面中，左侧上半部分显示了程序检测到的已安装组件，下半部分显示了即将要安装的组件；右侧则显示了用户的许可协议。

(4) 选中图 1-4 中的“我已阅读并接受许可条款”选项，然后单击“下一步”按钮，进入“选项页”界面，如图 1-5 所示。选择“自定义”单选按钮。还可以选择 VS2010 的安装路径，单击“浏览”按钮即可。

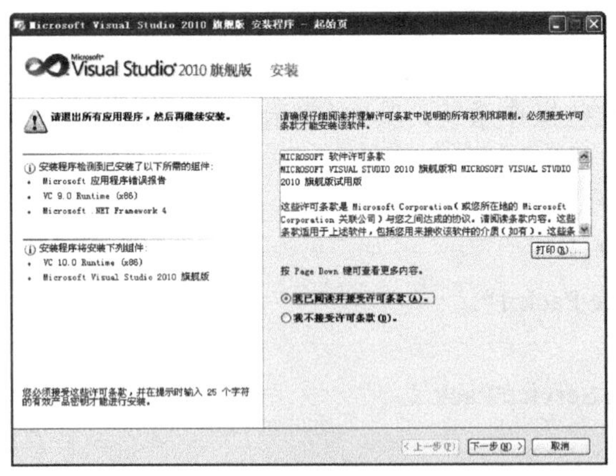

图 1-4 VS2010 安装程序的起始页

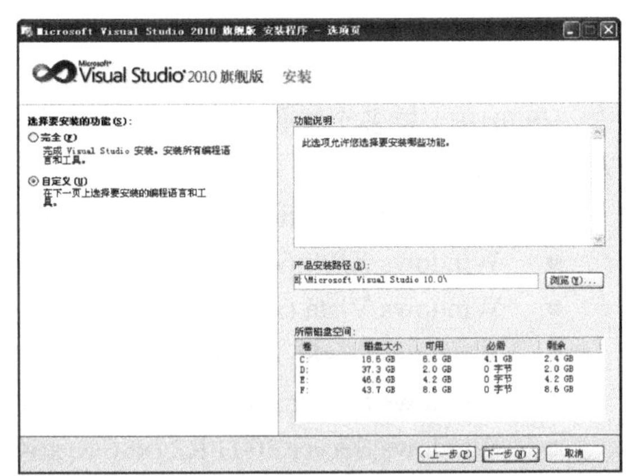

图 1-5 VS 2010 安装程序的选项页

(5) 继续单击图 1-5 中的“下一步”按钮，进入组件安装界面，如图 1-6 所示。在此界面中选择要安装的组件，将要安装的组件的复选框选中，不需要安装的取消选中。

(6) 选择组件完成后单击图 1-6 中的“安装”按钮，开始复制文件进行安装，如图 1-7 所示。

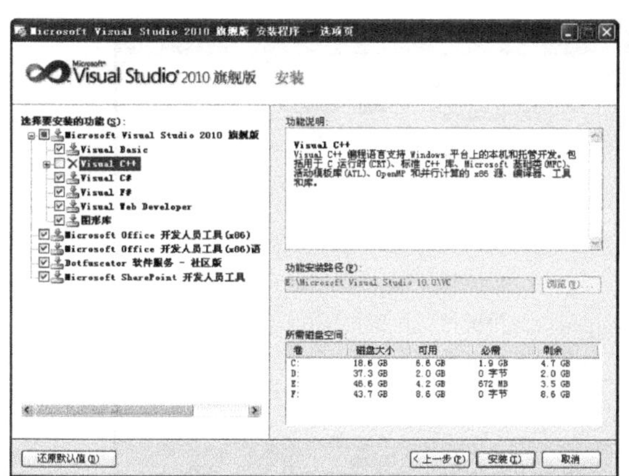

图 1-6 VS2010 程序安装项

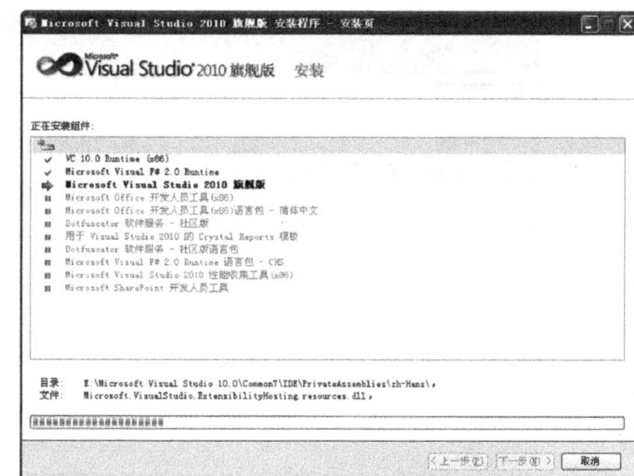

图 1-7 复制文件并开始安装

(7) VS2010 安装成功后的效果如图 1-8 所示，在该图中包含安装成功后的建议、成功提示以及其他的超链接信息。

(8) 单击图 1-8 中的“完成”按钮结束安装过程，再次弹出初始安装时的对话框，如图 1-9 所示。此时两个链接都可以使用，单击“退出”按钮即可。

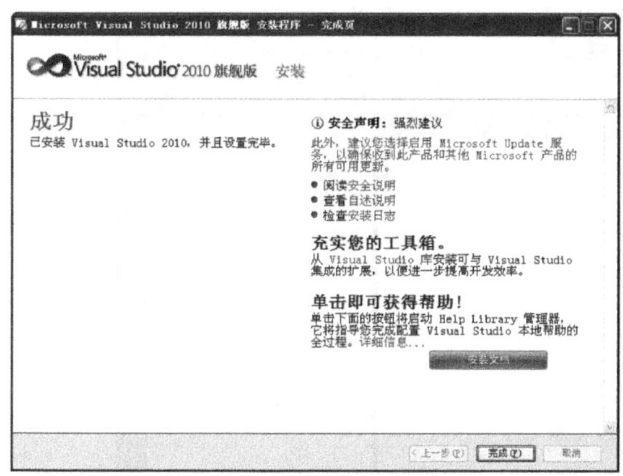

图 1-8 VS2010 安装成功

图 1-9 单击“退出”按钮

1.7 实验指导——创建第一个 ASP.NET 网站

前面已经介绍过 ASP.NET、.NET 框架以及 VS2010 的相关知识，下面打开 VS2010，创建第一个 ASP.NET 网站。

实验指导 1-1：创建第一个 ASP.NET 网站

在本节的实验指导中，会创建一个 ASP.NET 网站。整个操作过程如下。

(1) 打开 VS2010，然后在顶部菜单栏中，从“文件”菜单下找到“新建”→“网站”菜单命令并单击，弹出“新建网站”对话框，如图 1-10 所示。

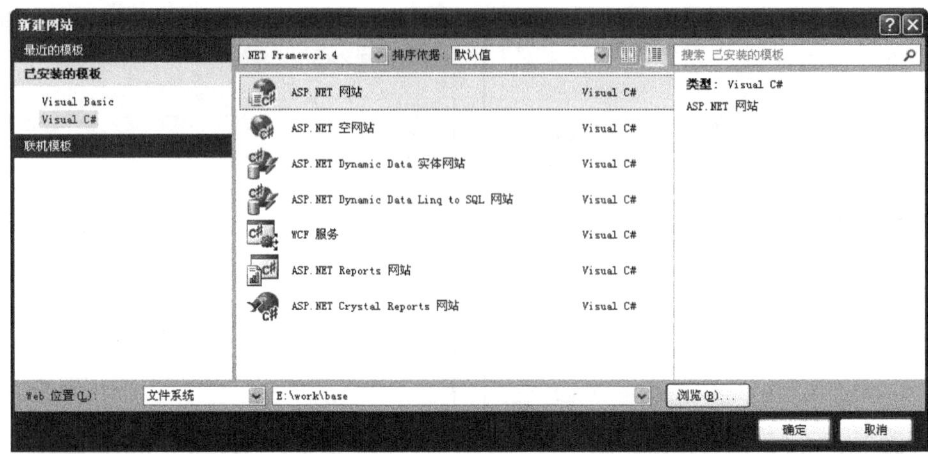

图 1-10 “新建网站”对话框

(2) 在如图 1-10 所示的对话框中选择“ASP.NET 网站”项目，并重新输入 Web 位置，输入完毕后单击“确定”按钮，结果如图 1-11 所示。在该窗体中，底部包含“源”、“拆分”和“设计”界面的切换按钮，可以单击这些按钮进行切换。

图 1-11 添加网站成功后的界面

默认情况下，在图 1-10 中选择“ASP.NET 网站”时，会自动生成一些目录和文件，这些文件和目录非常简单。例如，Account 目录下包含一些自动添加的 Web 窗体页，Scripts 目录包含一些 JS 脚本文件，Styles 目录表示包含的样式文件，Global.asax 表示全局应用程序，Site.master 表示母版页，Web.config 表示自动生成的配置文件。

如果用户在图 1-10 中选择的是“ASP.NET 空网站”选项，则不会生成如图 1-11 所示的文件和目录，而是只生成 Web.config 配置文件。另外，如果生成的网站不包含“工具箱”或“解决方案资源管理”等窗口，可以通过设置菜单栏中的“视图”菜单项调出。

(3) 直接选中如图 1-11 所示的 Default.aspx 页面，然后单击鼠标右键，从弹出的快捷菜单中选择“在浏览器中查看”命令，将弹出 IE 窗口，效果如图 1-12 所示。如果想要设置浏览方式，则在右键快捷菜单中选择“浏览方式”，进行相应的设置即可。

图 1-12　运行 Default.aspx 页面

(4) 图 1-11 中的“工具箱”提供了可以拖动到页面上的控件和 HTML 元素，这些元素按照常用功能分组。开发者可以自己创建窗体页面，选中当前网站后单击鼠标右键，从弹出的快捷菜单中选择“添加新项”命令，弹出如图 1-13 所示的对话框。

图 1-13　添加 UserLogin.aspx 页面

(5) 在如图 1-13 所示的对话框中输入窗体页的名称，然后单击“确定”按钮添加。添加页面成功后会自动添加一段代码，开发者直接在 form 控件中添加内容即可。也可以根据需要在 form 控件的前后添加内容，该控件并不是必需的。自动生成的主要代码如下：

```
<%@ Page Language="C#" AutoEventWireup="true" CodeFile="UserLogin.aspx.cs"
  Inherits="UserLogin" %>
<!DOCTYPE html PUBLIC "-//W3C//DTD XHTML 1.0 Transitional//EN"
  "http://www.w3.org/TR/xhtml1/DTD/xhtml1-transitional.dtd">
<html xmlns="http://www.w3.org/1999/xhtml">
<head runat="server">
    <title></title>
</head>
<body>
```

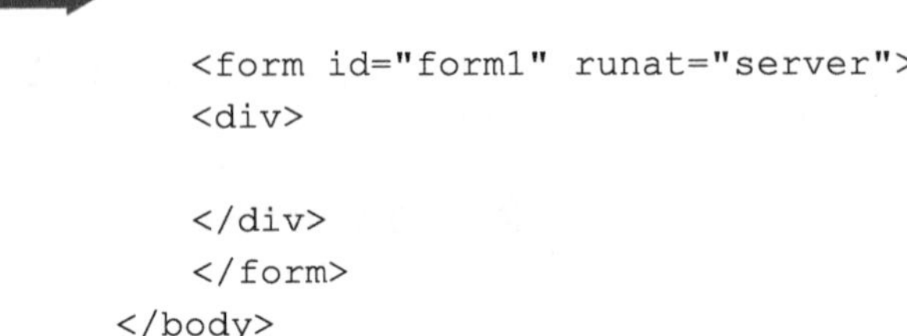

```
        <form id="form1" runat="server">
        <div>

        </div>
        </form>
    </body>
    </html>
```

(6) 直接拖动左侧“工具箱”中的 TextBox 控件到窗体页面，放置两个 TextBox 控件，分别表示用户需要输入的用户名输入框和密码输入框。另外，还需要拖动 Button 控件到窗体页面，它表示要执行的操作。另外，将用户需要输入的两个文本框暂时设置为空白。

(7) 上面创建的窗体页面表示用户登录时的页面，页面包含 Username、Password 输入框和 Login 执行按钮等内容。相关的主要代码如下：

```
<form name="form1" method="post" action="#" runat="server">
    <fieldset class="form">
        <p>
            <label for="user_name">Username:</label>
            <asp:TextBox ID="user_name" runat="server"></asp:TextBox>
        </p>
        <p>
            <label for="user_password">Password:</label>
            <asp:TextBox ID="user_password" runat="server"></asp:TextBox>
        </p>
        <asp:Button type="submit" name="Submit" runat="server"
          Text="Login" Width="120px" Height="30px" />
        <ul id="forgottenpassword">
            <li><a href="#">Forgotten it?</a></li>
        </ul>
    </fieldset>
</form>
```

(8) 到这时，前台页面的设计已经完成了，在浏览器中运行页面查看效果，如图 1-14 所示。

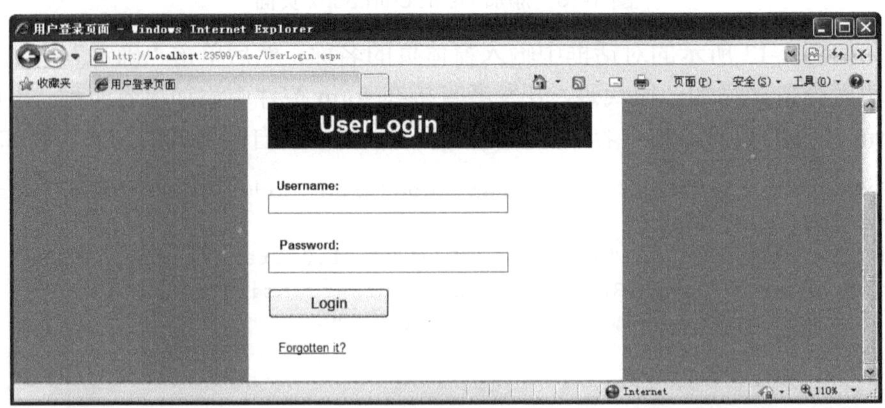

图 1-14　登录页面的运行效果

1.8 习 题

1. 填空题

(1) .NET 框架的关键组件为__________和.NET 框架类库。

(2) 使用基于公共语言运行时的语言编译器开发的代码称为__________。

(3) __________命名空间是.NET 框架中基本类型的根命名空间。

2. 选择题

(1) ASP 与 ASP.NET 相比，有关它们的不同点的说法中不正确的是__________。

A. ASP 采用弱类型的脚本语言 VBScript 进行编程，而 ASP.NET 采用面向对象的语言(例如 C#)进行编程

B. ASP 的前台程序和后台代码分离，使维护性得到了提高，而 ASP.NET 采用混杂纠结的开发模式，前台程序和后台代码在同一个页面中

C. ASP 页面为解释运行机制，效率低、运行速度慢；而 ASP.NET 通过编译执行，更快、更加安全、效率高

D. 在安全性方面，ASP.NET 要比 ASP 安全得多

(2) 下面关于 ASP.NET 的理解，选项__________是正确的。

A. ASP.NET 采用代码后置方式将 Web 页面元素和程序逻辑分开放置，使代码更加清晰，有利于阅读和维护

B. ASP.NET 中包含丰富的控件库。例如，包含了用户控件，但是没有包含 Chart 控件

C. ASP.NET 与 ASP 一样，都不支持调试的功能，因此不能够在页面中设置断点

D. ASP.NET 与 ASP 最大的区别在于功能上的增强，它们都是真正面向对象的

(3) VS2010 支持的.NET 框架版本类型是__________。

A. 2.0、3.0　　B. 2.0、3.0、3.5

C. 2.0、3.0、3.5、4.0　　D. 2.0、3.0、3.5、4.0、4.5

(4) 下面的选项__________不是 VS2010 所支持的编程开发语言。

A. C#　　B. Java

C. Visual Basic　　D. Visual F#

(5) 托管代码执行的过程是__________。

① 将 Microsoft 编译为本机代码

② 将代码编译为 Microsoft 中间语言，即 MSIL

③ 选择编译器

④ 运行代码

A. ①、②、③、④　　B. ④、②、③、①

C. ①、③、②、④　　D. ③、②、①、④

3. 简答题

(1) ASP.NET 4 和.NET Framework 4 新增了哪些功能？分别说出至少三点。

(2) 口头叙述 VS2010 安装时的主要步骤。

第 2 章　Web 服务器控件

与传统的 Web 开发技术相比，ASP.NET 提供了一种强大的服务器控件。ASP.NET 中的一切都是由对象组成的，因此，可以把 Web 页面看作是一个对象的容器，而控件就是 Web 页面的元素之一。通过使用服务器控件，可以直观、快速、方便地构建 ASP.NET 的 Web 窗体页面。本章将详细介绍 ASP.NET 中提供的标准 Web 服务器控件，这些服务器控件包括文本控件、选择控件、按钮控件、列表控件、图像控件、容器控件以及其他的常用控件等。在介绍这些控件之前，将首先介绍服务器控件的一些基础知识。

本章的学习目标如下：

- 了解 HTML 服务器控件及其实现的功能。
- 了解 Web 服务器控件及其实现的功能。
- 熟悉 Web 服务器控件的共同属性。
- 了解如何向 Web 服务器控件添加事件。
- 掌握 Label 和 TextBox 的使用。
- 熟悉 HyperLink 和 Literal 控件的使用。
- 掌握单选按钮和复选框相关控件的使用。
- 掌握 DropDownList 和 ListBox 控件的使用。
- 了解 BulletedList 控件的简单使用。
- 掌握与图像有关的 Image 控件和 ImageMap 控件。
- 了解按钮控件所执行的任务。
- 掌握 Button、LinkButton 和 ImageButton 控件的使用。
- 熟悉 PlaceHolder 控件的使用。
- 熟悉 Panel 控件的使用。
- 掌握 AdRotator 控件的使用。
- 熟悉 Calendar 控件的使用。

2.1　了解 Web 服务器控件

Web 服务器控件是构建 ASP.NET 页面时最常用的一种控件，它简化了 Web 应用程序的设计过程，而且 Web 服务器控件的属性、方法和事件都是在服务器端执行的。本节将简单介绍一下 Web 服务器控件的基础知识。

2.1.1　窗体页常用的控件

开发者在创建 ASP.NET 窗体页时，可以使用以下类型的控件。

(1) HTML 服务器控件：HTML 服务器控件是对服务器公开的 HTML 元素，可对其进行编程。HTML 服务器控件公开一个对象模型，该模型十分紧密地映射到相应控件所呈现

的 HTML 元素。

(2) Web 服务器控件：Web 服务器控件比 HTML 服务器控件具有更多的内置功能。Web 服务器控件不仅包括窗体控件(例如按钮和文本框)，而且还包括特殊用途的控件(例如日历、菜单和树视图控件)。Web 服务器控件与 HTML 服务器控件相比更加抽象，这是因为它的对象模型不一定反映 HTML 语法。

(3) 验证控件：验证控件包含逻辑，以允许对用户在输入控件(例如 TextBox 控件)中输入的内容进行验证。验证控件可用于对必填字段进行检查、对照字符的特定值或模式进行测试、验证某个值是否在限定范围之内等。

(4) 用户控件：所谓用户控件，就是作为 ASP.NET 网页创建的控件。ASP.NET 用户控件可以嵌入到其他 ASP.NET 网页中，这是一种创建工具栏和其他可重用元素的捷径。

1. HTML 服务器控件

HTML 服务器控件属于 HTML 元素(或采用其他支持的标记的元素，例如 XHTML)，它包含多种属性，使其可以在服务器代码中进行编程。默认情况下，服务器上无法使用 ASP.NET 网页中的 HTML 元素。这些元素将被视为不透明文本并传递给浏览器。但是，通过将 HTML 元素转换为 HTML 服务器控件，可将其公开为可在服务器上编程的元素。

页中的任何 HTML 元素都可以通过添加属性 runat="server"来转换为 HTML 服务器控件。在页面执行分析过程中，ASP.NET 页框架将创建包含 runat="server"属性的所有元素的实例。如果要在代码中以成员的形式引用该控件，则还需要为该控件分配 ID 属性。

将 HTML 元素转换为 HTML 服务器控件的基本语法如下：

```
<input id="ipName" runat="server" />
```

在上述语法中，id 属性用来标识 HTML 控件，它的值不允许重复；runat="server"属性表示这是一个服务器控件。除了这两个属性外，还可以为其添加其他的属性，这些属性以及取值与 HTML 元素相同。

例如，将一个 type 类型是 text 的 input 元素设置为 HTML 服务器控件。代码如下：

```
<input id="Username" type="text" name="Username" runat="server" />
```

开发者在使用 HTML 服务器控件时，这些控件可以提供以下功能：

- 可以在服务器上使用熟悉的面向对象的技术进行编程。每个服务器控件都公开一些属性，可以在服务器代码中以编程方式来操作控件的标记属性。
- 提供一组事件，可以编写事件处理程序，编写方法与在基于客户端的窗体中的大致相同，主要不同在于事件处理是在服务器代码中完成的。
- 在客户端脚本中处理事件的能力。
- 自动维护控件状态。在页到服务器的往返行程中，将自动对用户在 HTML 服务器控件中输入的值进行维护，并且将值发送回浏览器。
- 与 ASP.NET 验证控件交互，可以验证用户是否已在控件中输入了合法的信息。
- 数据绑定到一个或多个控件属性。
- 支持样式(如果在支持级联样式表的浏览器中显示 ASP.NET 网页)。
- 直接可用的自定义属性。开发者可以向 HTML 服务器控件添加所需要的任何属性，页框架将呈现这些属性，而不会更改其任何功能。

2．Web 服务器控件

Web 服务器控件是设计侧重点不同的另一组控件。它们不必一对一地映射到 HTML 服务器控件，而是定义为抽象控件。在抽象控件中，控件所呈现的实际标记与编程所使用的模型可能截然不同。例如，RadioButtonList 服务器控件可以在表中呈现，也可以作为带有其他标记的内联文本呈现。

Web 服务器控件包括传统的窗体控件(例如按钮、文本框和表等复杂控件)，还包括提供常用窗体功能(例如在网格中显示数据、选择日期、显示菜单等)的控件。

Web 服务器控件除了提供 HTML 服务器控件的上述所有功能(不包括与元素的一对一映射)外，还提供以下附加功能：

- 功能丰富的对象模型。该模型具有类型安全编程功能。
- 自动浏览器检测。控件可以检测浏览器的功能并呈现适当的标记。
- 对于某些控件，可以使用 Templates 定义自己的控件布局。
- 对于某些控件，可以指定控件的事件是立即发送到服务器，还是先缓存然后在提交该页时引发。
- 支持主题。开发者可以使用主题为站点中的控件定义一致的外观。
- 可以将事件从嵌套控件(例如表中的按钮)传递到容器控件。

以 Button 控件为例，如下代码展示了 Web 服务器控件都类似的语法：

```
<asp:Button attributes runat="server" id="Button1" />
```

上述语法中，attributes 属性不是 HTML 元素的属性，而是 Web 服务器控件的属性。在运行 ASP.NET 网页时，Web 服务器控件使用适当的标记在页中呈现，这通常不仅取决于浏览器类型，还与对该控件所做的设置有关。例如，TextBox 控件可能呈现为 input 标记，也可能呈现为 textarea 标记，具体的呈现取决于它的属性设置。

第 1 章提到过“工具箱”窗口，“工具箱”中几乎包含了设计时所需要的全部控件，根据控件的功能，将其分为不同的类型。其中，标准控件、数据控件、验证控件和导航控件最为常用。如图 2-1 所示为“工具箱”控件的分类，如图 2-2 所示为部分标准控件。

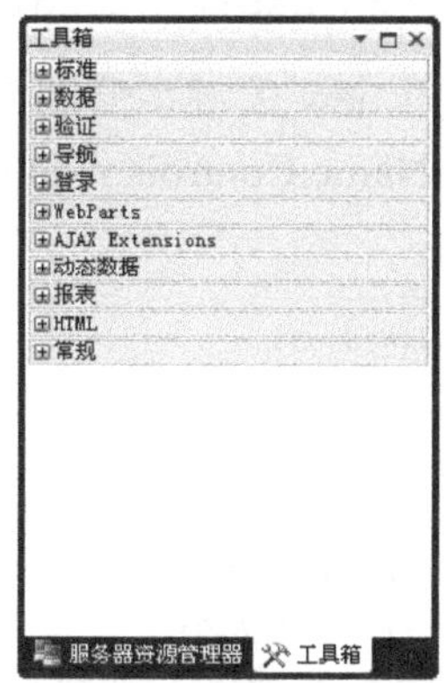

图 2-1　“工具箱”控件分类

图 2-2　标准控件

2.1.2 向页面添加 Web 控件

ASP.NET Web 服务器控件是 ASP.NET 网页上的对象，这些对象在请求网页时运行并向浏览器呈现标记。如何向窗体页面添加 Web 服务器控件呢？一般情况下可以通过以下 3 种方式进行添加：

- 直接从“工具箱”中拖动需要的控件到窗体页或直接双击“工具箱”中的控件进行添加。这种方式非常简单。
- 在 Web 窗体页面的“源”窗口，手动添加控件的声明代码。例如，手动向 Default.aspx 页面中添加 TextBox 控件，添加过程中会自动显示提示，如图 2-3 所示。
- 以编程方式动态创建 Web 服务器控件。

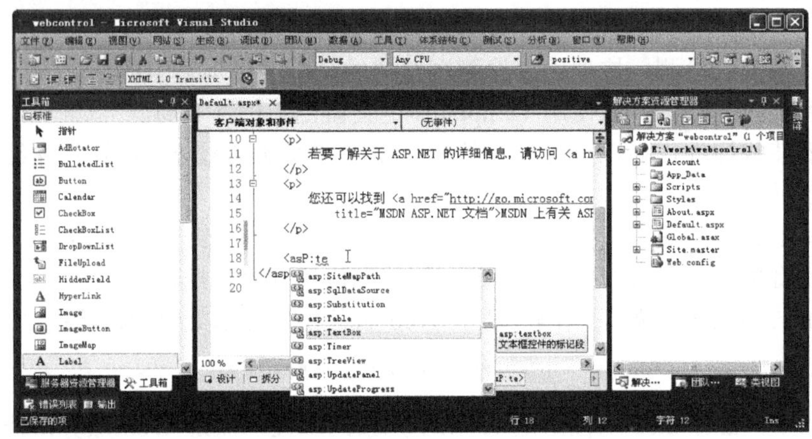

图 2-3 手动添加 Web 服务器控件

【例 2-1】在页面后台分别创建 Label 控件和 TextBox 控件，并且将这两个控件添加到 Default.aspx 页面中，具体操作步骤如下。

(1) 向 Default.aspx 页面添加 PlaceHolder 控件，并设置该控件的 ID 属性和 runat 属性。代码如下：

```
<asp:PlaceHolder ID="HolderName" runat="server"></asp:PlaceHolder>
```

(2) 向 Default.aspx 页面的 Load 事件中添加代码，通过 new 关键字分别创建 Label 控件和 TextBox 控件，并设置控件的相关属性。调用 HolderName.Controls.Add()方法追加这两个控件到集合中。代码如下：

```
protected void Page_Load(object sender, EventArgs e)
{
    Label lb = new Label();
    lb.Text = "Enter UserName: ";                    //显示的内容
    lb.ForeColor = System.Drawing.Color.Red;         //字体颜色
    lb.Font.Size = FontUnit.Large;                   //字体大小
    HolderName.Controls.Add(lb);                //将 Label 控件追加到 PlaceHolder
    TextBox tb = new TextBox();
    tb.Text = "Lucy";                                //默认显示内容
```

```
    tb.BackColor = System.Drawing.Color.Azure;  //设置输入框背景色
    HolderName.Controls.Add(tb);           //将 TextBox 控件追加到 PlaceHolder
}
```

(3) 在浏览器中运行 Default.aspx 页面，查看添加的效果。

所有的 ASP.NET 控件必须定义在 ASP.NET 页面文件中，该文件的后缀名是.aspx，在采用代码隐藏技术设计的程序中，其事件程序一般定义在代码文件(如.cs 或.vb)中。

2.1.3 基本 Web 控件的属性

大多数的 Web 服务器控件都是从 System.Web.UI.WebControl 类派生而来的，不过这并不包括 Literal、PlaceHolder、Repeater 和 XML 控件。表 2-1 给出从 WebControl 类派生的 Web 服务器控件的基本共同属性。

表 2-1 基本 Web 控件的共同属性

属性名称	说　明
AccessKey	控件的键盘快捷键，此属性指定用户在按住 Alt 的同时可以按下的单个字母或数字
Attributes	控件上的未由公共属性定义但仍需呈现的附加特性集合
BackColor	控件的背景色。其属性值可以使用标准的 HTML 颜色标识符来设置：颜色名称(如 Red 或 Black)或者以十六进制格式(如#FFFFFF)表示的 RGB 值
BorderColor	控件的边框颜色。其属性值可以参考 BackColor 属性的值
BorderWidth	控件边框的宽度(以像素为单位)
BorderStyle	控件的边框样式
CssClass	分配给控件的级联样式(CSS)类
Style	作为控件的外部标记上的 CSS 样式特性呈现的文本特性集合
Enabled	设置为 true(默认值)时使控件起作用，设置为 false 时禁用控件
EnableTheming	设置为 true(默认值)时对控件启用视图状态持久性，设置为 false 时表示禁用
EnableViewState	当此属性设置为 true(默认值)时对控件启用主题，设置为 false 时禁用主题
Font	为正在声明的 Web 控件提供字体信息。此属性包含子属性，可以在 Web 控件元素的开始标记中使用“属性-子属性”语法来声明这些子属性
FontColor	控件的前景色
Height	控件的高度
SkinID	应用于控件的外观
TabIndex	控件的位置(按 Tab 键顺序)。如果没有设置，则控件的位置索引为 0。具有相同选项卡索引的控件可以按照它们在网页中的声明顺序用 Tab 键导航
ToolTip	当用户将鼠标指针定位在控件上方时显示的文本
Width	控件的固定宽度
ID	获取或设置分配给服务器控件的编程标识符

为 Web 控件设置属性时常用的方式也有 3 种，说明如下。

(1) 首先在窗体页的“设计”窗口中选中要设置的 Web 控件，然后单击鼠标右键，从弹出的快捷菜单中选择“属性”命令，会弹出“属性”窗格，在“属性”窗格中找到要设置的属性，然后进行设置即可。如图 2-4 所示为“属性”窗格中 Button 控件的属性，它是以字母顺序进行查看的。单击其他的按钮可以实现不同的操作，如图 2-5 所示为单击“按分类顺序”按钮时的效果。

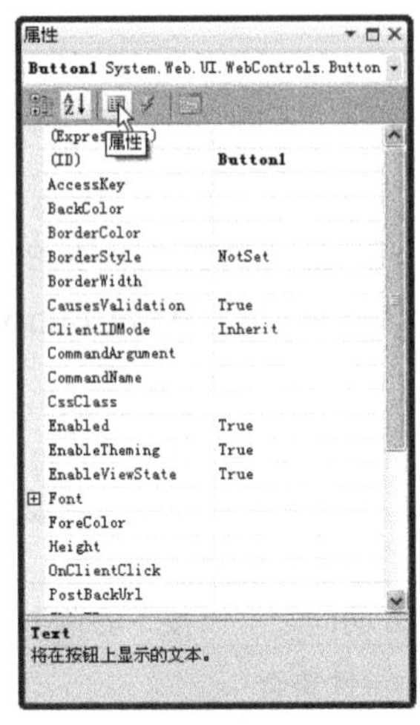

图 2-4　以字母顺序查看属性

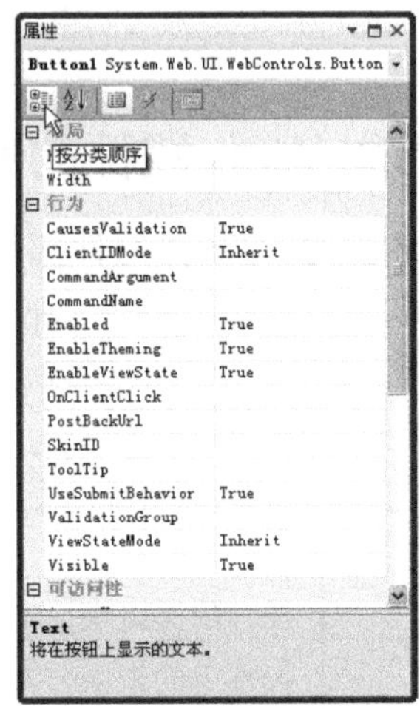

图 2-5　按分类查看属性

(2) 通过手动方式向窗体页的“源”窗口中添加控件时，直接设置属性。

(3) 向窗体页后台以编程方式动态创建控件时，调用“控件.属性名称”进行设置(可以参考例 2-1)。

2.1.4　Web 控件的事件

事件是一种在满足某种条件(如鼠标单击)后开始运行的一种程序，大部分 ASP.NET 控件都可以引发服务器端事件，来完成某些功能，页面事件是在页面加载时和撤消时所引发的事件。

与传统的 HTML 页面或基于客户端的 Web 应用程序中的事件相比，由 ASP.NET 控件引发的事件的工作方式稍有不同。造成差异的主要原因在于事件本身与处理该事件的位置的分离。在基于客户端的应用程序中，在客户端引发和处理事件。但是，在 ASP.NET 网页中，与服务器控件关联的事件在客户端(浏览器)上引发，而由 ASP.NET 页面在 Web 服务器上进行处理。

页面级别的事件主要有 3 种：Init、Load 和 Unload(窗体页面后台表现为 Page_Init、Page_Load 和 Page_Unload)。Init 事件和 Load 事件都是在页面加载时引发并用来执行初始化程序的事件，前者只是在页面第一次加载时执行的事件，而后者在每次加载时都执行。Unload 事件执行最后的清理工作，例如关闭打开的文件和数据库连接等。

如果要为一个 Web 控件添加事件，可在图 2-5 中单击“事件”图标，然后添加事件，这时添加的事件是服务器端事件。也可以像对 HTML 元素那样，以声明方式向 ASP.NET

网页上的控件添加客户端脚本，或者通过其他方式添加。例如，下面通过 3 种方式介绍如何为 Web 控件添加客户端脚本。

(1) 以声明方式向 ASP.NET 服务器控件添加客户端事件处理程序。这种方式很简单，即在 Web 窗体页的“源”窗口中直接为其添加事件属性，如 onmouseover 或 onkeyup 等，添加事件属性时需要针对不同的属性添加要执行的客户端脚本。

(2) 以编程方式向 ASP.NET 控件添加客户端事件处理程序，即在页面的 Init 或 Load 事件中调用控件的 Attributes 集合的 Add()方法来动态添加客户端事件处理程序。

(3) 在后台向按钮控件添加客户端 Onclick 事件。在按钮控件(Button、LinkButton 和 ImageButton 控件)中，将 OnClientClick 事件属性设置为要执行的客户端脚本。

2.2　文 本 控 件

文本控件有两个作用：一是用于显示；二是用于输入。ASP.NET 中的文本控件通常包括 Label 控件、Literal 控件、HyperLink 控件和 TextBox 控件。

2.2.1　Label 控件

Label 控件提供了一种在 ASP.NET 网页中显示文本的方法，该控件指定的文本内容是静态的，用户无法在该控件中进行编辑，它经常在页面固定位置显示文本时使用。

Label 控件最常用的是 ID 属性和 Text 属性，ID 属性用来设置控件的唯一标识符，而 Text 控件则向网页显示文本信息。除了这些属性外，还可以设置其他属性，即如表 2-1 所示的共同属性。

直接从“工具箱”中拖动 Label 控件到 Web 窗体页中，页面代码如下：

```
<asp:Label ID="Label1" runat="server" Text="Label"></asp:Label>
```

【例 2-2】可以将 Label 控件用作另一个 Web 控件(如 TextBox 控件)之前的活动标题，该控件无法接收用户输入焦点。但是，将 Label 控件与另一控件关联后，用户可以通过同时按下 Alt 键和为 Label 控件定义的访问键导航到关联的控件。

(1) 向网站中添加新的窗体页，并且向页面中添加 Label 控件，将 AssociatedControlID 属性设置为要以 Label 控件作为标题的控件 ID。这里将其设置为 txtName，它表示一个 TextBox 控件。

(2) 继续设置 Label 控件的属性，将 AccessKey 属性设置为要定义为访问键的单个字母或数字。

(3) 设置 Label 控件的 Text 属性，以显示指示访问键的带有下划线的字符。设置完成后的代码如下：

```
<form id="form1" runat="server">
    <asp:Label AccessKey="N" AssociatedControlID="txtName" ID="Label1"
      runat="server" Text="<u>N</u>ame:">
    </asp:Label>
     
    <asp:TextBox ID="txtName" runat="server" />
```

```
    <asp:Button ID="btnClick" runat="server" Text="Click Me" />
</form>
```

(4) 在浏览器中运行窗体页，查看页面效果，然后按下 Alt 键和 N 键查看效果。

如果将 Label 控件与某一按钮相关联，那么当用户同时按下 Alt 键和 Label 控件的访问键时，就会单击该按钮。

2.2.2 HyperLink 控件

HyperLink 控件可以在网页上创建链接，使用户可以在应用程序中的页间移动。而且 HyperLink 控件可以显示可单击的文本或图像。与大多数的 Web 服务器控件不同，当用户单击 HyperLink 控件时，并不会在服务器代码中引发事件，该控件只执行导航。

开发者在使用 HyperLink 控件时有以下两个优点：

- 可以在服务器代码中设置链接属性，这是主要优点。例如，可以根据页面中的条件动态更改链接文本或目标页。
- 可以使用数据绑定来指定链接的目标 URL(以及必要时与链接一起传递的参数)。例如，根据产品列表创建 HyperLink 控件。目标 URL 指向用户可以在其中读取有关产品的更多详细信息的页面。

除了共用的属性外，HyperLink 控件还包含其他的属性，表 2-2 为常用属性。

表 2-2　HyperLink 控件的常用属性

属性名称	说　明
ImageUrl	获取或设置该控件显示的图像的路径
NavigateUrl	获取或设置单击控件时链接到的 URL
Target	获取或设置单击控件时显示链接到的网页内容的目标窗口或框架。该属性的值包括 _blank、_self、_top、_parent 和 _search
Text	获取或设置 HyperLink 控件的文本标题

【例 2-3】在新创建的 Web 窗体页中添加后台代码，以编程的方式向网页中添加 HyperLink 控件，并且指定该控件的显示文本和链接页面的 URL。

代码如下：

```
protected void Page_Load(object sender, EventArgs e)
{
    HyperLink hl = new HyperLink();
    hl.Text = "百度音乐";
    hl.NavigateUrl = "http://music.baidu.com/";
    form1.Controls.Add(hl);
}
```

开发者可以根据自己的需要，向上述代码中添加其他属性的设置，然后在浏览器中运行，查看效果，单击链接进行测试。

2.2.3 Literal 控件

Literal 可以作为页面上其他内容的容器，最常用于向页面中动态添加内容。它是用于向页面添加内容的几个选项之一，对于静态内容，无须使用容器，可以将标记作为 HTML 值直接添加到页面中。但是，如果要动态添加内容，则必须将内容添加到容器中，典型的容器有 Label 控件、Literal 控件、Panel 控件和 PlaceHolder 控件。

对于 Literal 控件和 Label 控件来讲，它们之间有一定的区别。Literal 控件不会向文本中添加任何 HTML 元素，它在网页呈现一个 span 元素。因此，Literal 控件不支持包括位置属性在内的任何样式属性。但是，Literal 控件允许指定对内容进行编码。

通常情况下，如果开发者希望文本和控件直接呈现在页面中而不使用任何附加标记时，可使用 Literal 控件。

除了共同属性外，Literal 控件还支持其他的属性，最常用的属性就是 Text 属性和 Mode 属性。前者用于指定要在控件中显示的文本，后者则表示用于指定控件对所添加的标记的处理方式。Mode 属性返回 LiteralMode 枚举类型的一个值，其属性值有以下 3 个。

- Transform：将对添加到控件中的任何标记进行转换，以适应请求浏览器的协议。如果向使用 HTML 外的其他协议的移动设备呈现内容，此设置非常有用。
- PassThrough：添加到控件中的任何标记都将按原样呈现在浏览器中。
- Encode：将使用 HtmlEncode()方法对添加到控件中的任何标记进行编码，这会将 HTML 编码转换为其文本表示形式。例如，<b>标记将呈现为<b>。当希望浏览器显示而不解释标记时，编码将很有用。编码对于安全也很有用，有助于防止在浏览器中执行恶意标记。如果要显示来自不受信任的源的字符串时，使用此设置很有用。

【例 2-4】在窗体页中添加设计前台，并且向后台添加代码，演示 Literal 控件 Mode 属性的基本使用，具体操作步骤如下。

(1) 添加新的 Web 窗体页面并且进行设计，在页面的 form 控件中添加两个 RadioButton 控件和一个 Literal 控件，并设置控件的相关属性，如 ID 属性。代码如下：

```
<form id="form1" runat="server">
<div>
<asp:RadioButton ID="radioEncode" runat="server" GroupName="LiteralMode"
  Checked="True" Text="Encode" AutoPostBack="True" /><br />
<asp:RadioButton ID="radioPassthrough" runat="server"
  GroupName="LiteralMode" Text="PassThrough" AutoPostBack="True" />
<br /><br />
<asp:Literal ID="Literal1" runat="server"></asp:Literal>
</div>
</form>
```

(2) 在窗体页面的后台 Load 事件中添加代码，判断单选按钮的选中项的值。如果 Text 值是 Encode 的 RadioButton 控件被选中，则将 Mode 属性的值设置为 Encode，而如果 Text 值是 PassThrough 的 RadioButton 控件被选中，则将 Mode 属性的值设置为 PassThrough。代码如下：

```
protected void Page_Load(object sender, EventArgs e)
{
    Literal1.Text =
      "<b>I love you</b> not for who you are, but for who I am before you.";
    if (radioEncode.Checked) {           //Encode 选中
       Literal1.Mode = LiteralMode.Encode;
    }
    if (radioPassthrough.Checked) {      //PassThrough 选中
       Literal1.Mode = LiteralMode.PassThrough;
    }
}
```

(3) 在浏览器中运行例 2-4 中的代码，查看效果，如图 2-6 和图 2-7 所示。

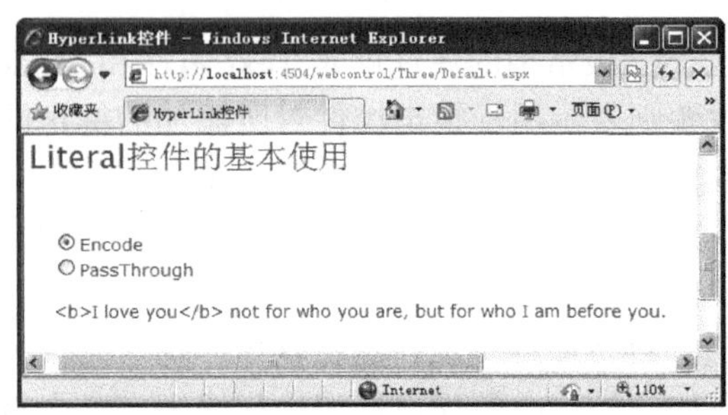

图 2-6　选中 Encode 时的效果

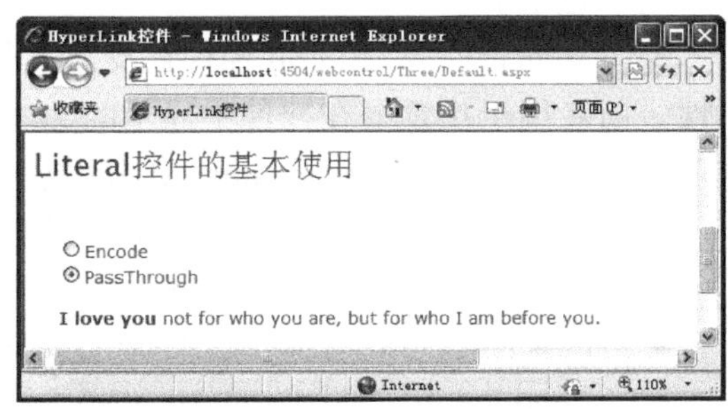

图 2-7　选中 PassThrough 时的效果

2.2.4　TextBox 控件

无论是 Label 控件，还是 HyperLink 控件或者 Literal 控件，它们都提供了向网页中显示信息的效果。如果向网页提供用户需要输入时的文本框，则需要使用 TextBox 控件。

1. TextBox 控件的属性

通常情况下，TextBox 控件为用户提供信息输入框，还可以通过设置属性，将该控件设置为只读。TextBox 控件包含多个属性，常用的属性如表 2-3 所示。

表 2-3　TextBox 控件的常用属性

属性名称	说　明
AutoPostBack	获取或设置当 TextBox 控件上的内容发生改变时，是否自动将窗体数据回传到服务器，默认为 false。该属性通常与 TextChanged 事件配合使用
AutoCompleteType	获取或设置一个值，该值指示 TextBox 控件的 AutoComplete 行为
MaxLength	获取或设置文本框中最多允许的字符数。当 TextMode 属性值为 MultiLine 时，此属性不可用
ReadOnly	获取或设置 TextBox 控件是否为只读。默认值为 false
TextMode	获取或设置文本框的行为模式。默认值为 SingleLine
Wrap	布尔值，指定文本是否换行。默认值为 true

续表

属性名称	说 明
Columns	获取或设置文本框的显示宽度(以字符为单位)
Rows	获取或设置多行文本框中显示的行数
ValidationGroup	获取或设置在控件回到服务器时导致验证的控件组
Text	获取或设置控件的文本内容

表2-3中TextMode属性用于设置文本框的行为，默认情况下，该控件的TextMode属性设置为TextBoxMode.SingleLine，这将显示一个单行文本框。但可以将TextMode属性设置为TextBoxMode.MultiLine，以显示多行文本框(该文本框将作为textarea元素呈现)。也可以将TextMode属性更改为TextBoxMode.Password，以显示屏蔽用户输入的文本框，通常也会被称为密码框。

【例2-5】向窗体页中添加TextBox控件，并且设置该控件的相关属性，最后运行页面输入内容来查看效果。

首先创建新的Web窗体页并进行设计，在form控件中添加四行两列的table元素，第二列分别表示用户需要填写的用户名框、密码框、密码确认框和个人说明。代码如下：

```
<form id="form1" runat="server">
    <table>
        <tr>
            <td>Username: </td>
            <td><asp:TextBox ID = "txtUsername" runat = "server"
                  TextMode = "SingleLine"> </asp:TextBox></td>
        </tr>
        <tr>
            <td>Userpass: </td>
            <td><asp:TextBox ID = "txtUserpass" runat = "server"
                TextMode = "Password" MaxLength = "12"></asp:TextBox></td>
        </tr>
        <tr>
            <td>UserpassAgain: </td>
            <td><asp:TextBox ID = "txtUserpassAgain" runat = "server"
                TextMode = "Password" MaxLength = "12"></asp:TextBox></td>
        </tr>
        <tr>
            <td>Userinfo: </td>
            <td><asp:TextBox ID = "txtUserinfo" runat = "server"
                  TextMode = "MultiLine" Rows = "5" Columns = "30">
                </asp:TextBox></td>
        </tr>
    </table>
</form>
```

上述代码将用户名输入框的TextBox控件的TextMode属性指定为SingleLine，将密码框控件TextMode属性的值指定为Password，并且通过MaxLength属性指定允许输入的最

大长度。指定个人说明控件的TextMode属性的值为MultiLine，且分别设置Rows和Columns属性。直接在浏览器中运行本例的代码并且查看运行效果，在网页的文本框中输入内容，如图2-8所示。

图 2-8　TextBox 控件的属性显示

大多数浏览器都支持自动完成功能，此功能可以帮助用户根据以前输入的值向文本框中填充信息。自动完成的精确行为取决于浏览器，通常，浏览器根据文本框的 name 属性存储值；任何同名的文本框(即使是在不同页上)都将为用户提供相同的值。有些浏览器还支持 vCard 架构，该架构允许用户使用预定义的名、姓、电话号码和电子邮件等值在浏览器中创建配置文件。

表 2-3 中提到的 TextBox 控件的 AutoCompleteType 属性为开发者提供了以下用于控制浏览器如何使用自动完成的选项：

- 禁用自动完成，如果不想让浏览器为文本框提供自动完成功能，则可以将其禁用。
- 指定 vCard 值以用作字段的自动完成器，这要求浏览器必须支持 vCard 架构。

2. TextBox 控件的事件

TextBox 控件中包含事件，当用户离开 TextBox 控件时会引发 TextChanged 事件。TextChanged 事件并非每当用户按下一个键就引发事件，而是仅当用户离开该控件时才引发事件。

默认情况下，并不会立即引发 TextChanged 事件，而是当提交页时才会在服务器上引发。可以指定 TextBox 控件在用户离开之后马上将页面提交给服务器，这需要将 AutoPostBack 属性的值设置为 true。

【例 2-6】在上个例子的基础上添加代码，判断用户离开 Username 文本框后输入的值是否等于“李小龙”，并且弹出提示。

(1) 首先为 ID 属性值是 txtUsername 的 TextBox 控件添加 AutoPostBack 属性，并且添加 TextChanged 事件。代码如下：

```
<asp:TextBox ID="txtUsername" runat="server" TextMode="SingleLine"
  AutoPostBack="true" ontextchanged="txtUsername_TextChanged">
</asp:TextBox>
```

(2) 在页面后台的 TextChanged 事件中添加代码，判断用户输入的内容是否等于“李小龙”，根据判断的结果弹出不同的内容。代码如下：

```
protected void txtUsername_TextChanged(object sender, EventArgs e)
{
    if (txtUsername.Text == "李小龙") {
        Page.ClientScript.RegisterClientScriptBlock(GetType(), "",
          "<script>alert('不能使用 李小龙 这个名字。')</script>");
    }
    else
    {
        Page.ClientScript.RegisterClientScriptBlock(GetType(), "",
          "<script>alert('恭喜，您输入的名字符合要求。')</script>");
    }
}
```

(3) 运行页面输入内容进行测试，结果如图 2-9 所示。

图 2-9　TextBox 控件的事件测试效果

2.3　选 择 控 件

ASP.NET 技术在设计页面时通常会遇到选择的情况，例如，在考试系统中，用户可以根据题目选择单项或多项答案，用户在购物网站注册后需要完善资料进行性别选择。本节将介绍 ASP.NET 中提供的 4 个选择控件，其中 RadioButton 和 RadioButtonList 用于单项选择，CheckBox 和 CheckBoxList 用于多项选择。

2.3.1　RadioButton 控件

开发者在向 ASP.NET 网页添加单选按钮时，可以使用单个 RadioButton 控件或者 RadioButtonList 控件。这两种控件都使用户能够从一组互相排斥的预定义选项中进行选择。使用这两个控件可以执行以下 3 种操作：

- 当选中某个单选按钮时引起页回发。
- 当用户选中某个单选按钮时捕获用户交互。
- 将每个单选按钮绑定到数据库中的数据。

RadioButton 控件可以单独添加，通常是将两个或多个单独的按钮组合在一起。如果提供的单选答案有 5 个，则需要向页面中添加 5 个 RadioButton 控件。RadioButton 控件包含多个属性，例如添加多个 RadioButton 控件时，如果这些 RadioButton 控件是一组，则需要为每个 RadioButton 控件添加 GroupName 属性。除此之外，表 2-4 还列举了其他的一些常用属性。

表 2-4 RadioButton 控件的常用属性

属性名称	说 明
CausesValidation	获取或设置一个值，该值指示选中控件时是否激发验证。默认值是 false
Checked	控件选中的状态，如果选中，该值为 true；否则为 false
GroupName	指定单选按钮所属的组名，在一个组内每次只能选中一个单选按钮
TextAlign	获取或设置与控件关联的文本标签的对齐方式。其值有 Left 和 Right
Text	获取或设置与控件关联的文本标签

单个 RadioButton 控件在用户单击控件时引发 CheckedChanged 事件，该事件从 CheckBox 控件继承。默认情况下，此事件不会导致向服务器发送页，但是，可以通过将 AutoPostBack 属性设置为 true，强制该控件立即执行回发。

【例 2-7】模拟一个驾校考试网站的网页，对出现的题目进行选择，所有的题目提供的答案都是通过 RadioButton 控件进行控制，并且需要立即判断用户选择的答案是否正确。

(1) 创建新的网页并进行设计，在页面中的 form 控件中添加两个 RadioButton 控件和一个 Label 控件，并且设置这些控件的 ID 属性。另外，还需要设置 RadioButton 控件的 GroupName 属性、Text 属性和 AutoPostBack 属性。并且为每一个 RadioButton 控件添加 OnCheckedChanged 事件属性，这两个事件属性指向同一个事件处理程序。代码如下：

```
<form id="form1" runat="server">
    <asp:RadioButton ID="rbRight" runat="server" GroupName="CheckAnswer"
      Text="正确" AutoPostBack="true"
      OnCheckedChanged="rbRight_CheckedChanged" /><br />
    <asp:RadioButton ID="rbWrong" runat="server" GroupName="CheckAnswer"
      Text="错误" AutoPostBack="true"
      OnCheckedChanged="rbRight_CheckedChanged" /><br />
    <asp:Label ID="lblAnswer" runat="server"></asp:Label>
</form>
```

(2) 在页面的后台代码中添加 RadioButton 控件的 CheckedChanged 事件的处理程序代码，并判断用户选择的答案。如果选择答案为“正确”，则为 Label 控件赋值，并且指定 Label 控件的字体颜色和背景色。如果选择的答案为“错误”，则重新指定 Label 控件的相关属性值。代码如下：

```
protected void rbRight_CheckedChanged(object sender, EventArgs e)
{
    if (rbRight.Checked)                              //选择的答案是“正确”
    {
        lblAnswer.Text = "对不起，您答错了！正确答案是：错误";
```

```
        lblAnswer.ForeColor = System.Drawing.Color.White;    //白色字体
        lblAnswer.BackColor = System.Drawing.Color.Red;      //红色背景色
    }
    else if (rbWrong.Checked)                            //选择的答案是“错误”
    {
        lblAnswer.Text = "恭喜你，答对了！";
        lblAnswer.ForeColor = System.Drawing.Color.White;    //白色字体
        lblAnswer.BackColor = System.Drawing.Color.Green;    //绿色背景色
    }
}
```

(3) 运行上述代码，选择答案并查看效果，答案选择错误时的效果如图 2-10 所示。

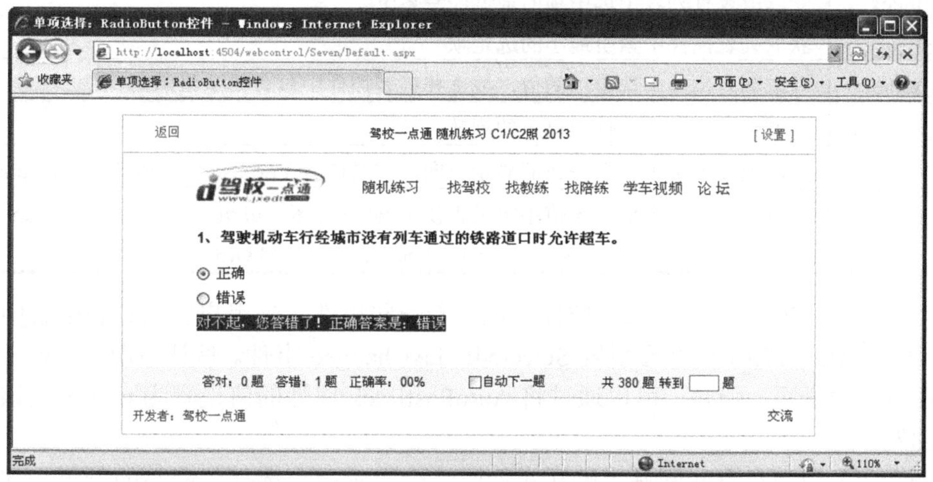

图 2-10 RadioButton 控件的显示效果

2.3.2 RadioButtonList 控件

单选按钮很少单独使用，而是进行分组以提供一组互斥的选项。在一个组内，每次只能选择一个单选按钮。有两种方法可以创建分组的单选按钮：一种是首先向页面添加单个的 RadioButton 控件，然后将所有这些控件手动分配到一个组中。组名称可以是任意名称；具有相同组名称的所有单选按钮将视为单个组的组成部分。第二种则是向页面添加一个 RadioButtonList 控件，该控件中的列表项将自动进行分组。

RadioButtonList 控件与单个 RadioButton 控件不同，它是多个 RadioButton 控件的组合，通常用于多个选项的情况。在这个组合中的每一个 RadioButton 控件都是互斥的，即每一个 RadioButtonList 控件中的选项只能有一个处于选中状态。

RadioButtonList 控件是多个 RadioButton 控件的组合，而且 ListControl 是它的父类，因此，从某种意义上来讲，RadioButtonList 控件也是一种列表控件。不仅是它，后面所介绍的 CheckBoxList 控件也是如此，它们的工作方式与列表控件相似。

与 RadioButton 控件相比，RadioButtonList 控件则包含更多的属性，表 2-5 给出了一些

常用的属性。

表 2-5　RadioButtonList 控件的常用属性

属性名称	说　明
DataSourceID	获取或设置控件的 ID，数据绑定控件从该控件中检索其数据项列表
DataSource	指定该控件绑定的数据源
DataTextField	获取或设置为列表项提供文本内容的数据源字段
DataValueField	获取或设置为各列表项提供值的数据源字段
Item	列表控件项的集合
SelectedIndex	获取或设置列表中选中项的最低序号索引
SelectedItem	获取列表控件中索引最小的选定项
SelectedValue	获取列表控件中选定项的值，或选择列表控件中包含指定值的项
RepeatColumns	获取或设置在该控件上显示的列数
RepeatDirection	获取或设置组中单选按钮的显示方向，它的值有 Vertical(默认值)和 Horizontal
RepeatLayout	获取或设置一个值，该值指定是否使用 table 元素、ul 元素、ol 元素或 span 元素呈现列表。其值分别是 Table、Flow、UnorderedList 和 OrderedList

除了属性外，RadioButtonList 控件还包含着一些事件。当用户更改列表中选中的单选按钮时，RadioButtonList 控件会引发 SelectedIndexChanged 事件。默认情况下，该事件并不导致向服务器发送页。但是，可以通过将 AutoPostBack 属性的值设置为 true 强制该控件立即执行回发。

【例 2-8】用户在有些网站上购买东西时，会提示用户选择该商品的颜色，并且只能显示一种。该例子通过 RadioButtonList 控件声明多个颜色列表，并且通过设置控件的属性控制显示的列数和方向，具体操作步骤如下。

(1) 创建新的 Web 窗体页并进行设计，在 form 控件中添加 Label 控件，该控件显示用户选择的结果。添加 RadioButtonList 控件显示颜色列表，并且设置 AutoPostBack 属性、RepeatColumns 属性和 RepeatDirection 属性等，还要为该控件添加 SelectedIndexChanged 事件属性。代码如下：

```
<form id="form1" runat="server">
    请从下面选择您最喜欢的一种颜色：
    <asp:Label ID="lblAnswer" runat="server" Text="黄色"></asp:Label>
    <asp:RadioButtonList ID="rblColorList" runat="server"
      AutoPostBack="true" RepeatColumns="10" RepeatDirection="Horizontal"
      OnSelectedIndexChanged="rblColorList_SelectedIndexChanged">
        <asp:ListItem Value="黄色" Selected="True">黄色</asp:ListItem>
        <asp:ListItem Value="红色">红色</asp:ListItem>
        <asp:ListItem Value="绿色">绿色</asp:ListItem>
        <!-- 省略其他选项 -->
    </asp:RadioButtonList>
</form>
```

(2) 在页面后台代码中为 RadioButtonList 控件的 SelectedIndexChanged 事件添加代码，

这些代码显示用户选择的控件的值。代码如下：

```
protected void rblColorList_SelectedIndexChanged(
  object sender, EventArgs e)
{
    int totalcount = rblColorList.Items.Count;
    for (int i=0; i<totalcount; i++)        //遍历 RadioButtonList 控件中的项
    {
        if (rblColorList.Items[i].Selected)     //判断当前项是否选中
        {
            lblAnswer.Text = rblColorList.SelectedValue;    //显示选择的值
            lblAnswer.ForeColor = System.Drawing.Color.Red; //字体为红色
        }
    }
}
```

(3) 运行例 2-8 中的代码，并选择内容，查看效果，如图 2-11 所示。

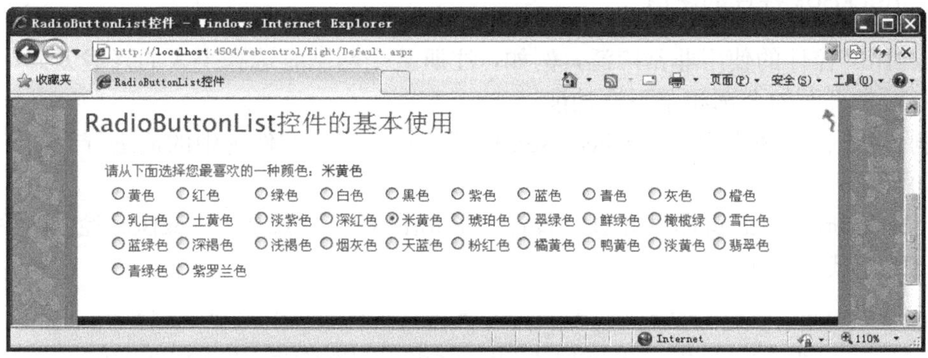

图 2-11　RadioButtonList 控件的效果

2.3.3　CheckBox 控件

可以使用两种类型的 Web 服务器控件将复选框添加到 ASP.NET 网页上：单个的 CheckBox 控件或一个 CheckBoxList 控件。这两种控件都为用户提供了一种指定是/否(真/假)选择的方法。使用 CheckBox 控件和 CheckBoxList 控件可以执行以下操作：

- 当选中某个复选框时将引起页回发。
- 当用户选中某个复选框时捕获用户交互。
- 将每个复选框绑定到数据库中的数据。

开发者可以向页面中添加单个 CheckBox 控件，并且能够单独使用这些控件。使用单个 CheckBox 控件比使用 CheckBoxList 控件能更好地控制页面上各个复选框的布局。例如，可以在每个复选框之间包含非复选框文本，也可以控制个别复选框的字体和颜色。

1. CheckBox 控件的属性

CheckBox 控件中包含一些常用属性，其最常用的属性有 3 个，如下所示。

- Checked：获取或设置一个值，该值指示是否选中 CheckBox 控件。

- Text：获取或设置与 CheckBox 控件关联的文本标签。
- AutoPostBack：当用户在控件中按 Enter 或 Tab 键时是否发生自动回发到服务器的操作。

2. CheckBox 控件的事件

单个 CheckBox 控件在用户单击该控件时引发 CheckedChanged 事件。默认情况下，此事件不会导致向服务器发送页。但是，可以通过将 AutoPostBack 属性设置为 true，强制该控件立即执行回发。

可能不需要为 CheckedChanged 事件创建事件处理程序。可以在作为页的一部分运行的任何代码中测试选中了哪个复选框。通常只有在需要知道已更改了某个复选框，而不是只是读取其值时，才会为 CheckedChanged 事件创建一个事件处理程序。

3. CheckBox 控件的使用

CheckBox 控件的使用非常广泛，例如，注册某个网站时选择个人的兴趣爱好，或者实现系统中列表页面的全选和全不选功能。

【例 2-9】向窗体页中添加 CheckBox 控件，并根据该控件选中的值进行判断，具体操作步骤如下。

(1) 创建新的 Web 窗体页并进行设计，在 form 控件中添加 CheckBox 控件，并且设置其相关属性。代码如下：

```
<asp:CheckBox ID="ckbAgree" runat="server" Checked="true" Text=""
 AutoPostBack="true" oncheckedchanged="ckbAgree_CheckedChanged" />
```

(2) 继续向 form 控件中添加 Button 控件，并且设置控件的宽度和高度。代码如下：

```
<asp:Button ID="btnClick" name="submit" runat="server" class="green"
 Text="注 册" Height="35" Width="90" Font-Size="Large" />
```

(3) 添加 CheckBox 控件的事件处理程序并添加代码，判断复选框 Checked 属性的值，如果值为 true，则显示 Button 控件，否则隐藏 Button 控件。代码如下：

```
protected void ckbAgree_CheckedChanged(object sender, EventArgs e)
{
    if (ckbAgree.Checked)
    {
        btnClick.Visible = true;
    }
    else
    {
        btnClick.Visible = false;
    }
}
```

(4) 在浏览器中运行例 2-9 中的代码，并查看效果。取消选中时的效果如图 2-12 所示。

图 2-12 CheckBox 控件的效果

2.3.4 CheckBoxList 控件

除了添加单个 CheckBoxList 控件外，也可以使用 CheckBoxList 控件，该控件是一个可用作复选框列表项集合的父控件的单一控件。CheckBoxList 控件与 RadioButtonList 控件一样，派生自 ListControl 类，因此，它的工作方法与 RadioButtonList 控件、ListBox 控件、DropDownList 控件和 BulletedList 控件的工作方式一样。

使用 CheckBoxList 控件的许多过程与使用其他列表服务器控件的过程相同，如果想要用数据源中的数据创建一系列复选框，那么 CheckBoxList 控件是更好的选择。与 CheckBox 控件相比，CheckBoxList 控件的属性则比较多，而且它的属性与 RadioButtonList 控件非常相似，这里不再进行详细的解释，表 2-5 中 RadioButtonList 控件所列举的属性对于该控件都适用。

CheckBoxList 控件会引发 SelectedIndexChanged 事件，默认情况下，该事件并不导致向服务器发送页。但是，可以通过将 AutoPostBack 属性设置为 true，强制该控件立即执行回发。

【例 2-10】 本例模拟实现一个图书的调查问卷，向窗体页中添加 CheckBoxList 控件，分别通过两种方式显示数据源，第一种方式是直接向控件中添加数据，第二种方式是绑定 Hashtable 集合列表。

(1) 创建新的 Web 窗体页并进行设计，向 form 控件中添加 ol 和 li 元素，第一个 li 元素调查用户对电脑的熟练程度。通过 4 个 CheckBox 控件来表示，分别表示“不熟练”、“基本掌握”、“熟练应用”和“精通某一领域”。

(2) 继续通过 li 元素添加 CheckBoxList 控件，并且指定该控件 RepeatColumns 属性的值，然后通过 ListItem 添加选项。部分代码如下：

```
<li>你想学习的其他电脑知识有：
    <asp:CheckBoxList ID="cblWindow" runat="server" RepeatColumns="4">
        <asp:ListItem Value="电脑入门">电脑入门</asp:ListItem>
        <asp:ListItem Value="操作系统">操作系统</asp:ListItem>
        <!-- 其他选项 -->
    </asp:CheckBoxList>
</li>
```

(3) 向第 3 个 li 元素中添加 CheckBoxList 控件，代码如下：

```
<li>影响您购买图书的因素：
    <asp:CheckBoxList ID="cblResult" runat="server" ></asp:CheckBoxList>
</li>
```

(4) 在窗体页面后台的 Load 事件中添加代码，首先分别设置 CheckBoxList 控件的 RepeatColumns 属性、RepeatDirection 属性和 RepeatLayout 属性，然后指定数据源，最后绑定数据项。

代码如下：

```
protected void Page_Load(object sender, EventArgs e)
{
    cblResult.RepeatColumns = 4;                //每行显示 4 列数据
    cblResult.RepeatDirection = RepeatDirection.Horizontal;    //水平显示
    cblResult.RepeatLayout = RepeatLayout.Table;         //以表格形式显示
    cblResult.DataSource = SetContentList();             //绑定列表项
    cblResult.DataTextField = "Key";                     //显示的文本
    cblResult.DataValueField = "Value";                  //列表项的值
    cblResult.DataBind();
}
```

(5) SetContentList()方法指定了 CheckBoxList 控件的数据源，该方法返回一个 Hashtable 类型的集合数据。

部分代码如下：

```
public Hashtable SetContentList()
{
    Hashtable ht = new Hashtable();
    ht.Add("书名", "书名");
    ht.Add("作者", "作者");
    /* 省略其他内容 */
    return ht;
}
```

(6) 在浏览器中运行例 2-10 的代码，查看效果，如图 2-13 所示。

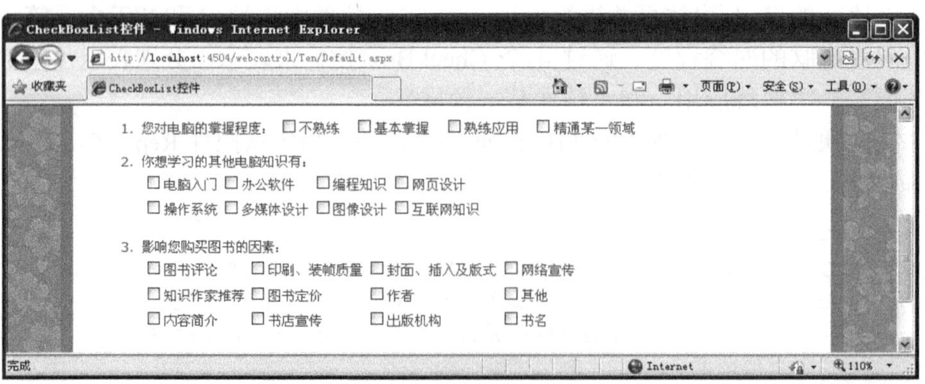

图 2-13　CheckBoxList 控件的效果

2.4 列表控件

上一节所介绍的 RadioButtonList 控件和 CheckBoxList 控件分别表示 RadioButton 控件和 CheckBox 控件的集合，因此，也可以将它们看作是列表控件。列表控件可以将多个数据以列表的形式进行呈现，除了这两个控件外，ASP.NET 中还提供了其他一些列表控件，下面将进行介绍。

2.4.1 DropDownList 控件

DropDownList 控件被称为下拉列表控件，该控件提供一些选项，使用户能够从预定义的列表中选择项。可以把 DropDownList 控件看作是容器，每一个列表项都是 ListItem 对象类型的，而且每一个 ListItem 对象都带有单独的属性。

DropDownList 控件是一个列表控件，因此它的属性与 RadioButtonList 等控件非常相似，如表 2-6 所示。

表 2-6　DropDownList 控件的常用属性

属性名称	说　明
AutoPostBack	获取或设置一个值，该值指示当用户更改列表中的选定内容时是否自动向服务器回发
DataSource	获取或设置对象，数据绑定控件从该对象中检索其数据项列表
DataTextField	获取或设置为列表项提供文本内容的数据源字段
DataValueField	获取或设置各列表项提供值的数据源字段
Height	获取或设置服务器控件的高度
Items	获取列表控件项的集合
SelectedIndex	获取或设置列表中选定项的最低索引
SelectedItem	获取列表控件中索引最小的选定项
SelectedValue	获取列表控件中选定项的值，或选择列表控件中包含指定值的项
Width	获取或设置控件的宽度

表 2-6 中，Items 属性返回一个 ListItemCollection 集合，调用该集合的 Count 属性可以获取集合中的全部对象总数。另外，调用其方法可以实现对 DropDownList 控件中的项的基本操作。ListItemCollection 集合的常用方法如下。

- Add(ListItem item)：将指定的 ListItem 项追加到集合的结尾。
- AddRange(ListItem[] items)：将 ListItem 对象数组中的项添加到集合。
- Clear()：从集合中移除所有 ListItem 对象。
- CopyTo(Array array, int index)：将 ListItemCollection 中的项复制到指定的 Array 中，从指定的索引开始。
- Insert(int index, ListItem item)：将指定的 ListItem 插入到集合中的指定索引位置。
- Remove(ListItem item)：从集合中移除指定的 ListItem。
- RemoveAt(int index)：从集合中移除指定索引位置的 ListItem。

【例 2-11】在例 2-9 的基础上来添加内容，显示用户进行简单注册时的所在地，通过 DropDownList 控件来表示，且在页面后台代码中调用方法动态地添加，操作步骤如下。

(1) 创建新的 Web 窗体页并且进行设计，在 form 控件的合适位置添加 DropDownList 控件，并且指定 Width 属性。代码如下：

```
<asp:DropDownList ID="ddlCity" runat="server" Width="230">
</asp:DropDownList>
```

(2) 在窗体页后台的 Load 事件中添加代码，调用不同的方法为 DropDownList 控件添加列表项。代码如下：

```
protected void Page_Load(object sender, EventArgs e)
{
    ddlCity.Items.Clear();                                   //清空集合中的项
    ddlCity.Items.Add(new ListItem("北京市", "北京市")); //添加指定项
    ListItem[] items1 = {
        new ListItem("上海市", "上海市"),
        new ListItem("天津市", "天津市")
    };
    ddlCity.Items.AddRange(items1);                          //添加项数组
    ddlCity.Items.Insert(
      2, new ListItem("重庆市", "重庆市"));    //向指定位置插入项
    ListItem[] items2 = {
        new ListItem("内蒙古自治区", "内蒙古自治区"),
        new ListItem("宁夏回族自治区", "宁夏回族自治区"),
        new ListItem("新疆维吾尔自治区", "新疆维吾尔自治区")
    };
    ddlCity.Items.AddRange(items2);                          //添加指定项数组
    ddlCity.Items.RemoveAt(4);                               //根据索引删除项
}
```

上述代码首先调用 Clear()方法清空集合中的所有项，然后分别调用 Add()方法、AddRange()方法、Insert()方法向集合项中插入数据项，最后调用 RemoveAt()方法删除指定索引值为 4 的项。

(3) 在浏览器中运行上述代码，查看效果，其列表项如图 2-14 所示。

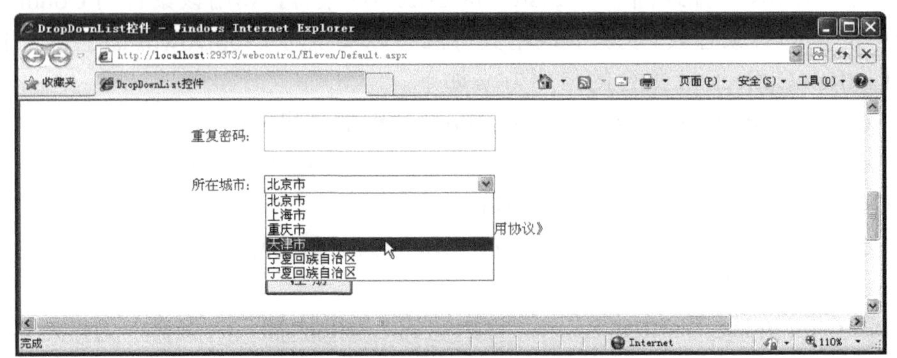

图 2-14　DropDownList 控件的效果

如果要获取 ListItemCollection 集合中的某一项，可从索引获取，例如 ddlCity.Items[0]表示获取列表项中的第一个项。通过 Items[i]获取时，第一项都是一个 ListItem 对象，该对象包含一些属性和方法，常用属性的说明如下。

- Attributes：获取此类所支持的 ListItem 的属性名和值对的集合。
- Selected：获取或设置一个值，该值指示是否选定此项。
- Text：获取或设置列表控件中 ListItem 所表示的项显示的文本。
- Value：获取或设置与 ListItem 关联的值。

2.4.2　ListBox 控件

DropDownList 控件向用户提供选择，但是并不支持多重选择，即用户一次只能选择一项，有时候用户需要选择多项数据，这时应该怎么办呢？很简单，ASP.NET 中提供了 ListBox 控件。ListBox 控件也被称为列表框控件，它用来显示一组条目，用户可以从条目中选择一条或多条，然后进行相应的处理。

如果要一次显示多个项并使用户能够从预定义列表中选择一个或多个项，这时可以使用 ListBox 控件。该控件与 DropDownList 控件的不同之处在于，ListBox 控件可以一次显示多个项，并使用户能够选择多个项(可选)。

开发者使用 ListBox 控件可以执行下列操作：

- 设置控件以显示特定数目的项。
- 设置控件的大小(以像素为单位)。
- 使用数据绑定来指定要显示的项的列表。
- 确定选定了哪个项或哪些项。
- 以编程方式指定选定的一个或多个项。

ListBox 控件也是一个列表控件，因此它具有与其他列表控件相似的属性。例如，可以通过 DataSource 属性绑定数据源，也可以通过 Height 属性设置控件的高度。这里不再具体介绍它的常用属性，下面给出了 ListBox 控件最常用的 3 个属性。

- Rows：获取或设置该控件中显示的行数。
- Items：获取列表控件项的集合。返回 ListItemCollection 集合对象，调用它的方法可以向集合中添加数据项。
- SelectionMode：获取或设置控件的选择模式，它的值有两个，分别为 Single(默认值)和 Multiple。

通常情况下，用户可以通过单击列表中的单个项来选择它。如果将 ListBox 控件设置为允许进行多重选择(SelectionMode 的值为 Multiple)时，用户可以在按住 Ctrl 或 Shift 键的同时，单击以选择多个项。

【例 2-12】向窗体页中添加两个 ListBox 控件，单击第一个 ListBox 控件中的内容时，将选中的内容添加到第二个 ListBox 控件中，具体操作步骤如下。

(1) 创建 Web 窗体页并进行设计，在 form 控件中添加第一个 ListBox 控件，并且向该控件中添加 ListItem 项。

部分代码如下：

```
<h3>请选择一个或者多个选项：</h3>
<asp:ListBox ID="lbInfoList" runat="server" SelectionMode="Multiple"
  Width="200" Height="150">
    <asp:ListItem Value="我的女友是机器人">我的女友是机器人</asp:ListItem>
    <asp:ListItem Value="星球大战">星球大战</asp:ListItem>
    <asp:ListItem Value="我的中国心">我的中国心</asp:ListItem>
    <!-- 省略其他选项 -->
</asp:ListBox>
```

(2) 继续向 form 控件中添加 Button 控件，该控件用于选中上个 ListBox 控件中的项时执行的操作。页面代码如下：

```
<asp:Button ID="btnOper" runat="server" Text="向右添加"
  onclick="btnOper_Click" />
```

(3) 向 form 控件中添加第二个 ListBox 控件，该控件显示用户选择的内容。代码如下：

```
<h3>选择结果：</h3>
<asp:ListBox ID="lbResult" runat="server" Width="200" Height="150">
</asp:ListBox>
```

(4) 在后台代码中为 Button 控件添加 Click 事件，该事件中的处理代码完成将第一个 Listbox 控件选择的内容显示到第二个 ListBox 控件中，并且在第一个 ListBox 控件中删除选中的项。代码如下：

```
protected void btnOper_Click(object sender, EventArgs e)
{
    if (lbInfoList.Items.Count > 0
      && lbInfoList.SelectedIndex >= 0)  //判断 ListBox 控件中的元素个数
    {
        for (int i = lbInfoList.Items.Count - 1; i >= 0; i--)
          //遍历 ListBox 控件中的所有元素
        {
            if (lbInfoList.Items[i].Selected == true)    //判断某一项是否选中
            {
                //向右侧列表添加选中的项
                lbResult.Items.Add(lbInfoList.Items[i]);
                //删除左侧列表中选中的项
                lbInfoList.Items.Remove(lbInfoList.Items[i]);
            }
        }
    }
    lbResult.ClearSelection();              //清除右侧列表中所有选中的项
    if (lbResult.Items.Count > 0)
        //将最后一项选中
        lbResult.Items[lbResult.Items.Count - 1].Selected = true;
}
```

上述代码首先判断 ListBox 控件中的元素个数和选中索引，接着遍历该控件中的所有元素，调用 Selected 属性判断是否选中，如果将选中的内容向 ID 属性值是 lbResult 的 ListBox

控件中添加，则会同时删除原来的 ListBox 控件中的选中项。

(5) 在浏览器中运行例 2-12 中的代码，查看效果，图 2-15 和图 2-16 中分别显示了选中项时的效果和添加成功后的效果。

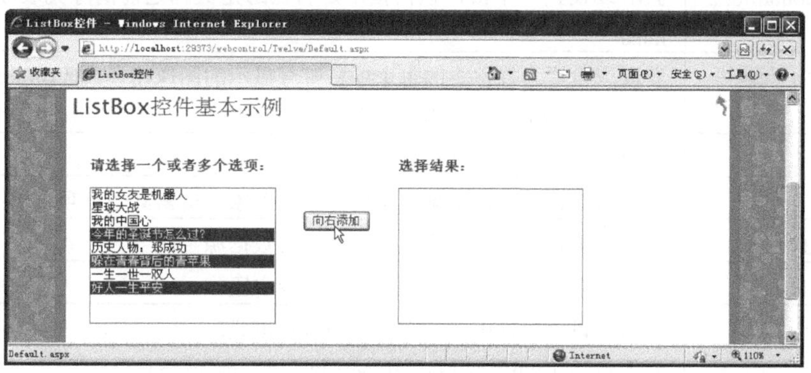

图 2-15　选中项时的效果

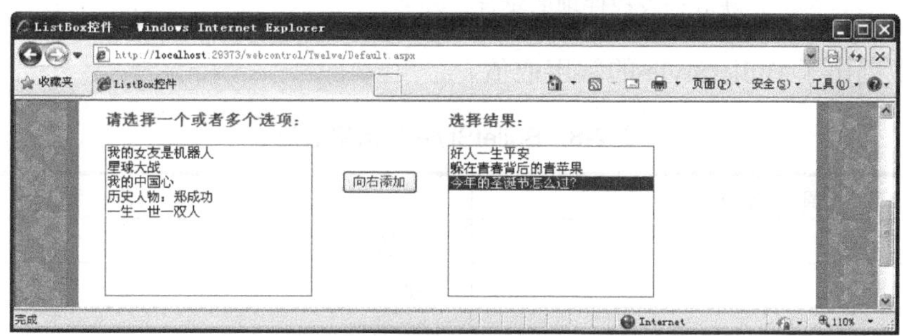

图 2-16　向右添加成功的效果

2.4.3　BulletedList 控件

BulletedList 控件创建一个无序或有序(编号的)的项列表，它们分别呈现为 HTML 网页中的 ul 元素或 ol 元素。

BulletedList 控件与 ListBox、DropDownList 和其他 ASP.NET 列表控件一样，都派生自相同的 ListControl 类。因此，可以像使用其他控件一样使用该控件。使用该控件时，可以执行以下操作：

- 自定义项目符号和编号的外观。
- 指定列表中的每一项如何呈现，如超链接、静态文本还是链接按钮。
- 提供用户单击某项时执行特定于应用程序的任务的逻辑。

BulletedList 控件的大多数属性都与其他的列表控件一样，但是它也有着自己的一些属性，表 2-7 给出了一些它的常用属性。

BulletedList 控件的 BulletStyle 属性返回枚举类型 BulletStyle，它的值有 10 个，同一个值不同的浏览器所呈现项目符号的方式会有所不同，并且有些浏览器可能不支持特定的项目符号样式(例如 Disc)。

表 2-7 BulletedList 控件的常用属性

属性名称	说 明
AppendDataBoundItems	获取或设置一个值，该值指示是否在绑定数据之前清除列表项。默认值为 false
BulletImageUrl	获取或设置为控件中的每个项目符号显示的图像路径，把 BulletStyle 的值设置为 CustomImage 时有效
BulletStyle	获取或设置控件的项目符号样式
DataSource	获取或设置对象，数据绑定控件从该对象中检索其数据项列表
DataTextField	获取或设置为列表项提供文本内容的数据源字段
DataValueField	获取或设置为列表项提供值的数据源字段
DisplayMode	获取或设置控件中的列表内容的显示模式。 其值包括 Text(默认值)、HyperLink 和 LinkButton
FirstBulletMember	获取或设置排序控件中开始列表项编号的值
Items	获取列表控件项的集合

表 2-8 中列出了 BulletStyle 的常用取值。

表 2-8 BulletStyle 的常用取值

具体取值	说 明
NotSet	未设置
Numbered	数字
LowerAlpha	小写字母
UpperAlpha	大写字母
LowerRoman	小写罗马数字
UpperRoman	大写罗马数字
Disc	实心圆
Circle	圆圈
Square	实心正方形
CustomImage	自定义图像

【例 2-13】有序和无序的列表项通常会被使用到，例如显示一个网站的操作流程，显示个人空间的日志分类，显示某些系统和网站的友情链接等。本例在窗体页的 form 控件中添加 BulletedList 控件，然后将 BulletStyle 属性的值指定为 Square，并且指定 DisplayMode 属性的值为超链接，最后向该控件中添加 ListItem 项。代码如下：

```
<asp:BulletedList ID="BulletedList1" runat="server" BulletStyle="Square"
  DisplayMode="HyperLink" Width="129px">
    <asp:ListItem>三维动画</asp:ListItem>
    <asp:ListItem>.NET 技术</asp:ListItem>
    <asp:ListItem>Java 技术</asp:ListItem>
    <asp:ListItem>PHP 技术</asp:ListItem>
    <asp:ListItem>其他语言</asp:ListItem>
```

```
    <asp:ListItem>Web 前端</asp:ListItem>
    <asp:ListItem>数据库技术</asp:ListItem>
    <asp:ListItem>基础应用</asp:ListItem>
</asp:BulletedList>
```

直接运行代码，查看列表项的效果，如图 2-17 所示。

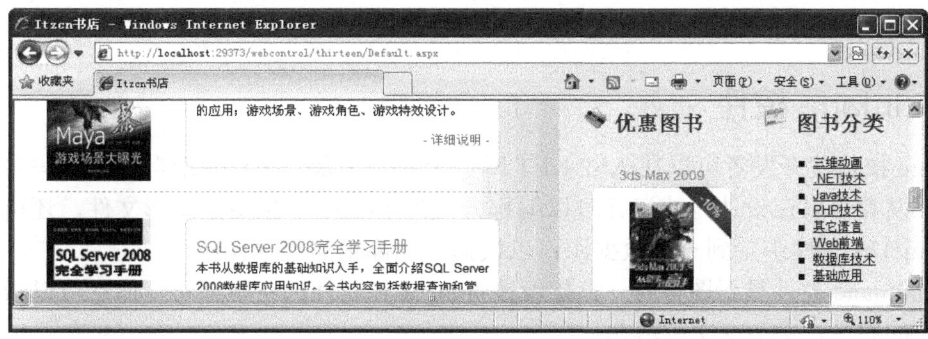

图 2-17　BulletedList 控件的效果

如果将 BulletedList 控件配置为将单个项显示为 LinkButton 控件，那么，当用户单击某项时，该控件会执行一次回发。回发将引发 BulletedList 控件的 Click 事件，可以在其中提供逻辑代码以执行特定于应用程序的任务。例如，下面的代码展示了 BulletedList 控件的 Click 事件处理程序，该处理程序显示用户单击过哪个列表项：

```
protected void BulletedList1_Click(object sender, BulletedListEventArgs e)
{
    ListItem li = BulletedList1.Items[e.Index];
    Label1.Text = "You selected = " + li.Text + ", with value = " + li.Value;
}
```

在介绍前面的列表控件时，主要采用通过在后台程序中进行编码以及在窗体页的“源”窗口编码两种方式。但是，还有一种方式——通过“属性”窗口进行设置。在“属性”窗口中找到控件的 Items 属性，然后单击该属性后面的按钮，会弹出“ListItem 集合编辑器”对话框，在该对话框中单击“添加”或“移除”按钮执行操作，并且可以设置相关的属性。例如，通过“属性”窗口的方式为 BulletedList 控件添加(也可以重新编辑)列表项，如图 2-18 所示。

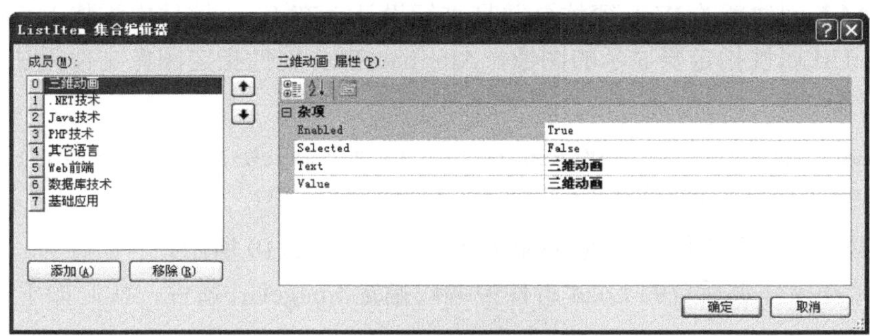

图 2-18　“ListItem 集合编辑器”对话框

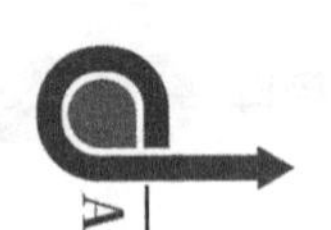

2.5 图像控件

在 ASP.NET 中向网页添加控件，显示用户的头像，或者查看图书系统中每本书的封面，这时都需要使用到图像控件。ASP.NET 中提供了两种图像控件，它们分别是 Image 控件和 ImageMap 控件。

2.5.1 Image 控件

Image 控件使开发者可以在 ASP.NET 网页上显示图像，并且使用自己的代码管理这些图像。开发者可以在设计时或运行时以编程方式为 Image 对象指定图形文件，还可以将控件的 ImageUrl 属性绑定到一个数据源，以根据数据库信息显示图像。

通过 Image 控件显示图像时，直接设置 ImageUrl 属性的路径即可，然后可以根据需要设置其他的属性，如表 2-9 所示。

表 2-9 Image 控件的常用属性

属性名称	说 明
Width	显示图像的宽度
Height	显示图像的高度
ImageAlign	图像的对齐方式
ImageUrl	要显示图像的 URL
ToolTip	在一些浏览器中作为工具提示显示的文本
AlternateText	在无法找到图形文件时显示的文本。如果未指定任何 ToolTip 属性，某些浏览器将使用 AlternateText 值作为工具提示
GenerateEmptyAlternateText	获取或设置一个值，该值指示控件是否生成空字符串值的替换文字特性

Image 控件与大多数其他 Web 服务器控件不同，它不支持任何事件。例如，Image 控件不响应鼠标单击事件。实际上，可以通过使用 ImageMap 或 ImageButton 控件来创建交互式图像。

【例 2-14】创建新的 Web 窗体页并且进行设计，在 form 控件中添加 Image 控件。然后通过 ImageUrl 属性指定要显示的图像，AlternateText 属性指定图像文件无法显示时的文本。代码如下：

```
<asp:Image ID="bookImage" runat="server" ImageUrl="imgs/image1.jpg"
  AlternateText="暂时无法显示" CssClass="pic" />
```

在浏览器中运行上述代码，查看图像的显示，如图 2-19 所示。

可以直接在窗体页后台的 Load 事件中编码指定 ImageUrl 属性，代码如下：

```
bookImage.ImageUrl = "~/fourteen/imgs/image1.jpg";
```

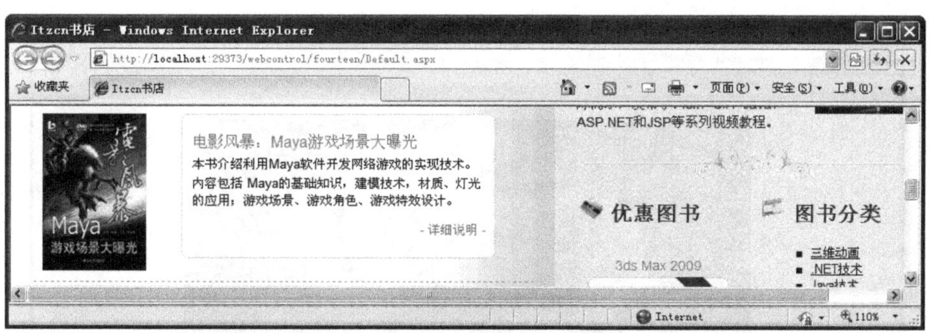

图 2-19　Image 控件显示的图像

2.5.2　ImageMap 控件

ImageMap 控件创建具有用户可以单击的单个区域的图像，这些单个区域称为作用点，每一个作用点都可以是一个单独的超链接或回发事件。一般情况下，把 Image 控件称为图像显示控件；而 ImageMap 控件称为图像响应控件，其常用属性如表 2-10 所示。

表 2-10　ImageMap 控件的常用属性

属性名称	说　明
ImageUrl	控件显示图像的地址
ImageAlign	控件相对于网页中的文本对齐方式
AlternateText	当显示的图像不可用时控件显示的替换文本；如果图像可用，则显示为提示文本
Target	单击控件时链接到网页内容的目标窗口或框架
HotSpotMode	指定图像映射是否导致回发或导航行为
HotSpots	HotSpot 对象的集合，这些对象表示控件中定义的作用点区域

ImageMap 控件有两个元素组件：一个是图像，它可以是任何标准的 Web 图形格式的图形(如 JPG、GIF 或 PNG)；另一个是 HotSpot 的集合，每个作用点都是一个类型为 CircleHotSport、RectangleHotSpot 和 PolygonHotSpot 的不同项。对于每一个作用点控件，开发者都要定义用于指定该作用点的位置和大小的坐标。例如，如果创建一个 CircleHotSpot 控件，则需要定义圆心的 X 和 Y 坐标以及圆的坐标。

【例 2-15】创建新的 Web 窗体页并且设计页面，在 form 控件中添加 ImageMap 控件，并且向该控件内添加两个 RectangleHotSpot 作用点和一个 CircleHotSpot 作用点，并且设置作用点的位置和坐标。代码如下：

```
<asp:ImageMap ID="ImageMap1" ImageUrl="~/fifthteen/beautiful.jpg"
  runat="server" >
    <asp:RectangleHotSpot Bottom="100" Right="100" />
    <asp:RectangleHotSpot Bottom="100" Left="100" Right="200" />
    <asp:CircleHotSpot Radius="50" X="260" Y="160" />
</asp:ImageMap>
```

直接在浏览器中运行上述代码，结果如图 2-20 所示。

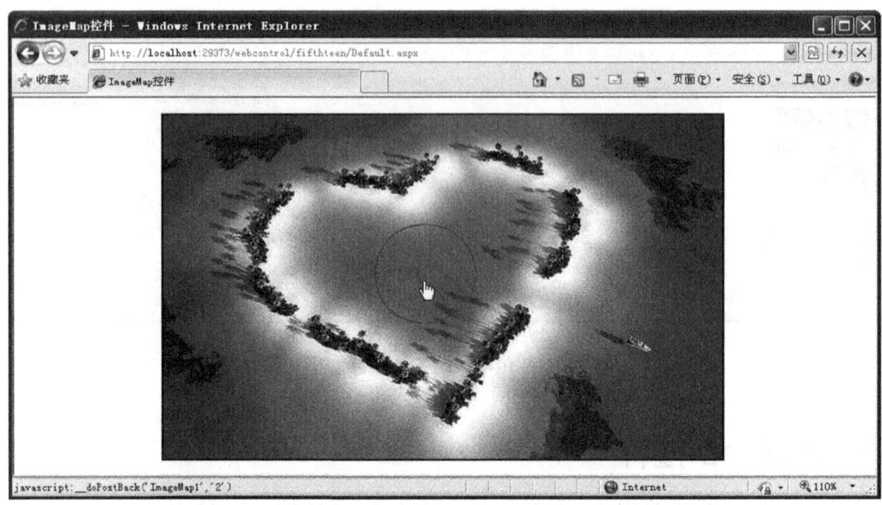

图 2-20　ImageMap 控件的效果

可以配置 ImageMap 控件或其中的单个区域(作用点)，以便在用户单击特定的作用点时，使控件转到另一页或执行回发。可以为每个作用点重写控件的设置。

如果 ImageMap 控件或单个作用点已配置为转到特定 URL，则没有机会会直接对单击做出响应。但是，如果控件或单个作用点配置为执行回发，则可以为该事件编写处理程序并确定单击了哪个作用点。

重新向例 2-15 中添加代码，添加用户单击 ImageMap 控件时的单击响应，具体操作步骤如下。

(1) 为 ImageMap 控件添加 HotSpotMode 属性，指定该属性的值为 PostBack。然后分别为 RectangleHotSpot 和 CircleHotSpot 类型添加 HotSpotMode 和 PostBackValue 属性，指定 HotSpotMode 属性的值为 PostBack，PostBackValue 指定的属性值是唯一的。

(2) 继续向窗体页中添加一个 Label 控件，代码如下：

```
<asp:Label runat="server" ID="Label1" />
```

(3) 为 ImageMap 控件添加 Click 事件处理程序，在后台的处理程序中添加代码：

```
protected void ImageMap1_Click(object sender, ImageMapEventArgs e)
{
    String region = "";
    switch (e.PostBackValue)         //获取单击时的 PostBackValue 属性
    {
        case "矩形":
            region = "矩形";
            break;
        case "圆形":
            region = "圆形";
            break;
    }
    Label1.Text = "您所单击的是： " + region + " 区域。";
}
```

ImageMap 的 Click 事件包含两个参数，第 2 个参数必须是 ImageMapEventArgs 类型。通过 ImageMapEventArgs 对象的 PostBackValue 属性可以确定用户单击了哪个作用点。最后将单击的结果显示到网页中。

(4) 重新在浏览器中运行上述代码，然后单击不同的区域，测试结果。

2.6　操作按钮控件

经常上网的读者可以了解到，几乎所有的系统和网站都需要执行用户请求的某些操作。例如，用户注册时提交请求，根据输入的关键字查找相应的文章，这时就需要用到按钮操作控件。

本节介绍常用的 3 种按钮控件：Button、LinkButton 和 ImageButton。

2.6.1　执行任务

在 ASP.NET 中，包含了多种按钮控件，除了 HTML 服务器控件中的 HtmlButton、HtmlInputButton 和 HtmlInputImage 控件，从某种意义上来讲，前面所介绍的 ImageMap 也可以看作是按钮控件，另外，还有 Web 服务器控件 Button、LinkButton 和 ImageButton。使用按钮控件可以执行多种操作，表 2-11 给出了 Web 服务器按钮控件经常执行的任务。

表 2-11　Web 服务器按钮控件执行的任务

任务描述	说　明
响应按钮事件	在服务器代码中为按钮的 Click 事件或 Command 事件创建处理程序
确定多个按钮中的哪个按钮引起回发	在按钮的 Click 事件或 Command 事件的处理程序中，将 source 参数强制转换为相应的类型(Button、LinkButton 或 ImageButton)，然后获取对象的 ID
单击某个按钮之后以及发布页面之前(例如，显示确认消息)运行客户端脚本	将 JavaScript 代码添加到按钮的 OnClientClick 属性。如果取消客户端脚本中的回发，应从客户端代码中返回 false
确定用户在图像按钮中单击的位置的坐标	使用 ImageButton 控件，并在按钮的 Click 事件中，获取传递给事件处理程序的 ImageClickEventArgs 对象的 X 和 Y 值
为了响应按钮单击，粘贴按钮所在页之外的其他页面	设置按钮的 PostBackUrl 属性
指定按钮单击是否导致用户输入被验证	启用或禁用按钮的 CausesValidation 属性
确定页上的哪些控件执行验证，以响应按钮单击	将按钮的 ValidationGroup 属性设置为匹配用于验证控件的名称
配置按钮可导致部分页回发	在 UpdatePanel 控件内包含该按钮或将其置于 UpdatePanel 控件之外，并将其设置为触发器

2.6.2 Button 控件

Button 控件显示一个标准命令按钮，该按钮呈现为一个 HTML 网页的 input 元素。ASP.NET 网页上使用 Button 控件，可让用户指示已完成表单或要执行特定的命令。下面在表 2-12 中列出 Button 控件的常用属性。

表 2-12 Button 控件的常用属性

属性名称	说明
Width	获取或设置控件的宽度
Height	获取或设置控件的高度
Text	获取或设置在控件中显示的文本标题
CommandArgument	获取或设置可选参数，该参数与关联的 CommandName 一起被传递到 Command 事件
CommandName	获取或设置命令名，该命令名与传递给 Command 事件的 Button 控件相关联
CausesValidation	获取或设置一个值，该值指示在单击控件时是否执行验证
OnClientClick	获取或设置在引发某一个 Button 控件的 Click 事件时所执行的客户端脚本
PostBackUrl	获取或设置单击控件时从当前页发送到的网页的 URL
UseSubmitBehavior	获取或设置一个布尔值，该值指示 Button 控件使用客户端浏览器的提交机制还是 ASP.NET 的回发机制。默认值为 true

除了属性外，Button 控件还包含一些事件，最常用的事件是 Click 事件，其次是 Command 事件。还可以为按钮控件添加客户端事件，添加客户端事件时需要指定 Button 控件的 OnClientClick 事件属性，该属性指向一个客户端的脚本。

【例 2-16】创建新的 Web 窗体页面，并向 form 控件中添加 3 个 Button 控件，然后分别设置控件的 ID 属性和 Text 属性，并且为第一个 Button 添加客户端事件，为第二个 Button 控件添加 Click 事件，为第三个 Button 控件添加客户端事件和 Click 事件。代码如下：

```
<asp:Button ID="Button1" runat="server" Text="列 表"
 OnClientClick="ClientCode()" />
<asp:Button ID="Button2" runat="server" Text="添 加"
 onclick="Button2_Click" />
<asp:Button ID="Button3" runat="server" Text="删 除"
 OnClientClick="ClientCode()" onclick= "Button3_Click" />
```

在窗体页面后台添加 Button 控件的事件处理程序，以 Button2 控件的 Click 事件为例，代码如下：

```
protected void Button2_Click(object sender, EventArgs e)
{
    Page.ClientScript.RegisterClientScriptBlock(GetType(), "",
      "<script>alert('这是触发了按钮的 Click 事件，执行添加操作')</script>");
}
```

当网页中的 Button 控件过多时，需要为每一个控件添加这样的操作，显得有些繁琐，

这时可以通过设置 CommandName 属性的值，然后再为控件添加 Command 事件来实现。

【例 2-17】更改例 2-16 中的代码，首先为每个 Button 控件添加 CommandName 属性和 Command 事件，每个 Button 控件的 Command 事件处理程序相同。以第一个 Button 控件为例，代码如下：

```
<asp:Button ID="Button3" runat="server" Text="删 除" CommandName="del"
  OnCommand="Button_Command" />
```

重新向窗体页后台代码中添加 Command 事件的处理程序代码，在该代码中，通过 CommandName 属性获取传入的值，然后弹出不同的提示。代码如下：

```
protected void Button_Command(object sender, CommandEventArgs e)
{
    string oper = e.CommandName;
    if (oper == "list")
        Page.ClientScript.RegisterClientScriptBlock(GetType(), "",
          "<script> alert('列表')</script>");
    if (oper == "add")
        Page.ClientScript.RegisterClientScriptBlock(GetType(), "",
          "<script> alert('添加')</script>");
    if (oper == "del")
        Page.ClientScript.RegisterClientScriptBlock(GetType(), "",
          "<script>alert('删除')</script>");
}
```

2.6.3 LinkButton 控件

LinkButton 控件通常被称为超链接式按钮，它在网页中呈现为一个超链接，但是它还包含会使表单发回服务器的客户端脚本。LinkButton 控件大多数的属性与 Button 控件一样，对其 3 个常用的属性说明如下。

- Text：获取或设置显示在 LinkButton 控件上的文本标题。
- PostBackUrl：获取或设置单击该控件时从当前页发送到的网页的 URL。
- ToolTip：获取或设置当鼠标指针悬停在 Web 控件上时显示的文本。

【例 2-18】在窗体页面后台的 Load 事件中手动编写向 form 控件中添加 LinkButton 控件的代码，并且设置控件的相关属性。

代码如下：

```
protected void Page_Load(object sender, EventArgs e)
{
    LinkButton lb = new LinkButton();
    lb.ID = "lbIndex";
    lb.Text = "百度首页";
    lb.PostBackUrl = "~/Default.aspx";
    form1.Controls.Add(lb);
}
```

2.6.4 ImageButton 控件

ImageButton 控件通常被称为图形化按钮控件，可以使用该控件将图片呈现为可单击的控件。它的使用与 Button 和 LinkButton 控件大同小异，因此该控件的大多数属性和事件也可以参考 Button 控件，常用的 3 个属性如下。

- ImageUrl：需要在 ImageButton 控件中显示的图像路径。
- ImageAlign：获取或设置 Image 控件相对于网页上其他元素的对齐方式。
- AlternateText：图像无法显示时显示的文本；如果图像可以显示，则表示提示文本。

当用户单击 ImageButton 控件时，将向服务器提交一个表单，这使得在基于服务器的代码中，网页被处理，任何挂起的事件被引发。最常用的事件是 Click 事件，该事件处理程序中传递的参数包含用于指示用户单击位置的坐标，这使开发者可以基于用户单击的位置执行不同的任务。

例如，下面的代码指定用户单击 ImageButton 控件时引发 Click 事件处理程序，在该程序代码中显示基于图像控件上单击的位置的 X 坐标和 Y 坐标：

```
protected void ImageButton1_Click(object sender, ImageClickEventArgs e)
{
    Label1.Text = "X 坐标：" + e.X + "  Y 坐标：" + e.Y;
}
```

2.7 容器控件

容器控件是指能够将其他控件放置在该容器控件上，前面所介绍的 Label 控件和 Literal 控件也都可以看作是容器控件。除了这两种控件外，还有最常用的两种控件：Panel 和 PlaceHolder 控件。它们呈现为 div 元素，这将在页面中创建离散块，与 Label 和 Literal 控件进行内嵌呈现的方式不同。

2.7.1 PlaceHolder 控件

PlaceHolder 控件使开发者可以将空容器控件放置在页内，然后在运行时动态添加、删除或依次迭代子元素。PlaceHolder 控件只呈现其子元素；它不呈现自身的任何标记。例如，开发者可能想要根据用户选择的选项，在网页上显示数目可变的按钮。在这种情况下，用户不必面对可能导致混乱的选择，即那些要么不可用、要么与其自身需要无关的选择。可以动态创建按钮，并将它们添加为 PlaceHolder 控件的子集。

【例 2-19】从工具箱中拖动 PlaceHolder 控件到新创建的 Web 窗体页中，然后在后台 Load 事件中添加代码，分别向 PlaceHolder 控件中添加一个 Label 类型的控件和一个 Literal 类型的控件。

代码如下：

```
protected void Page_Load(object sender, EventArgs e)
{
    Label myLabel = new Label();
```

```
    myLabel.Text = "Label1";
    PlaceHolder1.Controls.Add(myLabel);
    PlaceHolder1.Controls.Add(new LiteralControl("<br/>"));
}
```

2.7.2 Panel 控件

Panel 容器控件通常被称为面板，控件用作其他控件的容器，该控件通常会被称作面板。当开发者需要以编程的方式创建内容并需要一种将内容插入到页中的方法时，Panel 控件最为适用。该控件的 3 种常用方式如下：

- 对于一组控件和相关的标记，可以通过把其放置在 Panel 控件中，然后以操作该控件的方式，将它们作为一个单元进行管理。
- 可将 TextBox 控件和 Button 控件放置在 Panel 控件中，然后通过将 Panel 控件的 DefaultButton 属性设置为面板中某个按钮的 ID，来定义一个默认的按钮。如果用户在面板内的文本框中进行输入时按 Enter 键，这与用户单击特定的默认按钮具有相同的效果。
- 部分控件(如 TreeView)没有内置的滚动条，通过在 Panel 控件中放置滚动条控件，可以添加滚动行为。可以通过该控件的 Height 和 Width 属性添加滚动条，将 Panel 控件设置为特定的大小，然后再设置 ScrollBars 属性。

Panel 控件与大多数控件一样包含多个属性，最常用的属性如表 2-13 所示。

表 2-13 Panel 控件的常用属性

属性名称	说 明
BackImageUrl	控件背景图像文件和 URL
DefaultButton	控件中默认按钮的 ID
Direction	控件中内容的显示方向，默认值为 NoSet，其他的值有 LeftToRight 和 RightToLeft
GroupingText	获取或设置控件中包含的控件组的标题，如果指定了滚动条，则设置该属性将不显示滚动条
ScrollBars	获取或设置控件中滚动条的可见性和位置
HorizontalAlign	获取或设置面板内容的水平对齐方式
Wrap	获取或设置一个指示面板中内容是否换行的值

不能够在 Panel 控件中同时指定滚动条和分组文本，如果设置了分组文本，其优先级高于滚动条。

【例 2-20】对用户注册时的信息进行分组，将一些必须填写的内容放在一个 Panel 控件中，将其他选填的信息放在另一个 Panel 控件中，并指定两个 Panel 控件的 GroupingText 属性的值。

部分代码如下：

```
<asp:Panel ID="panelBase" runat="server" GroupingText="必填信息">
```

```
    <div class="form-item form-row">
        Email: <asp:TextBox ID="mail" runat="server" CssClass="inputxt">
                </asp:TextBox>
    </div>
    <!-- 省略其他内容 -->
</asp:Panel>
<asp:Panel ID="panelXuan" runat="server" GroupingText="选填信息">
    <!-- 省略其他内容 -->
</asp:Panel>
```

在浏览器中运行上述代码，查看 Panel 控件设置的效果，如图 2-21 所示。

图 2-21　Panel 控件的效果

2.8　其 他 控 件

除了前面所介绍的控件外，Web 服务器控件还包含其他的一些控件，这些控件在 ASP.NET 的 Web 窗体页中也会被经常用到。本节将介绍常用的 3 个控件，它们分别是 AdRotator 控件、Calendar 控件和 Chart 控件。

2.8.1　AdRotator 控件

AdRotator 控件提供了一种在 ASP.NET 网页上显示广告的简单方法，该控件会显示开发者提供的图列表图像，例如 GIF 文件或类似格式的图像。当用户单击广告时，系统会重定向到指定的目标 URL。

使用 AdRotator 控件会随机选择广告，并在每次刷新网页时更改所显示的广告。广告可以加权以控制广告横幅的优先级别，这可以使某些广告的显示频率比其他广告高。

表 2-14 展示了 AdRotator 控件的一些常用属性。

AdRotator 控件显示的图形和目标 URL 可以从数据源提供，例如 XML 文件。当然，开发者也可以编写可循环显示广告的自定义逻辑。

表 2-14　AdRotator 控件的常用属性

属性名称	说　明
AdvertisementFile	获取或设置包含公布信息的 XML 文件的路径
AlternateTextField	获取或设置一个自定义数据字段，使用它代替广告的 AlternateText 属性
ImageUrlField	获取或设置一个自定义数据字段，使用它代替广告的 ImageUrl 属性
DataSource	获取或设置对象，数据绑定控件从该对象中检索其数据项列表

广告信息的来源有以下 3 种。

- XML 文件：可以将广告信息存储在 XML 文件中，其中包含对广告条及其关联属性的引用。
- 任何数据源控件(如 SqlDataSource 控件)：例如，开发者可以将广告信息存储在数据库中，还可以使用 SqlDataSource 控件检索广告信息，然后将 AdRotator 控件绑定到该数据源控件。
- 自定义逻辑：可以为该控件的 AdCreated 事件创建一个处理程序，并在该事件中选择一条广告。

使用 XML 文件作为数据源时，存储广告条图像位置、用于重定向的 URL 以及关联属性的一个方法是将这些信息放入一个 XML 文件。通过使用 XML 文件格式，可以创建和维护一个广告清单，而不必在对某一个广告进行更改时更改应用程序的代码。

【例 2-21】将 XML 文件作为 AdRotator 控件的数据源，在 ASP.NET 网页中随机显示图像，操作步骤如下。

(1)　在当前目录下创建 work.xml 文件，其内容必须符合 XML 文件的格式。部分代码如下：

```
<?xml version="1.0" encoding="utf-8" ?>
<Advertisements>
    <Ad>
        <ImageUrl>1.jpg</ImageUrl>
        <NavigateUrl>http://www.baidu.com</NavigateUrl>
        <AlternateText>在百度中搜索图片</AlternateText>
        <Keyword>女孩,图片,180*180</Keyword>
        <Impressions>10</Impressions>
    </Ad>
    <!-- 省略其他 -->
</Advertisements>
```

(2)　创建新的 Web 窗体页，并在 form 控件中添加 AdRotator 控件，设置该控件的 BorderWidth 属性、AdvertisementFile 属性和 Target 属性。代码如下：

```
<asp:AdRotator ID="AdRotator1" runat="server" BorderWidth="0"
  Target="_blank" AdvertisementFile="~/twentyone/work.xml" />
```

(3)　运行上述代码，在浏览器中查看，然后对网页多次刷新进行查看。

向 XML 文件中添加广告内容时，可以指定多个属性。例 2-21 中只是指定了几个常用属性，而表 2-15 中列举了所有的常用属性。

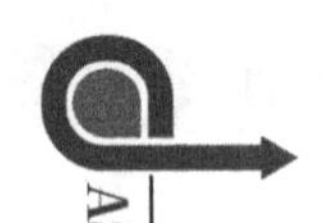

表 2-15　XML 文件中指定的属性

属性名称	说　明
ImageUrl	要显示的图像的 URL
NavigateUrl	单击 AdRotator 控件时要转到的网页的 URL
AlternateText	图像不可用时显示的文本
Keyword	可用于筛选特定广告的广告类别
Impressions	一个指示广告的可能显示频率的数值(加权数值)。XML 文件中所有 Impressions 值的总和不能超过 2048000000-1
Height	广告的高度(以像素为单位)。此值会替代 AdRotator 控件的默认高度设置
Width	广告的宽度(以像素为单位)。此值会替代 AdRotator 控件的默认宽度设置

2.8.2　Calendar 控件

Calendar 控件显示一个日历，用户可以通过该日历导航到任意一年的任意一天。Calendar 控件是一个相当复杂的控件，它具有大量的编程和格式设置选项，因此，本节只是进行简单的介绍。

当 ASP.NET 网页运行时，Calendar 控件以 HTML 表格的形式呈现。因此，该控件的许多属性与多种不同的表格格式相符合。在这些属性中，有几个在一些低版本的浏览器中不能得到完全支持，因此在这些浏览器中并不能使用所有的格式功能。开发者可以通过属性更改 Calendar 的常规外观，最常用的几个属性如表 2-16 所示。

表 2-16　Calendar 控件的常用属性

属性名称	说　明
DataNameFormat	获取或设置一周中各天的名称格式
FirstDayOfWeek	获取或设置在 Calendar 控件的第一天列中显示的一周中的某天
SelectedDate	使特定日期在控件中突出显示
ShowNextPrevMonth	允许或禁止用户进行月份导航。默认情况下，日历显示包含当前日期的月份
ShowDayHeader	获取或设置一个值，该值指示是否显示一周中各天的标头。默认值为 true
ShowGridLines	获取或设置一个值，该值指示是否用网格线分隔控件上的日期。默认值为 false
SelectionMode	属性值为 SelectionMode 枚举中定义的值之一，用以指定用户可以选择的日期。若要禁用所有日期选择，应将该属性设置为 None
VisibleDate	用于确定日历中显示的月份

【例 2-22】在例 2-20 的基础上添加用户注册的出生日期，在选择日期后，重新显示到网页中。

(1)　首先向 Web 窗体页中添加 TextBox 控件和 Calendar 控件，前者表示用户的输入，后者则表示日历控件。为 Calendar 控件指定 SelectionMode 属性的值为 DayWeek，SelectedDate 属性的值设置为“1988-08-19”，并且为 Calendar 控件自动套用格式。

(2)　为 Calendar 控件添加 SelectionChanged 事件的处理程序，在事件代码中获取用户选择的日期，并将该日期显示到表示出生日期的 TextBox 控件中。代码如下：

```
protected void CalendarBirth_SelectionChanged(object sender, EventArgs e)
{
    UserBirth.Text = CalendarBirth.SelectedDate.ToShortDateString();
}
```

(3) 在浏览器中运行例 2-22 中的代码查看效果，如图 2-22 所示。

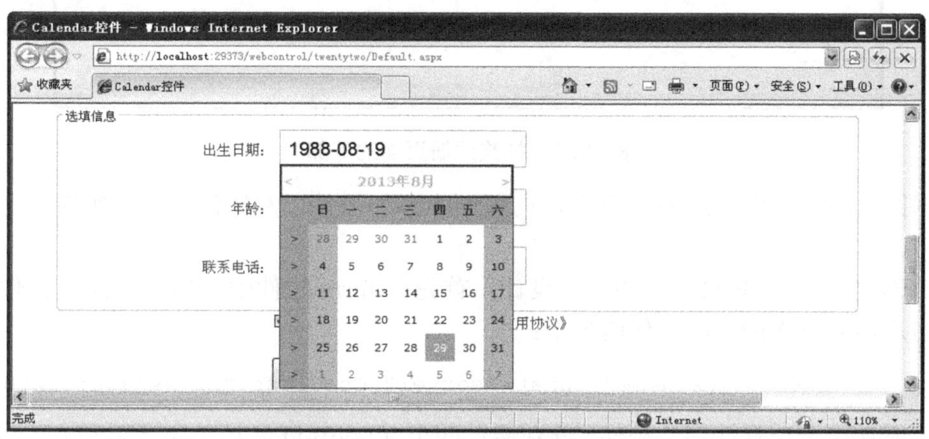

图 2-22　Calendar 控件的效果

2.9　实验指导——幸运抽奖注册页面

前面几节中已经介绍过了 ASP.NET 网页中常用的一些标准类型的控件，本节实验指导会将前面的多个控件结合起来，设计一个幸运抽奖时的注册页面。

实验指导 2-1：幸运抽奖注册页面

现在选秀的节目越来越多，而且在网络上也可以看到许多的抽奖活动，无论是抽奖还是选秀，还是其他的一些内容(例如购物网站)，都离不开用户的注册。本节实验指导将实现一个幸运抽奖注册页面，只要在页面中输入内容，然后进行提交即可。实现的页面非常简单，图 2-23 和图 2-24 中分别展示了页面的上部和下部。

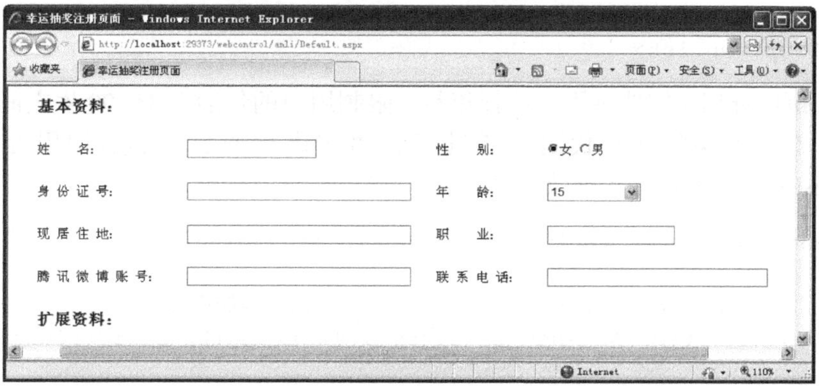

图 2-23　抽奖注册页面的上部

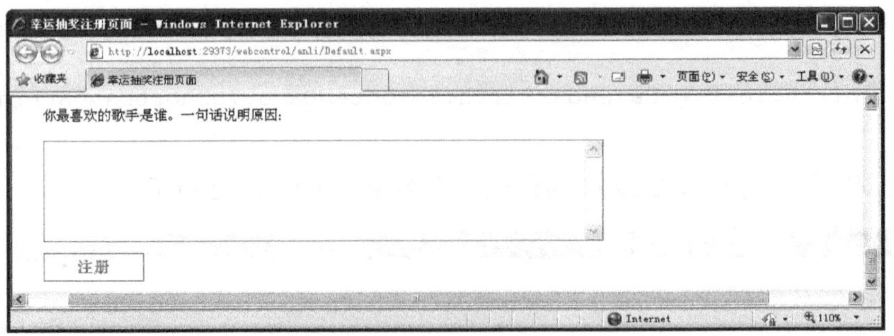

图 2-24　抽奖注册页面的下部

根据图 2-23 和图 2-24 设计页面，向页面中添加控件以及控件的相关属性，主要操作步骤如下。

(1) 创建新的 Web 窗体页并进行设计，首先在 form 控件中添加 TextBox 控件，该控件表示用户需要输入的姓名。代码如下：

```
<asp:TextBox ID="txtName" runat="server" CssClass="tb"></asp:TextBox>
```

(2) 添加用于选择性别的控件，分别通过两个 RadioButton 控件表示男和女，并且将这两个控件放在一个 Panel 控件下。代码如下：

```
<asp:Panel ID="Panel1" runat="server">
    <asp:RadioButton ID="rblGirl" runat="server" Checked="true"
      GroupName="rblSex" Text="女" />
    <asp:RadioButton ID="rblBoy" runat="server"
      GroupName="rblSex" Text="男" />
</asp:Panel>
```

(3) 添加供用户输入身份证号的控件，代码如下：

```
<asp:TextBox ID="tbIDNumber" runat="server" CssClass="tblong">
</asp:TextBox>
```

(4) 继续添加提供用户选择的年龄框，通过 DropDownList 控件表示，并且设置 Width 属性的值为 100 像素。代码如下：

```
<asp:DropDownList ID="ddlAge" runat="server" Width="100px">
</asp:DropDownList>
```

(5) DropDownList 控件供用户选择年龄，限制用户的年龄在 15~99 岁之间。向页面后台的 Load 事件中添加处理代码，通过 for 语句进行遍历，然后调用 Add()方法向 DropDownList 控件中添加。代码如下：

```
protected void Page_Load(object sender, EventArgs e)
{
    for (int i=15; i<100; i++) {            //循环添加年龄
        ddlAge.Items.Add(new ListItem(i.ToString(), i.ToString()));
    }
}
```

(6) 继续向 form 控件中添加与居住地和职业有关的内容，它们都通过 TextBox 控件来表示，具体代码不再给出。

(7) 添加供微博账号显示以及输入的控件，其中“腾讯微博账号”文本通过 HyperLink 控件来表示，NavigateUrl 属性指定链接的 URL 地址。而输入的内容通过 TextBox 控件控制。代码如下：

```
<asp:HyperLink ID="hlWeibo" runat="server"
  Text=" 腾 讯 微 博 账 号："
  NavigateUrl="http://t.qq.com">
</asp:HyperLink>
<asp:TextBox ID="tbWeibo" runat="server" CssClass="tblong">
</asp:TextBox>
```

(8) 添加用户注册页面基本资料的最后一个输入框，它表示联系用户时的电话。

(9) 与基本资料有关的信息设置完成后，就需要设置与扩展资料有关的输入内容，这些输入内容全部通过 TextBox 控件来表示。但是需要设置相关的属性，例如 Rows 属性、Columns 属性、TextMode 属性和 CssClass 属性等。以其中一个内容为例，代码如下：

```
<asp:TextBox ID="tbQ1" runat="server" Rows="3" Columns="20"
  TextMode="MultiLine" CssClass="tbbig">
</asp:TextBox>
```

(10) 添加扩展资料的其他内容，这里不再给出具体代码。

(11) 所有的内容添加完成后，最后需要向页面中添加执行操作时的按钮。这里的按钮使用 Button 控件表示，代码如下：

```
<asp:Button ID="btnSubmit" runat="server" Text="注册" CssClass="btn" />
```

(12) 页面的前台设计和后台代码都完成后，在浏览器中运行页面，查看效果。

2.10 习　　题

1. 填空题

(1) TextBox 控件的 TextMode 属性的值设置为__________时表示多行文本输入框。

(2) 所有的 Web 服务器控件都提供了__________属性，该属性是控件的唯一标识符。

(3) ASP.NET 网页中通常使用 RadioButton 控件和__________控件指定用户的单项选择。

(4) 将 ListBox 控件 SelectionMode 属性的值设置为__________时，表示用户可以选择多个列表项。

2. 选择题

(1) __________控件不是从 WebControl 类派生而来的 Web 服务器控件。

A．TextBox　　B．RadioButton

C．ListBox　　D．PlaceHolder

(2) 基本 Web 服务器控件的共同属性不包括__________属性。

A．BorderWidth　　B．CommandName

C．ID　　D．CssClass

(3) 下面关于 Web 服务器控件的说法，选项＿＿＿＿＿是正确的。

A．BulletedList 控件 BulletStyle 属性的值为 Disc 时所呈现的项目符号是空心圆

B．虽然 RadioButton 控件和 RadioButtonList 控件都继承自 WebControl 类，但是它们的直接父类是 ListControl 类

C．ImageMap 控件表示图形图像的响应，而 Image 控件则表示图形图像的显示

D．DropDownList 列表项的 Items 属性返回一个 ListItem 对象，该对象中的方法可以实现向控件添加和删除项

(4) 下面的选项＿＿＿＿＿是 HTML 服务器控件能够实现的功能。

A．与 ASP.NET 验证控件进行交互，可以验证用户是否已在控件中输入了合法的信息

B．支持主题，开发者可以使用主题为站点中的控件定义一致的外观

C．自动浏览器检测，控件可以检测浏览器的功能并呈现适当的标记

D．对于某些控件，可以使用 Templates 定义自己的控件布局

(5) ASP.NET 网页中可以通过使用 Web 服务器控件＿＿＿＿＿随机显示广告。

A．HyperLink　　B．Chart

C．AdRotator　　D．Calendar

3. 简答题

(1) 什么是 HTML 服务器控件，它所实现的功能有哪些？

(2) 什么是 Web 服务器控件，它所实现的功能有哪些？

(3) 操作按钮控件能够执行哪些任务，你所知道的操作按钮控件有哪些？

(4) 分别说出 TextBox、RadioButton、CheckBox、DropDownList 和 ListBox 控件的常用属性。

第 3 章　Web 服务器验证控件

在 ASP.NET 的网页表单中，其中一项非常重要的工作就是对用户的输入进行验证。经常在网购的用户肯定有这样的经历：如果要注册成为购物网站的会员，必须填写一些资料，并且填写的资料必须合法。

例如，在网页中输入联系电话时，如果输入的是中文汉字或英文字母，则网页在提交信息时，页面上就会出现一段错误的信息，要求用户必须输入正确的合法的电话号码，这就是一种验证。

本章将介绍如何在 ASP.NET 网页中使用 Web 服务器验证控件，首先从常用的两种验证方式开始介绍，接着介绍基础验证控件和错误显示控件，然后介绍如何指定验证组，最后通过一个实验指导结束正文内容。

本章的学习目标如下：

- 了解客户端验证和服务器端验证的区别。
- 掌握 RequiredFieldValidator 控件的属性和使用。
- 掌握 CompareValidator 控件的使用。
- 掌握 RangeValidator 控件的使用。
- 掌握 RegularExpressionValidator 控件的使用。
- 掌握 CustomValidator 控件的使用。
- 熟悉 ValidationSummary 控件的使用。
- 了解 ValidationGroup 属性的基本使用。
- 熟练使用验证控件完成对用户输入的验证。

3.1　验 证 概 述

验证的作用是检查用户输入的信息是否有效，验证并不能够完全保证用户输入的数据的真实性，只能说是满足了指定的规则。一般情况下，开发者可以通过客户端脚本进行验证。而 ASP.NET 中则提供了一些用于验证用户输入的控件。

3.1.1　两种验证方式

验证用户输入的内容是否正确有两种方式：一种是客户端验证；另一种是服务器端验证。客户端验证是指利用 JavaScript 脚本技术，在数据发送到服务器之前进行验证。而服务器端验证是指将用户输入的内容发送到 Web 服务器端进行验证。

无论是客户端验证还是服务器端验证，它们都能验证用户输入的内容是否合法，但是它们之间也存在着区别。

(1) 实现方式不同

客户端验证通过 JavaScript 脚本和 DHTML 来实现；而服务器验证则通过.NET 的开发

语言来实现。

(2) 访问方式不同

客户端验证不能访问服务器资源，即不能即时地获取到反馈的信息；而服务器验证是与服务器上存储的数据进行比较验证，需要服务器返回以显示错误信息。

(3) 浏览器版本不同

客户端验证器需要依赖浏览器的版本，如果旧版本特别低，也可能不会提供验证支持；而服务器端验证与浏览器版本无关。

(4) 安全性能不同

从安全性方面来说，客户端验证的安全性比较低，它不能抵抗欺骗代码或者一些恶意代码的使用；而服务器端验证的安全性比较高，可以避免欺骗代码或恶意代码带来的问题。

3.1.2 服务器端验证

服务器端验证是将内容发送到 Web 服务器来进行验证，ASP.NET 中提供了一些验证控件，这些控件可以在网页上检查用户输入。有用于各种不同类型验证的控件，如表 3-1 所示列出了常用的验证控件。

表 3-1 常用的验证控件

验证类型	控 件	说 明
必需项	RequiredFieldValidator	确保用户不会跳过某一项
与某值比较	CompareValidator	将用户输入与一个常数值或者另一个控件或特定数据类型的值进行比较
范围检查	RangeValidator	检查用户的输入是否在指定的上下限内，可以检查数字对、字母对和日期对限定的范围
模式匹配	RegularExpressionValidator	检查项与正则表达式定义的模式是否匹配
用户定义	CustomValidator	使用开发者自己编写的验证逻辑检查用户输入

对于一个输入控件来说，开发者可以为其附加多个验证。例如，可以指定某个控件是必需的，并且该控件还包含特定范围的值。

除了表 3-1 所示的控件外，还有一个 ValidationSummary 控件，该控件不会执行验证，但是经常与其他验证控件一起用于显示来自页上所有验证控件的错误信息。

开发者在使用 Web 服务器验证控件时，需要注意一些问题，这些问题如下所示：

- 验证控件不能单独使用。
- 可以对输入控件同时使用多个验证控件。
- 如果输入控件为空，则验证控件会认为验证成功。因此，对于大多数输入控件，需要使用 RequiredFieldValidator 控件，这样以防止空输入通过验证。
- 验证控件可以在服务器端和客户端执行验证，除非浏览器不支持客户端验证，或者显示禁用客户端验证(EnableClientScript 属性设置为 false)，否则服务器验证和客户端验证都会执行。

3.2 基础验证控件

简单地了解过客户端验证和服务器端验证的有关内容后，本节将介绍进行验证时常用的 5 种验证控件。

3.2.1 RequiredFieldValidator 控件

RequiredFieldValidator 控件也叫非空验证或必填验证，它用于确保用户不会跳过某项输入。通过在页面中添加该控件并将其链接到必需的控件，可以指定某个用户在 ASP.NET 网页上的特定控件中必须提供的信息。例如，开发者可以指定用户在提交注册页面之前必须填写“用户名称”文本框。

如果验证在客户端执行，那么用户可以在使用该页时将必填字段留为空白或默认值，但必须在提交页之前提供非默认值。但是，在字段中输入值之后，用户便无法清除该字段或将其复原为默认值。如果清除该字段，用户在离开字段时会立即见到错误消息。在服务器端验证中，页提交之前不进行检查，因此用户在提交页后才会看到错误消息。

无论是 RequiredFieldValidator 控件还是本节所介绍的其他控件，它们都需要与另一个控件配合使用，不能单独使用。首先将要验证的控件添加到网页中，然后再添加验证控件，这样就可以轻松地将后者与前者关联。

RequiredFieldValidator 控件包含多个常用的属性，通过设置这些属性，可以绑定要验证的控件，也可以指定错误信息显示的方式，如表 3-2 所示列举了一些常用属性。

表 3-2 RequiredFieldValidator 控件的常用属性

属性名称	说 明
ControlToValidate	获取或设置要验证的控件 ID 名称。此属性必须进行设置
EnableClientScript	获取或设置一个值，该值指示是否启用客户端验证。默认为 false
SetFocusOnError	获取或设置一个值，该值指示验证失败时是否将焦点设置到第一个验证失败的控件上
Display	控件错误消息的显示方式
ValidationGroup	获取或设置此验证控件所属的验证组的名称
IsValid	获取或设置一个值，该值指示输入的控件是否通过验证
InitialValue	获取或设置关联的输入控件的初始值
ErrorMessage	获取或设置验证失败时 ValidationSummary 控件中显示的错误消息的文本
Text	获取或设置验证失败时验证控件中显示的文本

RequiredFieldValidator 控件的 Display 属性的值是枚举类型 ValidatorDisplay 的值之一，其值有 3 个——Dynamic、Static 和 None。

- Dynamic：验证失败时动态添加到页面中的验证程序内容。除非显示错误信息，否则验证控件不会占用空间，这允许控件共用同一个位置，但在显示错误信息时，

页的布局将会更改，有时将导致控件更改位置。

- Static：默认值，作为页面布局的物理组成部分的验证程序内容。即使没有可见错误信息文本，每个验证控件也将占用空间，允许开发者为页定义固定的布局。多个验证控件无法在页上占用相同的空间，因此，必须在页上给每个控件留出单独的位置。
- None：从不内联显示的验证程序内容。

【例 3-1】用户在注册或登录某个系统时，会提示用户必须输入用户名和用户密码等内容。本例模拟实现用户注册时的一个基本输入验证，操作步骤如下。

(1) 在 Web 窗体页中设计某个网站的用户调查页面，该页面包含邮箱输入框、密码输入框和密码重复输入框，以及执行操作的按钮。部分设计代码如下：

```
<form id="register_form" name="register_form" action="#" method="post"
  runat="server">
    <div class="form-item form-row">
        <label>Email: </label>
        <asp:TextBox ID="email" runat="server" CssClass="inputxt">
        </asp:TextBox>  
    </div>
    <!-- 省略其他密码框和重复密码框 -->
    <div class="form-item form-row">
        <label></label>
        <asp:Button ID="btnClick" runat="server" class="green"
          Text="注 册" Height="35" Width="90" Font-Size="Large" />
    </div>
</form>
```

(2) 从“工具箱”中拖动 3 个 RequiredFieldValidator 控件，将它们分别放在 3 个输入框之后。然后选中 RequiredFieldValidator 控件，单击鼠标右键打开“属性”对话框，在该对话框中指定 ControlToValidate 属性的值为 email(即 E-mail 输入框的 ID 属性值)，ForeColor 属性指定提示信息显示的颜色，Text 属性指定显示的提示。

以 E-mail 输入框验证的 RequiredFieldValidator 控件为例，代码如下：

```
<asp:TextBox ID="email" runat="server" CssClass="inputxt">
</asp:TextBox>  
<asp:RequiredFieldValidator ID="rfvEmail" runat="server"
  ControlToValidate="email" ForeColor="#FF3300">用户的 Email 地址不能为空！
</asp:RequiredFieldValidator>
```

(3) 在浏览器中运行例 3-1 的代码，在网页中直接单击按钮查看效果，如图 3-1 所示。

ErrorMessage 属性的值表示验证失败时 ValidationSummary 控件中显示的错误文本，如果该属性和 Text 属性同时进行了设计，那么单击图 3-1 中的“注册”按钮时，会显示 Text 属性的值，在 ValidationSummary 控件显示 ErrorMessage 属性的值。如果 Text 属性没有设置而只设置了 ErrorMessage 属性的值，那么单击图 3-1 中的“注册”按钮时则会显示该属性的值，读者可以更改例 3-1 中的代码，再单击按钮来测试效果。

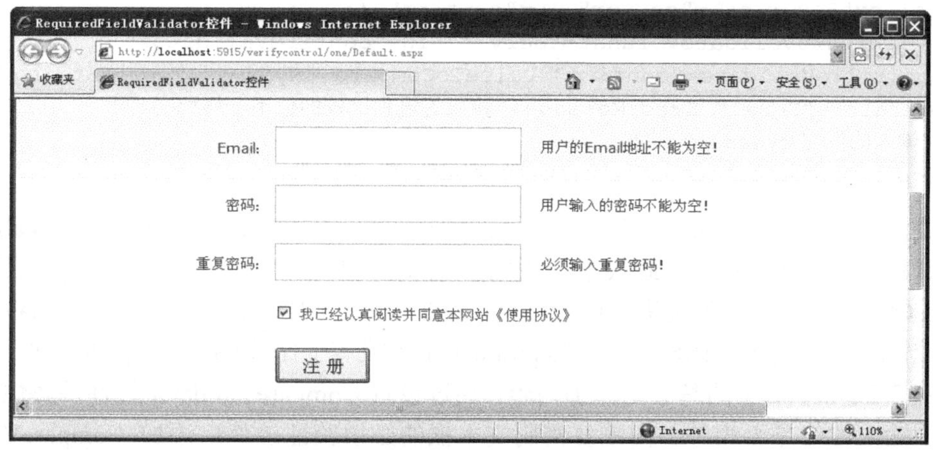

图 3-1　RequiredFieldValidator 控件的验证

3.2.2　CompareValidator 控件

如果用户在图 3-1 中输入了 Email 值、密码和重复密码，那么如何判断重复密码与第一次输入的密码是否一致呢？ASP.NET 有没有提供一种与 RequiredFieldValidator 控件相似的代码来进行验证呢？答案是：有。我们可以使用 CompareValidator 控件。

CompareValidator 控件通常被称为比较验证控件，该控件可以将用户输入与一个常数值或者另一个控件或者特定数据类型的值进行比较，比较时需要使用小于、等于或者大于等比较运算符。

CompareValidator 控件的大多数属性都与表 3-2 所示的 RequiredFieldValidator 的属性相同，但是，它也包含一些自己的属性，如表 3-3 所示。

表 3-3　CompareValidator 控件的特定属性

属性名称	说　明
ControlToCompare	获取或设置要与所验证的输入控件进行比较的输入控件
Operator	获取或设置要执行的比较操作，默认值为 Equal
Type	获取或设置在比较之前所比较的值转换到的数据类型。其值包括 String(默认值)、Integer、Double、Date 和 Currency
ValueToCompare	获取或设置一个常数值，该值要与由用户输入到所验证的输入控件中的值做比较

注意：如果在 ControlToCompare 属性中指定了控件，CompareValidator 控件会将用户输入的内容与指定的控件进行比较。如果 ControlToCompare 和 ValueToCompare 属性同时指定了值，则 ControlToCompare 的优先级比较高。

CompareValidator 控件可以将用户输入文本框中的值与指定的值进行比较，比较一个常数值时可以指定 ValueToCompare 属性。例如，将用户输入的值与固定值“MyName”进行比较。代码如下：

```
<asp:TextBox runat="server" ID="confirm" />
<asp:CompareValidator runat="server" ID="confirmValidator"
  ControlToValidate="confirm" ValueToCompare="MyName" Type="String"
  Operator="Equal" ErrorMessage="输入的值和比较的值不一样">
    输入的值与 MyName 不一样
</asp:CompareValidator>
```

上述代码中，将 Operator 属性的值指定为 Equal，该属性的值是枚举类型 ValidationCompareOperator 的值之一。此枚举类型的值主要有 7 个：Equal(默认值，等值比较)、DataTypeCheck(只对数据类型进行比较)、GreaterThan(大于比较)、GreaterThanEqual(大于或等于比较)、LessThan(小于比较)、LessThanEqual(小于或等于比较)和 NotEqual(不等于比较)。

【例 3-2】在例 3-1 的基础上添加内容，通过设置 CompareValidator 控件的属性比较两个控件中输入的值是否相等。向重复密码文本框的必填验证控件后添加 CompareValidator 验证，并且在“属性”窗口中设置该控件的属性值。

CompareValidator 控件的代码如下：

```
<asp:CompareValidator ID="cvPass" runat="server"
  ControlToValidate="passwd" ForeColor="#0066FF"
  ControlToCompare="repasswd">
    请确保重复密码与密码一致！
</asp:CompareValidator>
```

上述代码中指定 ControlToCompare 控件的值为 repasswd(即重复密码文本框的 ID 属性值)，ForeColor 属性指定显示的颜色为蓝色。设置完成后运行上述代码查看网页，在密码框和重复密码框中输入内容，然后单击按钮进行验证，如图 3-2 所示。

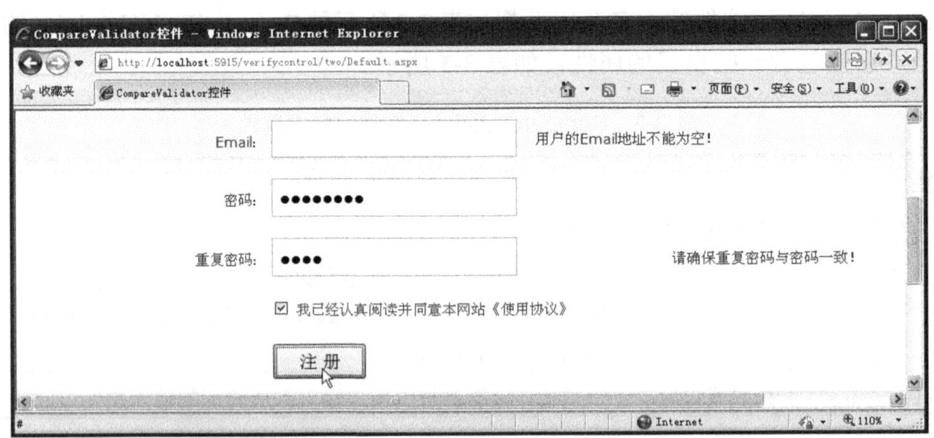

图 3-2　CompareValidator 控件的验证

读者可能会奇怪，为什么在图 3-2 中显示的密码不一致信息会显示到右侧，而前面没有任何内容却有多余的空白呢？这是因为验证时为重复密码框设置了必填验证和比较验证。虽然必填验证已经通过，但是，该控件的 Display 属性的值为 Static，因此它还占据着一定的空间。如果想要在验证通过时不再占据空间，可以将控件的 Display 属性的值设置为 Dynamic。更改后，重新运行网页进行测试，如图 3-3 所示。

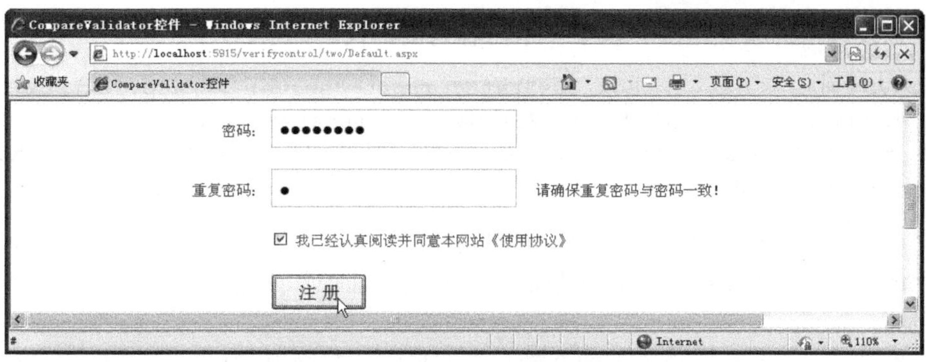

图 3-3　Display 属性的值为 Dynamic

3.2.3　RangeValidator 控件

RangeValidator 控件通常会被称为范围验证控件，该控件用于验证输入控件的值是否在指定的范围内。例如，开发者可检查用户输入的年龄、日期、字母和数字是否介于限定的范围内。RangeValidator 控件的常用属性与 RequiredFieldValidator 控件基本相似，用于范围验证的属性主要有以下 3 个。

- MinimumValue：获取或设置验证范围的最大值。
- MaximumValue：获取或设置验证范围的最小值。
- Type：获取或设置在比较之间将所比较的值转换到的数据类型。

Type 属性指定比较之前将所比较的值转换到的数据类型，其值是 ValidationDateType 枚举的取值之一，如表 3-4 所示。

表 3-4　ValidationDateType 枚举的值

取值类型	说　明
String	字符串数据类型，默认的类型，其值被视为 System.String
Date	日期数据类型。仅允许使用数字日期，不能指定时间部分
Integer	32 位符号整数数据类型，其值被视为 System.Int32
Double	双精度浮点数数据类型，其值被视为 System.Double
Currency	货币数据类型，其值被视为 System.Decimal，但仍然允许使用货币和分组符号

【例 3-3】RangeValidator 控件的使用与其他验证控件一样，本例中，在窗体页中声明多个输入框，这些输入框都通过 RangeValidator 控件及相关属性进行验证。

(1)　在 Web 窗体页的 form 控件中首先添加输入年龄的文本框和范围验证控件，该验证控件指定用户输入的年龄在 0~200 岁之间，并且指定比较的类型为 Integer。代码如下：

```
请输入您的年龄：<asp:TextBox ID="txtAge" runat="server"></asp:TextBox>
<asp:RangeValidator ID="RangeValidator1" runat="server" MaximumValue="200"
  MinimumValue="0" Type="Integer" Display="Dynamic"
  ControlToValidate="txtAge">输入年龄有误</asp:RangeValidator>
```

(2)　继续添加用于比较字符串的类型，分别判断用户输入的内容是否符合大写词汇、

小写词汇以及词汇的验证范围。以第一个内容为例，代码如下：

```
请输入大写词汇：<asp:TextBox ID="txtU" runat="server"></asp:TextBox>
<asp:RangeValidator ID="RangeValidator1" runat="server"
  ControlToValidate="txtU" MaximumValue="Z" MinimumValue="M">请输入大写词汇
</asp:RangeValidator>
```

在第一个范围验证控件中指定输入的内容在大写 M~Z 之间，在第二个范围验证控件中指定输入的内容在小写 a~z 之间，在最后一个范围验证控件中指定输入的内容在大写 A 到小写 z 之间。

(3) 继续添加，判断用户输入的金额是否在指定的范围内，RangeValidator 控件验证的类型是 Double 类型，并且值在 0~10000 之间。代码如下：

```
请输入存入金额：<asp:TextBox ID="txtMoney" runat="server"></asp:TextBox>
<asp:RangeValidator ID="rvMoney" runat="server" MaximumValue="10000"
  MinimumValue="0" Type="Currency" ControlToValidate="txtMoney">
    您输入的金额有误
</asp:RangeValidator>
```

(4) 添加用户输入的出生日期是否在指定范围内的验证，指定用户的出生日期必须在 1900-1-1 ~ 2099-12-31 日之间。代码如下：

```
请输入出生日期：<asp:TextBox ID="txtBirth" runat="server"></asp:TextBox>
<asp:RangeValidator ID="rvBirth" runat="server"
  ControlToValidate="txtBirth"
  MaximumValue="2099-12-31" MinimumValue="1900-1-1">您输入日期有误
</asp:RangeValidator>
```

(5) 运行本例中的代码，在浏览器中查看，并且向页面的文本框中输入内容，输入完毕后，按下 Enter 键进行验证，如图 3-4 所示。

图 3-4　RangeValidator 控件的验证

3.2.4　RegularExpressionValidator 控件

一般情况下，使用上面的验证控件能够实现基础的验证，但是有时候，验证的内容过于复杂，上述验证控件并不能够满足开发者的需求。例如，验证用户输入电话号码是否正确，联系时的邮箱是否合法，输入的邮政编码等内容中的字符序列等，这时需要使用 RequiredFieldValidator 控件。

RegularExpressionValidator 控件通常会被称为正则表达式控件，该控件用于验证指定用户输入的内容是否与某个正则表达式所定义的模式相匹配。这类验证允许用户检查可预知的字符序列，例如身份证号、电子邮件地址、电话号码和邮政编码中的字符序列。

RegularExpressionValidator 控件的属性与 RequiredFieldValidator 非常相似，其常用属性除了 Display、ErrorMessage、Text 和 ControlToValidation 外，还有一个 ValidationExpression，该属性用于获取或设置确定字段验证模式的正则表达式。默认情况下，ASP.NET 中提供了一些常用的正则表达式，开发者在“属性”窗口中找到控件的 ValidationExtensions 属性，并且单击属性后空白处的按钮弹出如图 3-5 所示的“正则表达式编辑器”对话框，从提供的表达式中可以直接选择已经提供的正则表达式验证，也可以自定义正则表达式。

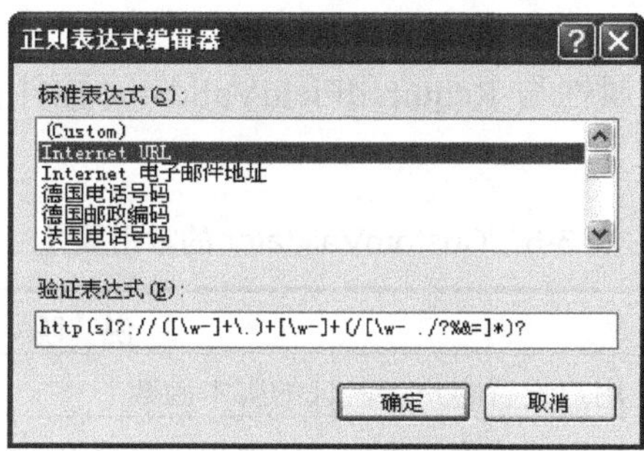

图 3-5　正则表达式编辑器

【例 3-4】在例 3-2 的调查注册页面中，已经判断过用户输入的文本框是否合法，并且输入的密码是否一致，但是并没有对用户输入的 E-mail 进行验证。本例在例 3-2 的基础上重新添加或更改代码，通过 RegularExpressionValidator 控件完成用户输入 E-mail 的验证。

首先找到与用户输入 E-mail 有关的输入框和必填验证控件，在必填验证控件之后添加 RegularExpressionValidator 控件，并且指定该控件的相关属性。代码如下：

```
<asp:RegularExpressionValidator ID="revEmail" runat="server"
  ControlToValidate="email" Display="Dynamic"
  ErrorMessage="必须输入合法的 Email 地址！" ForeColor="#0066FF"
  ValidationExpression="\w+([-+.']\w+)*@\w+([-.]\w+)*\.\w+([-.]\w+)*">
</asp:RegularExpressionValidator>
```

重新在浏览器中运行代码，向文本框中输入 E-mail 后进行验证，效果如图 3-6 所示。

除了使用 RegularExpressionValidator 控件提供的一些正则表达式外，开发者可以自己定义正确的正则表达式。例如，匹配内容必须是 QQ 号的表达式可以是“[1-9][0-9]{4,}”，或者匹配输入的内容必须是满足正整数时，可以使用表达式“^[1-9]\d*$”。

图 3-6　RegularExpressionValidator 控件的验证

3.2.5　CustomValidator 控件

虽然利用 RegularExpressionValidator 控件可以匹配符合正则表达式的内容，但是有些时候，开发者想通过自己定义的内容来实现验证效果，这时前面的控件都不再满足开发者的要求。ASP.NET 提供了 CustomValidator 验证控件，该控件使开发者可以使用自己编写的验证逻辑检查用户的输入。

CustomValidator 控件的属性与 RequiredFieldValidator 控件很相似，表 3-5 给出了一些常用的属性。

表 3-5　CustomValidator 的常用属性

属性名称	说　明
ClientValidationFunction	用户设置客户端验证的脚本函数
ValidateEmptyText	获取或设置一个值，该值指示是否验证空文本。默认值为 false
OnServerValidate	服务器端验证的事件方法
EnableClientScript	指示是否在上级浏览器中对客户端执行验证

CustomValidator 控件通常会被称为自定义验证控件，它既支持客户端脚本验证，也支持后台服务器端验证。

1. 客户端验证

客户端脚本验证需要在网页中定义脚本函数，并且同时设置 CustomValidator 控件 ClientValidationFunction 属性的值。

客户端验证函数的原型如下：

```
function ValidationFunctionName(source, arguments)
```

上述函数原型中包括两个参数，其中 source 是对 CustomValidator 控件呈现的 span 元素的引用，可以通过编程的方式来控制。arguments 是一个具有 Value 属性和 IsValid 属性的对象，使用此参数可以获取控件的值，这样以根据自定义验证例程来验证并指示该值是否有效。

2. 服务器端验证

CustomValidator 控件有一个 ServerValidate 事件，如果要实现服务器端验证，则需要在事件的处理程序中添加代码。ServerValidate 事件代码如下：

```
protected void CustomValidator1_ServerValidate(object source,
  ServerValidateEventArgs args)
{
    //省略代码
}
```

ServerValidate 事件包含 source 和 args 两个参数，source 是对引发此事件的自定义验证控件的引用，args 是一个 ServerValidateEventArgs 对象，通过该对象的 Value 属性获取用户输入的内容，如果该内容有效，则 args.IsValid 的值为 true，否则为 false。

3. 简单示例

了解过 CustomValidator 控件的基本知识后，下面通过一个简单的例子来实现客户端脚本的验证。

【例 3-5】完成两个数的计算，要求用户输入的第一个数必须是 Integer 类型的奇数，第二个数必须是 Integer 类型的偶数，如果输入的内容符合要求，则把计算的结果显示到网页上。

(1) 创建新的 Web 窗体页并且进行设计，在表单中分别添加 ID 属性值是 txtOdd 和 txtEven 的 TextBox 控件。另外，还需要添加执行操作的 Button 控件，并且为该控件添加 Click 事件。代码如下：

```
请输入一个奇数：<asp:TextBox ID="txtOdd" runat="server" CssClass="inputxt">
</asp:TextBox>
请输入一个偶数：<asp:TextBox ID="txtEven" runat="server" CssClass="inputxt">
</asp:TextBox>
<asp:Button ID="btnClick" name="submit" runat="server" class="green"
  Text="计 算" Height="35" Width="90" Font-Size="Large"
  OnClick="btnClick_Click" />
```

(2) 分别为两个 TextBox 控件添加验证操作，RequiredFieldValidator 控件指定必填内容，CustomValidator 验证用户输入的内容必须是奇数或偶数。以第一个文本框为例，验证控件的代码如下：

```
<asp:RequiredFieldValidator ID="rfvOdd" runat="server"
  ControlToValidate="txtOdd"
  ForeColor="#FF3300" Display="Dynamic">
    必须输入奇数(如1、3、5)
</asp:RequiredFieldValidator>
<asp:CustomValidator ID="cvOdd" runat="server" ForeColor="#FF3300"
  ControlToValidate="txtOdd" Display="Dynamic"
  ClientValidationFunction="IsOdd"
  ErrorMessage="您输入的内容不是奇数">
</asp:CustomValidator>
```

(3) 在与文本输入框有关的CustomValidator控件中，分别指定ClientValidationFunction属性的值为IsOdd和IsEven，它们是JavaScript脚本中的函数名称。

(4) 在JavaScript脚本中分别编写名称是IsOdd和IsEven的代码，在函数代码中获取用户输入的内容，对2求余进行判断。以IsOdd函数为例，代码如下：

```
<script type="text/javascript">
    function IsOdd(oSrc, args) {
        var num = document.getElementById("txtOdd").value;  //获取输入的内容
        if (num % 2 == 1) {       //如果是奇数
            args.IsValid = true;
        } else {                  //如果是偶数
            args.IsValid = false;
        }
    }
</script>
```

(5) 如果用户输入的所有内容都验证通过，单击按钮时会将两个数相加的结果显示到网页中。

Button控件的Click事件处理程序代码如下：

```
protected void btnClick_Click(object sender, EventArgs e)
{
    int num1 = Convert.ToInt32(txtOdd.Text);         //获取输入的奇数
    int num2 = Convert.ToInt32(txtEven.Text);        //获取输入的偶数
    if (IsValid)            //页验证成功
    {
        txtResult.Text = (num1 + num2).ToString();  //显示结果
    }
}
```

在验证时会使用到IsValid，根据该属性的值判断是否通过页面验证。上述代码中通过该属性判断页验证是否成功，如果为true，表示验证成功，否则验证失败。

(6) 运行页面并输入内容查看效果，执行客户端验证时的效果如图3-7所示。

图3-7 CustomValidator控件的验证

3.3　错误显示控件——ValidationSummary

通过使用验证控件，可以向 ASP.NET 网页中添加输入验证。验证控件为所有常用的标准验证类型(如测试某范围内的有效日期或值)提供了一种易于使用的机制，以及自定义编写验证的方法。另外，验证控件还允许自定义向用户显示错误信息的方法，这需要通过 ValidationSummary 控件来实现。

ValidationSummary 控件用于在一个位置总结来自网页中所有验证程序的错误信息，此控件可以将错误信息归纳在一个简单的列表中，以内联方式或摘要方式显示错误信息。ValidationSummary 控件包含多个常用属性，通过这些属性，可以设置错误显示的方式和文本等内容，常用的属性如表 3-6 所示。

表 3-6　ValidationSummary 控件的常用属性

属性名称	说　明
DisplayMode	获取或设置验证摘要的显示模式。默认值为 BulletList
EnableClientScript	获取或设置一个值，用于指示该控件是否使用脚本
HeaderText	获取或设置显示在摘要上方的标题文本
ShowMessageBox	获取或设置一个值，该值指示是否在消息框中显示摘要信息
ShowSummary	获取或设置一个值，该值指示是否内联显示验证摘要

表 3-6 中，DisplayMode 属性的值是枚举类型 ValidationSummaryDisplayMode 的值之一，该枚举的值为 3 个——BulletList、List 和 SingleParagraph。说明如下。

- BulletedList：默认值，显示在项目符号中的验证摘要。
- List：显示在列表中的验证摘要。
- SingleParagraph：显示在单个段落内的验证摘要。

【例 3-6】在例 3-5 的基础上进行更改，向页面中添加 ValidationSummary 控件显示摘要信息，操作步骤如下。

(1)　首先找到与验证有关的控件，如果控件中没有设置 ErrorMessage 属性，则需要为验证控件设置该属性的值。

(2)　向网页中添加 ValidationSummary 控件，并且将 ShowMessageBox 属性和 ShowSummary 属性的值都设置为 true，这样既会以消息框形式显示摘要，也会也内联方式显示摘要。代码如下：

```
<asp:ValidationSummary ID="vsResult" runat="server" ShowMessageBox="true"
  ShowSummary="true" />
```

(3)　在浏览器中重新运行网页代码查看效果，提供用户输入时的效果如图 3-8 所示。

ValidationSummary 控件能够以弹出消息框的形式弹出信息，也能以内联的方式(即在网页中输出)显示信息。如果以消息框的形式显示摘要，需要将 ShowMessageBox 的值设置为 true，将 ShowSummary 属性的值设置为 false。如果以内联方式显示，则 ShowSummary 的值为 true，而 ShowMessageBox 控件的值为 false。当然，也可以同时设置为 true，这时

会以两种形式进行显示。

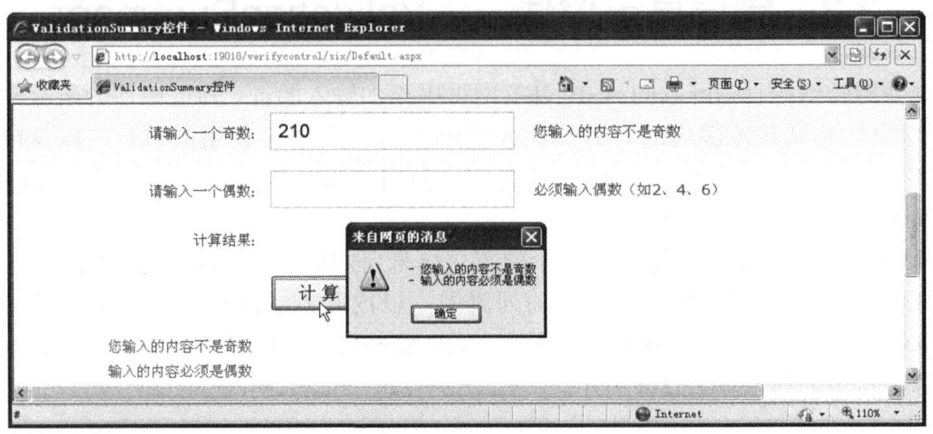

图 3-8　ValidationSummary 控件的效果

提示

如果读者只想以消息框形式或者内联方式弹出摘要信息，而不想显示验证控件中的内容，那么可以将验证控件的 Display 属性的值设置为 None。

3.4　指定验证组

使用验证组，可以将页面上的验证控件归为一组，可以对每个验证组执行验证，该验证与同一页的其他验证组无关。

验证组的实现很简单，将要分组的所有控件的 ValidationGroup 属性设置为同一个名称(字符串)即可创建验证组。可以为验证组分配任何名称，但是必须对该组的所有成员使用相同的名称。

在回发过程中，只根据当前验证组中的验证控件来设置 Page 类的 IsValid 属性，当前验证是由导致验证发生的控件确定的。例如，如果单击验证组为 LoginForm 的按钮控件，并且其 ValidationGroup 属性设置为 LoginForm 的所有验证控件都有效，则 IsValid 属性将返回 true。对于其他控件(例如 DropDownList 控件)，如果控件的 CausesValidation 属性设置为 true(而 AutoPostBack 属性设置为 true)，则也可以触发验证。

【例 3-7】本例演示 Button 控件回发到服务器时，如何使用 ValidationGroup 属性指定要验证的控件。

首先在页面中添加 3 个用于获取用户数据的文本框和 3 个用于确保用户必填项的 RequiredFieldValidator 控件。然后添加两个 Button 控件，并且设置 CausesValidation 属性和 ValidationGroup 属性，第一个 Button 控件的 ValidationGroup 属性为 PersonalInfoGroup，第二个 Button 控件的 ValidationGroup 属性为 LocationInfoGroup。代码如下：

```
<form id="form1" runat="server">
<h3>指定验证组，并且查看效果</h3>
请输入您的名字：<asp:TextBox ID="NameTextBox" runat="Server"></asp:TextBox>
<asp:RequiredFieldValidator ID="refName"
```

```
  ValidationGroup="PersonalInfoGroup" ErrorMessage="必须输入您的名字。"
  ControlToValidate="NameTextBox" runat="Server">
</asp:RequiredFieldValidator>
请输入您的年龄：<asp:TextBox ID="AgeTextBox" runat="Server"></asp:TextBox>
<asp:RequiredFieldValidator ID="refAge" ControlToValidate="AgeTextBox"
  ErrorMessage="必须输入您的年龄。" ValidationGroup="PersonalInfoGroup"
  runat="Server">
</asp:RequiredFieldValidator>
<asp:Button ID="btn1" Text="提交信息"ValidationGroup="PersonalInfoGroup"
  runat="Server" CausesValidation="true" />
请输入您的建议：<asp:TextBox ID="CityTextBox" runat="Server"></asp:TextBox>
<asp:RequiredFieldValidator ID="refCity"
  ValidationGroup="LocationInfoGroup" ErrorMessage="必须输入您的建议。"
  ControlToValidate="CityTextBox" runat="Server">
</asp:RequiredFieldValidator>
<asp:Button ID="btn2" Text="提交建议" ValidationGroup="LocationInfoGroup"
  runat="Server" CausesValidation="true" />
</form>
```

上述代码中指定前两个文本框的 RequiredFieldValidator 控件在 PersonalInfoGroup 验证组中，第三个文本框的 RequiredFieldValidator 控件在 LocationInfoGroup 验证组中。

窗体页设计完毕后直接运行查看效果，分别单击两个按钮进行测试，如图 3-9 和图 3-10 所示分别给出了测试效果。

图 3-9　单击第一个按钮

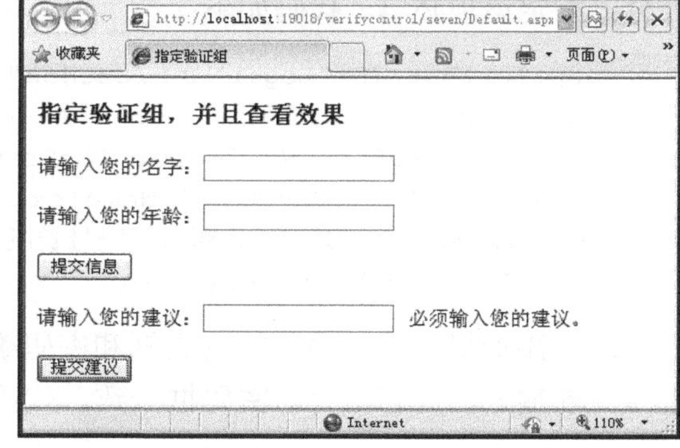

图 3-10　单击第二个按钮

3.5　实验指导——招聘注册网站的验证

前面已经介绍过 ASP.NET 网页中常用的 Web 服务器验证控件，本节主要将验证控件结合起来，验证用户在招聘网站注册时输入的内容是否合法。

实验指导 3-1：验证招聘注册网站中用户输入的内容

现在越来越多的用户通过在互联网上注册个人信息投递简历，本节实验指导设计一个照片注册网站，并且对用户输入的内容进行基本验证，效果如图 3-11 所示。

图 3-11　招聘注册网站的页面效果

开发者可以根据图 3-11 所示的效果设计窗体页，并且向页面中添加控件，主要操作步骤如下。

(1) 在 Web 窗体页中添加供用户输入账号的文本框，为其添加 RequiredFieldValidator 控件，指定该项必填。代码如下：

```
<asp:TextBox ID="LoginNameTextBox" runat="server" CssClass="FormBase">
</asp:TextBox>
<asp:RequiredFieldValidator ID="rfvLoginName" runat="server"
  ControlToValidate="LoginNameTextBox" Display="Dynamic" ForeColor="Red"
  ErrorMessage="必须输入账号，账号长度在 6-20 位之间">
</asp:RequiredFieldValidator>
```

(2) 添加提供用户输入的密码框和密码确认框，指定密码框是必填的，而在密码确认部分判断输入的内容是否与密码框一致。代码如下：

```
密码：<asp:TextBox ID="LoginPassTextBox" runat="server" TextMode="Password">
</asp:TextBox>
<asp:RequiredFieldValidator ID="rfvLoginPass" runat="server"
  ControlToValidate="LoginPassTextBox" Display="Dynamic" ForeColor="Red"
  ErrorMessage="必须输入密码，长度为 6-12 个字符">
</asp:RequiredFieldValidator>
密码确认：<asp:TextBox ID="LoginPrePassText"
  runat="server" TextMode="Password"></asp:TextBox>
<asp:CompareValidator ID="cvPrePass" runat="server" Display="Dynamic"
  ForeColor="Blue" ControlToValidate="LoginPassTextBox"
  ControlToCompare="LoginPrePassText"
  ErrorMessage="请确保两次输入的密码一致">
</asp:CompareValidator>
```

(3) 指定当前注册用户的类型，两种类型信息分别通过两个 RadioButton 控件来表示，这里不再给出代码。

(4) 添加供用户输入真实姓名的文本框，并且添加 RequiredFieldValidator 控件，指定真实姓名必填。代码如下：

```
<asp:TextBox ID="RealNameTextBox" runat="server" CssClass="FormBase">
</asp:TextBox>
<asp:RequiredFieldValidator ID="rfvRealName" runat="server"
  ControlToValidate="RealNameTextBox" ForeColor="Red" Display="Dynamic"
  ErrorMessage="请填写全名，不要填写昵称，昵称会让企业觉得你不够真诚"
  Style="margin-left: 10px;">
</asp:RequiredFieldValidator>
```

(5) 添加供用户输入手机号码的文本框，并且添加 RequiredFieldValidator 控件，指定手机号码必填。相关的代码可以参考上个步骤，这里不再具体给出。

(6) 添加供用户输入 QQ 号的文本框，该项不是必填项。但是，如果该项进行了输入，那么必须判断输入的 QQ 号码是否符合标准。这里通过 RegularExpressionValidator 控件来进行验证，指定 ValidationExtensions 属性的值为正则表达式“^[1-9]\d{4,8}$”。代码如下：

```
<asp:TextBox ID="QQTextBox" runat="server" CssClass="FormBase"
  Style="width: 150px">
</asp:TextBox>
<asp:RegularExpressionValidator ID="revQQ" runat="server"
  ControlToValidate="QQTextBox" Display="Dynamic" ForeColor="Blue"
  ValidationExpression="^[1-9]\d{4,8}$" ErrorMessage="请输入正确的 QQ 号码">
</asp:RegularExpressionValidator>
```

(7) 添加供用户输入电子邮箱的文本框，并在文本框控件后添加 RequiredFieldValidator 控件和 RegularExpressionValidator 控件，前者指定电子邮箱必填，后者则验证输入的邮箱内容是否合法。代码如下：

```
<asp:TextBox ID="EmailTextBox" runat="server" CssClass="FormBase">
</asp:TextBox>
<asp:RequiredFieldValidator ID="rfvEmail" runat="server"
  ControlToValidate="EmailTextBox" ForeColor="Red" Display="Dynamic"
  ErrorMessage="请输入电子邮箱">
</asp:RequiredFieldValidator>
<asp:RegularExpressionValidator ID="revEmail" runat="server"
  ErrorMessage="请输入正确的电子邮箱！"
  ValidationExpression="\w+([-+.']\w+)*@\w+([-.]\w+)*\.\w+([-.]\w+)*"
  Display="Dynamic" ForeColor="Blue"
  ControlToValidate="EmailTextBox">
</asp:RegularExpressionValidator>
```

(8) 添加供用户输入邮政编码的文本框。它与 QQ 号码一样，并不是必填项。但是，如果该项不为空，那么需要判断该项的内容是否合法，这里指定 RegularExpressionValidator 控件进行验证。代码如下：

```
<asp:TextBox ID="CodeTextBox" runat="server" CssClass="FormBase">
```

```
</asp:TextBox>
<asp:RegularExpressionValidator ID="revCode" runat="server"
  ControlToValidate="CodeTextBox" Display="Dynamic" ForeColor="Blue"
  ValidationExpression="\d{6}" ErrorMessage="请输入正确的邮政编码！">
</asp:RegularExpressionValidator>
```

(9) 继续添加控件记录用户注册时的求职状态，求职状态列表是通过 RadioButtonList 控件来实现的。具体代码如下：

```
<asp:RadioButtonList ID="rblState" runat="server">
    <asp:ListItem Value="1" Selected="True">
        我目前处于离职状态，可立即上岗
    </asp:ListItem>
    <asp:ListItem Value="2">
        我目前在职，正考虑换个新环境(如有合适的工作机会，到岗时间一个月左右)
    </asp:ListItem>
    <asp:ListItem Value="3">
        我对现有的工作还算满意，如有更好的工作机会，我也会考虑(到岗时间另议)
    </asp:ListItem>
    <asp:ListItem Value="4">应届毕业生</asp:ListItem>
    <asp:ListItem Value="5">
        目前暂无跳槽打算(暂时不希望招聘单位主动与我联系)
    </asp:ListItem>
</asp:RadioButtonList>
```

(10) 添加供用户执行操作时的按钮控件，这里使用 ImageButton 控件来表示，并且设置该控件的其他属性。代码如下：

```
<asp:ImageButton ID="img1" runat="server" ImageUrl="./images/reg1.gif"
  Style="height: 31px; width: 117px; border-width: 0px;" />
```

(11) 添加针对注册时相关内容的其他控件。当然，开发者也可以根据自己的需要对文本框进行详细验证，这里不再具体两列出代码。

(12) 所有的内容设计完毕后，在浏览器中运行测试，查看效果。具体效果可以参考前面给出的图 3-11。

3.6 习　　题

1. 填空题

(1) 常用的两种验证方式是__________和客户端验证。

(2) 验证控件 Display 属性的默认值是__________。

(3) __________控件也叫非空验证或必填验证，用于确保用户不会跳过某项输入。

(4) RangeValidator 控件的__________属性可以获取或者设置验证范围的最小值。

2. 选择题

(1) 关于客户端验证和服务器端验证的不同点，下面选项__________是错误的。

A．客户端验证不能避免欺骗代码或恶意代码的使用；但是服务器端验证可以，它的安全性很高

B．客户端验证通过 JavaScript 脚本来实现；服务器验证则通过.NET 的开发语言来实现

C．客户端验证与浏览器版本无关；而服务器端验证与浏览器的版本有关，旧版本可能不支持服务器端验证

D．客户端验证不能即时获取服务器资源反馈的信息；而服务器验证是与服务器上存储的数据进行比较验证，需要服务器返回以显示错误信息

(2) ＿＿＿＿＿控件与其他控件不一样，它不会验证用户输入的内容是否符合标准，而是将所用的错误摘要信息以对话框或内联方式显示到网页。

A．CompareValidator　　B．RegularExpressionValidator

C．RangeValidator　　D．ValidationSummary

(3) CompareValidator 控件的＿＿＿＿＿属性用于设置与所验证的输入控件进行比较的输入控件。

A．Operator　　B．ValueToCompare

C．ControlToValidate　　D．ControlToCompare

(4) 如果要求开发者验证用户输入的年龄不能为空，而且输入的年龄必须在 20 岁到 30 岁之间，那么一定不会用到＿＿＿＿＿控件。

A．CompareValidator　　B．RangeValidator

C．CustomValidator　　D．RequiredFieldValidator

(5) ValidationSummary 控件的＿＿＿＿＿属性的值设置为 true 时表示以内联方式显示摘要。

A．ShowMessageBox　　B．ShowSummary

C．ShowBulletedList　　D．SingleParagraph

(6) 一个网页中可能包含多个 Button 控件，单击不同的 Button 控件执行不同的验证操作。通过设置＿＿＿＿＿属性可以将页面上的验证控件归为一组，可以对每个验证组执行验证，此验证与同一页的其他验证组无关。

A．ValueToCompare　　B．Validation

C．ValidationGroup　　D．Group

3. 简答题

(1) 分别从安全性、访问方式、实现方式和浏览器版本等角度描述客户端验证和服务器端验证的区别。

(2) ASP.NET 网页所需要的服务器验证控件有哪些，它们都是用来做什么的？

(3) CustomValidator 控件如何实现自定义的客户端验证和服务器端验证？

第 4 章　ASP.NET 的内置对象

尽管 ASP.NET 采用的是事件响应模式，使程序开发者和最终用户感觉与 WinForm 程序非常接近，但它毕竟是 Web 应用程序。Web 应用程序的特点就是拥有基于浏览器与服务器的请求和响应的执行方式，所以无论 ASP.NET 最终如何对用户体验进行封装，都无法脱离最基本的 B/S 结构的程序运行原理。虽然 ASP.NET 改变了传统 Web 开发的很多习惯，但开发者在编写程序时，还是会使用到请求、响应和会话等辅助对象的。

本章详细介绍 ASP.NET 的内置对象，首先会对内置对象进行概述和总结，然后再介绍常用的内置对象。

本章的学习目标如下：

- 掌握常用的 Response 对象的方法。
- 掌握 Request 对象的常用属性。
- 掌握如何使用 Session 对象。
- 熟悉 Session 丢失的原因和解决方法。
- 掌握如何使用 Cookie 对象。
- 掌握如何使用 Application 对象。
- 了解 Global.asax 文件中的事件。
- 熟悉使用 Server 对象。
- 了解 Page 对象的基本用法。
- 了解 ViewState 对象的基本用法。

4.1　内置对象概述

内置对象把 ASP.NET 项目中的常用功能进行了封装，使用内置对象可以提高项目的开发效率，这些对象可以在窗体页面中直接使用。ASP.NET 中提供了多个内置对象，下面介绍常用的 7 个内置对象。

- Response：封装返回到 HTTP 客户端的输出信息，提供向浏览器输出信息或者发送指令的功能，用于页面执行期。
- Request：封装由 Web 浏览器或其他客户端生成的 HTTP 请求的细节，提供从浏览器读取信息或读取客户端信息等功能，用于页面请求期。
- Session：为某个用户提供共享信息，作用于会话期。
- Cookie：保存在客户端，为单个用户提供信息。
- Application：为所有用户提供共享信息，作用于整个应用程序运行期。
- Server：提供服务器端的一些属性和方法，例如获取文件的绝对路径等。
- Page：页面级别的对象，调用该对象的相关方法，可以创建以上的几种对象。

4.2 Response 对象介绍

Response 对象用于动态响应客户端请求，控制发送给用户的信息，并且将会动态生成响应。它提供了标识服务器和性能的 HTTP 变量、发送给浏览器的信息和在 Cookie 中存储的信息。它也提供了一系列用于创建输出页面的方法，例如无所不在的 Write()方法。

4.2.1 Response 对象

Response 对象实际上是 HttpResponse 类的一个对象，与一个 HTTP 响应相对应，通过该对象的属性和方法，可以控制如何将服务器端的数据发送到客户端浏览器。该对象在 ASP.NET 中经常用到，表 4-1 中给出了一些常用的方法。

表 4-1 Response 对象的常用方法

方法名称	说 明
AppendCookie()	基础结构，将一个 HTTPCookie 添加到内部 Cookie 集合
AppendHeader()	将 HTTP 头添加到输出流
BinaryWrite()	将一个二进制字符串写入 HTTP 输出流
Clear()	清除缓冲区流中的所有内容输出
Close()	关闭到客户端的套接字连接
End()	将当前所有缓冲的输出发送到客户端，停止页的执行，并引发 EndResponse 事件
Flush()	向客户端发送当前所有缓冲的输出
Redirect()	将客户端重定向到新的 URL
SetCookie()	基础结构，更新 Cookie 集合中的一个现有 Cookie
Write()	将信息写入 HTTP 响应输出流
WriteFile()	将指定的文件直接写入 HTTP 响应输出流，即读取文件并写入客户端输出流
WriteSubstitution()	允许将响应替换块插入响应，从而为缓存的输出响应动态生成指定的响应区域

另外，该对象中还提供了一些属性，常用的属性如表 4-2 所示。

表 4-2 Response 对象的常用属性

属性名称	说 明
Buffer	获取或设置一个值，该值指示是否缓冲输出并在处理完整个响应之后发送它
BufferOutput	获取或设置一个值，该值指示是否缓冲输出并在处理整个页之后发送它
Cache	获取网页的缓存策略(例如过期时间、保密性设置和变化条款)
CacheControl	获取或设置与 HttpCacheability 枚举值之一匹配的 Cache-Control HTTP 标头
Charset	获取或设置输出流的 HTTP 字符集
ContentEncoding	获取或设置输出流的编码格式
ContentType	获取或设置输出流的 HTTP MIME 类型
Cookies	获取 Cookie 集合

续表

属性名称	说　明
Headers	获取响应标头的集合
Expires	获取或设置在浏览器上缓存的页过期之前的分钟数
Filter	获取或设置一个包装筛选器对象，该对象用于在传输之前修改 HTTP 实体主体
Status	设置返回到客户端的状态栏
StatusCode	获取或设置返回给客户端的输出的 HTTP 状态代码
StatusDescription	获取或设置返回给客户端的输出的 HTTP 状态字符串
RedirectLocation	获取或设置 Http Location 标头的值

【例 4-1】 Response 对象的属性有多个，通过这些属性，可以获取当前输出流的 HTTP 字符集、编码格式、缓存时间和状态等信息。

(1) 向 Web 窗体页中的 form 控件中添加 Label 控件，该控件用于向页面显示输出的内容。代码如下：

```
<asp:Label ID="lblMessage" runat="server"></asp:Label>
```

(2) 在页面后台的 Load 事件中添加代码，如果页面首次加载，则显示是否使用 Buffer、是否使用 BufferOutput、字符集、编码、MIME 类型和状态栏等内容。代码如下：

```
protected void Page_Load(object sender, EventArgs e)
{
    string message = "";
    if (!Page.IsPostBack)       //如果首次加载
    {
        message += "是否使用 Buffer:" + Response.Buffer.ToString() + "<br>";
        message +=
         "是否使用 BufferOutput:" + Response.BufferOutput.ToString() + "<br>";
        message +=
         "CacheControl:" + Response.Cache.VaryByHeaders.ToString() + "<br>";
        message += "字符集:" + Response.Charset.ToString() + "<br>";
        message += "编码:" + Response.ContentEncoding.EncodingName + "<br>";
        message += "MIME 类型:" + Response.ContentType.ToString() + "<br>";
        message +=
          "网页过期时间(单位:分钟):" + Response.Expires.ToString() + "<br>";
        message += "头编码:" + Response.HeaderEncoding.EncodingName + "<br>";
        message +=
          "是否仍然链接服务器: " + Response.IsClientConnected.ToString()
          + "<br>";
        message +=
          "是否正在被传输到新位置: "
          + Response.IsRequestBeingRedirected.ToString() + "<br>";
        message += "RedirectLocation:" + Response.RedirectLocation + "<br>";
        message += "状态栏:" + Response.Status.ToString() + "<br>";
        message +=
          "状态字符串:" + Response.StatusDescription.ToString() + "<br>";
        message +=
```

```
            "是否将 HTTP 内容发送到客户端:"
            + Response.SuppressContent.ToString() + "<br>";
        lblMessage.Text = message;  //显示信息到页面
    }
}
```

(3) 在浏览器中运行上述代码，查看效果，如图 4-1 所示。

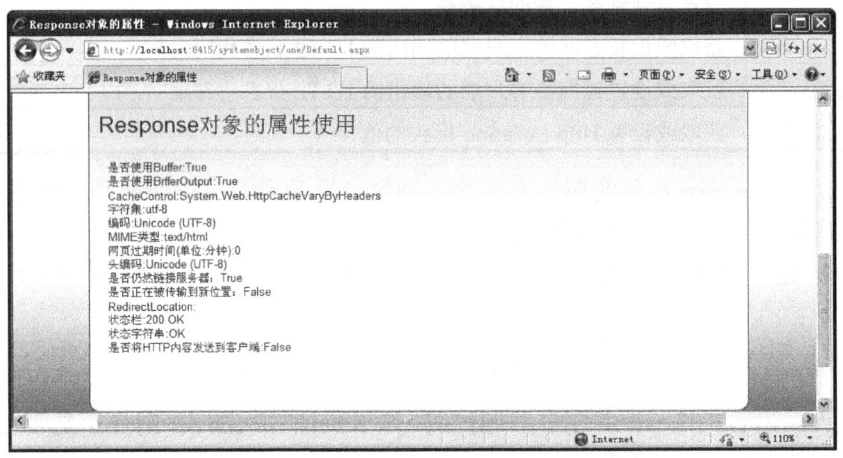

图 4-1　Response 对象属性的使用

4.2.2　使用 Write()方法

Response 对象的方法使用起来很简单，它的语法与属性的使用很相似，是通过“对象名.方法名”访问的，方法就是嵌入到对象定义中的程序代码，它定义对象怎样去处理信息。Write()方法表示将数据输出到客户端浏览器，它有如下 4 种形式。

- Write(char ch)：将一个字符写入 HTTP 响应输出流，其中 ch 表示要写入 HTTP 输出流的字符。
- Write(object obj)：将 System.Object 写入 HTTP 响应流，其中 obj 表示要写入 HTTP 输出流的 System.Object。
- Write(string s)：将一个字符串写入 HTTP 响应输出流，s 表示要写入 HTTP 输出流的字符串。
- Write(char[] buffer, int index, int count)：将一个字符数组写入 HTTP 响应输出流，buffer 表示要写入的字符数组。

1. 向页面输出字符串

Write()方法的常规用法之一就是向页面输出一段文本。

例如，使用 for 语句向页面输出 200 个值。代码如下：

```
for (int i=0; i<200; i++) {
    Response.Write("i=" + i + "<br>");
}
```

2．向页面输出脚本

Write()方法除了可以向页面中输出一段内容外，还可以使用该方法输出脚本信息。例如，用户登录时，单击按钮，判断输入的用户名是否等于“admin”，如果不是，则弹出错误提示。代码如下：

```
protected void btnSubmit_Click(object sender, EventArgs e)
{
    if (this.txtUsername.Text != "admin") {
        this.Response.Write("<script>alert('用户名不存在！');</script>");
    }
}
```

4.2.3　使用 Redirect()方法

Redirect()方法表示将客户端重定向到新的 URL，HttpResponse 类的 Redirect()方法提供了两个重载方法。

- Redirect(string url)：跳转到指定 URL。该方法只用一个 URL 作为路径，使该请求自动跳转到指定的 URL。
- Redirect(string url, bool endResponse)：跳转到指定的 URL。该方法使用两个参数，参数 url 为目标 URL，参数 endResponse 指示当前响应是否结束。

Redirect()方法的使用非常简单，如果要实现页面跳转，就可以使用该方法。例如，用户在登录页面输入用户名和密码，如果用户名和密码的输入符合标准，则将当前页面跳转到首页。代码如下：

```
protected void btnSubmit_Click(object sender, EventArgs e)
{
    if (this.txtUsername.Text=="admin" && this.txtPassword.Text=="admin")
    {
        Response.Redirect("Index.aspx");
    }
}
```

细心的读者可以发现，Button 控件、ImageButton 控件和 LinkButton 控件都具有 PostBackUrl 属性，通过设置该属性，也可以从一个页面跳转到指定的页面。这种方式跳转的效果与 Redirect()方法的实现效果是一致的。

4.3　Request 对象介绍

在 B/S 结构的应用程序中，客户端要向服务器端发出请求，这些请求的信息包括客户端信息、请求的 URL、请求的参数和 Cookie 等内容，服务器在接收到用户请求时，自动将请求封装到 Request 对象中供开发者使用。

4.3.1 Request 对象

Request 对象是用来获取客户端在请求一个页面或传送一个 Form 时提供的所有信息，这包括能够标识浏览器和用户的 HTTP 变量、存储在客户端的 Cookie 信息以及附在 URL 后面的值。Request 对象实际上是 System.Web 命名空间中的 HttpRequest 类的对象。当客户发出请求执行 ASP.NET 程序时，客户端的请求信息会包装在 Request 对象中，这些请求信息包括请求报头(Header)、客户端的机器信息，客户端浏览器信息，请求方法(如 POST、GET)、提交的窗体信息等。

与 Response 对象一样，Request 对象中也包含一系列的属性和方法，表 4-3 中列出了一些常用的属性。

表 4-3　Request 对象的常用属性

属性名称	说　明
Buffer	获取或设置一个值，该值指示是否缓冲输出并在处理完整个响应之后发送它
ValidateInput	对通过 Cookies、Form 和 QueryString 属性访问的集合进行验证
Browser	获取或者设置有关正在请求的客户端的浏览器功能的信息
ContentLength	指定客户端发送的内容长度
Cookies	获取客户端发送的 Cookie 的集合
Form	获取窗体变量集合
QueryString	获取 HTTP 查询字符串变量集合
IsLocal	获取一个值，该值指示该请求是否来自本地计算机
RawUrl	获取当前请求的原始 URL
Url	获取有关当前请求的 URL 的信息
UserHostAddress	获取远程客户端的 IP 主机地址
UserHostName	获取远程客户端的 DNS 名称
Params	获取 QueryString、Form、ServerVariables 和 Cookies 项的组合集合
ServerVariables	获取 Web 服务器变量的集合

ServerVariables 属性获取 Web 服务器变量的集合，该属性中包含各种参数，通过设置参数可以返回不同的信息。如下所示设置了一些参数：

```
Request.ServerVariables["Url"];                //返回服务器地址
Request.ServerVariables["Path_Info"];          //客户端提供的路径信息
Request.ServerVariables["Appl_Physical_Path"];
  //与应用程序元数据库路径相应的物理路径
Request.ServerVariables["Script_Name"];        //执行脚本的名称
Request.ServerVariables["Query_String"];       //查询字符串内容
Request.ServerVariables["Http_Referer"];       //请求的字符串内容
Request.ServerVariables["Local_Addr"];         //返回接受请求的服务器地址
Request.ServerVariables["Http_Host"];          //返回服务器地址
Request.ServerVariables["Server_Name"];        //服务器的主机名、DNS 地址或 IP 地址
Request.ServerVariables["Http_Accept_Encoding"];//返回内容如：gzip、deflate
```

```
Request.ServerVariables["Http_Accept_language"];//返回内容如: en-us
Request.ServerVariables["Http_Connection"];    //返回内容如: Keep-Alive
```

【例 4-2】Request 对象提供了一系列的属性来获取封装后的客户端请求信息，下面将通过这些属性获取内容。

(1) 向 Web 窗体页的 form 控件中添加 Label 控件，该控件用于向网页上输出请求的客户端信息。代码如下：

```
<asp:Label ID="lblMessage" runat="server"></asp:Label>
```

(2) 在窗体页的后台 Load 事件中添加代码，页面首次加载时将与客户端有关的信息(例如 IP 地址、主机名称和请求的 URL 等)输出到网页中。代码如下：

```
protected void Page_Load(object sender, EventArgs e)
{
    string message = "";
    if (!Page.IsPostBack)        //如果首次加载
    {
        message += "当前主机名称: " + Request.UserHostName + "<br>";
        message += "当前主机 IP: " + Request.UserHostAddress + "<br>";
        message += "请求的原始 URL: " + Request.RawUrl + "<br>";
        message += "请求的 URL: " + Request.Url + "<br>";
        message += "是否将 HTTP 内容发送到客户端:"
          + Response.SuppressContent. ToString() + "<br>";
        message += "头部信息个数: " + Request.Headers.Keys.Count + "<br>";
        message += "头部信息遍历: <br>";
        for (int i=0; i<Request.Headers.Keys.Count; i++) { //遍历头部信息
            string key = Request.Headers.Keys[i];
            message +=
              key + ":" + Request.Headers[key] + "<br/>";  /*添加内容到页面*/
        }
        lblMessage.Text = message;  //显示信息到页面
    }
}
```

(3) 在浏览器中运行上述代码，查看效果，如图 4-2 所示。

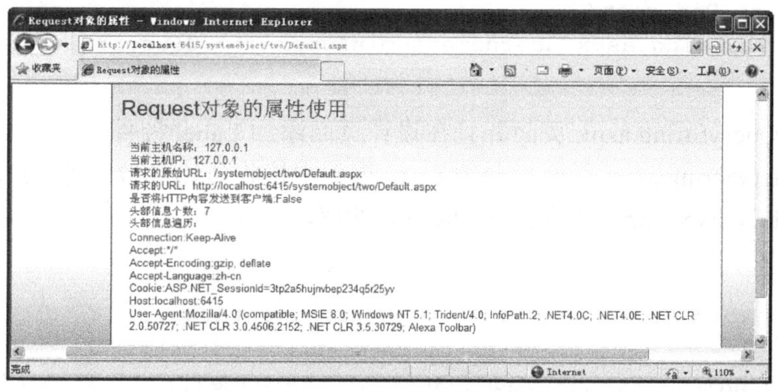

图 4-2　Request 对象属性的使用

除了属性外，Request 对象也包含一些方法，常用的 4 个方法如表 4-4 所示。

表 4-4　Request 对象的常用方法

方法名称	说　明
BinaryRead()	执行对当前输入流进行指定字节数的二进制读取
MapImageCoordinates()	将传入图像字段窗体参数映射为适当的 x 坐标值和 y 坐标值
MapPath()	为当前请求将请求的 URL 中的虚拟路径映射到服务器上的物理路径
SaveAs()	将 HTTP 请求保存到磁盘

4.3.2　接收传递的数据

Request 对象利用 QueryString 属性可以获取数据，该属性用于获取 HTTP 查询字符串变量集合。开发者利用该属性可以读取地址信息。

例如，在链接地址“http://localhost/details.aspx?uid=1”中，传递的参数以及值需要注意，提交的方式要设置为 GET。

简单地说，Request.QueryString 属性就是用来获取 GET 方式提交的数据的，换句话说，就是 GET 方式提交时将参数写在 URL 后面，在另外一个页面可以使用该属性接收传递的参数的值。

使用 Request.QueryString 属性时可以通过键名或索引进行获取。两种语法如下：

```
Request.QueryString[0];
Request.QueryString["key"]
```

【例 4-3】使用 Request.QueryString 属性获取从上个页面中传递过来的参数的值，并且将获取的值输出到网页中，操作步骤如下。

(1) 创建 Default.aspx 页面，在页面的后台 Load 事件中添加代码，跳转页面到 QueryString.aspx 页面中，并且通过“?”传递参数。

代码如下：

```
protected void Page_Load(object sender, EventArgs e)
{
    Response.Redirect(
      "QueryString.aspx?username=admin&userage=20&userrole=superadmin");
}
```

(2) 创建 QueryString.aspx 页面并且在设计页面添加 Label 控件。

(3) 在 QueryString.aspx 页面后台的 Load 事件中接收传递参数的值，在 Load 事件中直接通过 Request.QueryString[“参数名”]获取参数的值。

代码如下：

```
protected void Page_Load(object sender, EventArgs e)
{
    string name = Request.QueryString["username"];          //姓名
    string age = Request.QueryString["userage"];            //年龄
    string role = Request.QueryString["userrole"];          //角色
```

```
    lblInfo.Text = "姓名: " + name + "<br>年龄: " + age + "<br>角色: " + role;
}
```

(4) 运行 Default.aspx 页面查看效果，如图 4-3 所示。

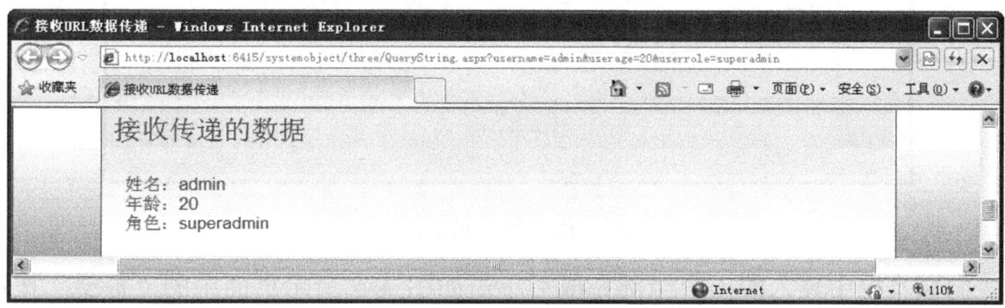

图 4-3　接收 GET 方式传递的数据

4.3.3　接收表单数据

Request.QueryString 可以接收 GET 方式提交的数据，那么如果一个表单以 POST 方式进行提交，如何在另一个页面中获取表单中的数据呢？很简单，Request 对象提供了一个 Form 属性，这个属性读取页面<form></form>之间的表单数据，这时要将表单的提交方式设置为 POST。

【例 4-4】许多时候，用户向表单中输入数据后，表单会以 POST 的方式进行提交。本例就设置一个简单的用户输入，然后将这些内容信息以 POST 方式进行提交，并且从另一个页面获取用户输入的信息。

(1) 创建 Default.aspx 页面并且进行设计，向 form 控件中添加供用户输入的姓名、密码、真实名称和联系电话的控件，并且添加执行操作时的 Button 控件，将该控件的 PostBackUrl 属性的值指向 Form.aspx 页面。

(2) 创建 Form.aspx 页面并向页面中添加 Label 控件，该控件向页面输出从上个页面获取的表单中的数据的值。

(3) 向 Form.aspx 页面的后台 Load 事件中添加事件处理程序代码，这段代码获取 Default.aspx 页面表单中的数据，且将获取的结果输出到页面中。

代码如下：

```
protected void Page_Load(object sender, EventArgs e)
{
    string name = Request.Form["txtUserLoginName"];
    string pass = Request.Form["txtUserLoginPass"];
    string realname = Request.Form["txtUserRealName"];
    string mobile = Request.Form["txtMobilePhone"];
    lblInfo.Text = "UserLoginName: " + name + "<br>UserLoginPass: "
      + pass + "<br>UserRealName: " + realname + "<br>MobilePhone: " + mobile;
}
```

(4) 运行 Default.aspx 页面，查看效果并输出内容，如图 4-4 所示。

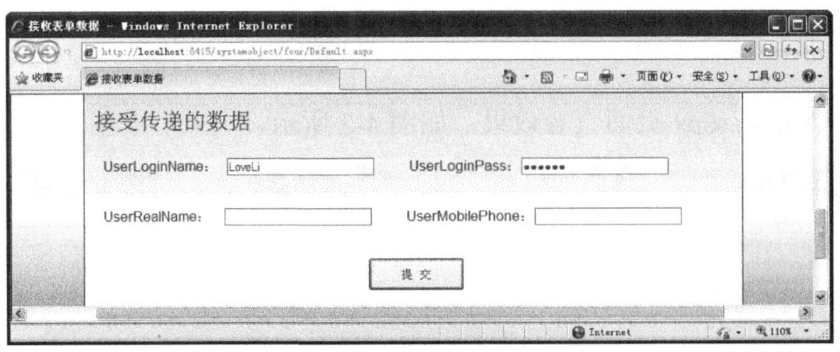

图 4-4　用户输入页面的效果

(5) 向文本框中输入的内容全部完成后单击如图 4-4 所示页面中的“提交”按钮，这时会跳转到 Form.aspx 页面，如图 4-5 所示。

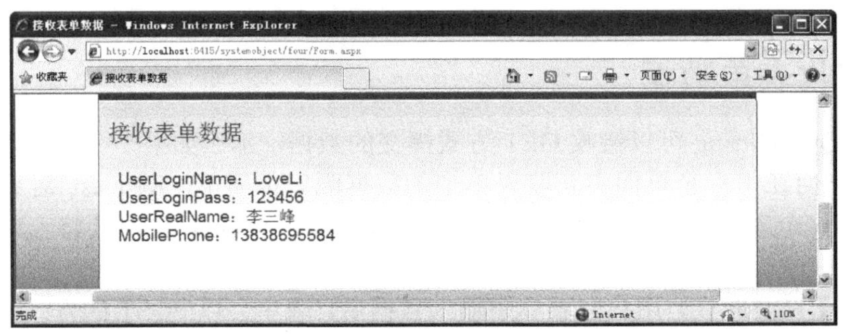

图 4-5　接收表单数据的效果

上述例子以 POST 方式提交表单中的数据，也可以用 GET 方式进行提交，这时只要将接收数据页面获取的属性通过 QueryString 表示即可。虽然这两种方式都可以接收用户输入的数据，但是 Request.Form 接收的数据没有限制，而 Request.QueryString 只能接收小于 2KB 的数据，因此后者的执行速度要比前者快。

实际上，无论是 GET 方式还是 POST 方式，如果用错(例如 GET 方式提交数据，通过 Form 属性获取)则获取不到相应的数据，这时可以直接通过 Request 对象或该对象的 Params 属性来简化获取数据的操作。这两种方式包含 GET 方式和 POST 方式，会在 QueryString、Form 和 ServerVariable 中都搜寻一遍。最常用的语法如下：

```
Request.Params["key"]
Request[key]
```

如果开发者只需要 Form 中的一个数据，可以通过 Request.Form 来获取，但是如果使用了 Request，那么程序将会在 QueryString 和 ServerVariable 中也搜寻一遍。如果正好它们中也包含同名的项，那么这时获取得到的就不是开发者原来想要得到的项了。

4.4　Session 对象介绍

应用程序的实际开发仅仅依靠 Response 和 Request 是不够的。例如，用户登录成功后跳转到首页时会显示当前登录名，这时再使用前两个对象并不能够满足要求，这需要使用与数据存储有关的对象。ASP.NET 内置对象中，Cookie、Session、Application 以及 ViewState 对象都可以用来存储数据，本节首先介绍 Session 对象。

4.4.1　Session 对象

Session 是指一个终端用户与交互系统进行通信的时间间隔，通常是指从注册进入系统到注销退出系统之间所经过的时间。Web 中的 Session 是指用户在浏览某个网站时，从进入网站到浏览器关闭所经过的这段时间，也就是用户浏览这个网站所花费的时间。因此，从前面的介绍可以了解到，Session 实际上是一个特定的时间概念。

一个 Session 的概念需要包括特定的客户端、特定的服务器端和不中断的操作时间。A 用户与 C 服务器建立连接时所处的 Session，跟 B 用户与 C 服务器建立连接时所处的 Session 是两个不同的 Session。

Session 对象用于保存特定用户的会话信息，即保存每个用户的专用信息。Session 对象就是服务器给客户端的一个编号。当一台 Web 服务器运行时，可能有若干个用户浏览器正在浏览这台服务器上的网站。当每个用户首次与这台 WWW 服务器建立连接时，他就与这个服务器建立了一个 Session，同时服务器会自动为其分配一个 SessionID，用以标识这个用户的唯一身份。

Session 对象的变量只是对一个用户有效，不同的用户的会话信息用不同的 Session 对象的变量存储。Session 对象默认保存在服务器的内存中，它可以像数据字典一样存储和读取数据。例如，存储和读取时的语法格式如下：

```
Session["keyname"] = value;          //存储 Session
Session[0] = value;                  //存储 Session
Object.value = Session["keyname"]; //存储 Session
Object.value = Session[0];           //写入 Session
```

Session 对象是 System.Web.SessionState.HttpSessionState 类的实例，该对象中包含多个属性和方法，如表 4-5 和表 4-6 所示。

表 4-5　Session 对象的属性

属性名称	说　明
Contents	获取对当前会话状态对象的引用
CookieMode	获取一个值，该值指示是否为无 Cookie 会话配置应用程序
Count	获取会话状态集合中的项数
Keys	获取存储在会话状态集合中所有值的键的集合
Mode	获取当前会话状态模式
SessionID	获取会话的唯一标识符
Timeout	获取并设置在会话状态提供程序终止会话前各请求之间所允许的时间(以分钟为单位)
IsCookieless	获取一个值，该值指示会话 ID 是嵌入在 URL 中还是存储在 HTTP Cookie 中
IsNewSession	获取一个值，该值指示会话是否是与当前请求一起创建的
IsReadOnly	获取一个值，该值指示会话是否为只读
IsSynchronized	获取一个值，该值指示对会话状态值的集合的访问是否是同步(线程安全)的

表 4-6　Session 对象的方法

方法名称	说　明
Abandon()	取消当前会话
Add()	向会话状态集合添加一个新项
Clear()	从会话状态集合中移除所有的键和值
Remove()	删除会话状态集合中的项
RemoveAll()	从会话状态集合中移除所有的键和值
RemoveAt()	删除会话状态集合中指定索引处的项

ASP.NET 创建的 Web 应用中，Session 是用来保存用户状态的常用手段，如果在规定的时间内没有对 Session 对象的变量刷新，系统会终止这些变量，即销毁 Session 对象。默认情况下，Session 对象的过期时间是 20 分钟(InProc 模式下)，ASP.NET 中修改 Session 的过期时间时，需要对 Web.config 配置文件进行修改。

例如，在 Web.config 中进行如下配置：

```
<system.web>
   <sessionState mode="InProc" timeout="30"/>
</system.web>
```

上述代码指定 Session 的过期时间是 30 分钟，即 30 分钟后，如果当前用户没有操作，那么 Session 就会自动过期。

4.4.2　记录用户登录状态

在一般的管理系统或网站中，需要在管理界面进行用户权限的验证，所以这需要让用户登录并且使用户状态保持。用户登录成功后，会在网页中显示一些当前用户的个人信息，如账号或用户名等。

【例 4-5】一个完整的管理系统离不开登录和首页，本例中首先访问用户登录页面，将用户登录的用户名和密码保存到 Session 对象中，并且在首页显示当前登录的用户名。

(1) 创建 Login.aspx 页面并进行设计，页面内容包括用户名、用户密码和执行操作按钮，页面运行效果如图 4-6 所示。

图 4-6　登录页面的效果

(2) 单击图 4-6 中的“登录”按钮时，将会保存用户登录信息并且跳转页面。我们应当向 Login.aspx 页面的后台 btnSubmit_Click 事件中添加事件处理代码，如下所示：

```
protected void btnSubmit_Click(object sender, EventArgs e)
{
    Entity.UserInfo user = new Entity.UserInfo();
    user.UserName = txtName.Text;                       //用户名
    user.UserPass = txtPass.Text;                       //密码
    if (txtName.Text != "admin")                        //如果用户名不等于 admin
    {
        Session["User"] = user;                         //保存用户登录信息
        Response.Redirect("~/six/Index.aspx");          //跳转页面
    }
    else
    {
        Response.Write("<script>alert('不能使用admin用户名进行登录。')</script>");
    }
}
```

上述代码首先实例化 UserInfo 类的对象 user，然后获取用户输入的用户名和密码，并将其值附加到 user 类的属性中。在 if 语句中判断用户名是否等于“admin”，如果是，弹出脚本提示，否则通过 Session 保存登录信息，并且通过 Response.Redirect()方法跳转页面。

(3) 创建 Index.aspx 页面并进行设计，直接在窗体页中添加对 Session 中 User 对象的判断，并且将当前用户登录名显示到页面。

窗体页代码如下：

```
管理员：
<%
if (Session["User"] != null) {
    Entity.UserInfo user = Session["User"] as Entity.UserInfo;
%>
    <b><%=user.UserName %></b>
<%
}
%>
您好,感谢登录使用!
```

上述代码中，将判断的代码放到<% %>中，这些代码也可以放到页面后台。另外，在网页中显示用户名时，通过<%=user.UserName %>进行显示，如果是在页面后台，直接将获取的值显示到指定的控件(例如 Label 或 Literal)中。

如上面这段代码相当于后台中的 Load 事件的代码如下：

```
protected void Page_Load(object sender, EventArgs e)
{
    if (Session["User"] != null) {
        Entity.UserInfo user = Session["User"] as Entity.UserInfo;
        lblUserName.Text = user.UserName;
    }
}
```

(4) 在如图 4-6 所示的登录页面中输入内容后单击“登录”按钮进行提交，如果输

入的内容合法，登录成功后的效果如图 4-7 所示。

图 4-7　登录成功后的效果

Session 对象可以使用于安全性相比之下较高的场合，例如后台登录。用户单击图 4-7 中右上角的“退出”按钮时，可以销毁当前的 Session 对象，然后重新将页面跳转到 Session.aspx。代码如下：

```
protected void Button2_Click(object sender, EventArgs e)
{
   Session.Clear();                    //删除所有 Session 对象
   Response.Redirect("Session.aspx");
}
```

4.4.3　会话丢失的原因和解决方法

(1) 经常编写代码的人都知道，Session 非常容易丢失，下面列出了 Session 值丢失的可能原因以及解决方法。

① 有些杀病毒软件会去扫描 Web.config 文件，那时 Session 肯定会丢失。解决方法是，使杀病毒软件屏蔽扫描 Web.config 文件。

② 程序内部包含有让 Session 丢失的代码。解决方法是：检查程序中是否含有 Session.Abandon()之类的代码。

③ 程序中有框架页面和跨域情况。解决方法是：在 Windows 服务中将 ASP.NET 状态服务启动。

④ Session 状态存在于 IIS 的进程中，也就是 inetinfo.exe 这个程序。所以当 inetinfo.exe 进程崩溃时，这些信息也就会丢失。另外，重启或者关闭 IIS 服务都会造成信息的丢失。

⑤ 服务器上 Bin 文件夹中的 DLL 文件被更新(即修改)。

⑥ 文件夹选项中，如果没有打开“在单独的进程中打开文件夹窗口”，一旦新建一个窗口，系统可能认为是新的 Session 会话，而无法访问原来的 Session，所以需要打开该选项，否则会导致 Session 丢失。

⑦ 大部分的 Session 丢失是客户端引起的，所以要从客户端入手，看看 Cookie 有没有打开，或者 IE 中的 Cookie 数量有限制也可能导致 Session 的丢失。

(2) 除了上面所述的 Session 丢失原因的解决方法外，下面列出了几种解决 Session 丢失的其他方法。

① 做 Session 读写日志，每次读写 Session 都要记录下来，并且要记录 SessionID、Session 值、所在页面、当前函数、函数中的第几次 Session 操作，通过这样的途径查找丢失的原因会方便得多。

② 如果允许的话，建议使用 State Server 或 SQL Server 保存 Session。

③ 在 global.asax 中加入代码，记录 Session 的创建时间和结束时间，超时造成的 Session 丢失是可以在 SessionEnd 中记录下来的。

④ 如果有些代码中使用客户端脚本，如以 JavaScript 维护 Sessioin 状态，就需要尝试调试脚本，看是否是由于脚本的错误而引起了 Session 的丢失。

⑤ 在用 ASP.NET 开发程序的时候，遇到 Session 丢失时，可以完成 3 步操作，便可以保存状态。第一步是在 Web.config 文件中修改 Session 状态保存模式；第二步是启动系统服务“ASP.NET 状态服务”，系统默认是手动启动的。第三步是如果 Session 中保存的数据类型是自定义的(如结构)，则先在自定义数据类型处序列化会话状态，即在类或结构声明前加[Serializable]。

4.4.4 保存 Session 的几种模式

在 Web 站点中，经常要用到以 Session 对象保存一些数据，但是由于各种原因，经常会造成 Session 丢失。前面提到过修改 Session 状态保存模式，下面是常用的 3 种模式，开发者可以根据需要进行配置。

- InProc 模式：此模式将会话状态存储在 Web 服务器的内存中，这是默认值。
- StateServer 模式：这个模式将会话状态存储在一个名称为 ASP.NET 状态服务的单独进程中，这确保了在重新启动 Web 应用程序时会保留会话状态，并且让会话状态可用于网络场中的多个 Web 服务器。
- SQLServer 模式：这个模式将会话状态存储到一个 SQL Server 数据库中，这确保了在重新启动 Web 应用程序时会保留会话状态，并让会话状态可用于网络场中的多个 Web 服务器。

配置或修改 Session 的状态模式时，需要在 Web.config 文件中进行，默认情况下是 InProc 模式。配置代码如下：

```
<sessionState mode="InProc" timeout="120" />
```

InProc 的默认超时时间是 20 分钟，上述代码将其设置为 120 分钟，即 2 小时，这种方式由于空间和服务器不稳定，容易丢失。用 StateServer 模式时需要服务器上启动“ASP.NET 状态服务”，这种模式不易丢失。如需远程访问，需要将 HKEY_LOCAL_MACHINE\SYSTEM\CurrentControlSet\services\aspnet_state\Parameters 中的 AllowRemoteConnection 值设为 1。Web.config 文件中 StateServer 的配置如下：

```
<sessionState mode="StateServer" timeout="120"
  stateConnectionString="tcpip = 127.0.0.1:42424"
  stateNetworkTimeout="10" />
```

SQLServer 模式需要使用“aspnet_regsql.exe -ssadd -sstype c -d [数据库名] -S [服务器] -U [用户名] -P [密码]”命令对数据库进行设置。

Web.config 文件中的配置代码如下：

```
<sessionState mode="SQLServer" timeout="120"
  allowCustomSqlDatabase="true"
  sqlConnectionString="Data Source=.\sqlexpress;Initial Catalog=dnt31;
  Integrated Security=True" />
```

4.5　Cookie 对象介绍

Session 对象保存的是用户个人信息，而且其安全性较高，但是如果有些用户信息不是特别重要，使用 Session 存储时，对服务器内存资源的占用量大，过量的存储会导致服务器内存资源耗尽。

ASP.NET 中提供了另外一种数据存储的对象：Cookie。

4.5.1　Cookie 对象

Cookie 提供了一种在 Web 应用程序中存储用户特定信息的方法。例如，当用户访问网站时，可以使用 Cookie 存储用户首选项或其他信息。当该用户再次访问网站时，应用程序可以检索以前的存储信息。

Cookie 是保存在客户机硬盘上的一个文本文件，在 ASP.NET 中对应 HttpCookie 类，每一个 Cookie 对象都属于集合 Cookies，所以可以使用索引器的方式获取 Cookie。

1．Cookie 的生存周期

ASP.NET 中，Cookie 有两种类型：一种是会话型 Cookie，即 Session Cookie；另一种是持久性 Cookie。会话型 Cookie 是临时性的，一旦会话状态结束，它将不复存在；而持久性 Cookie 具有确定的过期时间，在过期之前，Cookie 在用户的计算机上以文本文件的形式进行存储。

2．Cookie 的属性

Cookie 对象和其他对象一样，包含着一些属性和方法，但是比较而言，它的属性最为常用，如表 4-7 所示。

表 4-7　Cookie 的常用属性

属性名称	说　明
Name	获取或设置 Cookie 的名称
Value	获取或设置单个 Cookie 值
Values	获取单个 Cookie 对象所包含的键值对的集合
Path	获取或设置与当前 Cookie 一起传输的虚拟路径
Expires	获取或设置 Cookie 的过期日期和时间
HasKeys	获取一个值，通过该值指示 Cookie 是否具有子键

3．Cookie 的优缺点

(1)　Cookie 不是 Page 类的子类，所以在使用方法上跟 Session 和 Application 有所不同。其优点如下：

- 可以配置到期规则。Cookie 可以在浏览器会话结束时到期，或者可以在客户端计算机上无限期存在，这取决于客户端的到期规则。
- 不需要任何服务器资源。Cookie 存储在客户端并在发送后由服务器读取。
- 简单性。Cookie 是一种基于文本的轻量结构，包含简单的键值对。
- 数据持久性。虽然客户端计算机上 Cookie 的持续时间取决于客户端上的 Cookie 过期处理和用户干预，但 Cookie 通常是客户端上持续时间最长的数据保留形式。

(2)　任何事物都有两面性，即存在着优点和缺点。Cookie 对象也不例外。如下所示列出了 Cookie 的一些缺点：

- 大小受到限制。大多数浏览器对 Cookie 的大小有 4096 字节的限制，尽管在当今新的浏览器和客户端设备版本中，支持 8192 字节的 Cookie 大小已越发常见。
- 用户可配置为禁用。有些用户禁用了浏览器或客户端设备接收 Cookie 的能力，因此限制了这一功能。
- 潜在的安全风险。Cookie 可能会被篡改，用户可能会操纵计算机上的 Cookie，这意味着会对安全性造成潜在风险，或者导致依赖于 Cookie 的应用程序失败。另外，虽然 Cookie 只能通过将它们发送到客户端的域访问，历史上黑客却已经找到从用户计算机上的其他域访问 Cookie 的方法。可以手动加密和解密 Cookie，但这需要额外的编码，并且因为加密和解密需要耗费一定的时间，而影响应用程序的性能。

4.5.2　控制 Cookie 的范围

默认情况下，一个网站的全部 Cookie 都一起存储在客户端上，而且所有 Cookie 都会随着对该网站发送的任何请求一起发送到服务器。也就是说，一个网站中的每个页面都能获得该站点的所有 Cookie。但是，可以通过以下两种方式设置 Cookie 的范围。

1．将 Cookie 限制到文件夹或应用程序

将 Cookie 的范围限制到服务器上的某个文件夹，这允许开发者将 Cookie 限制到站点上的某个应用程序。如果要将 Cookie 限制到服务器上的某个文件夹，这需要设置 Cookie 的 Path 属性。

代码如下：

```
HttpCookie appCookie = new HttpCookie("AppCookie");
appCookie.Value = "written " + DateTime.Now.ToString();
appCookie.Expires = DateTime.Now.AddDays(1);
appCookie.Path = "/application1";
Response.Cookies.Add(appCookie);
```

Path 属性的路径可以是站点根目录下的物理路径，也可以是虚拟根目录。它所产生的效果是 Cookie 只能用于 Application1 文件夹或虚拟根目录中的页面。

在某些浏览器中，路径区分大小写。开发者无法控制用户如何在其浏览器中键入 URL，但如果应用程序依赖于与特定路径相关的 Cookie，应确保创建的所有超链接中的 URL 与 Path 属性值的大小写相匹配。

2. 限制 Cookie 的域范围

将范围设置为某个域，这允许开发者指定域中的哪些子域可以访问 Cookie 对象。默认情况下，Cookie 与特定域关联。例如，如果当前的网站站点是 www.mmlove.com，那么当用户向该网站请求任何页时，开发者编写的 Cookie 就会被发送到服务器(这可能不包括带有特定路径值的 Cookie)。如果该网站具有子域名(例如 mmlove.com、sale.mmlove.com 和 list.mmlove.com)，则可以将 Cookie 与特定的子域关联。

如果要执行限制域范围的操作，需要设置 Cookie 对象的 Domain 属性。

代码如下：

```
Response.Cookies["domain"].Value = DateTime.Now.ToString();
Response.Cookies["domain"].Expires = DateTime.Now.AddDays(3);
Response.Cookies["domain"].Domain = "sale.mmlove.com";
```

上述代码设置域时，Cookie 仅仅用于指定的子域中的页面，还可以使用 Domain 属性创建可以在多个子域间共享的 Cookie。

代码如下：

```
Response.Cookies["domain"].Value = DateTime.Now.ToString();
Response.Cookies["domain"].Expires = DateTime.Now.AddDays(3);
Response.Cookies["domain"].Domain = "mmlove.com";
```

4.5.3　Cookie 的读写操作

ASP.NET 包含两个内部 Cookie 集合，通过 HttpRequest 的 Cookies 集合访问的集合包含通过 Cookie 标头从客户端传送到服务器的 Cookie；通过 HttpResponse 的 Cookies 集合访问的集合包含一些新 Cookie，这些 Cookie 在服务器上创建并以 Set-Cookie 标头的形式传输到客户端。

开发者写入 Cookie 对象时有两种方法，第一种方法将 Cookie 直接添加到 Cookies 集合的方式来编写。这种方式利用了 Response 对象的 Cookies 属性，如下所示：

```
Response.Cookies[Cookie 的名称].Value = 变量值;          //第一种创建方法
```

除了这种方式外，还有一种创建方式是通过 HttpCookie 类进行创建，然后将创建的对象写入 Cookies 集合中。语法如下：

```
HttpCookie hcCookie = new HttpCookie("Cookie 的名称", "值"); //第二种创建方法
Response.Cookies.Add(hcCookie);
```

浏览器向服务器发出请求时，会随请求一起发送该服务器的 Cookie。在 ASP.NET 应用程序中，可以使用 Request 对象读取 Cookie。Cookie 的读取也非常简单，可以有两种方式，如下代码给出了两种方法，通过这两种方式，可以获取名为 username 的 Cookie 值，并将值显示在 Label 控件中。

代码如下：

```
if(Request.Cookies["userName"] != null) {              //第一种方式
   Label1.Text = Server.HtmlEncode(Request.Cookies["userName"].Value);
}
if(Request.Cookies["userName"] != null) {              //第二种方式
   HttpCookie aCookie = Request.Cookies["userName"];
   Label1.Text = Server.HtmlEncode(aCookie.Value);
}
```

【例 4-6】Cookie 存储在客户端，而且受到浏览器的限制，一般情况下不会使用它保存敏感信息(例如登录信息)。本例实现一个简单的投票功能，通过 Cookies 设置同一个 IP 地址的用户在 30 分钟内只能投票一次，否则投票失败。

(1) 创建 Web 窗体页并进行设计，在合适位置添加 4 个 RadioButton 控件和一个 Button 控件，并为 Button 控件添加 onclick 事件属性。代码如下：

```
<h2>开学后你有什么感觉？</h2>
<asp:RadioButton ID="rb1" GroupName="rdo" Checked="true" runat="server"
  Text="感觉暑假还没玩够" /><br />
<asp:RadioButton ID="rb2" GroupName="rdo" runat="server"
  Text="玩够了，想学习了" /><br />
<asp:RadioButton ID="rb3" GroupName="rdo" runat="server" Text="人很疲惫" />
<br />
<asp:RadioButton ID="rb4" GroupName="rdo" runat="server"
  Text="我已经不是学生了" /><br />
<asp:Button ID="btnVote" runat="server" Width="80" Height="28"
  Text="投 票" onclick="btnVote_Click" />
```

(2) 单击 Button 控件时引发 Click 事件处理程序中的代码，在这段代码中完成同一个 IP 地址 30 分钟内只投一次票的设置。代码如下：

```
protected void btnVote_Click(object sender, EventArgs e)
{
   string userip = Request.UserHostAddress.ToString(); //获取用户的主机 IP 地址
   HttpCookie hcCookie = Request.Cookies["UserIP"];    //读取 Cookie 对象
   if (hcCookie == null)          //判断指定的 ID 没有投票
   {
      HttpCookie newCookie = new HttpCookie("UserIP"); //写入 Cookie
      newCookie.Expires = DateTime.Now.AddMinutes(30); //设置失效日期
      newCookie.Values.Add("UserAddressIP", userip);
      Response.AppendCookie(newCookie);
      Page.ClientScript.RegisterStartupScript(GetType(), "",
        "<script>alert('投票成功，谢谢您的参与！')</script>");
      return;
   } else {                                    //如果已经投过了，则弹出提示对话框
      string oldip = hcCookie.Values[0];
      if (userip.Trim() == oldip.Trim())
      {
         Page.ClientScript.RegisterStartupScript(GetType(), "",
```

```
"<script>alert('一个 IP 地址 30 分钟内只能投一次票，您已经投过票了。')</script>");
                return;
            } else {
                HttpCookie newCookie = new HttpCookie("UserIP");//重新写入 Cookie
                newCookie.Expires = DateTime.Now.AddMinutes(30); //设置失效日期
                newCookie.Values.Add("UserAddressIP", userip);
                Response.AppendCookie(newCookie);
                Page.ClientScript.RegisterStartupScript(GetType(), "",
                  "<script>alert('投票成功，谢谢您的参与！')</script>");
                return;
            }
        }
    }
```

上述代码中，首先获取用户主机的 IP 地址，然后通过 Request.Cookies 读取名称是 UserIP 的 Cookie 对象，判断该对象是否为空，如果为空，进行投票，否则执行其他操作。在 if 语句中为其投票时，首先写入 Cookie 对象，并且设置过期时间为 30 分钟，投票成功后会弹出提示。在 else 语句中首先判断当前的 IP 地址是否等于从 Cookie 对象中取出来的 IP 地址，如果是，则弹出“已经投过票了”的相关提示。

(3) 在浏览器中运行上述例子的代码查看效果，选择自己的答案进行提交，重复提交时的提示效果如图 4-8 所示。

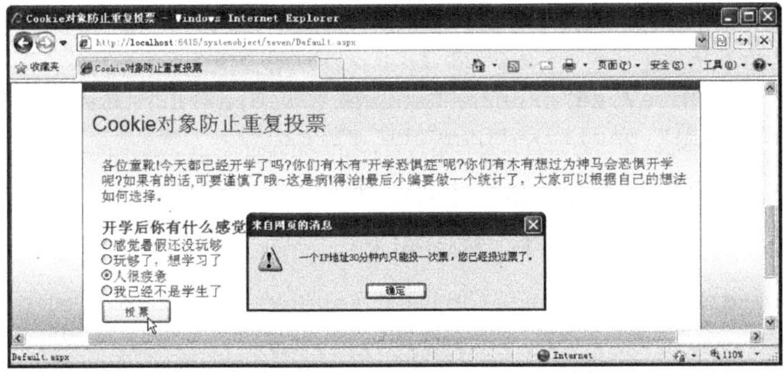

图 4-8　用 Cookie 对象防止重复投票

例 4-6 指定了 Cookie 的过期日期，这时会在用户的计算机硬盘上保存刚刚生成的 Cookie 信息，可以打开该文件进行查看，如图 4-9 所示。

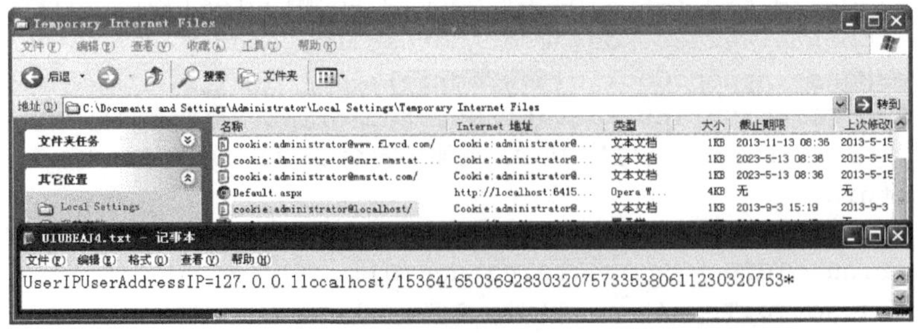

图 4-9　硬盘上的 Cookie 文件

4.6　Application 对象介绍

除了 Session 和 Cookie 外，ASP.NET 还提供了一个程序级的对象：Application。与 Session 对象相比，Application 对象侧重于保存公共数据信息或整个网络的信息，例如历史访问次数、网站浏览记录、用户在线时长、在线名单以及意见调查等。

4.6.1　Application 对象

ASP.NET 中的 Application 对象可以在多个请求、连接之间共享公用信息，也可以在各个请求连接之间充当信息传递的管道。使用 Application 对象来保存开发者希望传递的变量，由于在整个应用程序生存周期中，Application 对象都是有效的，所以在不同的页面中都可以对它进行存取，就像使用全局变量一样方便。

Application 对象可以像 Session 对象一样进行使用，直接向 Application 对象中写入内容，并且对写入的内容进行读取。写入和读取的语法如下：

```
Application["keyName"] = objectValue;
Application[0] = objectValue;
Object value = Application["keyName"];
Object value = Application[0];
```

Application 对象是 System.Web.HttpApplicationState 类的实例，它提供了多个属性和方法，最常用的属性分别是 AllKeys 和 Count 属性。AllKeys 用于获取 HttpApplicationState 集合中的访问键；Count 属性获取 HttpApplicationState 集合中的对象数。除了属性外，表 4-8 中列出了一些常用方法。

表 4-8　Application 对象的常用方法

方法名称	说　明
Add()	将新的对象添加到 HttpApplicationState 集合中
Remove()	从 HttpApplicationState 集合中移除命名对象
RemoveAt()	按索引从集合中移除单个 HttpApplicationState 对象
RemoveAll()	从 HttpApplicationState 集合中移除所有对象
Clear()	从 HttpApplicationState 集合中清除所有对象
GetKey()	通过索引获取 HttpApplicationState 对象名
Set()	更新 HttpApplicationState 集合中的对象值
Lock()	锁定全部的 Application 变量
UnLock()	解除锁定的 Application 变量

如果开发者想要更新 Application 对象的值，可以使用 Set()方法，要删除一个单独键，可以调用 Remove()方法，删除所有的键时可以调用 RemoveAll()方法或 Clear()方法。

可能存在多个用户同时存取同一个 Application 对象的情况，这样有可能会出现多个用户修改同一个 Application 命名对象的情况，造成数据不一致的问题。Application 对象中提

供了 Lock()方法和 UnLock()方法来解决对 Application 对象的访问同步问题，一次只允许一个线程访问应用程序状态变量。在统计网站访问人数或聊天室中都可以使用锁定和解锁方法，而且 Lock()方法和 UnLock()方法必须成对使用。代码如下：

```
Application.Lock();
Application["count"] = mytotalcount;
Application.UnLock();
```

4.6.2 Global.asax 文件

ASP.NET 应用程序中可以包含一个特殊的可选文件——Global.asax 文件，也称作 ASP.NET 应用程序文件，它包含用于响应 ASP.NET 或 HTTP 模块引发的应用程序级别事件的代码。VS2010 创建带模板的网站时会自动添加 Global.asax 文件，该文件中提供了 5 个事件，其中 3 个事件应用于 Application 对象，2 个事件应用于 Session 对象。

- Application_Start：在应用程序启动时运行的代码。
- Application_End：在应用程序关闭时运行的代码。
- Application_Error：在出现未处理的错误时运行的代码。
- Session_Start：在新会话启动时运行的代码。
- Session_End：会话结束时运行的代码。只有在 Web.config 文件中的 sessionstate 模式设置为 InProc 时才会引发 Session_End 事件。

【例 4-7】有些公司要求开发者在做企业网站时，在页面中的内容标题前面显示当前在线访问人数，本例演示一下 ASP.NET 如何统计当前访问人数，具体操作步骤如下。

(1) 如果当前应用程序不存在 Global.asax，则进行创建，一个应用程序只能有一个 Global.asax 文件，如果已经创建，直接添加代码即可。

(2) 首先在应用程序启动时初始化统计在线人数的全局参数，如果获取的“在线人数”为空，则将其初始化为 0。Application_Start 中的代码如下：

```
void Application_Start(object sender, EventArgs e)
{
    if (Application["CountOnline"] == null)
    {
        Application["CountOnline"] = 0;
    }
}
```

(3) 在创建会话对象时，还要将在线人数的全局参数加 1，修改 Session_Start 中添加的代码，为了方便测试，这里设置 Session 对象的生存时间为 2 分钟。然后获取在线人数，将当前的数量进行累加，累加完毕后重新设置当前在线人数。代码如下：

```
void Session_Start(object sender, EventArgs e)
{
    Session.Timeout = 2;
    int countOnline = (int)Application["CountOnline"];  //获得在线人数
    countOnline++;    //执行累加
    Application["CountOnline"] = countOnline;  //设置当前在线人数
}
```

(4) 在会话对象销毁时，要对统计在线人数的全局参数减 1。

修改 Session_End 方法，代码如下：

```
protected void Session_End(object sender, EventArgs e)
{
    int countOnline = (int)Application["CountOnline"];    //获得在线人数
    countOnline--;    //执行递减
    Application["CountOnline"] = countOnline;  //设置当前在线人数
}
```

(5) 直接在 Default.aspx 页面中绑定 Application 对象中的值。页面代码如下：

```
当前访问人数：<%=Application["CountOnline"] %>
```

(6) 运行 Default.aspx 页面进行访问，如图 4-10 所示。

图 4-10　显示当前在线访问人数

4.7　Server 对象介绍

Server 对象也是 ASP.NET 的内置对象之一，该对象提供对服务器上的属性和方法的访问，其中多数的方法和属性是作为实用程序的功能服务的。Server 对象也是 Page 对象的成员之一，主要提供处理页面请求时所需要的一些功能，例如，建立 COM 对象、将字符串编译等工作。

4.7.1　Server 对象

Server 对象是 HttpServerUtility 的一个实例，它提供了对服务器中的方法和属性的访问。该对象的主要属性是 MachineName 和 ScriptTimeout。

- MachineName：获取服务器的计算机名称。
- ScriptTimeout：获取和设置请求超时(以秒计)。

【例 4-8】例如，下面的代码通过 Server 对象的 MachineName 属性和 ScriptTimeout 属性获取服务器的计算机名称和请求超时时间：

```
protected void Page_Load(object sender, EventArgs e)
{
    string machine = Server.MachineName;               //服务器名称
    int timeout = Server.ScriptTimeout;                //超时时间
    Response.Write(machine + ":::" + timeout);
}
```

在浏览器中运行上述代码，查看页面的输出结果：WS:::110。如果 110 秒内没有任何操作，服务器将断开与客户端的连接。

Server 对象除了属性外，还包含一系列的方法，通过使用它们，可以完成不同的操作，如表 4-9 所示。

表 4-9　Server 对象的常用方法

方法名称	说　明
CreateObject()	创建 COM 对象的一个服务器实例
Execute()	执行当前服务器上的另一个 aspx 页，执行完该页后再返回本页继续执行
HtmlEncode()	对要在浏览器中显示的字符串进行 HTML 编码并返回已编码的字符串
HtmlDecode()	对 HTML 编码的字符串进行解码，并将结果输出发送到 TextWrite 输出流
MapPath()	返回与 Web 服务器上的指定虚拟路径相对应的物理文件路径
Transfer()	终止当前页的执行，并为当前请求开始执行新页
UrlEncode()	将代表 URL 的字符串进行编码，以便通过 URL 从 Web 服务器到客户端进行可靠的 HTTP 传输
UrlDecode()	对已被编码的 URL 字符串进行解码，并返回已解码的字符串
UrlPathEncode()	对 URL 字符串的路径部分进行 URL 编码，并返回已编码的字符串

如果开发者想获取某个页面的物理路径，可以使用 MapPath()方法。使用该方法时需要在该方法中传入一个参数，其参数是一个虚拟路径，有以下两种形式。

- “~”或“.”：表示站点根目录，返回根目录的物理地址。
- 虚拟地址：可以是一个目录、文件或目录加文件。

如果传入的参数是一个相对地址，则返回该文件的绝对地址；如果为符号“~”或“.”，则返回根目录。另外，如果将 null 作为参数进行传递，那么会返回应用程序所在的目录的物理路径。假设返回当前根目录下 Default.aspx 页面的路径，代码如下：

```
Server.MapPath("~/Default.aspx");
```

4.7.2　Server 实现跳转

要实现从一个页面跳转到另一个页面，根据前面介绍的内容，可以有以下 3 种方法：

- 使用 Response.Redirect()方法进行跳转，这是最常用的一种方法。
- 设置 Button 控件、ImageButton 控件和 LinkButton 控件的 PostBackUrl 属性实现跳转。
- 通过 Response.Write()方法实现跳转，在该方法中通过输出脚本跳转页面。

除了上面所述的 3 种方法外，开发者还可以调用 Server 对象的 Execute()方法来实现从当前页面跳转到另一个页面。但是这种方法实现跳转与 Response.Redirect()方法实现的跳转有所区别，前者跳转页面时地址栏中的页面不会发生改变，而通过 Redirect()方法跳转页面时则会更改地址栏中的地址。

【例 4-9】在当前网站创建名称是 ten 的目录，并在该目录下创建 Default.aspx 页面。创建完成后向该页面中添加两个 Button 控件，分别为这两个控件添加 Click 事件。然后在

页面后台的事件处理程序中分别使用 Response.Redirect()方法和 Server.Transfer()方法实现页面跳转。事件代码如下：

```
protected void Button1_Click(object sender, EventArgs e)
{
    Response.Redirect("~/Default.aspx");
}
protected void Button2_Click(object sender, EventArgs e)
{
    Server.Transfer("~/Default.aspx");
}
```

在浏览器中运行页面地址进行测试，完整的页面地址是"http://localhost:6415/systemobject/ten/Default.aspx"。在网页中分别单击两个按钮进行测试，单击第一个按钮时的效果如图 4-11 所示，单击第二个按钮时的效果如图 4-12 所示。

图 4-11　通过 Response.Redirect()实现页面跳转

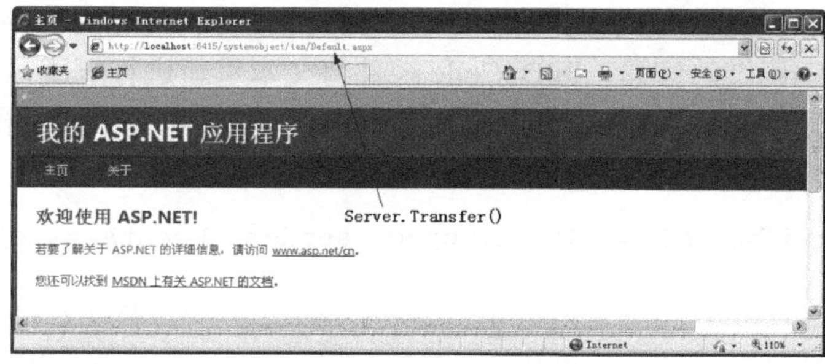

图 4-12　通过 Server.Transfer()实现页面跳转

4.7.3　字符串编码和解码

Server 对象的 HtmlEncode()方法和 HtmlDecode()方法分别实现对字符串的编码和解码操作，它们都有两个重载方法。说明如下。

- string HtmlEncode(string s)：对字符串进行 HTML 编码并返回已编码的字符串，其中参数 s 是要编码的字符串。
- void HtmlEncode(string s, TextWriter output)：对字符串进行 HTML 编码，并将结果输出发送到文本输出流。其中，参数 s 表示要编码的字符串，output 表示 TextWriter 类的文本输出流。

- string HtmlDecode(string s)：对 HTML 编码的字符串进行解码，并返回已解码的字符串，参数 s 是要解码的字符串。
- void HtmlDecode(string s, TextWriter output)：对 HTML 编码的字符串进行解码，并将结果输出发送到文本输出流。其中，参数 s 表示要解码的字符串，output 是 TextWriter 类的文本输出流。

【例 4-10】分别通过 HtmlEncode()方法和 HtmlDecode()方法实现对输入内容的编码和解码操作，具体操作步骤如下。

(1) 新建 Web 窗体页并且进行设计，在页面的 form 控件中添加 3 个 Label 控件、两个 Button 控件和两个 TextBox 控件，并为按钮添加 OnClick 事件属性。部分代码如下：

```
<asp:TextBox ID="txtSourceCode" runat="server" TextMode="MultiLine"
  Width="500" Height="60"></asp:TextBox><br />
<asp:Button ID=" btnEnCode" runat="server" Text="编 码"
  OnClick="btnEnCode_Click" /><br />
未进行编码直接在页面展示：<br /><asp:Label ID="lblSource"
  runat="server"></asp:Label><br />
编码过后在页面展示：<br /><asp:Label ID="lblEnCode"
  runat="server"></asp:Label><br />
编码过后的文本：<br /><asp:TextBox ID="txtTargetCode" runat="server"
  TextMode="MultiLine" Width="500" Height="60"></asp:TextBox><br />
<asp:Button ID="btnDeCode" runat="server" Text="解 码"
  OnClick="btnDeCode_Click" /><br />
解码后在页面展示：<br /><asp:Label ID="lblDeCode" runat="server"></asp:Label>
```

上述页面代码中，第一个文本框接收输入的一段 HTML 文本，ID 属性是 lblSource 的 Label 控件直接将输入的文本显示到网页，lblEnCode 控件将编码过的代码文本显示到网页。第二个文本框显示编码过的信息，lblDeCode 控件将文本重新进行解码显示。

(2) 用户单击 ID 属性的值是 btnEncode 的按钮控件时会对首个文本框里的内容进行编码，为该控件添加 Click 事件处理程序。代码如下：

```
protected void btnEnCode_Click(object sender, EventArgs e)
{
    string source = this.txtSourceCode.Text;      //获取文本框中的值
    this.lblSource.Text = source;                 //直接展示输入的内容
    string enCode = Server.HtmlEncode(source);     //编码
    this.lblEnCode.Text = enCode;               //在页面展示编码过后的内容
    this.txtTargetCode.Text = enCode;            //输出编码过后的文本供查看
}
```

(3) 为 ID 属性的值是 btnDeCode 的按钮添加 Click 事件处理程序，在事件中的代码对文本框的值进行解码。代码如下：

```
protected void btnDeCode_Click(object sender, EventArgs e)
{
    string source = this.txtTargetCode.Text;            //获取文本框中的值
    string deCode = Server.HtmlDecode(source);          //执行解码
    this.lblDeCode.Text = deCode;                  //展示解码后的内容
}
```

(4) 运行 Default.aspx 页面，在浏览器中查看，执行效果如图 4-13 所示。

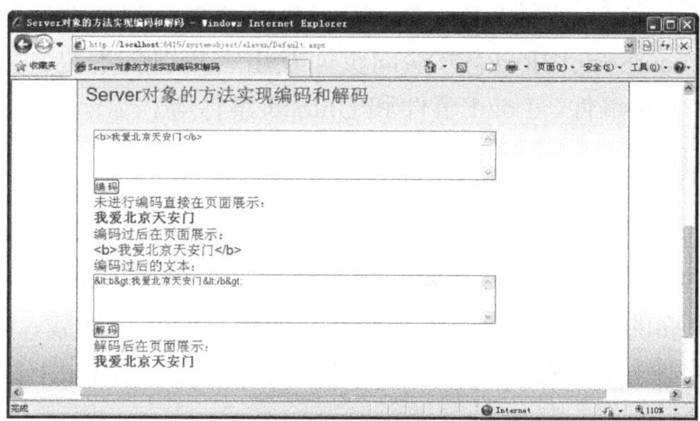

图 4-13　运行 Default.aspx 页面

4.8　页面级别的对象

除了前面介绍的请求对象、跳转对象和数据存储对象外，ASP.NET 中还提供了页面级别的操作对象，下面将介绍 Page 对象和 ViewState 对象。

4.8.1　Page 对象

Page 对象是由 System.Web.UI 命名空间下的 Page 类实现的，Page 类与扩展名为.aspx 的文件相关联，这些文件在运行时被编译为 Page 对象，并且缓存在服务器内存中。

Page 对象中提供了一系列的方法、属性和事件，通过使用 Page 可以获取前面介绍的其他对象，表 4-10 给出了 Page 对象的常用属性。

表 4-10　Page 对象的常用属性

属性名称	说　明
IsPostBack	获取一个值，该值表示该页是否正为响应客户端回发而加载
IsValid	获取一个值，该值表示页面是否通过验证
Application	为当前 Web 请求获取 Application 对象
Request	获取请求的页的 HttpRequest 对象
Response	获取与 Page 关联的 HttpResponse 对象。该对象将 HTTP 响应数据发送到客户端，并包含有关该响应的信息
Session	获取 ASP.NET 提供的当前 Session 对象
Server	获取 Server 对象，它是 HttpServerUtility 类的实例
ClientScript	获取用于管理脚本、注册脚本和向页添加脚本的 System.Web.UI.ClientScriptManager 对象
ClientQueryString	获取请求的 URL 的查询字符串部分
PreviousPage	获取向当前页传输控件的页

使用 Page 对象(如 Page.IsPostBack)时，一般会将 Page 省略。

该对象还包含多个方法，例如 DataBind()将数据源绑定到被调用的服务器控件及其所有子控件；RegisterClientScriptBlock()方法向页面发出客户端脚本块。另外，Page 对象还包含一系列的事件，如 Init 事件、Load 事件和 Unload 事件等。

1. IsPostBack 属性

IsPostBack 属性用来获取一个布尔值，该值返回 true 时，表示当前页是为响应客户端回发(例如单击按钮控件)而加载，否则表示当前页是首次加载和访问。

【例 4-11】在页面的 Load 事件中添加代码，如果页面首次加载，向页面输出文本“页面第一次加载”，否则输出“第二次或第二次以上加载”。代码如下：

```
private void Page_Load(object sender, System.EventArgs e)
{
    if(!Page.IsPostBack) {
        Label1.Text = "页面第一次加载！";
    } else {
        Label1.Text = "页面第二次或第二次以上加载！";
    }
}
```

2. IsValid 属性

读者肯定对于 IsValid 属性不陌生，上节介绍验证控件时提到过 IsValid 属性，该属性也是获取一个布尔类型的值，它表示页面验证是否成功。如果页验证成功，则返回 true；否则返回 false。IsValid 属性一般在含有验证服务器控件的页面中使用，只有当所有验证服务器控件都验证成功时，IsValid 属性的值才为 true。

3. 输出脚本

Page 对象具有 ClientScript 属性，该属性获取用于管理脚本、注册脚本和向页添加脚本的 ClientScriptManager 对象。

ClientScriptManager 对象包含多个方法，其中，RegisterStartupScript()方法用于注册启动脚本，RegisterClientScriptBlock()方法用于注册客户端脚本。

【例 4-12】简单演示如何通过调用 Page 对象的属性向页面输出脚本。首先在页面后台添加一个全局的方法，向该方法中传入两个参数，并且该方法没有返回值。方法如下：

```
public static void Alert(string message, Page page)
{
    string js = @"<Script language='JavaScript'>alert('"
                + message + "');</Script>";
    if (!page.ClientScript.IsStartupScriptRegistered(page.GetType(), "alert")) {
        page.ClientScript.RegisterStartupScript(page.GetType(), "alert", js);
    }
}
```

Alert()方法弹出 JavaScript 小窗口，同样调用 RegisterStartupScript()方法可以弹出消息

框并且转到新的 URL 地址。再次声明名称是 AlertAndRedirect 的全局方法，该方法中传入 3 个参数，分别表示弹出的消息、URL 跳转地址和 Page 对象。代码如下：

```
public static void AlertAndRedirect(string message, string toURL, Page page)
{
    string js = "<script language=javascript>alert('{0}');
                window.location. replace('{1}')</script>";
    if (!page.ClientScript.IsStartupScriptRegistered(page.GetType(),
      "AlertAndRedirect")) {
        page.ClientScript.RegisterStartupScript(page.GetType(),
          "AlertAndRedirect", string.Format(js, message, toURL));
    }
}
```

声明方法并且添加代码完毕后，开发者就可以在事件处理程序中调用了，例如，页面加载时弹出消息框，并且将页面跳转到根目录下的 Default.aspx 页面。如下所示：

```
protected void Page_Load(object sender, EventArgs e)
{
    AlertAndRedirect("跳转到根目录下的 Default.aspx 页面",
      "../Default.aspx", Page);
}
```

Page 对象的相关属性的方法不仅可以实现上述的两个功能，还可以实现其他的功能。例如，回到历史页面、弹出指定大小的新窗体、打开指定大小和位置的模态对话框和刷新父窗口等，读者可以自己添加代码进行测试。

4.8.2 ViewState 对象

ViewState 对象是 ASP.NET 中用来保存 Web 控件回传时状态值的一种机制，可以用来保存页面中的各种变量，甚至是对象。在 Web 窗体页 form 控件设置为 runat="server"时，这个 form 会被附加一个隐藏的_VIEWSTATE 属性。_VIEWSTATE 属性中存放了所有控件在 ViewState 中的状态值。

ViewState 是 Control 类中的一个域，其他所有控件通过继承 Control 来获得 ViewState 功能。它的类型是 system.Web.UI.StateBag，一个名称/值的对象集合。

当请求某个页面时，ASP.NET 把所有控件的状态序列化成一个字符串，然后作为窗体的隐藏属性送到客户端。当客户端把页面回传时，ASP.NET 分析回传的窗体属性，并赋给控件对应的值。这些全部都是由 ASP.NET 负责的，因此用户无须干预。

1．使用 ViewState 的条件

要使用 ViewState 对象，在 Web 窗体页面中必须有一个服务器端窗体标记，即<form runat="server">。Web 窗体 form 是必需的，这样包含 ViewState 信息的隐藏字段才能回传给服务器。而且，form 还必须是服务器端的窗体，这样在服务器上执行该页面时，ASP.NET 页面框架才能添加隐藏的字段。另外，还需要设置 Page 的 EnableViewState 属性的值为 true；并且控件的 EnableViewState 属性的值为 true。

页面本身将 20 字节左右的信息保存在 ViewState 中，用于在回传时将 PostBack 数据和 ViewState 值分发给正确的控件。因此，即使该页面或应用程序禁用了 ViewState，仍可以在 ViewState 中看到少量的剩余字节。

2. 设置 ViewState

ViewState 可以在控件、页、程序和全局配置中设置，它们的优先级别是“控件>页面>程序>全局配置”。默认情况下 EnableViewState 为 true，如果要禁止所有页面的 ViewState 功能，可以在程序配置中把 EnableViewState 设置为 false。

并不是所有的控件都可以禁止 ViewState，如 TextBox、CheckBox、CheckBoxList 和 RadioButtonList 除外。这是因为它们的状态是通过 IsPostBackEventHandler 和 IPostBackDataHandler 接口处理，而不是 ViewState 的机制，所以 EnableViewState 的设置没有效果。

3. ViewState 对象的读写

可以直接向 ViewState 对象中写入内容，并且对内容进行读取，它的写入与读取方式与 Session、Application 相似，这里不再详细介绍它的使用。ViewState 写入和读取时的格式如下：

```
ViewState["key"] = "value"; //存放信息
string key = ViewState["key"].ToString(); //读取信息
```

4. ViewState 的注意事项

ViewState 对象作为保存页面状态的集合对象，使用它时需要注意一些内容。如下所示：

- ViewState 的索引是大小写敏感的。
- ViewState 信息不是网站共享的，因此，不能够跨页面。
- 保存在 ViewState 中的对象必须是可流化或者定义了 TypeConverter 的。
- TextBox 控件 TextMode 属性的值设置为 Password 时，它的状态将不会被保存在 ViewState 中。
- 当禁止一个程序的 ViewState 时，这个程序的所有页面的 ViewState 也被禁止了。
- 只有当页面回传(Server.Transfer())自身时，ViewState 才是持续的，页面跳转(Response.Redirect())会使 ViewState 中的数据丢失。
- 并不是所有的应用程序都需要保存控件状态信息，通过在@Page 指令中添加 EnableViewState 属性的值为 false，可以禁止整个页面的 ViewState。

4.9 比较内置对象

在 4.2~4.8 节介绍的内置对象中，Response 对象常常会用于页面跳转；Request 对象常常会用于获取请求的一些信息；Page 对象常常会用于获取页面级别的操作对象；Session、Application、Cookie 和 ViewState 这 4 个对象都可以用来保存数据，它们之间存在着不同。

表 4-11 分别从存储方式、内存空间大小和安全性能等方面进行了比较和说明。

表 4-11 比较 Session、Application、Cookie 和 ViewState 对象

	Cookie	Session	Application	ViewState
保存位置	客户端	服务器端	服务器端	客户端
应用范围	单个用户	单个用户	整个应用程序/所有用户	单个用户
生存周期	可以根据需要进行设置	InProc 模式下默认为 20 分钟，用户可以自己定义	整个应用程序的生命期	一个 Web 窗体页面的生命期
信息量的大小	少量、简单的数据	安全但效率较低，保存少量、简单的数据	任意大小的数据	少量、简单的数据

4.10 实验指导——显示用户注册的详细信息

内置对象的使用非常广泛，它们可以单独使用，也可以结合其他对象一起使用。本节将实验用户注册时信息的详细显示，包含两个 Web 窗体页，第一个 Web 窗体页向用户提供输入信息，第二个 Web 窗体页获取用户从上个页面传递过来的值并显示到页面。

实验指导 4-1：显示用户注册的详细信息

本节实验指导的完成借助于许多技术，如标准控件向用户提供输入信息，验证控件验证用户输入是否合法，PostBackUrl 属性实现跨页提交，并且在第二个 Web 窗体页是通过 FindControl()方法获取从上个页面传递的值。步骤如下。

(1) 创建名称是 Default.aspx 的窗体页并且进行设计，在 form 表单中添加多行两列的表格，第一列显示基本信息说明，第二列添加控件供用户输入。首先添加用户输入用户名的文本框，并且添加 RequiredFieldValidator 控件保证此项不能为空。代码如下：

```
<asp:TextBox ID="UserName" runat="server" Width="200">
</asp:TextBox>   
<asp:RequiredFieldValidator ID="rfvName" runat="server"
  ControlToValidate="UserName" ErrorMessage="用户名不能为空！"
  Display="Dynamic">
</asp:RequiredFieldValidator>
```

(2) 添加供用户输入密码和确认密码的输入框，并且分别为它们添加 RequiredField-Validator 控件，来验证密码框和确认密码框不能为空。另外，还要为确认密码框添加 CompareValidator 控件，比较两次输入的密码是否一致。代码如下：

```
<asp:TextBox ID="UserPass" runat="server" TextMode="Password" Width="200">
</asp:TextBox>
<asp:RequiredFieldValidator ID="rfvUserPass" runat="server"
  ControlToValidate="UserPass" ErrorMessage="密码不能为空！"
  Display="Dynamic">
</asp:RequiredFieldValidator>
```

```
<asp:TextBox ID="UserPassAgain" runat="server"
  TextMode="Password" Width="200">
</asp:TextBox>   
<asp:RequiredFieldValidator ID="rfvUserPassAgain" runat="server"
  ControlToValidate="UserPass" Display="Dynamic"
  ErrorMessage="确认密码不能为空！">
</asp:RequiredFieldValidator>
<asp:CompareValidator ID="cvPass" runat="server"
  ControlToValidate="UserPassAgain" ControlToCompare="UserPass"
  Display="Dynamic" ErrorMessage="两次输入的密码不一致！">
</asp:CompareValidator>
```

(3) 通过 RadioButtonList 控件指定用户的性别，代码如下：

```
<asp:RadioButtonList ID="rblSex" runat="server"
  RepeatDirection="Horizontal">
    <asp:ListItem Value="0" Selected>男</asp:ListItem>
    <asp:ListItem Value="1">女</asp:ListItem>
</asp:RadioButtonList>
```

(4) 添加供用户选择当前职业的 RadioButtonList 控件，为该控件设置 RepeatDirection 属性和 RepeatColumns 属性。代码如下：

```
<asp:RadioButtonList ID="rblWork" runat="server"
  RepeatDirection="Horizontal" RepeatColumns="3">
    <asp:ListItem Value="公务员" Selected>公务员</asp:ListItem>
    <asp:ListItem Value="医务工作者">医务工作者</asp:ListItem>
    <asp:ListItem Value="教师">教师</asp:ListItem>
    <asp:ListItem Value="经商">经商</asp:ListItem>
    <asp:ListItem Value="其他">其他</asp:ListItem>
</asp:RadioButtonList>
```

(5) 继续添加供用户选择的 FileUpload 控件，并且该项不能为空。代码如下：

```
<asp:FileUpload ID="fuP" runat="server" />   
<asp:RequiredFieldValidator ID="rfvPhoto" runat="server"
  ControlToValidate="fuP" ErrorMessage="请选择头像" Display="Dynamic">
</asp:RequiredFieldValidator>
```

(6) 添加提供用户选择省份的 DropDownList 控件，具体代码不再显示。

(7) 添加 Button 控件执行提交操作，并且设置 PostBackUrl 属性，该属性实现提交。代码如下：

```
<asp:Button ID="Button1" runat="server" Width="70" Height="30"
  Text="注 nbsp;册" PostBackUrl="~/anli/Default2.aspx" />
```

(8) 运行上述相关代码进行测试，页面运行后单击“注册”按钮时的验证效果如图 4-14 所示。

(9) 页面验证成功会跳转到 Default2.aspx 页面。所以需要创建该页面并进行设计。向页面中添加用户显示基本信息的 Label 控件，及显示用户头像的 Image 控件。

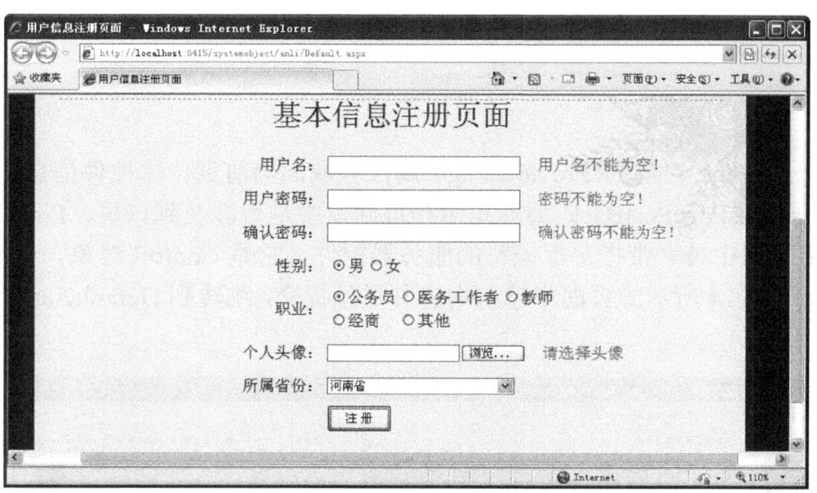

图 4-14 注册验证页面的效果

页面代码如下：

```
<form id="form1" runat="server">
    <font size="+3">提交用户输入的资料信息</font><br /><br />
    <asp:Label ID="lblInfo" runat="server" Font-Size="Large">
    </asp:Label><br />
    <font size="+1">照片显示：</font>
    <asp:Image ID="Image1" runat="server" />
</form>
```

(10) 在 Default2.aspx 页面的后台中添加 Load 事件的处理程序代码，首先判断向当前页传输控件的页是否为空，如果不为空，再判断是否使用跨页提交，如果是，则调用 FindControl()方法获取上个页面用户输入的值，最后显示到网页中。代码如下：

```
protected void Page_Load(object sender, EventArgs e)
{
    if (Page.PreviousPage != null)        //获取向当前页传输的页是否为空
    {
        if (PreviousPage.IsCrossPagePostBack)    //判断是否使用跨页提交
        {
            string name = ((TextBox)this.PreviousPage
              .FindControl("UserName")).Text;      //获取用户名
            string pass = ((TextBox)this.PreviousPage
              .FindControl("UserPass")).Text;
            string sex = ((RadioButtonList)this.PreviousPage
              .FindControl("rblSex")).SelectedValue == "0" ? "男" : "女";
            string position=((RadioButtonList)this.PreviousPage
              .FindControl("rblWork")).SelectedValue;
            string pic = ((FileUpload)this.PreviousPage
              .FindControl("FileUpload1")).PostedFile.FileName;
            string provice = ((DropDownList)this.PreviousPage
              .FindControl("ddlProvice")).SelectedValue;
            lblInfo.Text = "用户名：" + name + "<br/>密码：" + pass
             + "<br/>性别：" + sex + "<br/>当前职业：" + position
             + "<br/>所在省份：" + provice;
```

```
            Image1.ImageUrl = "../uploadImage/" + pic;
        }
    }
}
```

上述代码从 Page 对象的 PreviousPage 属性获取向当前页传输控件信息的页，它返回 Page 对象。IsCrossPagePostBack 属性指示跨页回发中是否涉及到该页，FindControl()方法用于在页命名容器中搜索带指定标识符的服务器控件，它是 Control 对象。

(11) 向如图 4-14 所示的页面中输入内容并进行提交，跳转到 Default2.aspx 页面时的效果如图 4-15 所示。

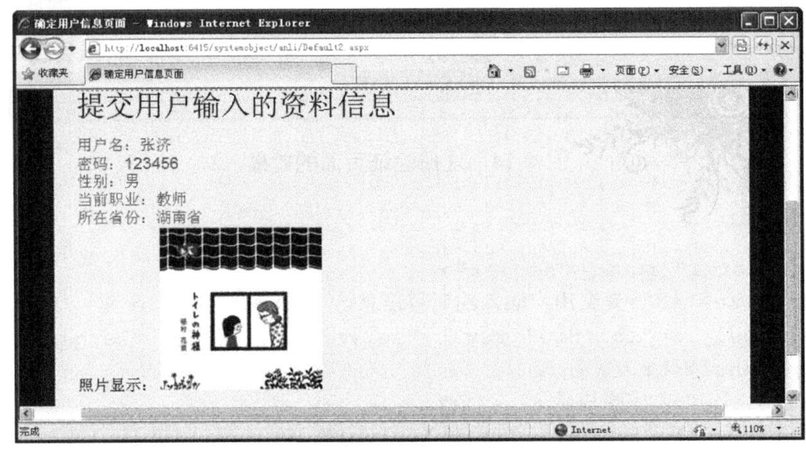

图 4-15　显示用户注册的详细信息

4.11　习　题

1. 填空题

(1) __________对象封装了返回到 HTTP 客户端的输出信息，提供向浏览器输出信息或者发送指令的功能，用于页面执行期。

(2) Request 对象的__________属性用于获取远程客户端的 IP 主机地址。

(3) Response 对象调用__________方法可以从当前页重定向到新的 URL 地址。

(4) __________对象的相关属性能够获取其他的内置对象，如 Session 对象、Request 对象。

(5) Server 对象的__________方法对要在浏览器中显示的字符串进行 HTML 编码。

2. 选择题

(1) 关于 Request 对象的属性和方法的说明，__________选项是不正确的。

A. 该对象的 QueryString 属性可以接收以 GET 方式提交的数据

B. 该对象的 Form 属性可以接收以 POST 方式提交的数据

C. 该对象与其他的对象不一样，它只存在一个 SaveAs()方法，此方法将 HTTP

请求保存到磁盘中

D. 该对象存在 ServerVariables 属性，它用于获取 Web 服务器变量的集合，通过向该属性中设置参数返回不同的信息

(2) Session 对象的__________方法表示从会话状态集合中移除所有的键和值。

A. Remove() B. RemoveAll()

C. RemoveAt() D. Clear()

(3) Cookie 对象的__________属性可以设置 Cookie 的过期时间和日期。

A. Value B. Path

C. Expires D. HasKeys

(4) 下面关于内置对象的说法中，选项__________是正确的。

A. ViewState 对象也可以用来保存数据，它与 Application 对象一样，能够作用在整个应用程序中

B. Session 安全性较低，一般情况下保存用户的基本信息，Cookie 的安全性相对较高，可以保存用户名和用户密码

C. Session 和 Application 对象的数据保存在客户端，而 Cookie 和 ViewState 对象则保存在服务器端

D. Application 对象保存在整个应用程序中，它可以保存任意大小的数据。而且使用该对象可以访问历史次数、网站浏览记录和用户在线时长等

(5) 关于 Server.Transfer()方法和 Response.Redirect()方法，选项__________是错误的。

A. Server.Transfer()方法从一个页面跳转到另一个页面时，地址栏中的地址会发生改变，而 Response.Redirect()方法实现跳转时，地址不会发生改变

B. 一般情况下，把 Server.Transfer()方法实现的页面跳转称为回发，而把 Response.Redirect()方法实现的页面跳转称为重定向

C. 无论是 Server.Transfer()方法还是 Response.Redirect()方法，它们都能够从一个页面跳转到另一个页面

D. Server.Transfer()方法实现跳转时地址栏不会发生改变，而 Response.Redirect()方法实现跳转时地址栏改变

(6) Page 对象通过__________属性获取向当前页传输控件的页。

A. IsPostBack B. IsValid

C. PreviousPage D. QueryString

3. 简答题

(1) ASP.NET 中常用的内置对象有哪些，它们都是用来做什么的？

(2) 简单比较 Session 对象和 Cookie 对象，可以从安全性、生命周期和作用域等方面进行说明。

(3) 请尽可能地说出你所知道的从 A.aspx 页面跳转到 B.aspx 页面时的方法，并简单说明它们的区别。

第5章　用 户 控 件

在前面的章节中，已经介绍过 ASP.NET 中常用的标准控件和验证控件，通过使用这些控件和 CSS 可以完成简单、漂亮网页的设计。但是有些时候，许多网页中一部分内容都是重复的，例如首页头部包含搜索文本框，而其他的页面左侧或右侧也包含文本框，这时如果再重新使用 TextBox 控件进行设计，则显得繁琐。有没有一种简单的方法，将页面中的共同内容都提取出来放到页面中，然后集中进行调用呢？有。在 ASP.NET 中使用用户控件可以很好地解决上述问题。

本章将详细介绍 ASP.NET 中的用户控件，包括用户控件的概念、优点，如何创建用户控件以及如何使用用户控件等内容。另外，还将介绍用户控件与 Web 窗体页的区别，以及如何将普通的 Web 窗体页转化为用户控件。

本章学习目标如下：

- 了解用户控件的概念和优缺点。
- 掌握用户控件的注意事项。
- 掌握如何创建用户控件。
- 掌握如何向 Web 窗体页添加用户控件。
- 掌握 Web 窗体页面如何添加用户控件。
- 熟悉在 Web 窗体页中如何访问用户控件的属性。
- 了解用户控件的事件。
- 掌握用户控件与 Web 窗体页的区别。
- 熟悉如何将 Web 窗体页转化为用户控件。

5.1　用户控件概述

除了在 ASP.NET 网页中使用 Web 服务器控件外，开发者还可以使用用于创建 ASP.NET 网页的相同技术创建可重复使用的自定义控件，这些控件称作用户控件。本节将简单介绍用户控件的基本知识。

5.1.1　什么是用户控件

用户控件是一种复合控件，或者说用户控件是一种自定义的组合控件，它的工作原理非常类似于 ASP.NET 网页。开发者可以向用户控件中添加现有的 Web 服务器控件和标记，并定义控件的属性和方法，然后可以将控件嵌入 ASP.NET 网页中，充当一个单元。

ASP.NET 技术设计网页时经常会使用到用户控件，用户控件提供了一种快速高效的方法，提高了应用程序代码的重用性，可以将一个或多个控件以及相关的逻辑进行组合，然后封装到一个用户控件中，从而在一个动态页中使用其他任何动态页的内容。一旦创建了用户控件，就可以在同一个 Web 应用程序的多个页面重用它，但是不能够跨应用程序重用。

用户也可以在用户控件中加入自己的属性、事件和方法。

用户控件的界面组成非常简单，它包含一个含有控件标记的页面，页面后缀名是.ascx，以及嵌入脚本或一个在后台的.cs 文件。用户控件几乎可以包括所有的内容，例如 HTML 中的元素和服务器控件。还可以接收 Page 对象的事件(例如 Load 事件)，并且可以通过属性公开一组相同的 ASP.NET 固有的对象(例如 Application 对象和 Session 对象)。

用户控件可以在一个应用程序中重用，但是不能够跨应用程序进行重用。用户控件的使用非常广泛，一般情况下，当内容在逻辑上可以组合在一起，而且又有可能要在多处进行使用时才会用到。

开发者在设计一个完整的网站时，网站中的许多页面都包含用户登录信息，其中首页将用户登录信息放到页面右侧，顶部链接登录页面时会直接在页面中显示到中间区域，或者其他页面显示登录信息时将其显示到左侧。这时，可以将用户登录信息区域做成用户控件，在其他网页中访问时直接调用即可。又如，大多数的网站底部区域的内容都相同，包含一些友情链接和联系地址，这种情况也可以把相同的底部区域做成用户控件。另外，如内容有关的文件上传和下载等，也可以将其做成用户控件。

例如，图 5-1 给出一个可以使用用户控件的情形，在该页面中可以将消费者保障、新手上路、付款方式以及淘宝特色等相关内容设置成用户控件。

图 5-1　用户控件简单示例

5.1.2　用户控件的优缺点

用户控件实现了内置 ASP.NET Web 服务器控件没有提供的功能，而且用户控件提取多个网页中相同的用户界面来统一网页显示风格。

(1) 如下所示给出了用户控件的优点：

- 用户控件实现了代码的重用性，可被 Web 应用程序内所有的 Web 窗体重用。
- 可以将常用的内容或控件及控件的运行程序逻辑设计为用户控件，然后可以在多个网页中重复使用该用户控件，节省许多重复性工作。
- 如果网页中的内容需要改变时，只需更改用户控件中的内容，其他使用该用户控件的网页会自动随之改变。

- 独立于 Web 窗体，用户控件的变量、方法和属性不会与 Web 窗体的变量、方法和属性冲突。
- 取代了服务器端文件所包含的(#include)指令。

(2) 用户控件并不是完美的，它也存在着不足。如下所示：

- 每个应用程序中需要控件的一个单独副本。
- 不能在使用其他语言开发的 Web 应用程序中重用。
- 不能将用户控件添加到 Visual Studio .NET 的工具箱中。

要解决用户控件的缺点，开发者可以自定义 Web 控件，自定义 Web 控件是编写一个类，该类从 Control 或 WebControl 类派生。

5.1.3　用户控件的注意事项

用户控件的创建和使用都非常简单，会在下面小节中进行介绍。但是，使用用户控件时还需要注意两点。

(1) 用户控件不能被单独访问。

开发者可以直接在浏览器中输入地址访问 Web 窗体页，而对用户控件则不能直接访问。它必须应用到 Web 窗体页中，如果强制访问，则弹出如图 5-2 所示的错误。

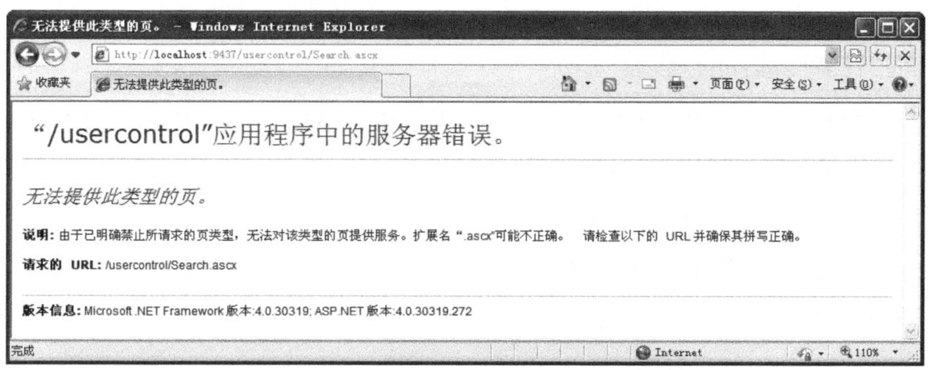

图 5-2　企图访问用户控件时出现错误提示

(2) 用户控件可以包含其他用户控件。

在用户控件中可以包含其他的用户控件，这时可能会产生两种情况。即用户控件 A.ascx 中包含用户控件 B.ascx，而用户控件 B.ascx 中又包含用户控件 A.ascx。如果出现这种情况时，IDE 会自动检测到循环并提示错误。

5.2　创建用户控件

用户控件扩展名后缀为“.ascx”，一般情况下都是直接通过向导方式创建。

通过向导方式创建用户控件时非常简单，选择当前创建的网站后单击右键，在弹出的右键菜单中选择“添加新项”命令打开“添加新项”对话框，如图 5-3 所示。在该对话框中选择“Web 用户控件”项，并且重新输入 Web 用户控件的名称，然后单击“添加”按钮

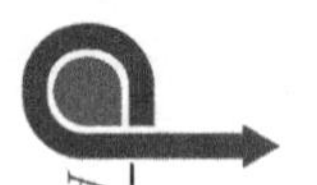

直接创建即可。如果要取消当前 Web 用户控件的创建，则直接单击“取消”按钮即可。

图 5-3　添加 Web 用户控件

【例 5-1】创建用户控件完成后，就需要向用户控件中添加文本和控件进行设计了，下面以一个简单的例子来演示如何在用户控件中添加内容。

(1)　直接向当前网站中添加名称是 Search 的 Web 用户控件，创建用户控件完成后的页面代码如下：

```
<%@ Control Language="C#" AutoEventWireup="true" CodeFile="Search.ascx.cs"
  Inherits="Search" %>
```

(2)　在用户控件页面中添加控件、CSS 样式表和 HTML 元素等内容。首先引入外部的一个 CSS 样式表文件，代码如下：

```
<link href="style.css" rel="stylesheet" type="text/css" />
```

(3)　继续向用户控件中添加内容，这些内容与搜索有关。例如，TextBox 控件供用户输入。代码如下：

```
<div id="search_strip">
<div class="freeregistration">
<div class="registration">
<a href="#" class="free">首页</a> 搜索内容</div>
</div>
<div class="search_area">
<div class="search_box">
<label>
<asp:TextBox ID="textSearch" runat="server"></asp:TextBox>
</label>
</div>
<div class="search_go">
<asp:Button ID="btnSearch" runat="server" Text="Go"
  Style="text-align: left; vertical-align: top;
  background-color: transparent; border: none;"
  CssClass="go" Height="25" Width="34" />
```

```
</div>
<div class="search_box">&raquo;
<a href="#" class="advancesearch">高级搜索</a></div>
</div>
</div>
```

除了以编程方式创建和通过向导创建外，还有一种方式也可以创建用户控件。即通过更改 Web 窗体页，将其转换为用户控件，这种方式会在 5.4.2 小节中进行介绍。

5.3 使用用户控件

创建用户控件完成后，就要使用用户控件了，即把用户控件中的内容显示出来。本节使用用户控件包含两部分内容：向 Web 窗体页中添加用户控件；用户控件的属性和事件。

5.3.1 网页中包含用户控件

我们在介绍用户控件的注意事项时提到过，用户控件不能单独访问，因此，如果要访问用户控件的内容，则需要将它添加到 Web 窗体页中。在 Web 窗体页中使用用户控件有以下 3 种方式：

- 在窗体页中注册该控件，并且在标记中声明该控件。
- 以编程方式将控件加载到网页中。
- 在 Web.config 配置文件中注册用户控件。

1. 通过声明注册用户控件

用户控件是一个部分类，它可以与 ASP.NET 自动生成的独立部分合并。通过声明注册用户控件时的两个步骤如下。

(1) 将其包含在 ASP.NET Web 窗体页中。

将用户控件包含在 ASP.NET Web 窗体页中，其实现方法是在 Web 窗体页中添加一个 @Register 指令。语法如下：

```
<%@ Register Src="Header.ascx" TagName="Header" TagPrefix="apress" %>
```

从上述语法可以看出，在窗体页中注册用户控件时涉及到 Src、TagName 和 TagPrefix 三个属性。说明如下。

- Src：指定用户控件的资源文件。这个资源文件不能够直接使用物理路径(例如 D:\ControlWork\top.ascx)表示，而是使用虚拟路径(如 top.ascx)表示。
- TagPrefix：指定用户控件所使用的前缀(即命名空间)，有了该前缀，就可以在同一个网页中使用不同功能的同名控件了。
- TagName：指定页面上用户控件的别名，在同一个命名空间里控件名是唯一的。

例如，注册例 5-1 创建的用户控件，代码如下：

```
<%@ Register Src="Search.ascx" TagName="Search" TagPrefix="uc1" %>
```

(2) 在网页的 form 元素内部声明用户控件元素。

向 Web 窗体页中注册用户控件完成后就可以直接使用了，在内容部分需要添加用户控件的地方直接通过<tagprefix:tagname>进行访问。例如，将例 5-1 创建的用户控件添加到 Default.aspx 页面中。代码如下：

```
<uc1:Search ID="Search1" runat="server" />
```

在浏览器中运行新创建的 Default.aspx 页面，运行效果如图 5-4 所示。

图 5-4　以手动方式注册用户控件

通过声明的方式向 Web 窗体页添加用户控件时有两种方式：一种是手动添加；另一种是可视化添加。可视化方式添加用户控件时不需要再添加 Register 指令，而是直接拖动用户控件到合适位置(见图 5-5)，会自动向 Web 窗体页添加指令和引入代码。

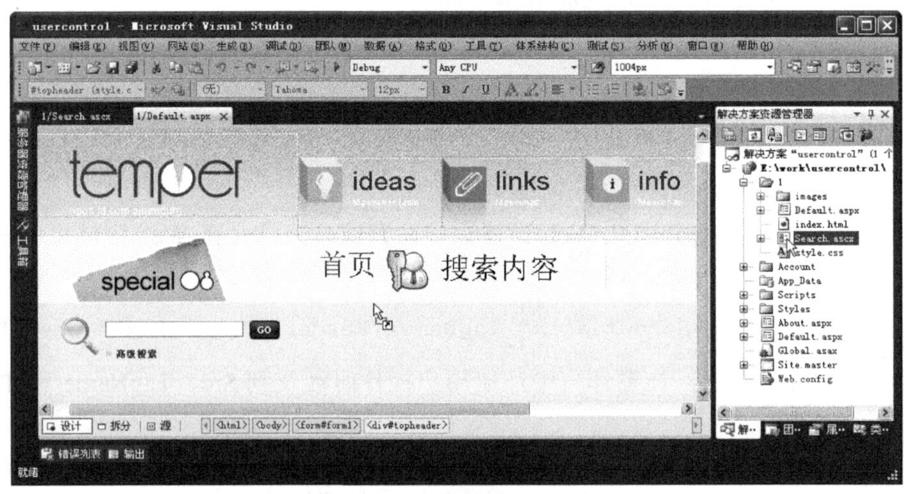

图 5-5　向 Web 窗体页拖动添加用户控件

2. 以编程方式加载控件

以编程方式加载控件时，需要调用 LoadControl()方法，一般情况下，该方法会在 Web 窗体页的后台 Load 事件中进行添加。例如，通过编程方式向 Web 窗体页添加用户控件，添加完成后重新运行网页。

Load 事件的代码如下：

```
protected void Page_Load(object sender, EventArgs e)
{
    UserControl user = (UserControl)Page.LoadControl("~/1/Search.ascx");
    user.ID = "search1";
    form1.Controls.Add(user);
}
```

3. Web.config 配置文件中注册用户控件

虽然通过注册方式和编程方式都可以向 Web 窗体页中添加用户控件。但是，如果 Web 窗体页中包含多个用户控件，或者一个用户控件在多个窗体页中使用，这样将不利于应用程序的维护。例如，如果一个用户控件的名称进行了更改，那么所有使用用户控件的 Web 窗体页中与该用户控件有关的名称都需要更改。这时，还可以通过另外一种方式：在 Web.config 配置文件中注册用户控件，这样就不需要开发者在每一个 Web 窗体页中重复声明用户控件了。

在 Web.config 配置文件中注册用户控件时，可以在<controls></controls>节点中进行添加。例如：

```
<system.web>
   <pages>
      <controls>
         <add tagPrefix="uc1" src="~/top.ascx" tagName="controls">
         </add>
         <add tagPrefix="uc2" src="~/footer.ascx" tagName="controls">
         </add>
      </controls>
   </pages>
</system.web>
```

在 Web.config 配置文件中注册用户控件后，在窗体页中使用用户控件时可以直接通过<tagprefix:tagname>进行访问，而不需要再导入 Register 指令。

4. 常见错误的解决方法

一般情况下，在 Web 窗体页和 Web.config 配置文件注册用户控件时，tagprefix 属性的值不要相同。例如，在 Web 窗体页中注册了 tagprefix 属性值是 uc1 的 top.ascx 用户控件，而在配置文件中注册了 tagprefix 属性值是 uc1 的 footer.ascx 控件，这样，可能会导致 Web 窗体页在运行时出现错误，如图 5-6 所示。

图 5-6 中提示“/work/lianxi1/Default.aspx 无法使用用户控件/work/lianxi1/top.ascx，因为此控件已经在 Web.config 中注册并且与该页位于同一个目录中”。出现这种错误提示时，有以下两种方式进行解决：

- 更改配置文件或 Web 窗体页中 tagprefix 属性的值。
- 为用户控件添加新的目录，避免用户控件和需要引用用户控件的 Web 窗体页在同一级目录。

图 5-6　注册用户控件名称相同时的错误

5.3.2　用户控件的属性和事件

有些资料中会把包含用户控件的页面称为宿主页，实际上，宿主页就是包含用户控件的 Web 窗体页。用户控件中可以包含控件，当然也可以包含变量、属性和事件等内容。

1．访问用户控件的属性

用户控件的后台代码中可以添加属性和事件，添加的属性可以在用户控件中直接进行访问，也可以在 Web 窗体页中进行访问。

【例 5-2】在例 5-1 的基础上进行更改，在用户控件页声明一个属性，然后在 Web 窗体页重新设置属性的值，具体操作步骤如下。

(1)　在用户控件的搜索框中添加 Text 属性，设置该属性的值为“content”。

(2)　在用户控件页面的后台声明名称是 SearchText 的属性，为该属性添加设置和获取的方式。代码如下：

```
public string SearchText
{
    get { return textSearch.Text; }
    set { textSearch.Text = value; }
}
```

(3)　在 Web 窗体页中引用用户控件，在窗体页的后台 Load 事件中添加处理代码，判断页面是否首次加载，如果是，则重新为搜索框赋值。代码如下：

```
protected void Page_Load(object sender, EventArgs e)
{
    if (!Page.IsPostBack)
        Search1.SearchText = "我的搜索";
}
```

上述 Load 事件的处理代码中，Search1 表示 Web 窗体页添加用户控件时用户控件的 ID 属性值；SearchText 表示用户控件中搜索框 TextBox 控件的 ID 属性值。

(4)　重新运行上述例子的代码内容，查看效果，如图 5-7 所示。

可以在用户控件中声明搜索框 TextBox 控件的属性，当然，也可以直接将其声明为 TextBox 类型。

图 5-7　用户控件属性的设置和访问

相关代码如下：

```
public TextBox SearchContent
{
    get { return textSearch; }
    set { textSearch = value; }
}
```

在 Web 窗体页中调用用户控件的该属性，并且指定其 Text 属性的值。代码如下：

```
Search1.SearchContent.Text = "";
```

2. 用户控件的事件

用户控件与 Web 窗体页交互的一种重要方式就是事件，用户控件中包含 Web 服务器控件时，可以在用户控件中编写代码来处理子控件引发的事件。在用户控件中编写事件的处理方式与在 Web 窗体页中编写事件的方式相似。但是，在使用用户控件时，仍然需要注意以下 3 点：

- 用户控件封装自己的事件并通过将被处理的包含页来发送事件信息。
- 不要在包含页中包括用户控件事件处理程序。
- 需要在用户控件的代码声明块或声明用户控件的代码隐藏文件中写入控件事件处理程序。

【例 5-3】继续在例 5-2 的基础上进行更改，为搜索有关的按钮添加 Click 事件，用户单击该按钮时弹出搜索提示。在用户控件页面找到按钮控件并双击，进入后台事件处理程序页面，在后台处理程序中获取用户输入的内容，并单击弹出脚本提示。代码如下：

```
protected void btnSearch_Click(object sender, EventArgs e)
{
    string search = "您搜索的内容是：" + textSearch.Text;
    Page.ClientScript.RegisterStartupScript(GetType(), "",
      "<script>alert('" + search + "');</script>");
}
```

添加 Click 事件完成后，重新运行页面进行测试，如图 5-8 所示。

当为用户控件添加属性时，页面事件所执行的顺序就会变得很重要。一般情况下，按照以下顺序初始化页面。

图 5-8　为用户控件中的 Web 控件添加事件

(1)　用户请求页面。

(2)　创建用户控件。如果变量有默认值，或者在类的构造函数中执行了初始化，那么此时会用到它们。

(3)　如果在用户控件里设置了任意属性，则会用到它们。

(4)　执行页面的 Load 事件，准备初始化用户控件。

(5)　执行用户控件的 Load 事件，准备初始化用户控件。

5.4　用户控件与 Web 窗体页

用户控件的使用非常简单，细心的读者可以发现，用户控件与 Web 窗体页很相似，下面分别介绍用户控件与 Web 窗体页的区别，以及如何将 Web 窗体页转化为用户控件。

5.4.1　用户控件与 Web 窗体页的区别

Web 窗体页与用户控件存在着相似之处，例如，都可以在用户控件上使用与在 Web 窗体页上所用相同的 HTML 元素(html、body 和 form 除外)和 Web 控件；用户控件与完整的 ASP.NET 网页相似，它们都同时具有用户界面页和代码。但是，它们之间也存在着很大的差别，如表 5-1 所示。

表 5-1　用户控件与 Web 窗体页的区别

	用户控件	窗 体 页
后缀名不同	以“.ascx”结尾，后台页以“.ascx.cs”结尾	以“.aspx”结尾，后台页以“.aspx.cs”结尾
指令不同	添加用户控件时通过@Control 指令	添加 Web 窗体页时通过@Page 指令
后台页继承不同	继承自 System.Web.UI.UserControl 类	继承自 System.Web.UI.Page 类
HTML 元素不同	不能包含 html、form 和 body 元素	可以包含所有的 HTML 元素
能否被包含不同	可以包含控件和其他用户控件，还可以被其他的用户控件和窗体页包含	可以包含控件和所有的用户控件，但是不能够被其他的页面包含
访问权限不同	不能被访问，必须被包含在页面中才能发挥作用	可以直接被用户访问
编译和运行不同	独立地进行编译，但是不能独立运行	编译完成可以直接进行访问

5.4.2 将 Web 窗体页转化为用户控件

可以将一个单独的 Web 窗体页转化为用户控件，转化的主要步骤如下所示。在这些步骤中，可以更改步骤的顺序，这里只是给出了最常用的顺序。

(1) 重命名 Web 窗体页的后缀名，将“.aspx”更改为“.ascx”。

(2) 重命名 Web 窗体页隐藏文件(即后台文件)的后缀名，将“.aspx.cs”更改为“.ascx.cs”。

(3) 打开隐藏文件并更改文件的继承类，从 Page 类更改为 UserControl 类。

(4) 移除原来 Web 窗体页中存在的 html 元素、body 元素和 form 元素。

(5) 将@Page 指令更改为@Control 指令，并且移除@Control 指令中除 Language、AutoEventWireup(如果存在)、CodeFile 和 Inherits 之外的所有属性。在@Control 指令中，将 CodeFile 属性值更改为指向重命名后的代码隐藏文件名。

所有的操作完成后，为了验证更改后的页面是否正确，可以重新生成整个文件，查看是否出错。

5.5 实验指导——将注册用户控件添加到 Web 窗体页

前面已经简单介绍过用户控件的创建和使用，本节实验指定完成一个用户注册页面，并且在 Web.config 配置文件中注册用户控件，将用户控件页面应用到两个 Web 窗体页中。

实验指导 5-1：将注册用户控件通过在 Web.config 文件中配置添加到 Web 窗体页

本节实验指导首先完成用户控件的创建，然后在当前网站下创建两个文件夹，每个文件夹都包含至少一个 Web 窗体页，最后将在 Web 窗体页中使用用户控件。图 5-9 和图 5-10 分别显示了两个文件夹下的 Web 窗体使用用户控件页面的效果。

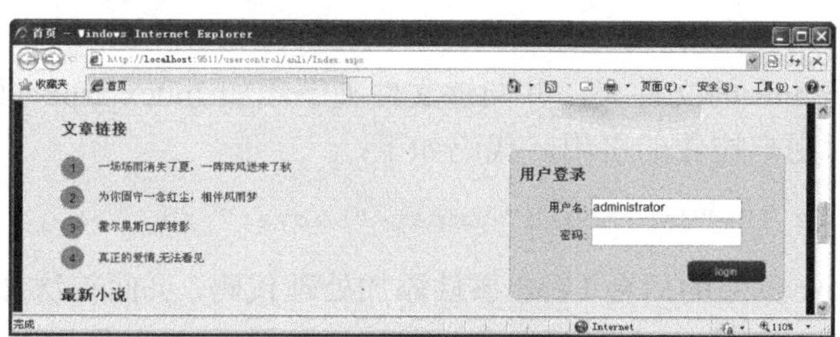

图 5-9 anli 文件夹下的 Index.aspx 页面

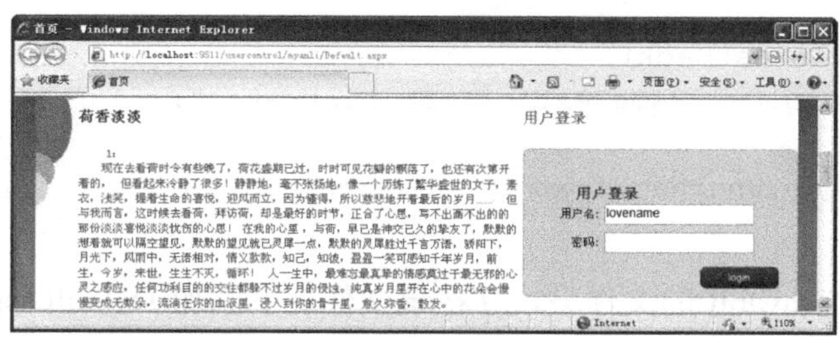

图 5-10 myanli 文件夹下的 Default.aspx 页面

根据如图 5-9 和图 5-10 所示的效果来设计用户控件和 Web 窗体页，主要步骤如下。

(1) 在当前网站的根目录下创建用户控件，该用户控件包含用户名和密码两个输入框和一个操作按钮。用户在设计时，TextBox 控件提供用户输入、ImageButton 控件提供用户执行的操作。代码如下：

```
<div class="text_box">
    <div class="title">用户登录</div>
    <div class="login_form_row">
        <label class="login_label">用户名:</label>
        <asp:TextBox ID="txtName" runat="server" CssClass="login_input">
        </asp:TextBox>
    </div>
    <div class="login_form_row">
        <label class="login_label">密码:</label>
        <asp:TextBox ID="txtPass" runat="server" CssClass="login_input"
          TextMode="Password">
        </asp:TextBox>
    </div>
    <asp:ImageButton ID="btnLogin" runat="server" CssClass="login"
      ImageUrl="~/login.gif" />
</div>
```

(2) 打开 Web.config 文件，在该文件中的<system.web>节点下添加用户控件的注册代码，如下所示：

```
<pages>
    <controls>
      <add tagPrefix="login" src="~/login.ascx" tagName="controls"></add>
    </controls>
</pages>
```

(3) 创建名称是 anli 的文件夹，并向该文件夹下添加 Index.aspx 页面，设计页面完成后，在页面中添加对用户控件的引用。代码如下：

```
<login:controls ID="UserLogin" runat="server" />
```

(4) 为 Index.aspx 页面的后台 Load 事件添加处理代码，页面首次加载时显示用户名输入框的值是“administrator”，再次或多次加载时则显示“admin”。代码如下：

```
protected void Page_Load(object sender, EventArgs e)
{
    if (!Page.IsPostBack)
        UserLogin.UserNameText = "administrator";
    else
        UserLogin.UserNameText = "admin";
}
```

(5) 创建名称是 myanli 的文件夹，并在该文件夹下添加 Default.aspx 页面，设计页面完成后，在页面中添加对用户控件的引用。引用代码与 Index.aspx 页面很相似，可以更改 ID 属性的值。代码如下：

```
<login:controls ID="UserLogin" runat="server" />
```

(6) 为 Default.aspx 页面后台的 Load 事件添加处理代码，页面首次加载时显示用户名输入的值是“lovename”，再次或多次加载时则显示“love”。代码如下：

```
protected void Page_Load(object sender, EventArgs e)
{
   if (!Page.IsPostBack)
      UserLogin.UserNameText = "lovename";
   else
      UserLogin.UserNameText = "love";
}
```

(7) 设计 Index.aspx 页面和 Default.aspx 页面的其他内容，例如 CSS 样式表或脚本文件的引用等，这里不再具体显示。

(8) 分别运行 anli/Index.aspx 页面和 myanli/Default.aspx 页面，首次加载时的效果如前面的图 5-9 和图 5-10 所示。读者可以重新刷新页面并查看效果。

5.6　习　题

1. 填空题

(1) ________的工作原理类似于 ASP.NET Web 窗体页，它是一种自定义的组合控件。

(2) 创建用户控件需要使用__________指令。

(3) 用户控件的后台程序继承自 System.Web.UI.__________类。

(4) 使用@Register 指令向 Web 窗体注册用户控件时，__________参数的值用于指向一个用户控件的资源文件。

2. 选择题

(1) 用户控件的后缀名是__________。

A. .ascx　　B. .aspx

C. .asmx　　D. .ashx

(2) 下面的选项中，__________不是用户控件的优点。

A. 用户控件可以被 Web 应用程序内所有的 Web 窗体重用

B. 可以在多个网页中重复使用用户控件，节省开发者做重复性的工作

C. 可以很方便地将用户控件添加到 Visual Studio .NET 的工具箱中

D. 用户控件独立于 Web 窗体，它的变量、方法和属性不会与 Web 窗体的变量、方法和属性冲突

(3) 下面关于用户控件的说法，__________是正确的。

A. 用户控件可以包含 Web 服务器控件，但是不能包含其他的用户控件

B. Web 窗体页使用用户控件时，只能通过@Register 指令向窗体页注册，然后再进行使用

C. 用户控件页面不能同时包含属性和事件，即属性存在时不能为控件添加事件，为控件添加事件时不能再声明属性

D. 用户控件中不仅可以包含 Web 服务器控件和其他用户控件，还可以在用户控件页添加属性和事件

(4) 下面关于用户控件的 Web 窗体页的选项中，__________是不正确的。

A. 可以将用户控件转化为 Web 窗体页，但是不能将 Web 窗体页转化为用户控件

B. 用户控件的后缀名是“.ascx”，而 Web 窗体页的后缀名是“.aspx”

C. 用户控件可以包含 Web 服务器控件和其他用户控件，也可以被其他用户控件和窗体页包含。Web 窗体页可以包含控件和所有的用户控件，但是不能够被其他的页面包含

D. 用户控件不能被访问，Web 窗体页可以直接被用户访问

3. 简答题

(1) 简单描述用户控件的优点和缺点。

(2) 向 Web 窗体页中添加用户控件时使用的方法有哪些？试分别进行说明。

(3) 简述 Web 窗体页与用户控件的区别，以及如何将 Web 窗体页转化为用户控件。

第 6 章　导航控件和母版页

在创建 Web 窗体页时会在页面左侧显示“工具箱”，在“工具箱”中会将 Web 服务器控件分为标准控件、数据控件、验证控件、导航控件和登录控件等。在前面的章节中已经详细介绍了标准控件、数据控件和验证控件的相关内容，本章将介绍 ASP.NET 中常用的另外一种类型的控件——导航控件。

导航控件的目的是帮助用户导航网站，更加方便用户找到重要的内容。导航控件用于在 ASP.NET 网页上创建菜单和其他导航辅助工具，导航控件经常与母版页一起使用。因此，本章除了介绍 3 种服务器导航控件外，还会介绍与母版页和内容页有关的知识。

本章学习目标如下：

- 掌握站点地图文件的创建和使用。
- 了解 Menu 控件的常用属性和事件。
- 掌握如何向 Menu 控件中添加菜单项。
- 掌握 Menu 控件的基本使用。
- 了解 TreeView 控件的常用属性和事件。
- 掌握如何向 TreeView 控件中添加菜单项。
- 熟悉 TreeView 控件如何设置图像。
- 掌握 TreeView 控件的基本使用。
- 掌握 SiteMapPath 控件的使用。
- 熟悉母版页的优点及与 Web 窗体页的区别。
- 掌握母版页的创建和使用。
- 掌握内容页的创建和使用。
- 掌握如何获取母版页和内容页中的控件。

6.1　站点地图文件

ASP.NET 中提供了 3 种导航控件：Menu 控件、TreeView 控件和 SiteMapth 控件。这 3 种控件都可以使用站点地图文件作为数据源，它描述了系统中页面的逻辑结构，在确定了逻辑结构之后，由其他控件直接读取。

创建站点地图是实现导航的第一步，开发者可以像创建 Web 窗体页和用户控件那样创建站点地图文件。

选中当前网站后，右击，弹出快捷菜单，选择“添加新项”命令，弹出“添加新项”对话框，从中找到站点地图文件，然后单击“添加”按钮，如图 6-1 所示。

创建站点地图文件完成后，可以对其进行编辑，默认情况下会自动地向该文件中生成一些代码。

图 6-1　添加“站点地图”文件

代码内容如下：

```
<?xml version="1.0" encoding="utf-8" ?>
<siteMap xmlns="http://schemas.microsoft.com/AspNet/SiteMap-File-1.0" >
   <siteMapNode url="" title=""  description="">
      <siteMapNode url="" title=""  description="" />
      <siteMapNode url="" title=""  description="" />
   </siteMapNode>
</siteMap>
```

上述代码中包含多个元素节点，下面对它们进行介绍。

- siteMap：表示根节点，它只能有一个。
- siteMapNode：对应于页面的节点，一个节点描述一个页面。它可以包含多个属性，最常用的属性有 3 个。
  - url：文件在解决方案中的链接地址，它是虚拟路径，例如~/Default.aspx。
  - title：显示的标题。
  - description：指定链接的描述信息。

站点地图文件可以引用其他站点地图提供程序或其他目录中的其他站点地图文件以及同一应用程序中的其他站点地图文件。但是，站点地图文件的路径不能更改，它必须位于应用程序的根目录中。

虽然站点地图文件的内容很简单，使用起来也很简单，但是它必须符合 XML 的正确编写格式。下面说明了开发者特别需要注意的一些问题。

(1) 站点地图的根节点名称是 siteMap，每个站点文件有且只有一个根节点。

(2) siteMap 元素节点下有且仅有一个 siteMapNode 元素节点。

(3) 在 siteMapNode 元素节点下可以包含多个名称是 siteMapNode 的子元素节点。

(4) 站点地图文件中，同一个 URL 只能出现一次。

一个有效的站点地图文件只包含一个直接位于 siteMap 元素节点下的 siteMapNode 元素节点。但是，第一级 siteMapNode 元素节点下可以包含多个数量的子 siteMapNode 元素节点。另外，虽然 url 属性可以为空，但是有效站点文件不能有重复的 URL。ASP.NET 默认站点地图提供程序以外的提供程序可能没有这种限制，因此，可以为一个网站配置多个站点地图文件，这时会从应用程序根目录下的站点地图文件开始。

如果应用程序根目录下的站点地图文件包含其他站点地图文件，可以在 siteMapNode 元素节点中指定 siteMapFile 属性，该属性的值指定一个站点地图文件，它的值可以采取多种形式。说明如下：

- 一个与应用程序相关的引用，如~/MySiteMap.sitemap。
- 一个虚拟路径，如/Customers/MySiteMap.sitemap。
- 一个相对于当前站点地图文件位置的路径引用，如 Guests/MySiteMap.sitemap。

【例 6-1】 下面的站点地图文件简单描述了应用程序根目录下的两个 Web 窗体页，并且向根目录的站点地图文件中引入了新的站点地图文件，其全称是 child.sitemap。

代码如下：

```
<?xml version="1.0" encoding="utf-8" ?>
<siteMap xmlns="http://schemas.microsoft.com/AspNet/SiteMap-File-1.0" >
   <siteMapNode title="管理系统"  description="">
      <siteMapNode url="Default.aspx"  title="首页"  description="" />
      <siteMapNode url="About.aspx"   title="关于" description=""/>
      <siteMapNode siteMapFile="child.sitemap" />
   </siteMapNode>
</siteMap>
```

6.2 Menu 控件

Menu 控件通常会被称为菜单控件或菜单导航控件，它支持一个主菜单和多个子菜单，并且该控件允许定义动态菜单，有时也会称动态菜单为“飞出”菜单。下面将介绍 Menu 控件的基本知识，包括它的概念、创建方式、常用属性、事件以及如何使用等。

6.2.1 了解 Menu 控件

Menu 控件用于显示 ASP.NET 网页中的菜单，常与用于导航网站的 SiteMapDataSource 控件结合使用。

(1) Menu 控件支持下面的功能：

- 数据绑定，将控件菜单项绑定到分层数据源。
- 站点导航，通过与 SiteMapDataSource 控件集成实现。
- 对 Menu 对象模型的编程访问，可动态创建菜单，填充菜单项，设置属性等。
- 可自定义外观，通过主题、用户定义图像、样式和用户定义模板来实现。

(2) Menu 控件是最常用的导航控件的一种，它有静态和动态两种显示模式。

- 静态模式：这种显示模式是指 Menu 控件始终是完全展开的，整个结构都是可视的，用户可以单击任何部位。通过设置 StaticDisplayLevels 属性，可以在静态菜单中显示更多菜单级别。
- 动态模式：动态显示的菜单中，只有指定的部分是静态的，而只有用户将鼠标指针放置在父节点上时，才会显示其子菜单项。

1. Menu 控件的常用属性

向 Web 窗体页中添加 Menu 控件后，可以为其添加属性，该控件提供了数十个相关属性，通过使用这些属性，可以设置 Menu 控件的显示外观，也可以设置它的显示模式，还可以设置其显示方向等，如表 6-1 所示列出了 Menu 控件的常用属性。

表 6-1 Menu 控件提供的常用属性

属性名称	说 明
DisappearAfter	获取或设置鼠标指针不再置于菜单上后显示动态菜单的持续时间。默认值是 500 毫秒
DynamicBottomSeparatorImageUrl	获取或设置图像的 URL，该图像显示在各动态菜单项底部，将动态菜单项与其他菜单项隔开
DynamicEnableDefaultPopOutImage	获取或设置一个值，该值指示是否显示内置图像，其中内置图像指示动态菜单项具有子菜单
DynamicHorizontalOffset	获取或设置动态菜单相对于其父菜单项的水平移动像素数
Items	获取 MenuItemCollection 对象，该对象包含 Menu 控件中的所有菜单项
ItemWrap	获取或设置一个值，该值指示菜单项的文本是否换行
MaximumDynamicDisplayLevels	获取或设置动态菜单的菜单呈现级别数
Orientation	获取或设置 Menu 控件的呈现方向，默认值是 Vertical
PathSeparator	获取或设置用于分隔 Menu 控件的菜单项路径的字符
ParentLeelsDisaplayed	设置显示的父级等级，默认值为-1，表示全部显示
ScrollDownText	获取或设置 ScrollDownImageUrl 属性中指定图像的替换文字
ScrollDownImageUrl	获取或设置动态菜单中显示的图像的 URL，以指示用户可以向下滚动查看更多菜单项
ScrollUpText	获取或设置 ScrollUpImageUrl 属性中指定的图像的替换文字
ScrollUpImageUrl	获取或设置动态菜单中显示的图像的 URL，以指示用户可以向上滚动查看更多菜单项
SelectedItem	获取选中的菜单项
SelectedValue	获取选中菜单项的值
StaticDisplayLevels	获取或设置静态菜单的菜单显示级别数
StaticItemFormatString	获取或设置与所有静态显示的菜单项一起显示的附加文本

2. Menu 控件的常用事件

Menu 控件最常用的事件有两个：MenuItemClick 事件和 MenuItemDataBound 事件。前者在单击菜单项后被激发，它通常用于将页上的一个 Menu 控件与另一个控件进行同步；而后者则是在数据绑定 MenuItem 后被激发，该事件通常用来在菜单项呈现在 Menu 控件中之前对菜单项进行修改。

6.2.2 为 Menu 控件添加菜单项

开发者可以通过两种方式来定义 Menu 控件的内容：添加单个 MenuItem 对象(以声明方式或编程方式)；另一种是用数据绑定的方法将该控件绑定到 XML 数据源。

1. 添加单个 MenuItem 对象

添加单个 MenuItem 对象时，可以通过在 Items 属性中指定菜单项的方式向控件添加单个菜单项，Items 属性返回 MenuItemCollection 对象，它是 MenuItem 对象的集合。通过 MenuItemCollection 对象的 Count 属性可以获取当前列表项所包含菜单项的数目。表 6-2 列出了 MenuItemCollection 对象的常用方法，通过这些方法，可以向 Menu 控件中添加菜单项，也可以删除菜单项，还可以执行其他的操作。

表 6-2 MenuItemCollection 对象的常用方法

方法名称	说 明
Add()	将指定的 MenuItem 对象追加到当前 MenuItemCollection 对象的末尾
AddAt()	将指定的 MenuItem 对象插入到当前 MenuItemCollection 对象的指定索引位置
Clear()	从当前 MenuItemCollection 对象中移除所有项
Remove()	从 MenuItemCollection 对象中移除指定的 MenuItem 对象
RemoveAt()	从当前 MenuItemCollection 对象中移除指定索引位置的 MenuItem 对象

Menu 控件就是通过一个或多个 MenuItem 对象来填充数据的，该对象包含多个属性和方法，通过这些属性和方法，可以获取信息以及完成数据的添加和删除等操作。表 6-3 给出了 MenuItem 对象的常用属性。

表 6-3 MenuItem 对象的常用属性

属性名称	说 明
ChildItems	获取一个 MenuItemCollection 对象，该对象包含当前菜单项的子菜单项
DataItem	获取绑定到菜单项的数据项
DataPath	获取绑定到菜单项的数据的路径
Depth	获取菜单项的显示级别
ImageUrl	获取或设置显示在菜单项文本旁边的图像的 URL
NavigateUrl	获取或设置单击菜单项时要导航到 URL
Parent	获取当前菜单项的父菜单项
Selected	获取或设置一个值，该值指示 Menu 控件的当前菜单项是否已被选中
Text	获取或设置 Menu 控件中显示的菜单项文本
Value	获取或设置一个值，该值用于存储菜单项的任何其他数据，如用于处理回发时间的数据等
ValueText	获取从根菜单项到当前菜单项的路径

【例 6-2】演示 Menu 控件的声明性标记，该控件有 3 个菜单项，每个菜单项都包含两个子菜单项。与 Menu 控件相关的代码如下：

```
<asp:Menu ID="Menu1" runat="server" StaticDisplayLevels="3">
   <Items>
      <asp:MenuItem Text="File" Value="File">
         <asp:MenuItem Text="New" Value="New"></asp:MenuItem>
         <asp:MenuItem Text="Open" Value="Open"></asp:MenuItem>
      </asp:MenuItem>
      <asp:MenuItem Text="Edit" Value="Edit">
         <asp:MenuItem Text="Copy" Value="Copy"></asp:MenuItem>
         <asp:MenuItem Text="Paste" Value="Paste"></asp:MenuItem>
      </asp:MenuItem>
      <asp:MenuItem Text="View" Value="View">
         <asp:MenuItem Text="Normal" Value="Normal"></asp:MenuItem>
         <asp:MenuItem Text="Preview" Value="Preview"></asp:MenuItem>
      </asp:MenuItem>
   </Items>
</asp:Menu>
```

2．利用数据绑定的方法绑定数据

利用这种将控件绑定到 XML 文件的方法，可以通过编辑文件来控制菜单的内容，而不需要使用设计器。这样就可以在不重新访问 Menu 控件或编辑任何代码的情况下，更新站点的导航内容。如果站点内容发生了变化，那么就可以使用 XML 文件来组织内容，再提供给 Menu 控件，以确保网站用户可以访问这些内容。

6.2.3 将 XML 文件绑定到 Menu 控件

开发者可以利用数据绑定的方式绑定数据，Menu 控件有两个数据绑定源：一个是 XML 文件，另一个是站点地图文件。

【例 6-3】使用 XML 文件作为 Menu 控件的数据源，最终将绑定后的结果显示到网页中，主要的操作步骤如下。

(1) 创建新的 Web 窗体页，并且向页面中添加 Menu 控件，单击 Menu 控件右上角的按钮标记，可以显示 Menu 任务，效果如图 6-2 所示。

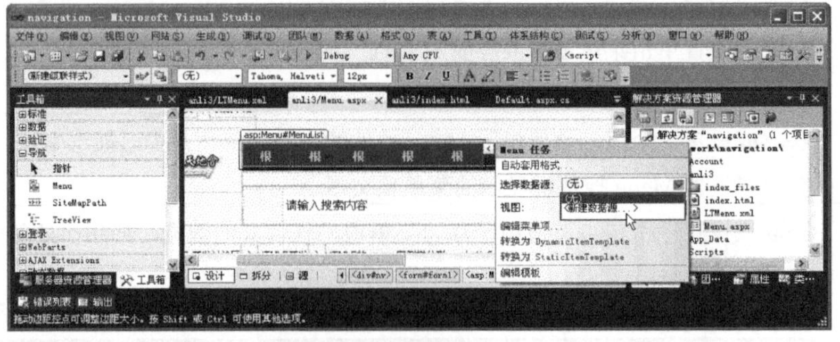

图 6-2　Menu 控件的任务栏

在该图中，开发者可以为 Menu 控件指定数据源，也可以自动套用格式，还可以编辑模板项。

(2) 在图 6-2 中找到“选择数据源”选项，并且单击下拉菜单项中的“新建数据源”选项，弹出“数据源配置向导”对话框，在该对话框中提供了“XML 文件”和“站点地图”两个选项，这选择“XML 文件”，如图 6-3 所示。

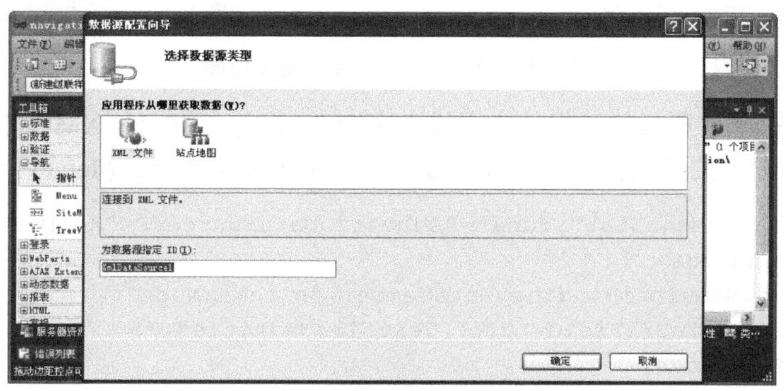

图 6-3　“数据源配置向导”对话框

(3) 在图 6-3 中输入数据源的指定 ID，然后单击“确定”按钮，弹出“配置数据源”对话框，在该对话框中单击“浏览”按钮，选择 XML 文件，如图 6-4 所示。

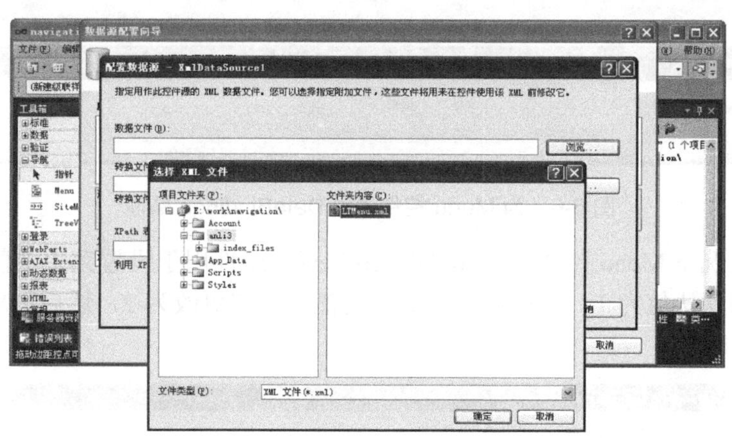

图 6-4　选择 XML 文件

在图 6-4 中选择 XML 文件完毕后，依次单击“确定”按钮。此时，“源”窗口中的完整代码如下：

```
<asp:Menu ID="MenuList" runat="server"
  DataSourceID="XmlDataSource1">
</asp:Menu>
<asp:XmlDataSource ID="XmlDataSource1" runat="server"
  DataFile="~/anli3/LTMenu.xml">
</asp:XmlDataSource>
```

(4) 直接在浏览器中运行 Menu.aspx 页面，查看效果，如图 6-5 所示。

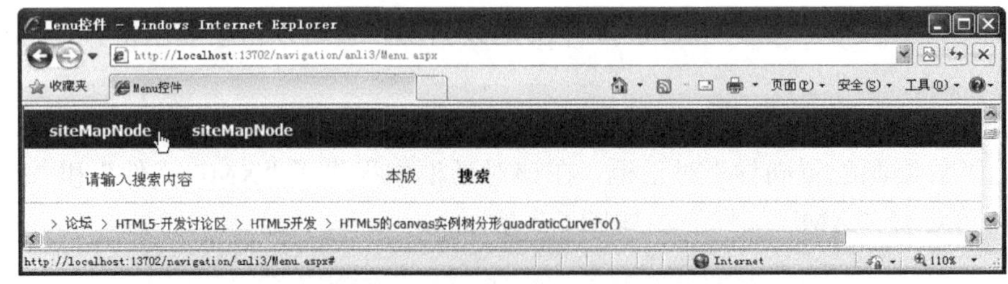

图 6-5　直接运行 Menu.aspx 页面

(5) 出现图6-5中所示的结果是由于没有在Menu控件中绑定与XML文件对应的数据，重新更改 Menu 控件的相关代码，为其添加 DataBindings 菜单项。Menu 控件的代码如下：

```
<asp:Menu ID="MenuList" runat="server" DataSourceID="XmlDataSource1">
    <DataBindings>
        <asp:MenuItemBinding DataMember="siteMapNode"
         NavigateUrlField="url" TextField="title" />
    </DataBindings>
</asp:Menu>
```

(6) 重新刷新页面，查看效果，将鼠标悬浮到导航菜单项，如图 6-6 所示。

图 6-6　为 Menu 控件添加 DataBindings 属性

(7) 默认情况下 Menu 控件的 StaticDisplayLevels 属性用于设置菜单的静态部分中显示的级别数，它的默认值为 1。重新更改该属性的值，将其更改为 2，然后再刷新网页，查看效果，如图 6-7 所示。

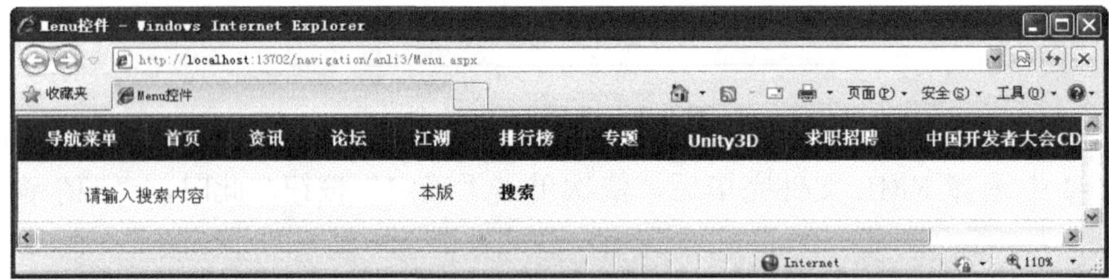

图 6-7　指定 Menu 控件的 StaticDisplayLevels 属性

将 Menu 控件 StaticDisplayLevels 属性的值设置为大于 1 时，可以通过更改 StaticSubMenuIndent 属性来控制每层的缩进。

将 MaximumDynamicDisplayLevels 的属性值设置为 0 时，则不会动态显示任何菜单节点；如果将该属性的值设置为负数，则会引发异常。

(8) XML 文件作为 Menu 控件的数据源，它指定了显示的导航列表。该文件的完整内容如下：

```
<?xml version="1.0" encoding="utf-8" ?>
<siteMapNode url="" title="导航菜单" description="">
   <siteMapNode url="" title="首页" description=""></siteMapNode>
   <siteMapNode url="" title="资讯" description=""></siteMapNode>
   <siteMapNode url="" title="论坛" description=""></siteMapNode>
   <siteMapNode url="" title="江湖" description=""></siteMapNode>
   <siteMapNode url="" title="排行榜" description=""></siteMapNode>
   <siteMapNode url="" title="专题" description=""></siteMapNode>
   <siteMapNode url="" title="Unity3D" description=""></siteMapNode>
   <siteMapNode url="" title="求职招聘" description=""></siteMapNode>
   <siteMapNode url="" title="中国开发者大会 CDC" description="">
   </siteMapNode>
   <siteMapNode url="" title="快捷导航" description="">
      <siteMapNode url="" title="注册" description=""></siteMapNode>
      <siteMapNode url="" title="登录" description=""></siteMapNode>
      <siteMapNode url="" title="最新帖子" description=""></siteMapNode>
   </siteMapNode>
</siteMapNode>
```

6.2.4 自动套用格式

可以自动地为 Menu 控件套用格式，套用格式完成后会自动添加相关的样式代码。选择要设置的 Menu 控件，然后在 Menu 任务中找到“自动套用格式”选项并单击，这时会弹出如图 6-8 所示的“自动套用格式”对话框，在该对话框中可以选择要套用的格式。

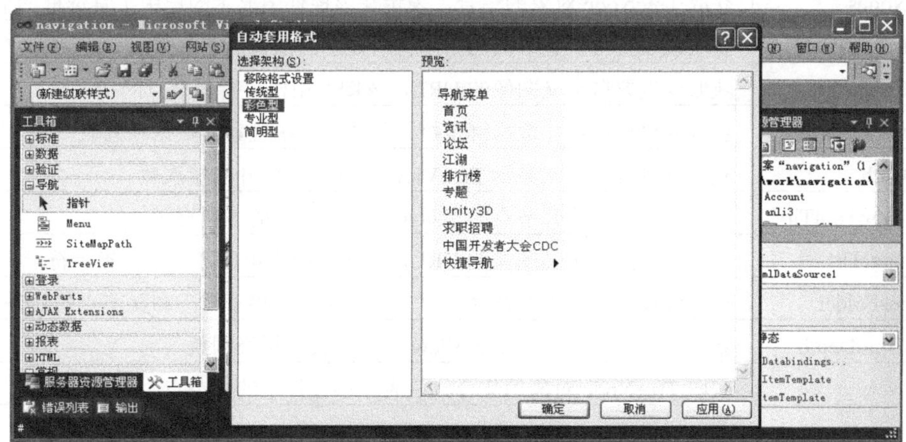

图 6-8 Menu 控件自动套用格式

6.3 TreeView 控件

传统方式编写的树形导航需要复杂而且庞大的编码，但是如果使用 ASP.NET 中的

TreeView 控件，就可以实现用简单代码显示强大的树形导航的功能。TreeView 控件能够搭建系统的框架，也叫树形视图控件。它能够以层次或树形结构显示数据，通常与母版页结合，放在网站的左侧作为网站的框架。

6.3.1 了解 TreeView 控件

TreeView 通常以树形结构显示目录或文件目录的分层数据。使用该控件主要可以完成以下 7 个功能：

- 站点导航，即导航到其他页面的功能。
- 以文本或链接方式显示节点的内容。
- 可以将样式或主题应用到控件及其节点。
- 数据绑定，允许直接将控件的节点绑定到 XML、表格或关系数据源。
- 可以为节点实现客户端的功能。
- 可以在每一个节点旁边显示复选框按钮。
- 可以使用编程方式动态设置控件的属性。

与其他的两个导航菜单控件相比，TreeView 控件最为复杂，使用它可以显示几种不同类型的数据。例如，在控件中以声明方式指定的静态数据、绑定到控件的数据，或者作为用户操作的响应通过执行代码添加到控件中的数据。

TreeView 控件包含数十个属性，这些属性不仅可以显示节点的外观，也可以获取所有的节点对象，还可以获取选中的内容等，常用属性如表 6-4 所示。

表 6-4　TreeView 控件的常用属性

属性名称	说　明
CheckedNodes	获取 TreeNode 对象的集合，表示在该控件中显示的选中了复选框的节点
CollapseImageToolTip	获取或设置可折叠节点的指示符所显示的图像的工具提示
CollapseImageUrl	获取或设置自定义图像的 URL，该图像用作可折叠节点的指示符
DataSource	获取或设置对象，数据绑定控件从该对象中检索其数据项列表
ExpandDepth	获取或设置第一次显示 TreeView 控件时所展开的层次数
ExpandImageToolTip	获取或设置可展开节点的指示符所显示图像的工具提示
ExpandImageUrl	获取或设置自定义图像的 URL，该图像用作可展开节点的指示符
LineImagesFolder	获取或设置文件夹的路径，该文件夹包含连接子节点和父节点的线条图像
MaxDataBindDepth	获取或设置要绑定到 TreeView 控件的最大树级别数
Nodes	获取 TreeNode 对象的集合，它表示该控件中的根节点
NodeWrap	获取或设置一个值，它指示空间不足时节点中的文本是否换行
NoExpandImageUrl	获取或设置自定义图像的 URL，该图像用作不可展开节点的指示符
PathSeparator	获取或设置用于分隔由 TreeNode.ValuePath 属性指定的节点值的字符
SelectedNode	获取表示该控件中选定节点的 TreeNode 对象
SelectedValue	获取选定节点的值
ShowExpandCollapse	获取或设置一个值，指示是否显示展开节点指示符

续表

属性名称	说　明
ShowCheckBoxes	获取或设置一个值，指示哪些节点类型将在 TreeView 控件中显示复选框
ShowLines	获取或设置一个值，指示是否显示连接子节点和父节点的线条
SelectedNodeStyle	获取对 TreeNodeStyle 对象，该对象控制 TreeView 控件中选定节点的外观
RootNodeStyle	获取对 TreeNodeStyle 对象的引用，该对象用于设置 TreeView 控件中根节点的外观
ParentNodeStyle	获取对 TreeNodeStyle 对象的引用，该对象用于设置 TreeView 控件中父节点的外观
NodeStyle	获取对 TreeNodeStyle 对象的引用，该对象用于设置 TreeView 控件中节点的默认外观

除了属性外，TreeView 控件还包含一系列的事件。当用户通过一些操作(如选择、展开或折叠节点)与控件交互时，则会引发 TreeView 控件的事件。TreeView 控件的事件包含多个，常用的事件如表 6-5 所示。

表 6-5　TreeView 控件的常用事件

事件名称	说　明
TreeNodeCheckChanged	当 TreeView 控件的复选框发送到服务器的状态更改时发生。每个 TreeNode 对象发生变化时都将发生一次
SelectedNodeChanged	在 TreeView 控件中选定某个节点时发生
TreeNodeExpanded	在 TreeView 控件中展开某个节点时发生
TreeNodeCollapsed	在 TreeView 控件中折叠某个节点时发生
TreeNodePopulate	在 TreeView 控件中展开某个 PopulateOnDemand 属性设置为 true 的节点时发生
TreeNodeDataBound	将数据项绑定到 TreeView 控件中的某个节点时发生

例如，下面为 TreeView 控件添加 TreeNodeCollapsed 事件处理程序代码，代码给出了访问折叠 TreeNode 对象时的 Value 值：

```
protected void TreeView1_TreeNodeCollapsed(object sender, TreeNodeEventArgs e)
{
    MyLabelShow.Text = "You collapsed the " + e.Node.Value + " node.";
}
```

6.3.2　为 TreeView 控件添加菜单项

与 Menu 控件一样，TreeView 控件也有两种添加方式：一种是以声明方式或编程方式添加单个 TreeNode 对象；另一种是用数据绑定的方法将该控件绑定到 XML 数据源。

一个树形结构中只有一个根节点，但是它允许添加多个子节点，每一个子节点都是一个 TreeNode 对象，多个 TreeNode 对象的集合就是 TreeNodeCollection 对象。通过该对象

的 Count 属性可以获取对象中的项数；TreeNodeCollection 对象中包含多个方法，通过这些方法可以向集合中添加子节点，或删除子节点等，常用的方法如表 6-6 所示。

表 6-6 TreeNodeCollection 对象的常用方法

方法名称	说 明
Add()	将指定的 TreeNode 对象追加到当前 TreeNodeCollection 对象的末尾
AddAt()	将指定的 TreeNode 对象插入到当前 TreeNodeCollection 对象的指定索引位置
Clear()	从当前 TreeNodeCollection 对象中移除所有项
Remove()	从 TreeNodeCollection 对象中移除指定的 TreeNode 对象
RemoveAt()	从当前 TreeNodeCollection 对象中移除指定索引位置的 TreeNode 对象

TreeView 控件是由一个或多个节点构成的，树中的每项都被称为一个节点，由 TreeNode 对象表示，如下所示给出了常见的节点类型：

- 包含其他节点的节点称为“父节点”。
- 被其他节点包含的节点称为“子节点”。
- 没有子节点的节点称为“叶节点”。
- 不被其他任何节点包含同时是所有其他节点的上级的节点是“根节点”。

一个节点可以同时是父节点和子节点，但是不能同时为根节点、父节点和叶节点。节点为根节点、子节点还是叶节点决定着节点的几种可视化属性和行为属性。当用户要显示项目列表，但不显示单个主根节点时(如产品类别列表)，使用 TreeView 控件很有用。

TreeNode 对象包含多个属性，通过这些属性可以获取节点对象的有关信息。例如表示节点文本的 Text 属性、是否选中该节点的 Selected 属性和节点显示图像的 URL 路径等。例如，表 6-7 列出了 TreeNode 对象的常用属性。

表 6-7 TreeNode 对象的常用属性

属性名称	说 明
Checked	获取或设置一个值，该值指示节点的复选框是否被选中
ChildNodes	获取 TreeNodeCollections 集合，该集合表示第一级节点的子节点
Depth	获取节点的深度
Expanded	获取或设置一个值，该值指示是否展开节点
ImageUrl	获取或设置节点旁显示的图像的 URL
NavigateUrl	获取或设置单击节点时导航到的 URL
ShowCheckBox	获取或设置一个值，该值指示是否在节点旁显示一个复选框
Selected	获取或设置一个值，该值指示是否选择节点
ShowCheckBox	表示是否选择复选框
Target	获取或设置用来显示与节点关联的网页内容的目标窗口或框架
Text	获取或设置控件中节点的文本
Value	获取或设置控件中节点的值

TreeNode 对象在执行中有两种模式——选择模式和导航模式。

- 选择模式：单击节点，会回发页面并引发 TreeView.SelectedNodeChanged 事件，这是默认的模式。
- 导航模式：单击后导航到新页面，不会触发上述事件。只要 NavigateUrl 属性非空，TreeNode 就会处于导航模式。在站点地图中，每一个 siteMapNode 元素节点都提供一个 URL 信息，因此绑定到站点地图的 TreeNode 都属于导航模式。

6.3.3　把 XML 文件绑定到 TreeView 控件

与 Menu 控件一样，TreeView 控件可以有两种数据源：一种是 XML 文件，另一种是站点地图文件。

【例 6-4】下面将创建的 XML 文件作为 TreeView 控件的数据源，XML 文件中包含了后台管理系统的基本设置信息，主要操作步骤如下。

(1) 创建新的 Web 窗体页，并且在页面中添加 TreeView 控件。打开 TreeView 控件的任务栏，为其添加数据源，指定 XML 文件的路径。添加完成后的页面代码如下：

```
<asp:TreeView ID="TreeView1" runat="server" DataSourceID="XmlDataSource1">
</asp:TreeView>
<asp:XmlDataSource ID="XmlDataSource1" runat="server"
  DataFile="~/anli4/LTTreeView.xml">
</asp:XmlDataSource>
```

(2) 默认情况下，并不会自动将 XML 文件中的内容绑定到 TreeView 控件中，这时还需要为其添加绑定 XML 文件的值的相关列表项。绑定代码如下：

```
<asp:TreeView ID="TreeView1" runat="server" DataSourceID="XmlDataSource1">
    <DataBindings>
        <asp:TreeNodeBinding DataMember="siteMapNode" TextField="title" />
    </DataBindings>
</asp:TreeView>
```

(3) 在浏览器中运行 TreeView.aspx 页面，查看效果，如图 6-9 所示。

图 6-9　运行 TreeViewa.aspx 页面的效果

(4) 由于 XML 文件中包含一个根节点，因此加载到页面时会显示 XML 文件中的根节

点内容，这点从图 6-9 中可以看到。如果不显示根节点的内容，需要指定 XPath 属性，该属性可以直接设置，也可以在弹出的对话框中设置。页面代码如下：

```
<asp:XmlDataSource ID="XmlDataSource1" runat="server"
  DataFile="~/anli4/LTTreeView.xml" XPath="siteMapNode/siteMapNode">
</asp:XmlDataSource>
```

(5) 在浏览器中重新刷新页面或重新运行页面，如图 6-10 所示。

图 6-10　为 TreeView 控件指定 XPath 属性

(6) TreeView 控件指向的 XML 文件包含了系统设置的基本信息，如下所示给出了该 XML 文件的完整内容：

```
<?xml version="1.0" encoding="utf-8" ?>
<siteMapNode url="" title="" description="">
  <siteMapNode url="" title="系统设置" description="">
    <siteMapNode url="" title="站点基本设置" description=""></siteMapNode>
    <siteMapNode url="" title="本地路径设置" description=""></siteMapNode>
    <siteMapNode url="" title="积分设置" description=""></siteMapNode>
    <siteMapNode url="" title="缩略图设置" description=""></siteMapNode>
    <siteMapNode url="" title="水印设置" description=""></siteMapNode>
    <siteMapNode url="" title="RSS 设置" description=""></siteMapNode>
  </siteMapNode>
  <siteMapNode url="" title="用户组权限" description=""></siteMapNode>
  <siteMapNode url="" title="公告管理" description=""></siteMapNode>
</siteMapNode>
```

6.3.4　自动套用格式

TreeView 控件也可以自动套用格式，但是因为它比 Menu 控件复杂，因此自动套用的格式也比 Menu 控件多。可以在“设计”窗口中选择 TreeView 控件并打开该控件的任务栏，然后找到“自动套用格式”选项，打开新的对话框。开发者可以根据需要选择合适的格式，如图 6-11 所示。

在图 6-11 中为 TreeView 控件套用格式，完成后单击“确定”按钮，然后重新运行页面，查看效果，如图 6-12 所示。

图 6-11　为 TreeView 控件套用格式

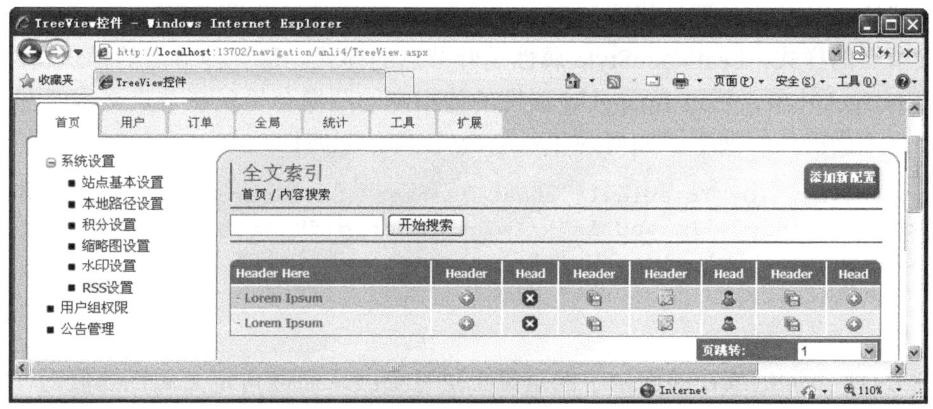

图 6-12　浏览器中查看控件的格式效果

6.3.5　为 TreeView 控件设置图像

TreeView 控件提供了非常强大的外观功能，使用属性可以完成自定义图像的设置，开发者可以根据自己的需要进行灵活设置。例如，可以使用 ImageSet 属性中一组预定义的图像，也可以将图像与 TreeView 控件一起使用，以显示节点、连接线及展开和折叠图标，还可以通过指定属性设置各个图像，从而达到自定义图像的效果。

1．通过 ImageSet 属性设置图像

通过设置 ImageSet 属性为 TreeView 控件分配图像是最简单的一种方式，内置于 TreeView 控件中的图像集包括多种用于 MSN Messenger、Microsoft Outlook、Windows Explorer 和 Microsoft Windows 帮助的常见图像资源集。除了这些以外，图像集中还包括了几种项目符号的样式，用 ImageSet 属性可以查看所有的图像。

例如，下面代码是使用了 Windows XP 文件资源管理器图像的 TreeView 控件：

```
<asp:TreeView ID="tv1" runat="server" DataSourceID="XmlDataSource1"
  ImageSet= "XPFileExplorer">
```

2. 自定义折叠图像和展开图像

可以分别通过 ExpandImageUrl 属性、CollapseImageUrl 属性和 NoExpandImageUrl 属性设置展开时的节点图像、折叠时的节点图像以及不展开或折叠时的节点图像。例如，下面的代码分别设置了自定义图像：

```
<asp:TreeView ID="TreeView1" runat="server" DataSourceID="XmlDataSource1"
  ExpandImageUrl="~/Images/ExpandAll.gif"
  CollapseImageUrl="~/Images/CollapseAll.gif"
  NoExpandImageUrl="~/Images/stop.gif">
</asp:TreeView>
```

3. 自定义根节点、父节点和叶节点的图像

TreeView 控件实现的效果是树型结构，它由根节点、父节点和叶节点组成。TreeView 控件公开了这 3 种节点的属性样式，RootNodeStyle 属性是根节点的样式，ParentNodeStyle 属性是父节点的样式，LeafNodeStyle 属性是叶节点的样式。每一种节点的样式属性都可以指定一个 ImageUrl 值，通过 ImageUrl 属性的值指定的图像会呈现在节点文本的左侧。

例如，下面的代码演示了如何为 TreeView 控件分配属性：

```
<asp:TreeView ID="TreeView1" runat="server" DataSourceID="XmlDataSource1">
    <RootNodeStyle ImageUrl="~/Images/root.gif" />
    <ParentNodeStyle ImageUrl="~/Images/parent.gif" />
    <LeafNodeStyle ImageUrl="~/Images/leaf.gif" />
</asp:TreeView>
```

【例 6-5】下面继续在前面例子的基础上进行更改，通过自定义属性的值为 TreeView 控件添加根节点、父节点和叶节点的样式，并且为其指定相关的事件，具体操作步骤如下。

(1) 取消例 6-4 中 TreeView 控件套用的样式格式，然后为该控件指定 RootNodeStyle、ParentNodeStyle 和 LeafNodeStyle 这 3 个属性的值。代码如下：

```
<asp:TreeView ID="TreeView1" runat="server" DataSourceID="XmlDataSource1"
 OnSelectedNodeChanged="TreeView1_SelectedNodeChanged">
    <DataBindings>
        <asp:TreeNodeBinding DataMember="siteMapNode" TextField="title"
          NavigateUrlField="url" />
    </DataBindings>
    <RootNodeStyle ImageUrl="img/root.gif" />
    <ParentNodeStyle ImageUrl="img/parent.gif" />
    <LeafNodeStyle ImageUrl="img/leaf.gif" />
</asp:TreeView>
```

上述代码中，为 TreeView 控件指定了 SelectedNodeChanged 事件，并且在 DataBindings 属性中，为 TreeNodeBinding 设置了 NavigateUrlField 属性，该属性的值对应 XML 文件中节点的属性名称。

(2) 在页面后台为 TreeView 控件添加 SelectedNodeChanged 事件的处理程序代码，在该事件代码中判断当前节点是否存在子节点。如果不存在，则更改样式图片，如果存在，

则弹出提示。代码如下：

```
protected void TreeView1_SelectedNodeChanged(object sender, EventArgs e)
{
    //判断当前节点是否有子节点
    if (TreeView1.SelectedNode.ChildNodes.Count == 0)
        TreeView1.SelectedNode.ImageUrl = "img/set.gif";
    else
        Page.ClientScript.RegisterStartupScript(GetType(), "",
          "<script>alert('当前节点下有子节点，不能更改图标。')</script>");
}
```

(3) 在浏览器中运行页面以查看效果，并且单击左侧的内容来查看效果，更改的效果如图 6-13 所示。

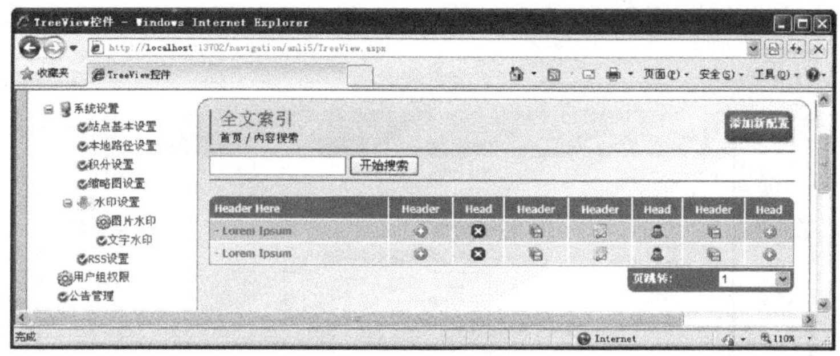

图 6-13　更改 TreeView 控件的选中样式

(4) 在图 6-13 中，如果为当前节点指定了链接的 URL，则会直接跳转到指定的页面而不更改图像。如果选择当前的节点为父节点，则会弹出提示，如图 6-14 所示。

图 6-14　TreeView 控件选择父节点时的提示

6.3.6　为 TreeView 控件设置线条图像

TreeView 控件可以呈现用一系列预呈现的图像连接树节点的线条，将 ShowLines 属性的值设置为 true 时将会呈现这些线条。将 ShowLines 属性的值设置为 true 时，在 TreeView 控件的任务栏中会出现“自定义行图标”选项，如图 6-15 所示。单击该项可以编辑线条图像的外观，也可以自行为每个线条属性分配自定义图像。

图 6-15 出现“自定义行图标”选项

【例 6-6】在例 6-5 的基础上进行更改，指定 TreeView 控件的 ShowLines 属性的值为 true，然后单击“自定义行图标”项，在弹出的对话框中重新设置 LineColor 属性和 LineStyle 属性，如图 6-16 所示。

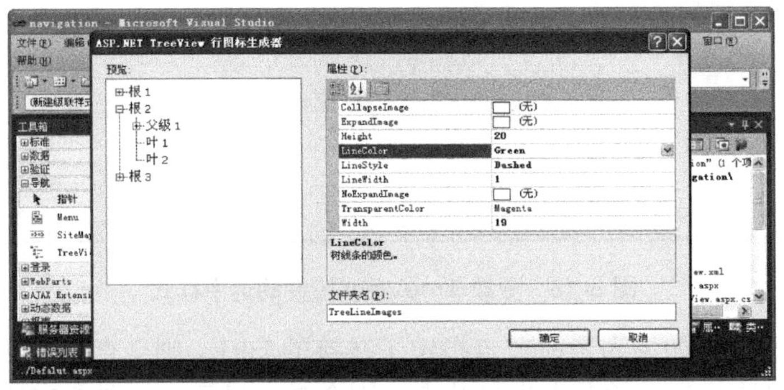

图 6-16 重新指定 TreeView 控件的属性

所有的内容设置完毕后，单击“确定”按钮，如果当前项目中不包含 TreeLineImages 文件夹，则会提示进行创建。创建完毕后在浏览器运行页面查看线条效果，如图 6-17 所示。

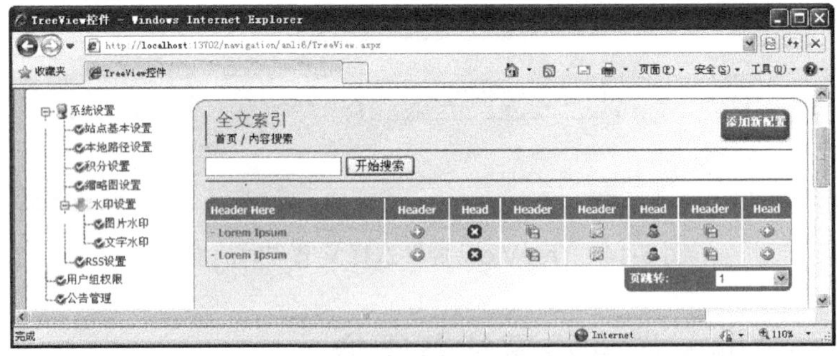

图 6-17 查看线条效果

6.4 SiteMapPath 控件

SiteMapPath 控件是导航控件中最简单的一种，它的别名有很多，可以称为“站点导航”、

“站点地图导航”、“痕迹导航”、“眉毛导航”以及“面包屑导航”，因为该控件为站点提供了“面包屑导航”的功能。

使用 SiteMapPath 控件时会显示一个导航路径，该路径为用户显示当前网页的位置，并显示返回到主页的路径链接。如果要为站点创建一致的、容易管理的导航解决方案，可以使用 SiteMapPath 控件。

SiteMapPath 控件包含了来自站点地图的导航数据，该数据包括有关网站中的页的信息。例如 URL 地址、标题、说明和导航层次结构中的位置。如果将导航数据存储在一个地方，则可以更加方便地在网站的导航菜单中添加和删除项。SiteMapPath 控件提供了以下几个功能。

- 站点地图：可以使用站点地图描述站点的逻辑结构。接着，可通过在添加或移除页面时修改站点地图(而不是修改所有网页的超链接)来管理页导航。
- ASP.NET 控件：可以使用 ASP.NET 控件在网页上显示导航菜单。
- 编程控件：能够以代码方式使用 ASP.NET 站点导航，以创建自定义导航控件或修改在导航菜单中显示的信息的位置。
- 访问规则：可以配置用于在导航菜单中显示或隐藏链接的访问规则。
- 自定义站点地图提供程序：可以创建自定义站点地图提供程序，以便使用自己的站点地图后端(如存储链接信息的数据库)，并将提供程序插入到 ASP.NET 站点导航系统。

与另外两个导航控件相比，SiteMapPath 控件要简单得多，它只能将站点地图文件作为数据源文件。而且它的属性也相对较少，通过该控件的属性可以设置文本的显示样式、呈现顺序以及分隔的字符串，常用的属性如表 6-8 所示。

表 6-8　SiteMapPath 的常用属性

属性名称	说　明
CurrentNodeStyle	获取用于当前节点显示文本的样式
CurrentNodeTemplate	获取或设置一个控件模板，用于代表当前显示页的站点导航路径的节点
NodeStyle	获取用于站点导航路径中所有节点的显示文本样式
NodeStyleTemplate	获取或设置一个控件模板，用于站点导航路径的所有功能站点
ParentLevelsDisplayed	获取或设置控件显示的相对于当前显示节点的父节点级别数
PathDirection	获取或设置导航路径节点的呈现顺序。 它的值包括 RootToCurrent 和 CurrentToRoot
PathSeparator	获取或设置一个字符串，该字符串在呈现的导航路径中分隔 SiteMapPath 的节点，导航默认的分隔符是“>”
PathSeparatorStyle	获取用于 PathSeparator 字符串的样式
PathSeparatorTemplate	获取或设置一个控件模板，用于站点导航路径的路径分隔符
RootNodeStyle	获取根节点显示文本的样式
RootNodeTemplate	获取或设置一个控件模板，用于站点导航路径的根节点
SkipLinkText	获取或设置一个值，用于呈现替换文字，以让屏幕阅读器跳过控件内容

SiteMapPath 控件的使用非常简单，在站点地图中设置与 Web 窗体页的相关内容，然后直接将该控件拖动到窗体页中，下面通过例子进行介绍。

【例 6-7】本例首先创建站点地图文件，并向该文件中添加内容，然后设计 Web 窗体页并且向页面添加 SiteMapPath 控件，最后运行，查看效果。

(1) 在当前应用程序的根目录下创建 Web.sitemap 文件，并且向该文件中添加内容。为了演示 SiteMapPath 控件，这里只添加了部分内容。

代码如下：

```
<?xml version="1.0" encoding="utf-8" ?>
<siteMap xmlns="http://schemas.microsoft.com/AspNet/SiteMap-File-1.0">
  <siteMapNode url="" title="网站管理系统" description="">
    <siteMapNode url="" title="系统设置" description="">
      <siteMapNode url="~/anli6/TreeView.aspx" title="站点基本设置"
        description="" />
      <siteMapNode url="~/anli7/sitemappath.aspx" title="公告管理"
        description="" />
    </siteMapNode>
  </siteMapNode>
</siteMap>
```

(2) 创建 Web 窗体页并且对其进行设计，该页面的名称是站点地图中指定的路径下的页面名称，即 sitemappath.aspx，设计和添加完毕后，在适当的位置添加 SiteMapPath 控件。SiteMapPath 控件设置如下：

```
<asp:SiteMapPath ID="SiteMapPath1" runat="server"></asp:SiteMapPath>
```

(3) 直接在浏览器中运行上述页面，查看效果，如图 6-18 所示。

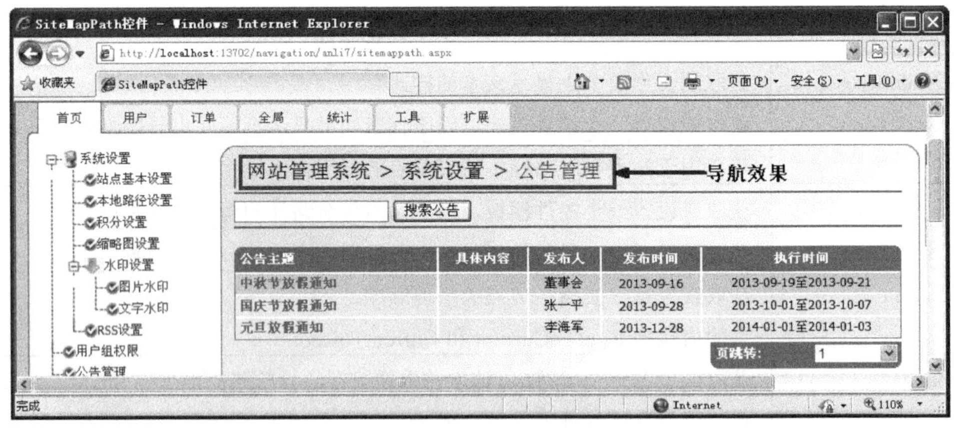

图 6-18 SiteMapPath 控件的效果

SiteMapPath 控件的任务栏中也为该控件提供了自动套用格式，当然读者也可以直接单击“编辑模板”项对该控件的内容进行设计。

6.5 母版页和内容页

简单地对图 6-18 进行分析可以发现，头部和页面左侧使用 TreeView 控件的内容是重复的，即它们是保持不变的。如果该系统中头部、底部和左侧内容都相同，只需要更新右侧的内容时，在创建的 Web 窗体页中重复添加设计代码则显得繁琐，可以使用母版页和内容页来解决该问题。

6.5.1 母版页

母版页并不是需要呈现给用户的页面，而是供开发人员开发时使用的文件。它作为网页的一部分被呈现，母版区域的划分有着多种布局。栏式结构布局是最常用的一种，它简单实用、条理分明并且格局清晰严谨，合适信息量大的页面。常见的栏式布局有多种，如图 6-19 所示列出了常见的 3 种栏式布局结构。

图 6-19 常见的栏式布局结构

除了栏式布局结构外，还包括一种区域结构布局，这种布局结构的特点是页面精美、主题突出，并且空间感很强。

但是这种布局适合信息量比较少的页面，并且在国内使用得比较少。区域结构布局可以将页面分隔成若干区域。

1．使用母版页的优点

母版页能够将 Web 窗体页面的公共元素整合到一起，用来创建一个通用的外观，这些元素可以是系统网站的 Logo、导航条以及广告条等。下面列出了它的优点：

- 有利于实现页面布局。
- 有利于站点修改和维护，降低开发人员的工作强度。
- 提供高效的内容整合能力。
- 提供一种方便利用和开发的对象模型。

2．创建母版页

母版页的扩展后缀名是“.master”，可以像创建 Web 窗体页那样创建一个母版页。找到当前项目并且在选择要创建母版页的目录后单击鼠标右键，选择“添加新项”命令，弹出新的对话框，选择“母版页”并为其指定名称，如图 6-20 所示。

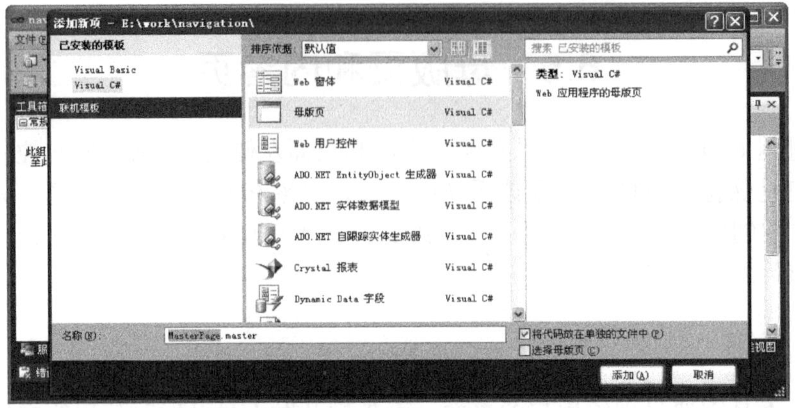

图 6-20 选择“母版页”并为其指定名称

创建母版页完毕后直接单击“添加”按钮完成添加，默认情况下创建母版页后的完整内容是：

```
<%@ Master Language="C#" AutoEventWireup="true"
 CodeFile="WorkMaster.master.cs" Inherits="anli8_WorkMaster" %>
<!DOCTYPE html PUBLIC "-//W3C//DTD XHTML 1.0 Transitional//EN"
 "http://www.w3.org/TR/xhtml1/DTD/xhtml1-transitional.dtd">
<html xmlns="http://www.w3.org/1999/xhtml">
<head runat="server">
   <title></title>
   <asp:ContentPlaceHolder id="head" runat="server">
   </asp:ContentPlaceHolder>
</head>
<body>
   <form id="form1" runat="server">
   <div>
      <asp:ContentPlaceHolder id="ContentPlaceHolder1" runat="server">
      </asp:ContentPlaceHolder>
   </div>
   </form>
</body>
</html>
```

从上述代码中可以看出，创建母版页完成后会向 head 元素中创建一个 ContentPlaceHolder 控件，并且会向页面部分也创建一个 ContentPlaceHolder 控件，该控件相当于一个内容页，用于插入具体的内容。

3. 母版页与 Web 窗体页

母版页与 Web 窗体页有些相似，但是它们也存在着很大的区别，如下所示列出了一些主要区别。

- 页面指令不同：母版页需要使用@Master 指令；而 Web 窗体页则使用@Page 指令。
- 后台派生类不同：母版页后台的类派生自 System.Web.UI.MasterPage 类；而 Web 窗体页的后台类则派生自 System.Web.UI.Page 类。

- 页面后缀名不同：母版页的后缀名是“.master”，对应的页面后台的后缀名是“.master.cs”；而 Web 窗体页的后缀名是“.aspx”，对应的页面后台的后缀名是“.aspx.cs”。
- 内容页不同：母版页可以使用一个或多个 ContentPlaceHolder 控件，包含内容页；而 Web 窗体页则不允许使用 ContentPlaceHolder 控件，不能有内容页。
- 作用不同：母版页作为网站设计时的中介文件；而 Web 窗体页是可以直接在浏览器中访问进行显示的文件。

6.5.2　内容页

内容页是建立在母版页基础上的页面，所编辑内容将在母版页的内容页区域显示。创建内容页有两种方式：第一种是直接创建内容页，第二种是将 Web 窗体页更改为内容页。

1. 直接创建内容页

这种方式实际上就是在创建 Web 窗体页时为其指定母版页，然后再进行创建。首先创建 Web 窗体页，然后选中“选择母版页”复选框，如图 6-21 所示。

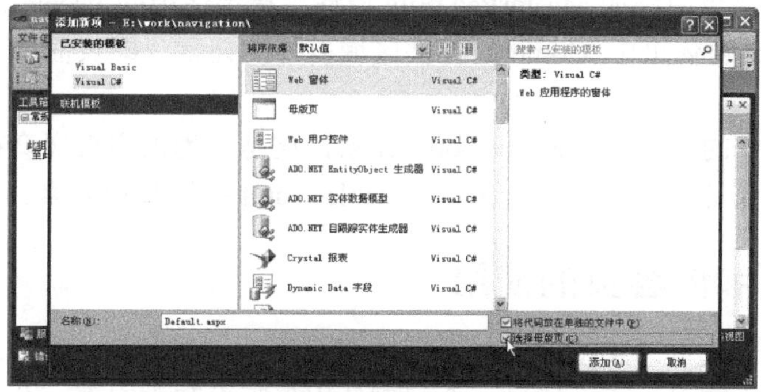

图 6-21　创建母版页

如果需要更改页面的名称，可以直接在“名称”文本框中进行更改，所有的内容设置完成后，单击“添加”按钮，这时会弹出“选择母版页”对话框供用户选择，如图 6-22 所示，找到要使用的母版页并单击“确定”按钮。

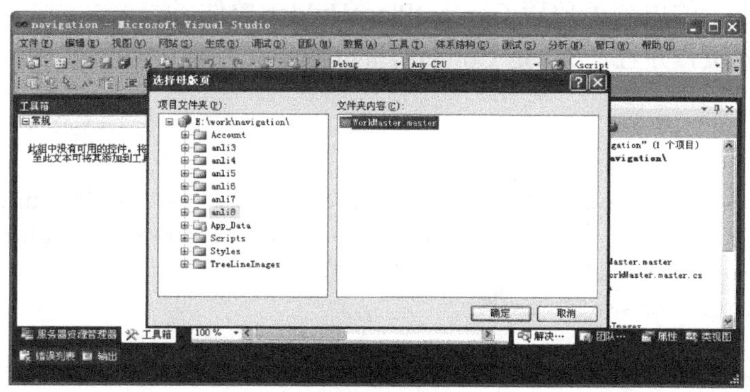

图 6-22　为内容页选择母版页

内容页创建完毕后，页面代码非常简单，Page 指令中通过指定 MasterPageFile 属性指定内容页所使用的母版页。另外，还会添加两个 Content 控件，这两个控件对应母版页中的两个 ContentPlaceHolder 控件，它们之间通过 ContentPlaceHolderID 属性进行关联。其中值 head 对应于头部的控件，而 ContentPlaceHolder1 控件对应于内容 body 元素部分的 ContentPlaceHolder 控件。完整代码如下所示：

```
<%@ Page Title="" Language="C#" MasterPageFile="~/anli8/WorkMaster.master"
  AutoEventWireup="true" CodeFile="Default.aspx.cs"
  Inherits="anli8_Default" %>
<asp:Content ID="Content1" ContentPlaceHolderID="head" Runat="Server">
</asp:Content>
<asp:Content ID="Content2" ContentPlaceHolderID="ContentPlaceHolder1"
  Runat="Server">
</asp:Content>
```

2. 更改 Web 窗体页为内容页

直接将已存在的 Web 窗体页更改为内容页，主要更改步骤如下所示。

(1) 在@Page 指令中添加 MasterPageFile 属性，指定使用的母版页。

(2) 删除 Web 窗体页中 Content 控件区域以外的元素，即页面中的所有元素都放置 Content 控件内容。

(3) 删除页面中的 html、head 和 body 元素，这是因为内容页嵌套在母版页中，因此不需要这些标记，但是内容页可以包含 div、table、button 等其他元素。

6.5.3 母版页和内容页的使用

内容页只有与母版页一起使用才能在浏览器中显示，二者缺一不可。前面两节已经分别创建了母版页和内容页，下面通过一个示例使用母版页和内容页，分别向母版页和内容页中添加内容，然后再进行浏览测试。

【例 6-8】本例以 6-7 的示例效果为主，将页面进行拆分，向母版页中添加内容，最后在浏览器中查看效果，具体的操作步骤如下所示。

(1) 向母版页中添加内容，直接复制前面示例中的有关代码，复制完毕后进行粘贴，并且在右侧需要显示的内容处放置 ContentPlaceHolder 控件。

(2) 打开内容页，并且在 ID 是 Content1 的 Content 控件中添加代码，指定编码格式和样式文件。

代码如下：

```
<asp:Content ID="Content1" ContentPlaceHolderID="head" runat="Server">
    <meta http-equiv="content-type" content="text/html; charset=utf-8" />
    <style media="all" type="text/css">
        @import "css/all.css";
    </style>
</asp:Content>
```

(3) 在 ID 是 Content2 的 Content 控件中添加代码，如下所示：

```
<asp:Content ID="Content2" ContentPlaceHolderID="ContentPlaceHolder1"
  runat="Server">
    <div id="center-column">
        <center><h2>&lt;%--用户管理--%&gt;</h2></center>
    </div>
</asp:Content>
```

(4) 在浏览器中输入地址，运行页面，如图 6-23 所示。

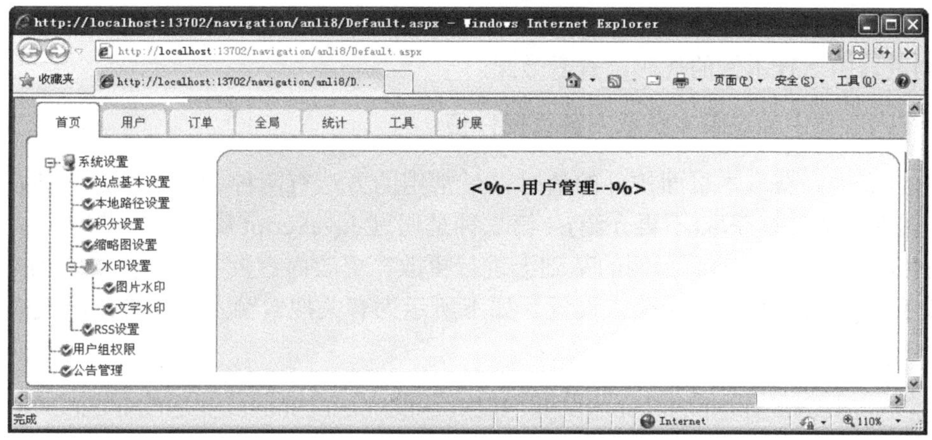

图 6-23　运行 Default.aspx 页面

6.5.4　获取母版页和内容页中的控件

母版页中不仅可以包含基本的信息，还可以包含常用的 Web 服务器控件，也可以在母版页或内容页中获取这些控件的内容。

1. 在内容页中获取母版页的控件值

内容页上包含一个 MasterPage 属性，它用来引用使用的母版页对象。如果想要在内容页中获取母版页中 ID 属性的值是 txtName 的 TextBox 控件值，可以使用该属性。在取得这个对象的引用之后，再使用 FindControl()通过控件的 ID 找到控件即可。

【例 6-9】 在上个例子的基础上重新添加内容，在左侧菜单列表的头部添加一个用户登录内容，包含用户登录名、登录密码和按钮操作。页面代码如下：

```
<table>
    <tr><td>Name:  
    <asp:TextBox ID="txtName" runat="server" Width="100" Text="admin">
    </asp:TextBox></td></tr>
    <tr><td>Name:  
    <asp:TextBox ID="txtPass" TextMode="Password" runat="server"
      Width="100">
    </asp:TextBox></td></tr>
    <tr><td>
    <asp:Button ID="btnAdd" runat="server" Text=" Login " /></td></tr>
</table>
```

为页面后台的 PageLoad 事件添加处理程序代码，获取母版页中 txtName 控件的值，并且弹出提示。代码如下：

```
protected void Page_Load(object sender, EventArgs e)
{
    string username = (Master.FindControl("txtName") as TextBox).Text;
    Page.ClientScript.RegisterClientScriptBlock(GetType(), "",
      "<script>alert('" + username + "');</script>");
}
```

在浏览器中运行本例的代码，查看效果。

2. 在内容页中通过脚本获取内容页控件值

在内容页中，获取本页面控件的值时，最常用的方法有两种：第一种是直接在后台中根据 ID 属性的值进行获取(不再介绍)；第二种是通过 JavaScript 脚本进行获取。

【例 6-10】继续在前面示例的基础上进行更改，更改内容页右侧的内容，为右侧内容添加设计代码，这些代码显示公告设置。如下所示为有关搜索输入框和按钮的代码：

```
<label>
    <asp:TextBox ID="txtInputSearch" runat="server"></asp:TextBox>
</label>
<label>
     <asp:Button ID="btnSearch" runat="server" Text="搜索公告"
       OnClientClick="GetSearch()" />
</label>
```

上述代码中为按钮添加了脚本事件，调用名称是 GetSearch 的 JavaScript 函数，在该函数中获取输入的搜索内容并弹出提示：

```
function GetSearch() {
    var search = document.getElementById("txtInputSearch");
    alert("您输入的搜索内容是: " + search);
}
```

在浏览器中运行该例，查看效果，如图 6-24 所示。

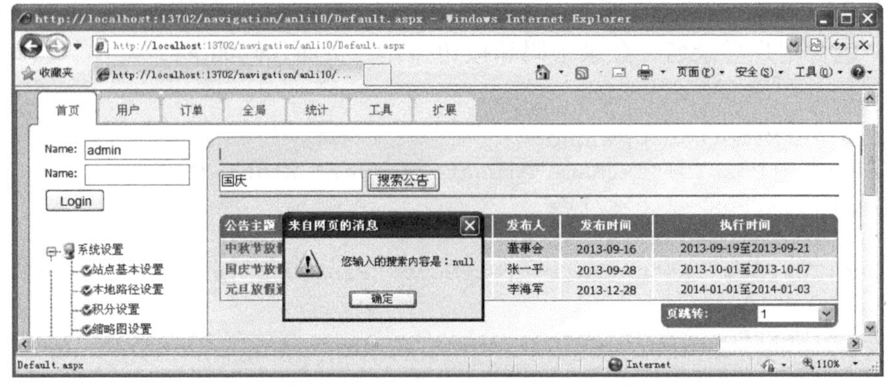

图 6-24　单击“搜索公告”按钮后弹出对话框

从图 6-24 中可以看出，在搜索框中输入按钮后单击“搜索公告”按钮，获取到的对象的值为空，这并不是用户想要的结果，这是为什么呢？运行页面后直接找到源文件进行查看，如图 6-25 所示。

```
http://localhost:13702/navigation/anli10/Default.aspx - 原始源
文件(F)  编辑(E)  格式(O)
        <div class="select-bar">
            <label>
                <input name="ctl00$ContentPlaceHolder1$txtInputSearch" type="text" value="国庆"
id="ContentPlaceHolder1_txtInputSearch" />
            </label>
            <label>
                <input type="submit" name="ctl00$ContentPlaceHolder1$btnSearch" value="搜索公告"
onclick="GetSearch();" id="ContentPlaceHolder1_btnSearch" />
            </label>
        </div>
        <script language="javascript" type="text/javascript">
            function GetSearch() {
                var search = document.getElementById("txtInputSearch");
                alert("您输入的搜索内容是: " + search);
            }
        </script>
```

图 6-25　页面的源文件代码

从图 6-25 中可以看出，添加母版页的内容生成的源文件代码中 ID 属性的值与开发者最初设计时设置的控件的 ID 属性值不同，这种情况通常被称为 ID 污染。解决办法有两种，其中一种是在源文件中获取源文件代码中的 ID 的属性的 value 值，然后将 JavaScript 脚本中获取的控件的 ID 指定为源文件中的 value 值。但是，如果页面中控件的内容过多，再使用上述方法时则显得麻烦，这时可以使用另一种方法，即通过 ClientID 属性获取。例如 getElementById(“<%=控件 ID.ClientID %>”)。

下面重新更改 JavaScript 脚本中的代码：

```
function GetSearch() {
    var search = document.getElementById("<%=txtInputSearch.ClientID %>");
    if (search != null) {
        alert("您输入的搜索内容是: " + search.value);
    }
}
```

重新运行页面或者直接刷新页面，向输入框中输入内容后再次单击“搜索公告”按钮进行测试，提示效果如图 6-26 所示。

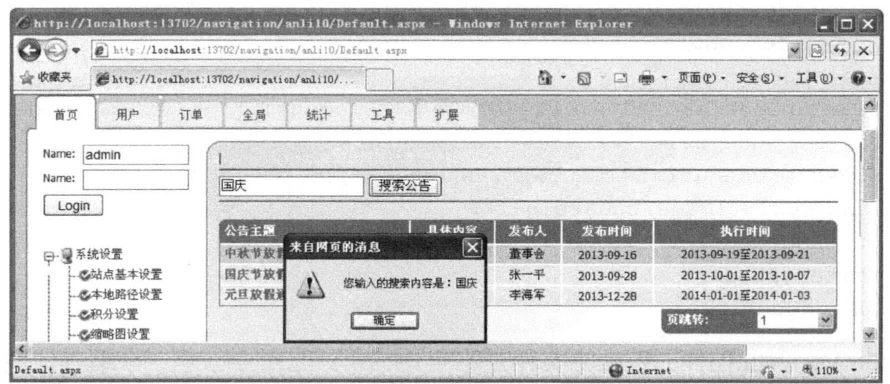

图 6-26　使用 ClientID 属性后的效果

6.6 实验指导——搭建完整的导航框架

在本节之前，已经通过大量的知识和示例介绍了 ASP.NET 中提供的导航控件以及母版页，本节实验指导将前面的知识点结合起来搭建完整的导航框架，实现的内容非常简单，整个框架包括左侧和右侧两部分，其中将左侧部分的内容放入母版页中，并且在母版页中添加了 SiteMapPath 控件。

实验指导 6-1：搭建完整的导航框架

实现实验指导的具体操作步骤如下。

(1) 在应用程序的目录中创建名称是 shiyanzhidao 的目录，并且首先向该目录下创建名称是 XMLFile 的 XML 文件，向该文件中添加内容。

代码如下：

```
<?xml version="1.0" encoding="utf-8" ?>
<siteMapNode url="" title="" imageurl="">
    <siteMapNode url="" title="关于 TaskMenu" imageurl="">
        <siteMapNode url="" title="TaskMenu 演示" imageurl="Image/demo.gif">
        </siteMapNode>
        <siteMapNode url="" title="TaskMenu 3.0 API"
          imageurl="Image/api.gif">
        </siteMapNode>
    </siteMapNode>
    <siteMapNode url="" title="关于 TaskMenu" imageurl="">
        <siteMapNode url="" title="一些补充说明" imageurl="Image/copy.gif">
        </siteMapNode>
        <siteMapNode url="" title="div+css 模板"
          imageurl="Image/friends.gif">
        </siteMapNode>
        <siteMapNode url="" title="TaskMenu 3.0 下载"
          imageurl="Image/dload.gif">
        </siteMapNode>
        <siteMapNode url="" title="后台模板" imageurl="Image/update.gif">
        </siteMapNode>
    </siteMapNode>
    <siteMapNode url="" title="测试菜单" imageurl=""></siteMapNode>
    <siteMapNode url="" title="TaskMenu 版本" imageurl="">
    <siteMapNode url="" title="TaskMenu:当前版本 3.0"
      imageurl="Image/update.gif">
    </siteMapNode>
    </siteMapNode>
</siteMapNode>
```

(2) SiteMapPath 控件的数据源文件是站点地图，因此需要创建一个站点地图文件。该文件的名称是 child，完整代码如下：

```
<?xml version="1.0" encoding="utf-8" ?>
```

```
<siteMap xmlns="http://schemas.microsoft.com/AspNet/SiteMap-File-1.0">
    <siteMapNode url="" title="进程管理" description="">
        <siteMapNode url="~/shiyanzhidao/Default.aspx"
          title="TaskMenu 3.0 演示" description="" />
        <siteMapNode url="~/shiyanzhidao/api.aspx"
          title="TaskMenu 3.0 API" description="" />
        <siteMapNode url="~/shiyanzhidao/message.aspx"
          title="一些补充说明" description="" />
    </siteMapNode>
</siteMap>
```

创建该文件后，需要将该文件的内容添加到根应用程序下的 Web.sitemap 文件中。

(3) 创建全称是 LeftMaster.master 的母版页，并且向该页面中添加内容，左侧区域显示树形菜单导航，右侧通过 SiteMapPath 控件显示页面路径。

相关的代码如下：

```
<form id="form1" runat="server">
<div
  style="background-color: #7AA1E6; width: 30%; height: 400px; float: left;">

<asp:TreeView ID="TreeView1" runat="server" DataSourceID="XmlDataSource1">
    <DataBindings>
        <asp:TreeNodeBinding DataMember="siteMapNode" TextField="title"
          ImageUrlField="imageurl" NavigateUrlField="url" />
    </DataBindings>
</asp:TreeView>

<asp:XmlDataSource ID="XmlDataSource1" runat="server"
  DataFile="~/shiyanzhidao/XMLFile.xml" XPath="siteMapNode/siteMapNode">
</asp:XmlDataSource>

</div>

<asp:SiteMapPath ID="SiteMapPath1" runat="server" Font-Names="Verdana"
  Font-Size="1.2em" PathSeparator=" : ">
    <CurrentNodeStyle ForeColor="#333333" />
    <NodeStyle Font-Bold="True" ForeColor="#990000" />
    <PathSeparatorStyle Font-Bold="True" ForeColor="#990000" />
    <RootNodeStyle Font-Bold="True" ForeColor="#FF8000" />
</asp:SiteMapPath>

<asp:ContentPlaceHolder ID="ContentPlaceHolder1" runat="server">
</asp:ContentPlaceHolder>
</form>
```

(4) 分别创建全称是 Default.aspx、api.aspx 和 message.aspx 的内容页，并且向这些页面中添加不同的内容。

(5) 在浏览器中运行 Default.aspx 页面，查看效果，如图 6-27 所示。

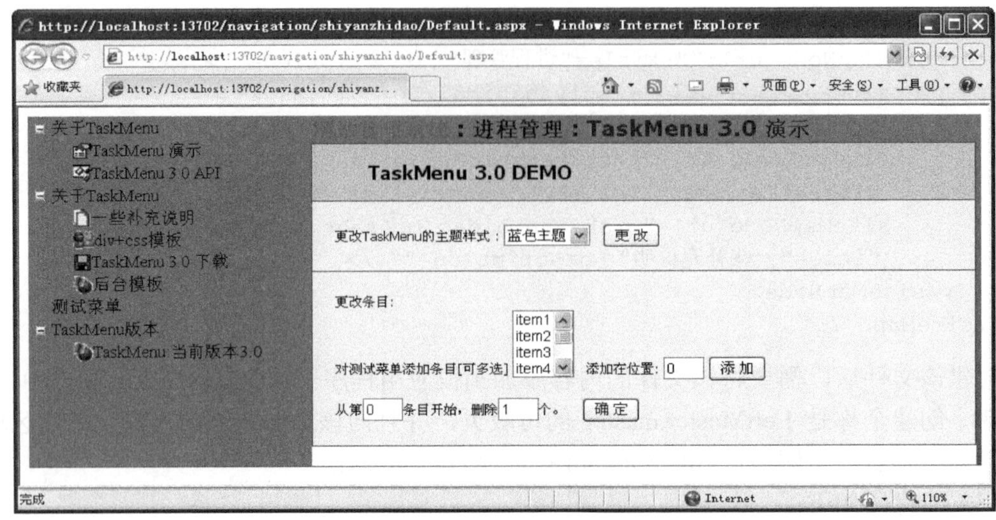

图 6-27　Default.aspx 页面的效果

(6) 还可以运行 api.aspx 或 message.aspx 页面，查看效果。以 message.aspx 页面为例，效果如图 6-28 所示。

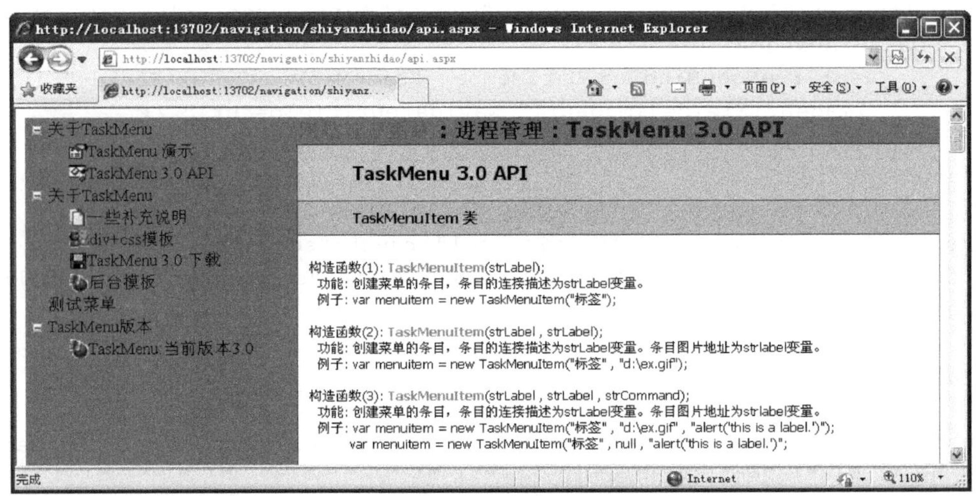

图 6-28　message.aspx 页面的效果

6.7　习　　题

1. 填空题

(1) ASP.NET 中提供的与导航有关的服务器控件包括＿＿＿＿＿＿控件、TreeView 控件和 SiteMapPath 控件。

(2) TreeView 控件的所有节点是 TreeNodeCollection 对象的集合，而每一个节点都表示一个＿＿＿＿＿＿对象。

(3) MenuItem 对象的__________属性用于获取绑定到菜单项的数据的路径。

(4) __________和区域结构布局是常见的两种母版页布局样式。

(5) 站点地图文件的后缀名是__________。

2. 选择题

(1) 母版页的后缀名是__________。

A．.aspx　　B．.asmx

C．.ascx　　D．.master

(2) 下面关于 Web 窗体页与母版页的说法，错误的是__________。

A. 创建母版页时使用的是@Master 指令，创建 Web 窗体页时则使用@Page 指令

B. 母版页和 Web 窗体页中都可以包含 ContentPlaceHolder 控件，但是，Web 窗体页中只能包含一个该控件，母版页可以包含多个

C. 母版页后台的类派生自 System.Web.UI.MasterPage 类；而 Web 窗体页的后台类则派生自 System.Web.UI.Page 类

D. 母版页是网站设计时的中介文件；Web 窗体页可以直接在浏览器中访问进行显示的文件

(3) 如下所示的一段代码中，关于 MasterPageFile 属性的值正确的是__________。

```
<%@ Page Language="C#" AutoEventWireup="true" CodeFile="Part.aspx.cs"
  MasterPageFile="~/MasterPage.master" Inherits="anli_Part" %>
```

A. 其值表示母版页在当前目录

B. 其值表示母版页在应用程序中的根目录

C. 其值表示站点地图在应用程序中的根目录

D. 其值表示站点地图在应用程序中的当前目录

(4) SiteMapPath 控件的数据源是__________。

A. 站点地图　　B. XML 文件

C. SQL Server 数据源对象　　D. A、B 和 C 都可以

(5) TreeView 控件的__________属性指定是否显示连接子节点和父节点的线条。

A. LineImagesFolder　　B. SelectedValue

C. ShowLines　　D. ShowExpandCollapse

(6) 下面关于站点地图的说法，选项__________是不正确的。

A. 站点地图文件中同一个 URL 只能出现一次

B. 站点地图的根节点名称是 siteMap，该节点下一级有且仅有一个 siteMapNode 元素节点

C. 站点地图与 XML 文件有所不同，它的根节点可以有两个

D. 在 siteMapNode 元素节点下可以包含多个名称是 siteMapNode 的子元素节点

(7) TreeView 控件的每一个子节点都是一个 TreeNode 对象，通过该对象的__________属性可以设置是否展开节点。

A．Expanded　　B．ShowCheckBox

C．Selected　　D．ChildNodes

3. 简答题

(1) 什么是站点地图文件？站点地图文件中各个元素节点的含义是什么？

(2) 描述 Web 窗体页与母版页的区别。如何将一个窗体页转换为内容页？

(3) Menu、TreeView 和 SiteMapPath 控件是干什么用的？其实现的功能是什么？

第 7 章　数据库操作对象

在前面的几个章节中，已经通过大量的知识和示例介绍了 ASP.NET 的使用环境、内置对象、常用的 Web 服务器控件、验证控件、用户控件和站点导航控件等。但是，前面的章节中，都是在简单案例下进行操作的，没有使用到任何与数据库相关的操作。如果用户想要从数据库中读取表中的 30 条记录，并且有规律地显示到网页中，这时再使用前面的知识已经满足不了要求，需要使用与数据库操作相关的对象。

本章详细介绍 ADO.NET 中提供的数据库操作对象，包括如何连接数据库、如何向数据库的表中添加、删除、修改或者查询单条/多条数据记录等内容。

本章的学习目标如下：

- 了解.NET 框架数据库提供程序的 4 种类型。
- 了解 ADO.NET 中常用的数据库操作对象。
- 掌握 SqlConnection 对象的使用。
- 掌握 SqlCommand 对象的使用。
- 掌握 SqlParameter 对象的使用。
- 熟悉 SqlDataAdapter 对象的属性和方法。
- 了解 DataSet 对象的工作原理和结构模型。
- 掌握 DataSet 对象的创建和使用。
- 掌握 DataTable 对象的创建和使用。
- 掌握 SqlHelper 类的创建并熟练使用。

7.1　ADO.NET 技术

ADO.NET 的功能非常强大，它是.NET 框架中不可缺少的重要组成部分。简单地说，ADO.NET 是一组向.NET 程序开发者提供数据访问服务的类，.NET 应用程序通过这些类可以实现访问数据库的功能。

.NET 框架数据提供程序和 DataSet(数据集)是 ADO.NET 提供的两个组件。其中，DataSet 表示数据集，它是专门为独立于任何数据源的数据访问而设计的，直接与数据库打交道。通过使用 DataSet 可以查看或更新数据，同时保持该副本与数据源一致。

.NET 框架数据提供程序提供了包含访问各种数据源数据的对象，它是专门为数据处理以及快速地只进、只读访问数据而设计的组件，表 7-1 列出了 4 种类型的数据提供程序。

表 7-1　.NET 框架数据提供程序

.NET 框架数据提供程序名	说　明
SQL Server .NET 框架数据提供程序	适合 SQL Server 公开的数据源，使用 System.Data.SqlClient 命名空间

续表

.NET 框架数据提供程序名	说　明
OLE DB .NET 框架数据提供程序	适合 OLE DB 公开的数据源，使用 System.Data.OleDb 命名空间
ODBC .NET 框架数据提供程序	适合 ODBC 公开的数据源，使用 System.Data.Odbc 命名空间
Oracle .NET 框架数据提供程序	适合 Oracle 公开的数据源，使用 System.Data.Oracle 命名空间

前面已经提到过，.NET 框架数据提供程序提供了包含访问各种数据源数据的对象，这些常用的对象的说明如表 7-2 所示。

表 7-2　常用的数据库操作对象

对象名称	说　明
Connection	它是 ADO.NET 与数据库的唯一会话，用于建立数据库连接
Command	对数据源执行的命令，如对数据的查询和修改
DataReader	从数据源中读取数据流
DataAdapter	将数据源填充到数据集中
Parameters	用于处理数据库交互中的参数

除了在表 7-2 中列出的常用对象之外，ADO.NET 中还提供了其他的对象，这些对象包括 Exception、Transaction、CommandBuilder 和 ConnectionStringBuilder 等。

在实际生活中，具体使用哪种应用程序，是由用户使用的数据库决定的，本书使用 Microsoft SQL Server(简称 SQL Server)数据库，因此需要使用 SQL Server .NET 框架数据提供程序。在这种数据提供程序中，ADO.NET 专门提供了一套用于访问该数据库的对象，它们都存在于 System.Data.SqlClient 命名空间下，并且需要在上面提到的对象前添加前缀。对于 SQL Server 来说，使用这些对象需要添加 Sql 前缀，它是专门针对 SQL Server 数据库的，例如 SqlConnection 对象、SqlCommand 对象和 SqlDataReader 对象等。

7.2　SqlConnection 对象

SqlConnection 是 SQL Server 数据库连接对象，该对象提供对 SQL Server 数据库的连接，但是并不能对数据库发送任何 SQL 命令。SqlConnection 对象是一个实例对象，可以通过 new 关键字进行实例化。它有常用的两种构造方法，示例如下：

```
SqlConnection conn = new SqlConnection();
SqlConnection conn = new SqlConnection(string connectionString);
```

在上述两种构造方法代码中，第 1 行代码创建一个 SqlConnection 的实例对象；第 2 行代码创建 SqlConnection 的实例对象并且初始化一个连接字符串。

【例 7-1】 创建一个 SqlConnection 的实例对象，并且向该对象中传入一个连接字符串，根据实例对象判断连接数据库是否成功。代码如下：

```
protected void Page_Load(object sender, EventArgs e)
{
    string connectionString =
```

```
        "Data Source=SJB;Initial Catalog=master;User ID=sa;Pwd = 123456";
    SqlConnection connection = new SqlConnection(connectionString);
    //直接创建
    if (connection == null)                              //判断 connection 对象
    {
        lblResult.Text = "很抱歉，连接数据库失败";         //将结果显示到页面
    }
    else
    {
        lblResult.Text = "恭喜您，连接数据库成功";
    }
}
```

该例中，是通过 SQL Server 身份验证数据库连接是否成功，除了这种方式外，还可以通过 Windows 身份验证。使用的连接字符串如下：

```
Data Source=SJB;AttachDbFilename="D:\work\App_Data\StudentManage.mdf";
Integrated Security=True;Connect Timeout=30;User Instance=True
```

无论是 SQL Server 身份验证还是 Windows 身份验证，都需要通过一些常用的属性进行指定，下面对常用的属性进行说明。

- Data Source：数据源，一般为机器名或 IP 地址。如果是本机，可以使用点(.)代替，也可以使用 localhost。
- User ID(Uid)：登录数据库时的用户名称。
- Password(Pwd)：登录数据库的用户密码。如果密码为空，则该项可以省略。
- Database：数据库或 SQL Server 实例的名称。
- Initial Catalog：数据库或 SQL Server 实例的名称(与 Database 一样)。
- Server：数据库所在的服务器名称，一般为机器名称。
- Pooling：表示是否启用连接池。如果为 true，则表示启用连接池。
- Connection Timeout：连接超时时间，默认值为 15 秒。

该例在连接数据库时直接向 SqlConnection 中传递一个参数，也可以不进行传递，通过 ConnectionString 对象的属性指定。

【例 7-2】首先创建 SqlConnection 的实例对象，然后通过 ConnectionString 属性进行赋值。示例代码如下：

```
protected void Page_Load(object sender, EventArgs e)
{
    string connectionString =
      "Data Source=SJB;Initial Catalog=master;User ID=sa;Pwd = 123456";
    SqlConnection connection = new SqlConnection();//创建 SqlConnection 对象
    connection.ConnectionString = connectionString;//设置 ConnectionString 属性
    /* 省略 if else 语句的判断 */
}
```

SqlConnection 对象包含多个属性和方法，除了 ConnectionString 属性和 Close()方法外，其他的常用属性和方法如表 7-3 和表 7-4 所示。

表 7-3　SqlConnection 对象的常用属性

属 性 名	说　明
ConnectionString	获取或设置用于打开 SQL Server 数据库的字符串
ConnectionTimeout	获取在尝试建立连接时终止尝试并生成错误之前所等待的时间
Database	获取当前数据库或连接打开后要使用的数据库的名称
DataSource	获取要连接的 SQL Server 实例的名称
WorkstationId	获取标识数据客户端的一个字符串
ServerVersion	获取包含客户端连接的 SQL Server 实例版本的字符串

表 7-4　SqlConnection 对象的常用方法

方 法 名	说　明
Close()	关闭与数据库的连接，它是关闭任何打开连接的首选方法
CreateCommand()	创建并返回一个与 SqlConnection 关联的 SqlCommand 对象
Dispose()	释放当前所使用的资源
Open()	使用 ConnectionString 属性所指定的值打开数据库连接

除了这两种方式连接数据外，还可以使用另外一种方式，直接在 Web.config 文件中声明连接数据库的节点，这种方式会在后面提到。

7.3　SqlCommand 对象

连接数据库的目的是操作数据库表中的数据，不仅包括对数据的基本操作(如添加、删除和修改等)，还包括复杂的分页、验证和排序，下面介绍数据库操作对象。

7.3.1　SqlCommand 对象的概念

SqlCommand 对象表示执行操作数据库的命令，这个命令可以是 SQL 语句，也可以是存储过程。该对象执行的操作类型可以有多个，例如查询单条或多条数据、添加数据、删除数据、修改数据以及存储过程等。

1．创建 SqlCommand 对象

创建 SqlCommand 对象有两种方式：一种方式是使用 new 关键字，它重载了几个构造方法用以初始化命令文本、使用的连接对象和所属事务；另一种是使用 SqlConnection 对象的 CreateCommand()方法。

使用 new 关键字创建 SqlCommand 对象时，该对象有以下 4 种构造方法：

```
SqlCommand command = new SqlCommand();
SqlCommand command = new SqlCommand(string cmdText);
SqlCommand command = new SqlCommand(string cmdText, SqlConnection conn);
```

```
SqlCommand command = new SqlCommand(string cmdText, SqlConnection conn,
  SqlTransaction trans);
```

上述 4 种方式都可以创建 SqlCommand 对象，其参数说明如下。

- cmdText：表示执行添加、查询、删除和搜索的 SQL 语句或者存储过程。
- conn：表示 SqlConnection 的实例对象。
- trans：表示 SqlTransaction 的实例对象。

例如，下面直接创建 SqlCommand 的实例对象，然后指定其他的属性：

```
SqlCommand command = new SqlCommand();              //创建 SqlCommand 对象
command.CommandType = CommandType.Text;             //类型：SQL 语句或者存储过程
command.CommandText = "select count(*) from MyGoodFriend"; //SQL 语句
command.Connection = connection;                    //指定连接对象
```

2. SqlCommand 对象的属性

SqlCommand 对象包含多个属性，通过这些属性可以获取或设置执行的 SQL 语句或存储过程、连接对象和参数列表等，最常用的属性如表 7-5 所示。

表 7-5　SqlCommand 对象的常用属性

属性名称	说　明
CommandText	获取或设置要对数据源执行的 Transact-SQL 语句或存储过程
CommandTimeout	获取或设置在终止执行命令的尝试并生成错误之前的等待时间
CommandType	获取或设置一个值，该值指示如何解释 CommandText 属性
Connection	获取或设置 SqlCommand 的此实例使用的 SqlConnection
Parameters	获取 SqlParameterCollection
Transaction	获取或设置将在其中执行 SqlCommand 的 SqlTransaction
UpdatedRowSource	获取或设置命令结果在由 DbDataAdapter 的 Update()方法使用时如何应用于 DataRow

3. SqlCommand 对象的方法

SqlCommand 对象还包含一些常用的方法，通过这些方法完成对数据库添加、删除和修改等操作，常用方法如表 7-6 所示。

表 7-6　SqlCommand 对象的常用方法

方法名称	说　明
CreateParameter()	创建 SqlParameter 对象的新实例
Equals()	确定两个 Object 实例是否相等
ExecuteNonQuery()	对连接执行 Transact-SQL 语句并返回受影响的行数
ExecuteReader()	将 CommandText 发送到 Connection 并生成一个 SqlDataReader
ExecuteScalar()	执行查询，并返回查询所返回的结果集中第一行的第一列忽略其他列或行
ExecuteXmlReader()	将 CommandText 发送到 Connection 并生成一个 XmlReader 对象

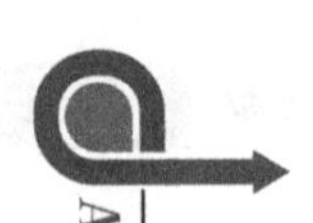

续表

方法名称	说　明
EndExecuteNonQuery()	完成 Transact-SQL 语句的异步执行
EndExecuteReader()	完成 Transact-SQL 语句的异步执行，返回请求的 SqlDataReader

虽然表 7-6 中列出了 8 个常用的方法，但是，最常用的方法只有 3 个，它们分别是 ExecuteNonQuery()方法、ExecuteScalar()方法和 ExecuteReader()方法。

4．SqlCommand 的使用步骤

SqlCommand 对象需要在数据库连接的基础上进行使用，使用该对象时的一般步骤如下所示。

(1) 创建数据库连接对象。

(2) 创建 SqlCommand 的实例对象。

(3) 执行 SQL 语句或者存储过程。

(4) 关闭数据库连接。

假设当前 SQL Server 数据库中存在名称是 studentmanage 的数据库，该数据库中包含一张 StudentMessage 表，该表包含 stuNo、stuName、stuAge、stuBirth、stuClassId 和 admissionTime 共 7 个字段。其中前 3 个字段的数据为必填，图 7-1 显示了数据库表已经存在的数据记录。

	stuNo	stuName	stuAge	stuBirth	stuClassId	admissionTime
1	No130001	许飞	7	1996-02-05 00:00:00.000	1	2013-07-16 00:00:00.000
2	No130002	陈笑笑	7	1996-02-05 00:00:00.000	1	2013-07-16 00:00:00.000
3	No130003	刘一多	7	1996-02-05 00:00:00.000	1	2013-07-16 00:00:00.000
4	No130004	朱阳	7	1996-02-05 00:00:00.000	1	2013-07-16 00:00:00.000
5	No130005	王路	7	1996-02-05 00:00:00.000	1	2013-07-16 00:00:00.000
6	No130006	赵飞燕	7	1996-02-05 00:00:00.000	1	2013-07-16 00:00:00.000
7	No130007	赵飞鱼	7	1996-02-05 00:00:00.000	1	2013-07-16 00:00:00.000

图 7-1　StudentMessage 表中的数据记录

【例 7-3】用 SqlCommand 对象的 ExecuteNonQuery()方法向 StudentMessage 表添加一条记录。具体实现步骤如下。

(1) 创建 Web 窗体页并进行设计，在页面的 form 表单中添加 3 个供用户输入的文本框、一个提交按钮以及一个提示信息，并为按钮添加事件属性。代码如下：

```
<form id="form1" runat="server" style="text-align: center">
学生编号：<asp:TextBox ID="txtStuNo" runat="server"></asp:TextBox>
<br /><br />
学生姓名：<asp:TextBox ID="txtStuName" runat="server"></asp:TextBox>
<br /><br />
学生年龄：<asp:TextBox ID="txtAge" runat="server"></asp:TextBox>
<br /><br />
<asp:Button ID="btnAdd" runat="server" Text=" 提 交 "
  OnClick="btnAdd_Click" /><br />
<asp:Label ID="lblResult" runat="server"></asp:Label>
</form>
```

(2) 向 Button 控件的 Click 事件中添加代码，这些代码完成向数据库表中的数据添加

操作。代码如下：

```
protected void btnAdd_Click(object sender, EventArgs e)
{
    string connectionString = "Data Source=SJB;Initial Catalog=stumanage;
                                User ID=sa;Pwd = 123456";
    SqlConnection connection = new SqlConnection(connectionString);
    //创建 SqlCommand 对象
    string sql =
    "INSERT INTO StudentMessage(stuNo,stuName,stuAge,stuClassId) VALUES('"
     + txtStuNo.Text + "','" + txtStuName.Text + "',"
     + Convert.ToInt32(txtAge.Text) + ",1)";     // SQL 语句
    connection.Open();  //打开数据库连接
    SqlCommand command = new SqlCommand();      //创建 SqlCommand 对象
    command.CommandText = sql;                  //设置执行语句
    command.CommandType =
      System.Data.CommandType.Text;     //解释 CommandText 属性
    command.Connection = connection;            //设置连接对象
    int result = command.ExecuteNonQuery();     //执行添加操作
    if (result > 0)                             //判断返回的结果
    {
        lblResult.Text = "已经成功将数据添加到表中";
    }
    else
    {
        lblResult.Text = "很抱歉，向表中添加数据时失败";
    }
}
```

在上述代码中，首先创建 SqlConnection 的实例对象；接着调用 Open()方法打开连接；然后创建 SqlCommand 的实例对象并分别设置相关属性的值，再调用 ExecuteNonQuery()方法执行添加操作并将返回的结果保存到 result 变量中；最后判断 result 变量的值并输出不同的提示。

(3) 在浏览器中运行窗体页，查看效果，如图 7-2 所示。

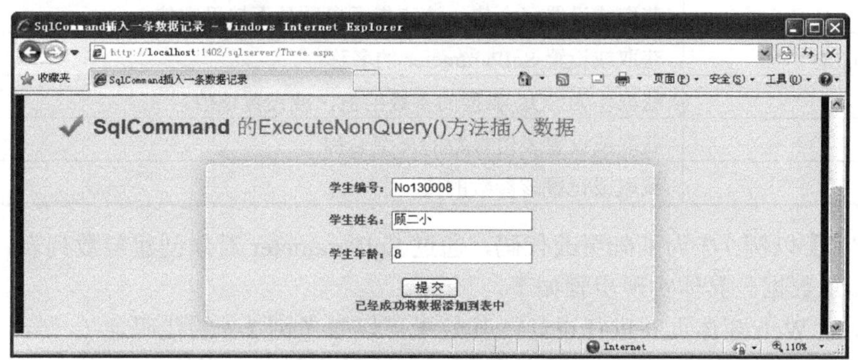

图 7-2 向数据库表中添加数据

(4) 打开数据库查看记录，确保数据已经添加成功。

ExecuteNonQuery()方法连接执行 Transact-SQL 语句并返回受影响的行数，因此，该方法除了执行添加操作外，还可以执行删除和修改操作，并且将执行的结果返回。如果返回的结果小于等于 0，则表示执行失败；否则执行成功。

7.3.2 SqlParameter 对象

例 7-3 在添加一条数据库记录时，直接通过 SQL 语句为其赋值，实际上当 SQL 语句或者存储过程的参数过多时，再通过上述方式为其赋值的话，将会显得很繁琐，而且容易出错。ADO.NET 为 SqlCommand 对象提供了一个参数机制，能用参数对象里的值自动替换 SQL 语句里的参数名，免去了一点点拼凑字符串的辛苦，让 SQL 语句写得更加方便，它就是 SqlParameter 对象。使用该对象可以快速方便地指定一个或者多个参数，这样不仅简洁，而且便于理解。

1. SqlParameter 对象的构造方法

SqlParameter 对象提供了 7 个构造方法，但最常用的只有两个。形式如下：

```
SqlParameter para = new SqlParameter();
SqlParameter para = new SqlParameter(string parameterName, object value);
```

上述形式中，可以直接创建 SqlParameter 对象，也可以向构造方法中传入参数。其中，parameterName 是指参数名，它是在 SQL 语句里要替换掉的名称；value 表示一个任意数据库支持的类型对象，具体的类型系统自动判断。

2. SqlParameter 对象的属性

SqlParameter 提供了一系列的属性和方法，这些属性和方法并不常用，表 7-7 列出了常用的 5 个属性。

表 7-7　SqlParameter 对象的常用属性

属性名称	说　明
IsNullable	获取或设置一个值，该值指示参数是否接受空值
ParameterName	获取或设置 SqlParameter 的名称
SqlValue	获取作为 SQL 类型的参数的值，或设置该值
TypeName	获取或设置表值参数的类型名称
Value	获取或设置该参数的值

【例 7-4】以例 7-3 为基础更改代码，通过 SqlParameter 对象创建参数列表，然后向数据库表中添加数据。具体实现步骤如下。

(1) 创建 Web 窗体页并进行设计，其效果可以参考例 7-3 的代码。

(2) 更改 Button 控件的 Click 事件代码，在这段代码中声明的 SQL 语句通过“@变量名”的形式设计，然后使用 SqlParameter 对象创建参数数组，并通过 foreach 语句循环添加参数到 command 对象的参数中。

部分代码如下：

```
protected void btnAdd_Click(object sender, EventArgs e)
{
    string connectionString = "Data Source=SJB;Initial Catalog=stumanage;
                               User ID=sa;Pwd = 123456";
    SqlConnection connection = new SqlConnection(connectionString);
    //创建 SqlCommand 对象
    string sql = "INSERT INTO StudentMessage(stuNo, stuName, stuAge,
      stuClassId) VALUES(@no, @name, @age,1)";    // SQL 语句
    connection.Open();  //打开数据库连接
    SqlCommand command = new SqlCommand();  //创建 SqlCommand 对象
    command.CommandText = sql;              //设置执行语句
    command.CommandType =
      System.Data.CommandType.Text; //解释 CommandText 属性
    command.Connection = connection;          //设置连接对象
    SqlParameter[] parm = new SqlParameter[]  //定义 SqlParameter 类型数组
    {
        new SqlParameter("@no", txtStuNo.Text),  //为指定变量赋值
        new SqlParameter("@name", txtStuName.Text),
        new SqlParameter("@age", txtAge.Text),
    };
    foreach (SqlParameter a in parm)
    {
        command.Parameters.Add(a);      //将变量作为 SqlCommand 对象的参数
    }
    int result = command.ExecuteNonQuery(); //执行查询操作
    /* 省略对结果的判断 */
}
```

(3) 重新在浏览器中运行页面，向页面中输入内容进行测试，观察测试效果。

(4) 打开数据库，查看表中的数据，验证添加数据是否已经成功。

7.3.3 ExecuteScalar()方法

SqlCommand 对象提供的 ExecuteNonQuery()方法用于向数据库中添加、删除或者修改记录，如果要查询数据库中的记录，可以通过 ExecuteScalar()方法或其他方式。

ExecuteScalar()方法返回结果集中的第一行第一列，返回值是 Object 类型的。

【例 7-5】用 SqlCommand 对象的 ExecuteScalar()方法查询数据库 StudentMessage 表的总记录数。具体操作步骤如下。

(1) 创建 Web 窗体页并设计，页面效果与上面的例子相似，但是本例只需要向页面中提供一个 Label 控件，该控件显示查询总记录数。

(2) 向窗体页面后台的 Load 事件中添加代码，它们从数据库表中查询总记录并返回结果。代码如下：

```
protected void Page_Load(object sender, EventArgs e)
{
```

```
    string connectionString = "Data Source=SJB;Initial Catalog=stumanage;
                                User ID=sa;Pwd = 123456";
    SqlConnection connection =
      new SqlConnection(connectionString); //创建 SqlCommand 对象
    string sql = "SELECT COUNT(*) FROM StudentMessage";   //SQL 语句
    connection.Open();  //打开数据库连接
    SqlCommand command =
      new SqlCommand(sql, connection); //创建 SqlCommand 对象
    command.CommandType = System.Data.CommandType.Text;//解释 CommandText 属性
    int count =
      Convert.ToInt32(command.ExecuteScalar()); //返回查询结果并转换为整数
    lblResult.Text = "StudentMessage 表中的总记录数是：" + count;
}
```

在上述代码中，创建 SqlCommand 对象的实例时直接传入两个参数；然后再调用 ExecuteScalar()方法返回第一行第一列的结果，并对该结果进行转换；最后将其显示到页面。

(3) 在浏览器中运行上述页面，查看效果，如图 7-3 所示。

图 7-3　ExecuteScalar()方法的使用

7.4　SqlDataReader 对象

如果要从数据库中读取数据，可以使用 SqlDataReader 对象，该对象在读取数据库中的内容时必须与数据库保持连接，断开连接后不能再读取数据。下面详细介绍该对象的常用属性、方法和使用。

7.4.1　了解 SqlDataReader 对象

SqlDataReader 对象读取数据库中的数据，数据连接必须处于打开状态，而且每次从查询结果中读取一行数据到内存中。SqlDataReader 对象包含多个特征，说明如下：

- 只能读取数据，不能对数据库执行任何修改或者插入操作。
- 只能向前读取数据，即不能回头读取已经被访问的数据。
- 直接把数据传递到对象或者 Web 窗体页面。

SqlDataReader 对象包含了多个常用的属性，但是这些属性并非都是常用的，如表 7-8 所示列出了最常用的属性。

表 7-8 SqlDataReader 对象的常用属性

属性名称	说 明
Depth	获取一个值，用于指示当前行的嵌套深度
FieldCount	获取当前行中的列数
HasRows	获取一个值，该值指示 SqlDataReader 中是否包含一行或多行
IsClosed	检索一个布尔值，该值指示是否已关闭指定的 SqlDataReader 实例
VisibleFieldCount	获取 SqlDataReader 中未隐藏的字段的数目

除了属性外，SqlDataReader 对象还提供了一系列的方法供用户使用。但是，只有 Close()方法和 Read()方法经常被使用到。Close()方法用于关闭对象，释放资源。Read()方法返回一个布尔值，使用 SqlDataReader 指针前进到下一条记录，如果前进成功，则返回 true，否则返回 false。

在使用 Read()方法读取数据时，并不是每一个字段都包含数据，这时可以通过 DBNull 对象的 Value 属性进行判断。代码如下：

```
if(read["st_brithday"] == DBNull.Value)
{
    // st_brithday 列为 null 值
}
```

7.4.2 用 Read()方法读取数据

SqlDataReader 对象的使用是建立在数据库连接、SqlCommand 对象获取数据源的基础之上的，因此使用时，必须确保数据库连接和数据源的提取。一般使用步骤如下。

(1) 创建数据库连接。

(2) 创建执行时的 SQL 语句或者存储过程。

(3) 创建 SqlCommand 的实例对象。

(4) 打开数据库连接并创建 SqlDataReader 的实例对象。

(5) 使用 Read()方法逐行读取数据。

(6) 关闭 SqlDataReader 的实例对象。

(7) 关闭数据库连接。

【例 7-6】本例演示 Read()方法的读取功能，从 StudentMessage 表中读取全部记录信息，并且将这些内容显示到网页中。操作步骤如下。

(1) 创建 Web 窗体页并进行设计，具体的效果可以参考前面的例子。

(2) 向窗体页的后台中添加代码，通过 SqlDataReader 对象的 Read()方法逐步读取数据，并且循环地将这些内容添加到 result 变量中，最后显示到网页。代码如下：

```
protected void Page_Load(object sender, EventArgs e)
{
    string connectionString = "Data Source=SJB;Initial Catalog=stumanage;
                                     User ID=sa;Pwd = 123456";
```

```
    SqlConnection connection = new SqlConnection(connectionString);
    //创建 SqlCommand 对象
    string sql = "SELECT * FROM StudentMessage";        //SQL 语句
    connection.Open();  //打开数据库连接
    SqlCommand command = new SqlCommand(sql, connection);//创建 SqlCommand 对象
    command.CommandType =
      System.Data.CommandType.Text; //解释 CommandText 属性
    SqlDataReader dr = command.ExecuteReader(); //创建 SqlDataReader 对象
    string result = "<center><table width=\"90%\" style=\"\">";
    result += "<tr><td>学生编号</td><td>名字</td><td>年龄</td><td>出生日期
             </td><td>所在年级</td><td>入学时间</td></tr>";
    while (dr.Read())    //循环逐步读取
    {
        result += "<tr><td>" + dr["stuNo"] + "</td><td>" + dr["stuName"]
                 + "</td><td>" + dr["stuAge"] + "</td><td>"
                 + dr["stuBirth"] + "</td><td>" + dr["stuClassId"]
                 + "</td><td>" + dr["admissionTime"] + "</td></tr>";
    }
    result += "</table><center>";
    lblResult.Text = result;
}
```

(3) 运行 Web 窗体页，查看效果，如图 7-4 所示。

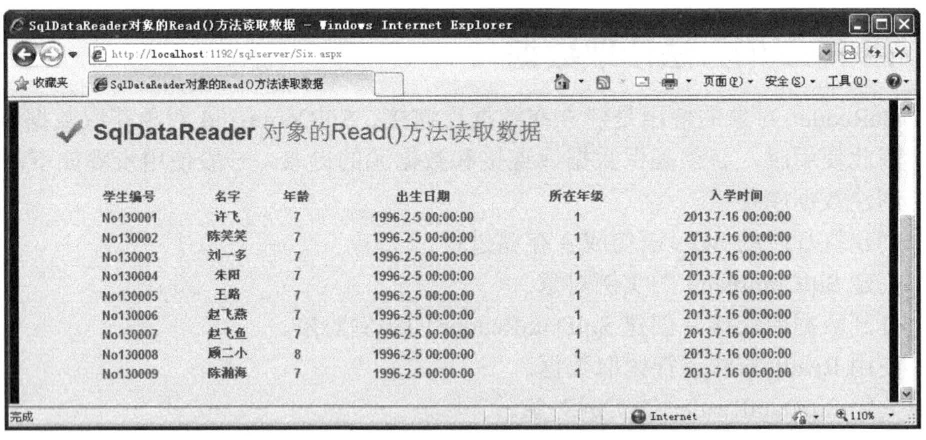

图 7-4 用 Read()方法读取数据

7.5 SqlDataAdapter 对象

SqlCommand 对象和 SqlDataReader 对象操作数据库表中的数据时必须保证数据库已经连接，在数据库断开连接时能不能获取到表中的数据呢？能。DataSet 对象可以在断开数据库连接的情况下查询数据，在它与数据库之间还需要一个桥梁——SqlDataAdapter 对象。

SqlDataAdapter 对象是一个适配器，它表示一组操作数据的命令和一个数据库连接。该对象充当数据库和 DataSet 之间的桥梁，用以协调双方数据同步。与创建其他对象一样，

创建该对象时需要使用 new 关键字，它有 4 个构造方法。形式如下：

```
SqlDataAdapter da = new SqlDataAdapter();
SqlDataAdapter da = new SqlDataAdapter(SqlCommand selectCommandText);
SqlDataAdapter da = new SqlDataAdapter(String selectCommandText,
                                       SqlConnection selectCommand);
SqlDataAdapter da = new SqlDataAdapter(String selectCommandText,
                                       String selectConnectionString);
```

SqlDataAdapter 对象提供了多个属性，通过这些属性，可以获取或设置执行的操作，常用的属性如表 7-9 所示。

表 7-9 SqlDataAdapter 对象的常用属性

属性名称	说 明
DeleteCommand	获取或设置一个 SQL 语句或存储过程，以从数据集删除记录
InsertCommand	获取或设置一个 SQL 语句或存储过程，以在数据源中插入新记录
SelectCommand	获取或设置一个 SQL 语句或存储过程，用于在数据源中选择记录
UpdateCommand	获取或设置一个 SQL 语句或存储过程，以更新数据源中的记录
TableMappings	获取一个集合，它提供源表和 DataTable 之间的主映射

SqlDataAdapter 对象还提供了两个常用的方法：Update()方法和 Fill()方法。Update()方法为 DataSet 中每个已插入、已更新或者已删除的行调用相应的 INSERT、UPDATE 或者 DELETE 语句；Fill()方法填充数据到 DataSet 或者 DataTable 中。

7.6 DataSet 对象

SqlCommand 对象和 SqlDataReader 对象操作数据库表中的数据时，必须保证数据库在没有断开连接的情况下进行操作，如果是断开连接的，可以使用 DataSet 对象。

7.6.1 DataSet 对象的概念

DataSet 对象表示数据集，它可以保存数据库中读取的数据，在数据保存之后可以被直接操作，而不需要对数据库进行连接或对数据库进行直接操作。

下面从工作原理、结构模型、适用情况以及与 SqlDataReader 对象的区别这 4 个方面对其做说明。

1. DataSet 的工作原理

DataSet 对象在 ADO.NET 断开连接的分布式数据中起到了重要作用，它是数据驻留在内存中的表示形式，不管数据源是什么，它都可以提供一致的关系编程模型。当应用程序需要数据时，会向数据库发出请求获取数据，服务器先将数据发送到 DataSet 中，然后再将数据集传递给客户端，客户端将数据集中的数据修改后，会统一将修改过的数据集发送到服务器，服务器接收并修改数据库中的数据，

如图 7-5 所示给出了 DataSet 的工作原理。

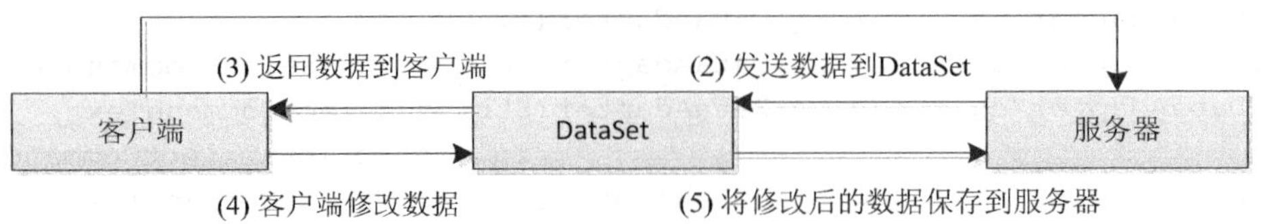

图 7-5　DataSet 对象的工作原理

2．DataSet 的结构模型

DataSet 对象可以用于多种不同的数据源，也可以用于 XML 数据，还可以用于管理应用程序本地的数据。DataSet 对象可以包含一个或多个 DataTable 对象，还可以包含 DataRelation 集合的 Relations 属性，其结构模型如图 7-6 所示。

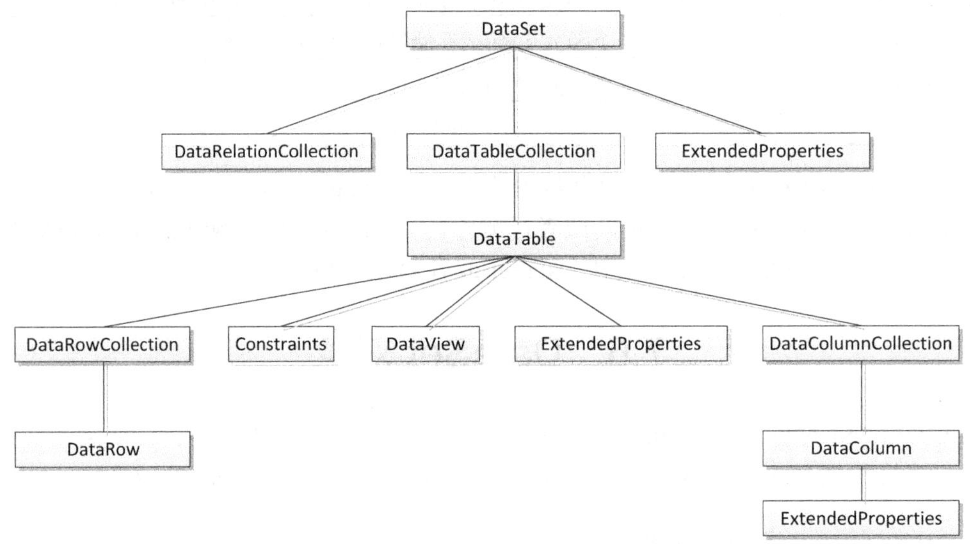

图 7-6　DataSet 的结构模型

下面对图 7-6 中列出的常用对象进行了解释和说明。

(1)　DataRelationCollection 对象。

DataSet 对象在 DataRelationCollection 对象中包含关系，通过关系可以从 DataSet 中的一个表导航至另一个表。关系由 DataRelation 对象表示，它使一个 DataTable 中的行与另一个 DataTable 中的行相关联，DataRelation 标识 DataSet 中两个表的匹配列。

(2)　DataTableCollection 对象。

DataSet 包含由 DataTable 对象表示的 0 个或多个表的集合，DataTableCollection 包含 DataSet 中的所有 DataTable 对象，这些对象由数据行和数据列以及有关 DataTable 对象中的数据的主键、外键、约束和关系信息组成。

每一个 DataTable 还可以包含对应 DataRow 集合对象的 Rows 属性和对应 DataColumn 集合对象的 Columns 属性，以及对应约束对象集合的 Constraints 属性。

(3) ExtendedProperties 对象。

无论是 DataSet 对象还是 DataTable 和 DataColumn 对象，它们都具有 ExtendedProperties 属性，该属性是一个 PropertyCollection 集合，可以向其中加入自定义信息，例如用于生成结果集的 Select 语句。ExtendedProperties 集合与 DataSet 的架构信息一起持久化。

(4) DataView 对象。

DataView 对象创建存储在 DataTable 对象中的不同视图，通过使用 DataView 对象，用户可以使用不同的排序顺序公开表中的数据，并且可以按行状态或基于筛选器表达式来筛选数据。

3. DataSet 的应用情况

DataSet 能够适应于多个情况，说明如下：

- 应用程序中将数据缓存在本地，这样可以方便地对数据进行处理。如果只需要读取查询结果，则 SqlDataReader 对象是更好的选择。
- 在各个层之间或者从 XML Web Services 对数据进行远程处理。
- 与数据进行动态交互，例如绑定到 Windows 窗体控件或者组合并关联来自多个源的数据。
- 对数据执行大量的处理，而不需要与数据源保持打开的连接，从而将该连接释放给其他客户端使用。

4. 与 SqlDataReader 对象的区别

ADO.NET 中提供的 SqlDataReader 对象和 DataSet 对象都可以将检索的关系数据存储在内存中。它们的功能相似，但是这两个对象不能相互替换，主要区别如表 7-10 所示。

表 7-10 SqlDataReader 和 DataSet 的主要区别

	SqlDataReader 对象	DataSet 对象
数据库连接	必须与数据库进行连接，读表时，只能向前读取，读取完成后由用户决定是否断开连接	可以不与数据库连接，把表全部读到缓冲池，并断开与数据库的连接
处理数据的速度	读取和处理数据的速度较快	读取和处理数据的速度较慢
更新数据库	只能读取数据，不能对数据库中的数据更新	对数据集中的数据更新后，可以把数据库中的数据更新
是否支持分页和排序功能	不支持	支持
内存占用	占用内存较少	占用内存较多

7.6.2 创建 DataSet 对象

与创建其他对象一样，创建 DataSet 对象时也需要使用 new 关键字。它的创建方式有两种，说明如下。

1. 直接创建

直接创建时很简单，使用默认的构造方法进行创建。形式如下：

```
DataSet ds = new DataSet();                    //直接创建
```

2. 通过数据集名称创建

除了直接创建外，DataSet 对象还有另一种构造方法，直接创建时将数据集的名称传入到该对象。形式如下：

```
DataSet ds = new DataSet("Customer");          //通过数据集名称创建
```

7.6.3 向 DataSet 对象中填充数据

DataSet 对象的内容是用 XML 来描述数据的，所以它不依赖于任何数据连接。一般情况下，常用 DataAdapter 对象更新或者填充 DataSet 对象，还可以把文本或 XML 数据流加载到 DataSet 对象。

1. SqlDataAdapter 填充 DataSet 对象

使用 SqlDataAdapter 对象将数据填充到 DataSet 中，这是最常用的一种方法，以数据库为数据来源。一般步骤如下。

(1) 创建数据库连接对象。

(2) 创建要执行的 SQL 语句或者存储过程。

(3) 利用 SQL 语句和数据库连接对象创建 SqlDataAdapter 对象。

(4) 向 DataSet 对象中填充数据。

【例 7-7】下面从 StudentMessage 表中查询出所有的记录，并且将这些查询数据存放到 DataSet 对象中，最后遍历 DataSet 集合将数据输出到网页中。具体操作步骤如下。

(1) 创建 Web 窗体页并设计页面，在页面中添加 Label 控件，它用于向页面中输出获取到的数据。

(2) 向窗体页的后台中添加代码，根据前面介绍的步骤使用 SqlDataAdapter 对象将数据填充到 DataSet 对象中。部分代码如下：

```
protected void Page_Load(object sender, EventArgs e)
{
    string connectionString =
     "Data Source=SJB;Initial Catalog=stumanage;User ID=sa;Pwd = 123456";
    SqlConnection connection = new SqlConnection(connectionString);
     //创建 SqlCommand 对象
    string sql = "SELECT * FROM StudentMessage";       //声明 SQL 语句
    SqlDataAdapter da =
      new SqlDataAdapter(sql, connection); //由 SQL 语句和 connection 创建对象
    DataSet ds = new DataSet();
    da.Fill(ds);
    /* 省略向页面显示的代码 */
```

```
}
```

(3) 上个步骤仅仅是向 DataSet 对象中填充数据，如果要将这些数据显示到网页中，需要从集合中取出数据再进行显示。代码如下：

```
string result = "<center><table width=\"90%\" style=\"\">";
result += "<tr><td>学生编号</td><td>名字</td><td>年龄</td><td>出生日期
  </td><td>所在年级</td><td>入学时间</td></tr>";
foreach (DataRow mDr in ds.Tables[0].Rows)
  //遍历 DataSet 集合中的数据，首先遍历行
{
    result += "<tr>";
    foreach (DataColumn mDc in ds.Tables[0].Columns)    //遍历列
    {
        result += "<td>";
        result += mDr[mDc].ToString();
        result += "</td>";
    }
    result += "</tr>";
}
result += "</table>";
lblResult.Text = result;                              //输出数据添加到页面
```

上述代码中，首先声明 result 变量，该变量创建一个表格，并且向表格中添加数据。foreach 语句首先遍历行，通过 ds.Tables[0].Rows 来获取集合中的所有的行。在 foreach 语句中还嵌套一个 foreach 循环，它遍历集合中的列，该层语句中获取每一列的数据，最后将 result 变量的值赋予页面中的 Label 控件。

(4) 运行 Web 窗体页查看最终效果，如图 7-7 所示。

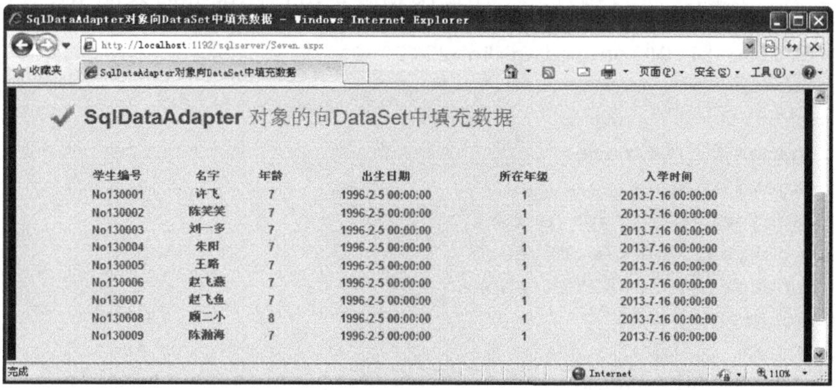

图 7-7 使用 SqlDataAdapter 对象填充 DataSet 对象

2. 以 XML 文件填充 DataSet 对象

DataSet 的数据源还可以是 XML 文件，下面通过一个示例进行说明。

【例 7-8】在本例中，使用 DataSet 对象的 ReadXml()方法读取 XML 文件中的内容，并且将这些内容显示到网页中。具体操作步骤如下。

(1) 创建 Web 窗体页并且设计页面，在页面中添加用于显示内容的 Label 控件。

(2) 在窗体页面的后台中首先获取 XML 文件的完整路径；然后创建 DataSet 对象，接着调用该对象的 ReadXml()方法读取数据；最后遍历 DataSet 集合中的数据，并显示到网页中。代码如下：

```
protected void Page_Load(object sender, EventArgs e)
{
    string path = @"D:\THing\WebSite2\teacher.xml";
    DataSet ds = new DataSet();
    ds.ReadXml(path);
    /* 省略遍历代码，主要代码可以参考上个例子 */
}
```

(3) 运行本例的 Web 窗体页，查看效果，如图 7-8 所示。

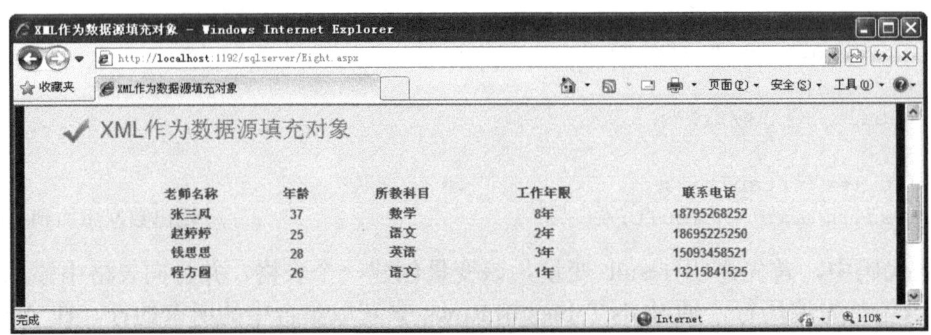

图 7-8 使用 XML 文件填充 DataSet 对象

找到相应的 teacher.xml 文件，确保读取的数据的正确性。该文件存储了一系列的教师信息，包括名称、年龄、所教科目、工作年限和联系电话。部分内容如下：

```
<?xml version="1.0" encoding="gb2312" ?>
<teachers>
    <teacher>
        <name>张三风</name>
        <age>37</age>
        <subject>数学</subject>
        <workyear>8 年</workyear>
        <phone>18795268252</phone>
    </teacher>
    <teacher>
        <name>赵婷婷</name>
        <age>25</age>
        <subject>语文</subject>
        <workyear>2 年</workyear>
        <phone>18695225250</phone>
    </teacher>
    <!-- other messages -->
</teachers>
```

7.6.4　DataSet 的属性和方法

只有将数据填充到 DataSet 对象之后，该对象才能被使用。调用 DataSet 对象的属性和方法可以完成其他的操作，其常用属性和方法如表 7-11 和表 7-12 所示。

表 7-11　DataSet 对象的常用属性

属性名称	说　明
DataSetName	获取或设置当前 DataSet 的名称
DefaultViewManager	获取 DataSet 所包含的数据的自定义视图， 以允许使用自定义的 DataViewManager 进行筛选、搜索和导航
ExtendedProperties	获取与 DataSet 相关的自定义用户信息的集合
Relations	获取用于将表链接起来并允许从父表浏览到子表的关系的集合
Tables	获取包含在 DataSet 中的表的集合

表 7-12　DataSet 对象的常用方法

方法名称	说　明
Clear()	通过移除所有表中的所有行来清除任何数据的 DataSet
Clone()	复制 DataSet 的结构，包括所有 DataTable 架构、关系和约束不要复制任何数据
Copy()	复制该 DataSet 的结构和数据
CreateDataReader()	为每个 DataTable 返回带有一个结果集的 DataTableReader，顺序与 Tables 集合中表的显示顺序相同
Merge()	将指定的对象及其架构合并到当前的 DataSet 中
Reset()	将 DataSet 重置为其初始状态子类应重写 Reset，以便将 DataSet 还原到其原始状态
ToString()	返回包含 Component 的名称的 String

通常可以使用 SqlDataAdapter 对象的 Fill()方法将数据填充到 DataSet 对象中，也可以通过使用 DataTableCollection 对象的 Add()方法将 DataTable 对象中的数据添加到 DataSet 对象中。

代码如下：

```
DataSet ds = new DataSet();
ds.Tables.Add(dt);                          //dt 已经创建过
```

7.7　DataTable 对象

DataTable 对象与 DataSet 对象一样，将数据库中的数据提取出来进行保存，以提供断开连接时对数据的访问。但是它们之间也有区别：DataTable 对象保存单个表；DataSet 对象可以保存多个表。在数据显示时，使用 DataTable 能够更加简单地控制数据显示。

7.7.1 DataTable 对象的概念

DataTable 对象位于 System.Data 命名空间下，它包含由 DataColumnCollection 表示的列集合、由 DataRowCollection 表示的行集合和由 ConstraintCollection 表示的约束集合，它们共同定义表中的架构。

1. DataTable 的常用属性

DataTable 对象中包含多个属性，通过这些属性可以获取表中行的集合、列的集合以及表名等内容，常用属性如表 7-13 所示。

表 7-13 DataTable 对象的常用属性

属性名称	说　明
Columns	获取属于表的所有列的集合
Rows	获取属于表的所有行的集合
DefaultView	获取能包括筛选视图或游标位置的表的自定义视图
HasError	获取一个值，该值指示表所属的 DataSet 的任何表的任何行中是否有错误
MinimumCapacity	获取或设置表最初的起始大小
TableName	获取或设置 DataTable 的名称

2. DataTable 的常用方法

DataTable 对象中包含一系列方法，使用这些方法可以完成对 DataTable 的操作，其常用方法如表 7-14 所示。

表 7-14 DataTable 对象中的常用方法

方法名称	说　明
Clear()	清除所有数据的 DataTable
Clone()	克隆 DataTable 的结构，包括所有 DataTable 架构和约束
Copy()	复制该 DataTable 的结构和数据
NewRow()	创建与该表具有相同架构的新 DataRow
ReadXml()	使用指定对象将 XML 架构和数据读入 DataTable
ReadXmlSchema()	使用指定对象将 XML 架构读入 DataTable 中
Reset()	将 DataTable 重置为其初始状态
Select()	获取 DataRow 对象的数组
ToString()	获取 TableName 和 DisplayExpression
WriteXml()	使用指定的对象以 XML 格式写入 DataTable 的当前内容
WriteXmlSchema()	将 DataTable 的当前数据结构以 XML 架构形式写入指定对象

7.7.2 创建 DataTable 对象

在上面的两个示例中，每次循环 DataSet 对象中的数据时，都需要通过声明变量来创建一个多行多列的表格，这种方式非常麻烦，而且不利于维护，容易出错。ADO.NET 中专门提供了一个 DataTable 对象，它用于创建表格。

创建 DataTable 对象时有两种常用方式：第一种是通过 DataSet 对象的属性获取；第二种是动态创建。

1．通过 DataSet 的属性获取

表中的数据可以由 DataSet 对象来填充，因此，可以使用 DataSet 对象的 Tables 属性获取 DataTable 对象。代码如下：

```
DataTable dt = new DataTable();
DataTable dt = ds.Tables[0];
```

2．动态创建

动态创建 DataTable 对象时，需要利用该对象的相关属性和方法。一般创建步骤如下。

(1) 创建 DataTable 的实例对象。

(2) 创建 DataColumn 对象来构建表的结构。

(3) 将创建好的表结构添加到 DataTable 对象中。

(4) 调用 DataTable 对象的 NewRow()方法创建 DataRow 对象。

(5) 向 DataRow 对象中添加一条或多条数据记录。

(6) 将数据插入到 DataTable 对象中。

【例 7-9】动态创建 DataTable 对象时不需要连接数据库，而且该对象支持数据的直接填充。通过 DataTable 对象创建一个 9 行 5 列的表格，并且循环添加数据。具体操作步骤如下。

(1) 创建 Web 窗体页并设计页面，在页面中添加用以显示数据的 Label 控件。

(2) 向页面的后台中添加事件代码，首先创建 DataTable 的实例对象，然后分别创建 5 个 DataColumn 对象，并将这些对象添加到 dt 对象中。部分代码如下：

```
protected void Page_Load(object sender, EventArgs e)
{
    DataTable dt = new DataTable();
    DataColumn column1 = new DataColumn("name", typeof(string));
    column1.ColumnName = "name";
    column1.Unique = true;
    column1.Caption = "ID";
    column1.ReadOnly = true;
    column1.Unique = true;
    dt.Columns.Add(column1);
    DataColumn column2 = new DataColumn("age", typeof(string));
    column2.ColumnName = "age";
    /* 省略其他列的创建代码 */
```

```
}
```

(3) 在上个步骤的基础上继续添加代码，声明 DataRow 对象，然后通过 for 语句循环遍历。在 for 语句中调用 NewRow()方法创建 DataRow 对象，并且为每一列指定数据，然后通过 dt.Rows.Add()方法将行添加到 dt 对象中。代码如下：

```
DataRow row;
for (int i=1; i<=10; i++)
{
    row = dt.NewRow();                      //创建 DataRow 对象
    row["name"] = "老师" + i;
    row["age"] = "年龄" + i;
    row["subject"] = "科目" + i;
    row["workyear"] = "工作年限" + i;
    row["phone"] = "电话" + i;
    dt.Rows.Add(row);
}
```

(4) 将创建的 DataTable 填充到 DataSet 对象中，代码如下：

```
DataSet ds = new DataSet();
ds.Tables.Add(dt);
```

(5) 根据需要遍历 DataSet 的对象代码，具体的内容不再显示。

(6) 运行页面进行测试，具体效果如图 7-9 所示。

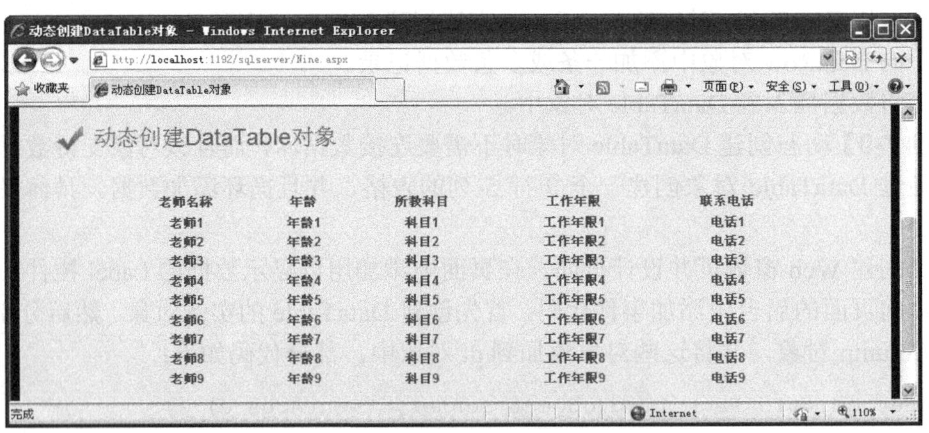

动态创建DataTable对象

老师名称	年龄	所教科目	工作年限	联系电话
老师1	年龄1	科目1	工作年限1	电话1
老师2	年龄2	科目2	工作年限2	电话2
老师3	年龄3	科目3	工作年限3	电话3
老师4	年龄4	科目4	工作年限4	电话4
老师5	年龄5	科目5	工作年限5	电话5
老师6	年龄6	科目6	工作年限6	电话6
老师7	年龄7	科目7	工作年限7	电话7
老师8	年龄8	科目8	工作年限8	电话8
老师9	年龄9	科目9	工作年限9	电话9

图 7-9　动态创建 DataTable 对象并添加数据

按条件访问 DataTable 对象时是区分大小写的，如果 DataTable 对象的名称分别是 mydt 和 MyDt，那么用户搜索其中一个表的字符串时被认为区分大小写，但如果其中一个表不存在，则会认为搜索字符串不区分大小写。

7.7.3　获取 DataView 对象

使用 SqlDataReader 读取的数据只能使用存储过程或者 SQL 语句进行排序、筛选或者搜索操作，但是数据集中的数据可以直接使用 DataView 对象的属性和方法进行操作，包括对 DataTable 对象指定列的顺序、搜索和导航等。

DataView 对象可用于排序、筛选、搜索、编辑和导航 DataTable 的可绑定数据的自定义列，通常把 DataView 称为数据视图。一个 DataSet 中可以有多个 DataTable，而每一个 DataTable 对象都存在一个默认的数据视图。使用者可以使用 DataTable 对象的 DefaultView 属性获取，它返回一个 DataView 对象。除此之外，也可以自定义 DataView 表示 DataTable 中数据的子集。

1．DataView 的常用属性

DataView 对象中包含多个属性，通过属性可以设置排序和行状态筛选器，也可以获取 DataView 中的记录总数，常用属性如表 7-15 所示。

表 7-15　DataView 对象的常用属性

属性名称	说　明
AllowDelete	用于获取或设置一个值，该值指示是否允许删除
AllowEdit	用于获取或设置一个值，该值指示是否允许编辑
AllowNew	用于获取或设置一个值，该值指示是否可以使用 AddNew()方法添加新行
ApplyDefaultSort	获取或设置一个值，该值指示是否使用默认排序
Count	用于 RowFilter 和 RowStateFilter 之后，获取 DataView 中记录的数量
RowFilter	获取或设置用于筛选在 DataView 中查看哪些行的表达式
RowStateFilter	获取或设置用于 DataView 中的行状态筛选器
Sort	用于获取或设置 DataView 中的一个或多个排序列以及排序顺序
Table	用户获取或设置源 DataTable

2．DataView 的常用方法

除了提供属性外，DataView 对象中还包含一系列的方法，最常用的方法如表 7-16 所示。

表 7-16　DataView 对象的常用方法

方法名称	说　明
AddNew()	将新行添加到 DataView 对象中
Delete()	删除指定索引位置的行
FildRows()	返回 DataRowView 对象的数组，这些对象的列与指定的排序关键字值匹配
Close()	关闭 DataView 对象

3．DataView 对象对数据排序

前面已经介绍过了 DataView 的功能、属性和方法，下面通过一个简单的例子演示该对象的使用。

【例 7-10】读取 StudentMessage 表中的所有数据后，过滤表中的数据，查询出姓名中“陈”姓和“赵”姓的所有同学，并且对查询的数据按编号降序排列。

具体操作步骤如下。

(1) 创建 Web 窗体页并设计页面，在页面中添加 Label 控件和 GridView 控件。其中，Label 控件显示过滤后的总记录；GridView 控件显示数据。

(2) 向窗体页的后台添加代码，通过 SqlDataAdapter 对象向 DataSet 对象中填充 StudentMessage 表中的数据。代码如下：

```
protected void Page_Load(object sender, EventArgs e)
{
    string connectionString = "Data Source=SJB;Initial Catalog=stumanage;
                                User ID=sa;Pwd = 123456";
    SqlConnection connection = new SqlConnection(connectionString);
    //创建 SqlCommand 对象
    string sql = "SELECT * FROM StudentMessage";    //声明 SQL 语句
    SqlDataAdapter da = new SqlDataAdapter(sql, connection);  //创建对象
    DataSet ds = new DataSet();
    da.Fill(ds);
    /* 省略其他代码 */
}
```

(3) 继续添加代码，根据 DataSet 对象的 Tables 属性获取 DataTable 对象 dt；接着根据 dt 对象的 DefaultView 属性获取 DataView 对象；然后通过 RowFileter 属性设置过滤内容，Sort 属性设置排序；最后通过 Count 属性获取过滤后的总记录。代码如下：

```
DataTable dt = ds.Tables[0];
DataView dv = dt.DefaultView; //获取 DataView 对象
dv.RowFilter = "stuName LIKE '陈%' OR stuName LIKE '赵%'";
dv.Sort = "stuNo desc";
lblCount.Text = "过滤后的总记录是：" + dv.Count;
```

(4) 为 GridView 控件添加指定数据源，将其数据源指定为 dt 对象。代码如下：

```
griv1.DataSource = dt;
griv1.DataBind();
```

(5) 在浏览器中运行上述代码，查看效果，如图 7-10 所示。

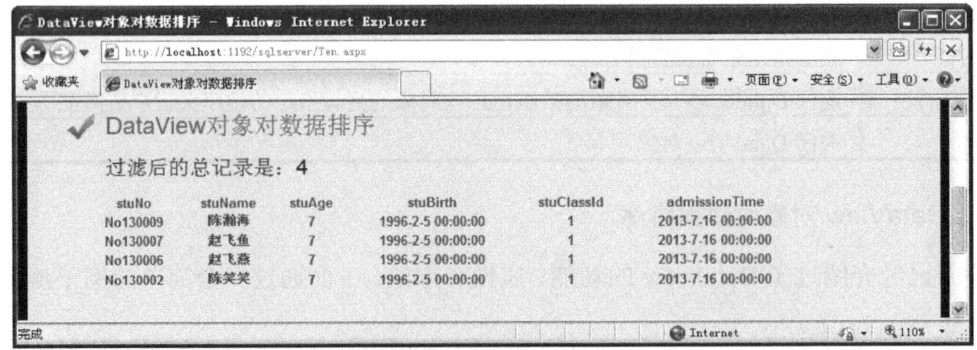

图 7-10　运行效果

7.8　创建 SqlHelper 类

在一个完成的网站或者系统中，对数据库表中的数据操作有多个，如果每执行一次操作就连接一次数据库并且调用一次方法，就会显得非常繁琐。例如，向数据库表中添加、删除和修改一条数据记录时，都需要调用 SqlCommand 对象的 ExecuteNonQuery()方法执行操作。

解决上述问题最好的办法就是将这些内容全部封装到一个类中，在使用时调用相应的方法进行操作即可。

SqlHelper 可以理解为一个帮助类，它是一个基于.NET 框架的数据库操作组件，包含了对数据库的操作方法。SqlHelper 类有很多版本，主要是微软一开始发布的 SqlHelper 类，后来它包含进了 Enterprise Library 开源包中。还有一个主要版本是 dbhelper.org 开源的 sqlhelper 组件，它简洁、性能高，不仅支持 SQL Server 数据库，同时支持 Oracle、Access 和 MySQL 等数据库。

通过使用 SqlHelper 类，省去了程序员重复编写的 SqlConnection、SqlCommand 和 SqlDataReader 等的麻烦，该类封装过后，通常只需要给方法传入一个参数(例如数据库连接字符串、SQL 参数)就可以访问数据库了。

微软提供的 SqlHelper 类是免费的、开源的项目，开发者在使用时可以下载。如果不想使用微软提供的 SqlHelper 类，开发者可以自定义该类，然后向该类中编写代码，该类可以是简单的，也可以是复杂的。

【例 7-11】下面通过一个例子创建 SqlHelper 类，并且向该类中编写执行添加、删除和查询等操作时的方法代码。具体的操作步骤如下。

(1)　在当前网站中创建名称是 SqlHelper 的数据访问公共类，通过 sealed 关键字设置该类为密封类，不允许继承。

代码如下：

```
public sealed class SqlHelper
{
    //方法代码
}
```

(2)　首先向该类中声明一个公有的数据库连接字符串，该字符串从 Web.config 文件中获取指定的字符串。

代码如下：

```
public static readonly string connString =
  ConfigurationManager.ConnectionStrings["ConnStr"].ConnectionString;
```

在上述代码中，使用 ConfigurationManager 类之前，需要导入 System.Configuration 命名空间。如果该命名空间不存在，还需要为该网站或者项目添加引用，添加方式很简单，选择当前项目或者网站，单击鼠标右键，从弹出的快捷菜单中选择“添加引用”命令，将会弹出“添加引用”对话框，在该对话框中找到.NET 需要引用的项，如图 7-11 所示。

(3)　添加一个返回值为 int 类型的公有的 ExecuteNonquery()静态方法，它用于执行添

加、删除和修改操作，并且执行存储过程。

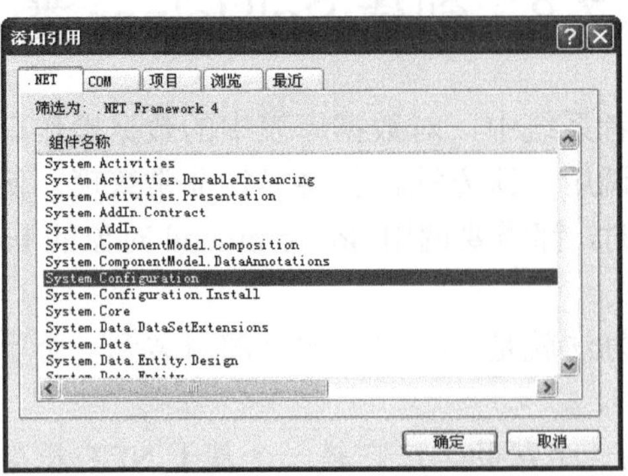

图 7-11　为网站或者项目添加引用项

代码如下：

```
public static int ExecuteNonQuery(CommandType commandType, string sql,
  params SqlParameter[] para)
{
    using (SqlConnection conn = new SqlConnection(connString))
      //创建 SqlConnection 对象
    {
        SqlCommand cmd = new SqlCommand();          //创建 SqlCommand 对象
        cmd.Connection = conn;                      //设置连接
        cmd.CommandType = commandType;              //设置 CommandText 的指定类型
        cmd.CommandText = sql;                      //指定 SQL 语句
        if (para != null) {                         //如果参数不为空
            foreach (SqlParameter sp in para) {     //循环添加参数
                cmd.Parameters.Add(sp);
            }
        }
        conn.Open();                                //打开连接
        return cmd.ExecuteNonQuery();               //执行操作
    }
}
```

从上述代码中可以看出，ExecuteNonQuery()方法的返回值为 int 类型，表示受影响的行数。

另外，还向该方法中传入了 3 个参数，各个参数的说明如下。

- commandType：命令类型，如果是 SQL 语句，则为 CommandType.Text；否则为 CommandType.StoredProcdure。
- sql：要执行的 SQL 语句或者存储过程。
- para：SQL 参数，如果没有参数，则将其指定为 NULL。

(4) 继续添加执行查询的 ExecuteReader()静态方法，它支持存储过程，返回一个 SqlDataReader 对象。与上个步骤中创建的 ExecuteNonQuery()方法一样，使用该方法也需要传入 3 个参数。代码如下：

```
public static SqlDataReader ExecuteReader(CommandType commandType,
  string sql, params SqlParameter[] para)
{
    SqlConnection conn =
      new SqlConnection(connString);          //创建 SqlConnection 对象
    SqlDataReader dr = null;                            //创建读取器
    SqlCommand cmd = new SqlCommand();                  //创建 SqlCommand 对象
    cmd.Connection = conn;                              //设置连接
    cmd.CommandType = commandType;                      //设置类型
    cmd.CommandText = sql;                              //指定 SQL 语句
    if (para != null) {                                 //如果参数不为空
        foreach (SqlParameter sp in para) {             //循环参数
            cmd.Parameters.Add(sp);
        }
    }
    try {
        conn.Open();                                    //打开连接
        dr = cmd.ExecuteReader(CommandBehavior.CloseConnection);
     //为 dr 对象赋值
    } catch (Exception ex) {
        Console.WriteLine(ex.Message);                  //输出错误信息
        conn.Close();                                   //关闭数据连接
    }
    return dr;                                          //返回读取器
}
```

(5)　接着创建一个公有的返回值为 DataSet 的 GetDataSet()静态方法，它也用于执行查询，而且支持存储过程。创建该方法时，需要向方法中传入 3 个参数，分别表示命令类型、SQL 语句或存储过程以及 SQL 参数。代码如下：

```
public static DataSet GetDataSet(CommandType commandType, string sql,
  params SqlParameter[] para)
{
    using (SqlConnection conn = new SqlConnection(connString))
      //创建 SqlConnection 对象
    {
        SqlDataAdapter da = new SqlDataAdapter(); //创建 SqlDataAdapter 对象
        da.SelectCommand = new SqlCommand();
        da.SelectCommand.Connection = conn;
        da.SelectCommand.CommandText = sql;
        da.SelectCommand.CommandType = commandType;
        if (para != null) {                                 //如果参数不为空
            foreach (SqlParameter sp in para) {                //遍历参数
                da.SelectCommand.Parameters.Add(sp);
            }
        }
        DataSet ds = new DataSet();
        conn.Open();
        da.Fill(ds);
```

```
        return ds;
    }
}
```

(6) 创建 ExecuteScalar()静态方法，它是一个用于执行查询单个值的方法，并且支持存储过程。该方法的返回值是一个 object 类型，在该方法中会调用 SqlCommand 对象的 ExecuteScalar()方法返回第一行第一列的值。代码如下：

```
public static object ExecuteScalar(CommandType commandType, string sql,
  params SqlParameter[] para)
{
    using (SqlConnection conn = new SqlConnection(connString))
    {
        SqlCommand cmd = new SqlCommand();
        cmd.Connection = conn;
        cmd.CommandType = commandType;
        cmd.CommandText = sql;
        if (para != null) {
            foreach (SqlParameter sp in para) {
                cmd.Parameters.Add(sp);
            }
        }
        conn.Open();
        return cmd.ExecuteScalar();
    }
}
```

截止到现在，已经向 SqlHelper 类中添加了常用的 4 个方法，添加完毕后可以直接调用类中的方法进行测试，下一节的实验指导就是使用该类中的方法。另外，本节所介绍的 SqlHelper 类并不一定是最好的，读者还可以向该类中添加其他的方法，例如分页方法、其他方法的重载方法等。

7.9 实验指导——利用帮助类执行操作

本章已经详细介绍了 ADO.NET 中读取 SQL Server 数据库中表数据的操作对象，包括 SqlConnection 对象、SqlCommand 对象、SqlDataReader 对象和 DataSet 对象等。

本章实验指导将前面的内容结合起来，利用帮助类完成数据库中数据的查询、修改和删除操作。

实验指导 7-1：利用帮助类实现查询、修改和删除操作

在本节的实验指导中，需要使用到 bookmanage 数据库，该数据库包含 booktype 表，该表包含 6 个字段，字段说明如表 7-17 所示。根据表中的说明创建数据库和数据库表，并且向表中添加记录。数据库设计完成后再设计页面，操作步骤如下。

(1) 打开 Web.config 文件，添加 connectionString 节点，在节点中添加连接 bookmanage 数据库的连接字符串。

表 7-17 booktype 表中的字段

字段名称	字段类型	说 明
typeId	int	主键，自动增长列
typeSelect	nvarchar(20)	父类型，不能为空
typeName	nvarchar(20)	子类型，不能为空
remark	nvarchar(200)	备注，可为空。默认值为空字符串
createName	nvarchar(20)	创建者，可为空。默认值为“管理员”
createTime	datetime	添加时间，可为空。默认值为系统当前时间

代码如下：

```
<connectionStrings>
    <add name="ConnStr" connectionString="Data Source=SJB;
      Initial Catalog=stumanage;User ID=sa; Password=123456"
      providerName="System.Data.SqlClient"/>
    <add name="BookTypeConnStr" connectionString="Data Source=SJB;
      Initial Catalog=bookmanage; User ID=sa; Password=123456"
      providerName="System.Data.SqlClient"/>
</connectionStrings>
```

(2) 利用例 7-11 中创建的 SqlHelper 类获取 Web.config 文件中 BookTypeConnStr 连接字符串的值：

```
public static readonly string connString = ConfigurationManager
  .ConnectionStrings["BookTypeConnStr"].ConnectionString;
```

(3) 创建 Default.aspx 页面并进行设计，它用于获取数据库表中所有的图书类型。在合适位置添加表格，在表格的 tbody 部分添加一个 Label 控件。代码如下：

```
<table>
    <thead>
        <tr><td>类型 ID</td><td>父类型</td><td>子类型</td><td>创建者</td>
        <td>备注</td><td>创建时间</td><td>操作</td></tr>
    </thead>
    <tbody>
        <asp:Label ID="lblResult" runat="server"></asp:Label>
    </tbody>
</table>
```

(4) 向 Default.aspx 的后台代码中添加代码，获取 booktype 表中的所有数据，并且将这些数据保存到 DataSet 对象中，然后通过两个 foreach 语句进行遍历。代码如下：

```
protected void Page_Load(object sender, EventArgs e)
{
    DataSet ds = SqlHelper.GetDataSet(CommandType.Text,
      "SELECT * FROM booktype", null);
    DataTable dt = ds.Tables[0];
    string result = "";
```

```
        foreach (DataRow rowitem in dt.Rows) {
            result += "<tr style=\"text-align:center;\">";
            foreach (DataColumn columnitem in dt.Columns) {
                result += "<td>" + rowitem[columnitem] + "</td>";
            }
            result += "<td><a href=\"Modify.aspx?tid=" + rowitem["typeId"]
              + "\">修改</a>  <a href=\"Delete.aspx?tid="
              + rowitem["typeId"] + "\">删除</a></td>";
            result += "</tr>";
        }
        lblResult.Text = result;
    }
```

上述代码直接调用 SqlHelper 类的 GetDataSet()方法获取数据库中的全部数据；ds.Tables[0]获取 DataTable 对象；dt.Rows 和 dt.Columns 分别获取行的集合和列的集合。

另外，添加“修改”和“删除”两个超链接时指定链接页面，并且分别传入 tid 参数，它表示图书类型的 ID 号。

(5) 运行 Default.aspx 页面查看效果，图书类型列表如图 7-12 所示。

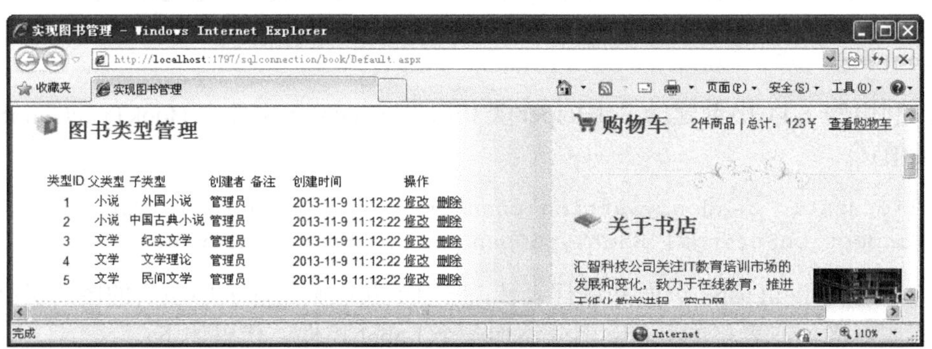

图 7-12 图书类型列表

(6) 单击图 7-12 中的“修改”链接，可跳转至 Modify.aspx 页面并传入一个 tid 参数。创建该页面并进行设计，在页面中添加 4 个 TextBox 控件和一个 Button 控件，它们获取从数据库中读取的数据。页面代码如下：

```
子  类 型：<asp:TextBox ID="txtSon" runat="server">
</asp:TextBox><br />
父  类 型：<asp:TextBox ID="txtParent" runat="server">
</asp:TextBox><br />
备    注：<asp:TextBox ID="txtRemark" runat="server">
</asp:TextBox><br />
创   建 者：<asp:TextBox ID="txtCreateName" runat="server">
</asp:TextBox><br />
<asp:Button ID="btnModify" runat="server" Text=" 修 改 "
  OnClick="btnModify_Click" />
```

(7) 为 Modify.aspx 的后台页的 Load 事件添加代码，在该事件代码中获取从 Default.aspx 页面传递的 tid 参数的值，并且根据该值获取相关的数据，将这些数据显示到页面。代码如下：

```
protected void Page_Load(object sender, EventArgs e)
{
    if (!IsPostBack) {              //首次加载页面
        //判断上个页面传递的 tid 是否为空
        if (!string.IsNullOrEmpty(Request.QueryString["tid"])) {
            //保存类型 ID，在单击时被使用
            ViewState["tid"] = Request.QueryString["tid"];
            SqlDataReader reader = SqlHelper.ExecuteReader(
              CommandType.Text, "SELECT * FROM booktype WHERE typeId="
              + Convert.ToInt32(Request.QueryString["tid"]), null);
            if (reader.Read()) {                              //读取数据
                txtParent.Text = reader["typeSelect"].ToString();
                txtSon.Text = reader["typeName"].ToString();
                //如果字段的值为 NULL(不包括空字符串)
                if (reader["remark"] == DBNull.Value) {
                    txtRemark.Text = "";
                } else {
                    txtRemark.Text = reader["remark"].ToString();
                }
                txtCreateName.Text = reader["createName"].ToString();
            }
        }
        else {                          //如果获取到的 tid 的值为空
            Response.Redirect("Default.aspx");
        }
    }
}
```

上述代码首先通过 IsPostBack 属性判断该页面是否首次加载，如果是，则通过 tid 参数的值获取记录；否则直接跳转到 Default.aspx 页面。在 if 语句中，通过 Request.QueryString 属性获取 tid 的值，如果值不为空则将通过 ViewState 对象保存该值，并调用 SqlHelper 类的 ExecuteReader()方法获取 tid 指定的记录。

(8) Modify.aspx 页面中提供了一个“修改”按钮，单击该按钮时提交修改的信息，并且更新数据库中的相关数据。该按钮的 Click 事件代码如下：

```
protected void btnModify_Click(object sender, EventArgs e)
{
    int tid = Convert.ToInt32(ViewState["tid"].ToString());
    string sql = "UPDATE booktype SET typeSelect=@parent, typeName=@son,
      remark=@remark, createName=@createname WHERE typeId=@id";
    SqlParameter[] para = new SqlParameter[5];
    para[0] = new SqlParameter("@parent", txtParent.Text);
    para[1] = new SqlParameter("@son", txtSon.Text);
    para[2] = new SqlParameter("@remark", txtRemark.Text);
    para[3] = new SqlParameter("@createname", txtCreateName.Text);
    para[4] = new SqlParameter("@id", tid);
    int result = SqlHelper.ExecuteNonQuery(CommandType.Text, sql, para);
```

```
    if (result > 0) {
        Response.Redirect("Default.aspx");
    } else {
        Response.Write(
          "<script>alert(\"修改过程中出现错误，请重新修改\");</script>");
    }
}
```

(9) 单击图 7-12 中第 2 条记录的“修改”链接，跳转到 Modify.aspx 页面，此时的效果如图 7-13 所示。

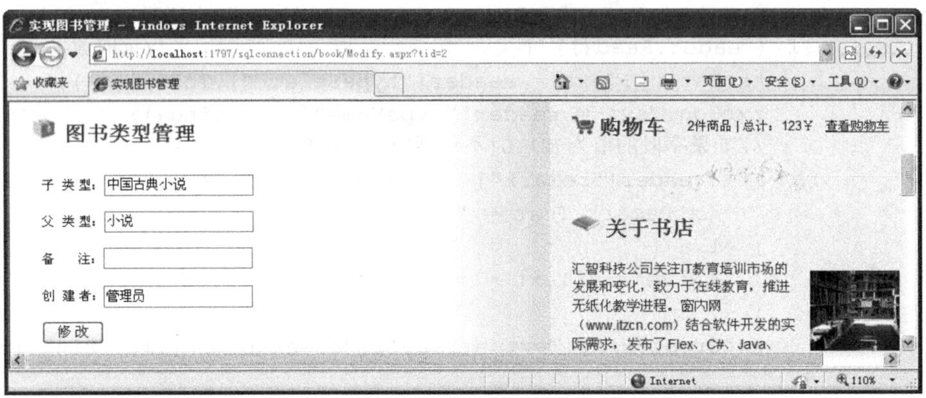

图 7-13　修改图书类型的页面效果

向如图 7-13 所示页面的输入框中输入新的内容，输入完毕后单击“修改”按钮进行提交，修改完毕后重新跳转到 Default.aspx 页面。

(10) 单击 Default.aspx 页面的“删除”超链接时，将跳转到 Delete.aspx 页面，该页面提供删除图书类型的功能。创建 Delete.aspx 页面并进行设计，具体效果这里不再展示。

(11) 打开 Delete.aspx 的后台程序添加代码，代码如下：

```
protected void Page_Load(object sender, EventArgs e)
{
    //判断从上个页面传递的 tid 是否为空
    if (!string.IsNullOrEmpty(Request.QueryString["tid"])) {
        int result = SqlHelper.ExecuteNonQuery(CommandType.Text,
          "DELETE FROM booktype WHERE typeId="
          + Convert.ToInt32(Request.QueryString["tid"]), null);
        if (result > 0) {      //判断是否已经删除，如果是
            Response.Redirect("Default.aspx");
        } else {
            Response.Write(
              "<script>alert(\"删除过程中出现错误，请重新修改\");</script>");
        }
    } else {                  //如果获取不到 tid 的值
        Response.Redirect("Default.aspx");
    }
}
```

上述代码首先获取从上个页面传递过来的 tid 参数的值，并且判断该值是否为空。如果不为空，则调用 SqlHelper 类的 ExecuteNonQuery()方法进行删除；如果为空，则跳转到 Default.aspx 页面。将 ExecuteNonQuery()方法返回的结果保存到 result 变量中，如果 result 变量的值大于 0，表示已经确认删除，这时将重新跳转至 Default.aspx 页面；否则弹出错误提示。

(12) 在列表页面中删除类型 ID 为 4 的记录，删除成功后的效果如图 7-14 所示。

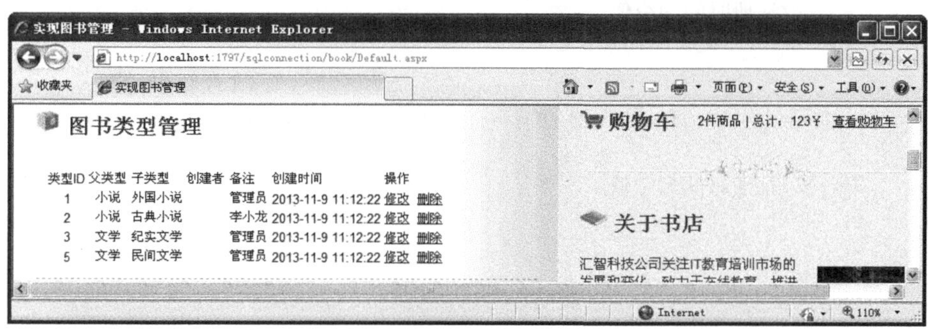

图 7-14　删除一条图书类型记录

7.10　习　　题

1. 填空题

(1) ADO.NET 提供的两个组件分别是__________和数据集。

(2) 调用 SqlConnection 对象的__________方法打开连接；__________方法关闭连接。

(3) 若 SqlCommand 对象的 CommandText 属性指向存储过程，则需要将 CommandType 属性的值设置为__________。

(4) 在下面的一段空白代码中，空白处可以填写__________。

```
using (SqlConnection conn = new SqlConnection(connString))
{
    SqlCommand command = new SqlCommand(sql, conn);
    conn.Open();
    SqlDataReader reader = command.ExecuteReader();
    while (__________)
    {
        /* 省略读取的代码 */
    }
    vreader.Close();
}
```

2. 选择题

(1) SqlCommand 对象的__________属性表示要执行的命令文本参数列表。

A. CommandText　　　　B. CommandType

C. Parameter　　　　　　　　　　D. Parameters

(2) 使用 SqlDataReader 对象的 Read()方法读取时，可以设置对代码对读取的值进行判断，下面________项是最正确的。

A.

```
if(read["registertime"] == DBNull.Value)
{
    //注册时间为空值
}
```

B.

```
if(read["registertime"] == Value.DBNull)
{
    //注册时间为空值
}
```

C.

```
if(read["registertime"] is null)
{
    //注册时间为空值
}
```

D.

```
if(read["registertime"] == " ")
{
    //注册时间为空值
}
```

(3) SqlCommand 对象的________方法返回查询的第一行第一列的结果。

A. ExecuteNonQuery()　　　　B. ExecuteReader()

C. ExecuteScalar()　　　　D. B 和 C 都正确

(4) 关于 SqlDataReader 和 DataSet 对象的说法，________项是正确的。

A. SqlDataReader 对象读取和处理数据的速度要比 DataSet 对象快

B. SqlDataReader 对象通常用于读取多条记录，而 DataSet 对象通常用于读取单条记录

C. SqlDataReader 在断开连接下使用；DataSet 对象必须与数据库建立连接

D. 这两个对象都提供了内置分页和排序的方法，从而实现分页和排序的功能

(5) 以 SqlDataAdapter 对象向 DataSet 中填充数据时，需要使用________方法

A. Fills()　　B. Fill()　　C. Add()　　D. Update()

(6) 关于 DataSet 对象与 DataTable、DataView 之间的关系，下面________是正确的。

A. DataSet 对象同时包含 DataTable 对象和 DataView 对象

B. DataTable 对象同时包含 DataView 对象和 DataSet 对象

C. DataSet 对象包含 DataView 对象，DataView 对象包含 DataTable 对象

D. DataSet 对象包含 DataTable 对象，DataTable 对象包含 DataView 对象

(7) 创建 SqlParameter 对象时，调用________属性可以获取或设置参数的值。

A. Value　　　　B. SqlValue

C. IsNullable　　　　D. TypeName

(8) 动态创建 DataTable 对象时，它的一般步骤是__________。

① 将创建好的表结构添加到 DataTable 对象中。

② 向 DataRow 对象中添加一条或多条数据记录。

③ 创建 DataColumn 对象来构建表的结构。

④ 创建 DataTable 的实例对象。

⑤ 调用 DataTable 对象的 NewRow()方法创建 DataRow 对象。

⑥ 将数据插入到 DataTable 对象中。

A．②、④、①、⑤、③、⑥

B．②、④、③、⑤、⑥、①

C．④、③、①、⑤、②、⑥

D．④、①、③、⑤、⑥、②

3. 简答题

(1) 说出 ADO.NET 中常用的一些数据库操作对象，它们分别是用来做什么的？

(2) 分别列举 SqlCommand 对象的常用属性和常用方法，并且说明它们的使用方法(至少 4 个)。

(3) 使用 SqlDataReader 对象读取数据时的一般步骤是什么？

第 8 章　数据列表显示控件

在第 7 章中，已经详细介绍了 ADO.NET 技术提供的访问 SQL Server 数据库的相关对象，例如 SqlConnection 对象创建连接对象；SqlCommand 对象执行操作；以及 SqlDataReader 对象执行数据读取等。而且在第 7 章中，数据列表显示时都是通过 foreach 循环语句进行添加的，通过这种方式显示数据列表的代码不仅繁琐，而且容易出错，不利于代码的维护和修改。ASP.NET 中提供了许多控件，当然也包括数据列表的显示控件，通过指定这些控件的 DataSource 属性，可以很方便地绑定数据。

在本章中，将会详细介绍 ASP.NET 中的 Repeater 控件、DataList 控件、GridView 控件、Details 控件和 FormView 控件的使用和操作。我们会首先介绍一些绑定数据的常用方法。另外，还将介绍 ASP.NET 中提供的一些常见的数据源控件。

本章的学习目标如下：

- 掌握数据绑定时常用的 3 种方法。
- 掌握 Repeater 控件如何显示数据。
- 熟悉 Repeater 控件如何添加自动编号。
- 熟悉 DataList 控件的常用属性和事件。
- 掌握 DataList 控件如何显示数据。
- 掌握 DataList 控件如何添加自动编号。
- 掌握如何使用 PagedDataSource 类实现分页。
- 了解 DataList 和 GridView 的自定义外观。
- 了解 GridView 控件的功能、模板和字段列。
- 熟练使用 GridView 的属性和事件显示数据。
- 了解 DetailsView 控件的常用属性和事件。
- 了解 ListView 控件和 DataPager 控件的使用。

8.1　数据绑定方法

无论是标准的服务器控件还是数据显示控件，它们都需要进行绑定。很多时候，页面中显示的数据并不是固定的，它们可能是从数据库读取的，也可能是根据用户的输入进行显示的，这时就需要动态绑定数据。

ASP.NET 中提供了多种绑定数据的方法，下面介绍最常用的 3 种：<%= %>绑定、<%# %>绑定和<%$ %>绑定。

8.1.1　通过<%= %>绑定数据

使用<%= %>这种方式绑定的数据实际上等价于 Response.Write()这种形式，这是一种最简单的绑定方式。

【例 8-1】首先向当前的窗体页后台中声明一个公有的 ReturnResult()方法，并向该方法中传入一个 object 类型的参数，该方法返回一个 string 类型的字符串。代码如下：

```
public string ReturnResult(object input)
{
    return "您输入的内容是：" + input.ToString();
}
```

打开 Web 窗体页，并且向页面中分别添加一个 Label 服务器控件和 HTML 服务器控件，然后通过<%= %>进行绑定。代码如下：

```
<asp:Label ID="lblResult" runat="server">
  <%=ReturnResult("现在正在绑定数据") %></asp:Label>
<label id="htmlResult" runat="server">
  <%=ReturnResult("现在正在绑定数据") %></label>
```

8.1.2 通过<%# %>绑定数据

通过<%# %>这种方式绑定数据是最经常被使用的一种，它是控件数据绑定的基础，所有的数据表达式都必须包含在这些字符串中，并且通过这种方式绑定时必须调用控件的 DataBind()方法才能被正常执行。通过<%# %>方式绑定数据时，无论是 Web 服务器控件还是 HTML 服务器控件，都会被绑定。

通过<%# %>方法不仅可以绑定简单的字符串、属性，还可以绑定集合和表达式，甚至还可以将数据绑定表达式包含在 JavaScript 代码中。

1．绑定一个方法

可以重新更改例 8-1 中的示例代码，通过<%# %>来绑定 ReturnResult()方法。在绑定时必须通过 DataBind()方法将数据绑定到数据源，这可以通过 Page.DataBind()方法或者 ControlName.DataBind()方法绑定，其中 ControlName 表示服务器控件的名称。使用 Page.DataBind()方法绑定后，所有的数据源都将绑定到它们的服务器控件。

显式调用服务器控件的 DataBind()方法或者调用页面级的 Page.DataBind()方法之前，控件不会有任何数据呈现，一般情况下在 Page_Load 事件中调用 Page.DataBind()方法。

【例 8-2】向 Web 窗体页的 Page_Load 中添加绑定数据源的代码：

```
protected void Page_Load(object sender, EventArgs e)
{
    Page.DataBind();
}
```

更改 Web 窗体页面 Label 控件的相关代码，直接通过<%# %>绑定到 Label 控件的 Text 属性。代码如下：

```
<asp:Label ID="lblResult" runat="server"
  Text='<%#ReturnResult("执行成功") %>'>
</asp:Label>
```

2. 将绑定表达式包含在 JavaScript 中

可以将包含返回值的方法绑定到页面的控件中，通过<%# %>这种方式获取返回值。但是，单击按钮控件时，如何获取到方法的返回值呢？很简单，可以直接通过<%# %>这种方式将数据绑定表达式包含在 JavaScript 代码中，实现在脚本中调用 Web 窗体页后台的方法。

【例 8-3】 重新更改上个例子中的代码，在 Web 窗体页中添加 GetReturnResult()函数，在该函数中添加通过<%# %>获取方法返回值。具体如下：

```
<script type="text/javascript">
function GetReturnResult() {
    var result = "<%#ReturnResult("您已经单击了按钮")%>"; //调用后台方法
    alert(result);
}
</script>
```

直接向 Web 窗体页中添加 Button 控件，并为该控件添加 OnClientClick 事件属性。代码如下：

```
<asp:Button ID="btnClick" runat="server"
  OnClientClick="javascript:GetReturnResult()" Text="获取返回值" />
```

运行该例的 Web 窗体页，单击按钮测试并查看效果。

3. Eval()和 Bind()方法绑定

如果要把从后台数据库中读取出来的数据动态加载显示，通过<%# %>这种方式绑定数据时还需要使用 Eval()和 Bind()两种方法，它们在页面中通常和列表控件结合使用。

【例 8-4】 例如，在 Web 窗体页的后台获取系统会员列表，并且通过 GridView 控件的 DataSource 属性绑定列表，在 GridView 控件的 ItemTemplate 模板中通过 Eval()方法绑定数据库表中的某一列。代码如下：

```
<asp:Label ID="lblName" runat="server"
  Text='<%# Bind("AccountName") %>'></asp:Label>
<asp:Label ID="lblBirth" runat="server"
  Text='<%# Eval("AccountBirth", "{0:d}"). %>'></asp:Label>
```

虽然 Eval()和 Bind()都能实现数据绑定，但是 Eval()方法支持单向绑定，且只用于读取数据；而 Bind()方法支持双向数据绑定，不仅能够读取数据，也能够写入数据。但是，如果需要对数据操作或者格式化数据时，必须使用 Eval()方法。例如通过<%#Eval(“字段名”).ToString().Trim() %>或者<%#Eval(“BookPrice”, “{0:C}”) %>格式化数据等。

8.1.3 通过<%$ %>绑定数据

通过<%$ %>这种方式也可以绑定数据，但是它主要用于对 Web.config 文件的键/值进行绑定，通常用于连接数据库的字符串。使用<%$ %>绑定数据时需要注意以下两点：

- 只能用于绑定 Web 服务器控件。
- 只能绑定到服务器控件的某个属性上。

【例 8-5】例如，通过 DropDownList 控件的 DataSourceID 属性指定数据源绑定控件，在数据源绑定控件中绑定数据库中的数据。SqlDataSource 控件的代码如下：

```
<asp:SqlDataSource ID="SqlDataSource1" runat="server"
  SelectCommand="SELECT [typeId], [typeName] FROM [employType]"
  ConnectionString="<%$ ConnectionStrings:homeworkConnectionString %>">
```

8.2 Repeater 控件

Repeater 控件是一个最简单的迭代控件，它能够以相似的样式重复显示数据源中的每一项数据，因此，Repeater 控件通常会被称为重复控件。

8.2.1 Repeater 控件概述

Repeater 控件专门用于精确内容的显示，它不会自动生成任何用于布局的代码。它甚至没有一个默认的外观，因此可以使用该控件创建许多列表，如表布局、逗号分隔列表和 XML 格式的列表等。

Repeater 控件本身并不具有内置呈现数据的功能，如果要使用该控件显示数据，那么必须为其添加模板，以便于为数据提供布局。在 ASP.NET 中，Repeater 控件提供了 5 种不同的模板，说明如表 8-1 所示。

表 8-1 Repeater 控件的 5 种模板

模板名称	说 明
HeaderTemplate	头部模板。因为数据列表一般会有表头，为保证代码结构化，表头的内容就可以放在这里
ItemTemplate	项目模板。这里就是普通项的模板，也就是数据列表里每一项在页面上展示的效果就在这里定义
AlternatingItemTemplate	交替项模板。对应 ItemTemplate，如果设置该项则表示偶数项的模板，一般设置列表奇偶项不同背景色时会用到
SeparatorTemplate	分隔符模板。在每一个 ItemTemplate 或 AlternatingItemTemplate 项之间插入的分隔用的内容
FooterTemplate	脚注模板。一般的列表项可能会用脚注说明该列表的信息，这里定义列表脚注的内容

如下代码给出了 Repeater 控件的各个模板的简单使用方法：

```
<asp:Repeater ID="Repeater1" runat="server">
    <HeaderTemplate><!-- 头部内容 -->
        <div style="background-color:#aaf;">This is heder</div>
    </HeaderTemplate>
    <ItemTemplate><!-- 项目模板 -->
        <span style="background-color:#eef;">This is item</span>
    </ItemTemplate>
```

```
    <AlternatingItemTemplate><!-- 交替项 -->
        <span style="background-color:#ddf;">This is Alternating Item
        </span>
    </AlternatingItemTemplate>
    <SeparatorTemplate><!-- 项目分隔符 --><br /></SeparatorTemplate>
    <FooterTemplate><!-- 脚部内容 -->
        <div style="background-color:#dde;">This is Footer</div>
    </FooterTemplate>
</asp:Repeater>
```

8.2.2　Repeater 的常用属性

向 Web 窗体页中添加 Repeater 控件时不会自动生成任何 HTML 代码，因此，它的属性也并不多，最常用的属性如表 8-2 所示。

表 8-2　Repeater 控件的常用属性

属性名称	说　明
DataSource	获取或设置为填充列表提供数据的数据源
DataSourceID	获取或设置数据源控件的 ID 属性，Repeater 控件应使用它来检索其数据源
Items	获取 Repeater 控件中的 RepeaterItem 对象的集合 RepeaterItemCollection
DataMember	获取或设置 DataSource 中绑定到控件的特定表

在表 8-2 中，Items 属性返回的是一个 RepeaterItemCollection 集合，通过该集合的 Count 属性可以获取设置的列表总数。

【例 8-6】 从 sevenmanage 数据库的 noticelist 表中读取所有发布的公告列表信息，并且将公告的 ID、主题和内容显示到网页中。实现的步骤如下。

(1) 在 Web 窗体页的 form 表单内容添加 Repeater 控件，向该控件中分别添加 ItemTemplate 和 AlternatingItemTemplate 模板，指定交替显示的字体颜色。在 ItemTemplate 和 AlternatingItemTemplate 模板中，通过<%#Eval() %>的方式绑定数据。

代码如下：

```
<asp:Repeater ID="RepeaterList" runat="server">
    <ItemTemplate>
        <div class="news_box" style="color:red;">
            <div class="news_icon"></div>
            <div class="news_content">
                <%#Eval("noticeId") %>.<%#Eval("noticeTitle") %>
            </div>
            <div class="news_content"><%#Eval("noticeContent") %></div>
        </div>
    </ItemTemplate>
    <AlternatingItemTemplate>
        <div class="news_box" style="color:blue;">
            <div class="news_icon"></div>
            <div class="news_content">
                <%#Eval("noticeId") %>.<%#Eval("noticeTitle") %>
            </div>
            <div class="news_content"><%#Eval("noticeContent") %></div>
```

```
        </div>
    </AlternatingItemTemplate>
</asp:Repeater>
```

(2) 向 Web 窗体页的后台中添加代码，调用 SqlHelper 类的 GetDataSet()静态方法获取 notelist 表的所有数据并保存到 DataSet 的实例对象中。然后绑定 Repeater 控件的 DataSource 属性，将其指定为 ds 对象，并通过 DataBind()方法将数据绑定到控件中。

代码如下：

```
protected void Page_Load(object sender, EventArgs e)
{
    DataSet ds = SqlHelper.GetDataSet(CommandType.Text,
                    "SELECT * FROM noticelist", null);
    RepeaterList.DataSource = ds;
    RepeaterList.DataBind();
}
```

(3) 在浏览器中执行本例的代码，查看效果，如图 8-1 所示。

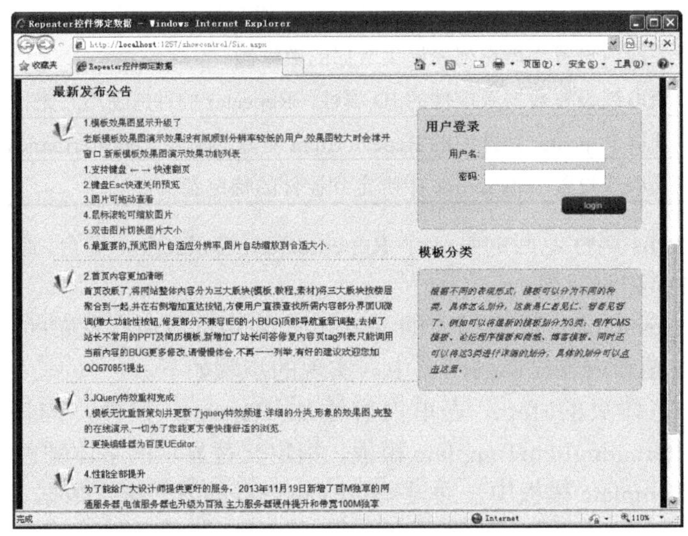

图 8-1 Repeater 控件显示列表

无论是本节的例子，还是后面章节的例子，都是直接使用第 7 章介绍的 SqlHelper 帮助类的方法，该类的具体方法这里不再说明。

8.2.3 Repeater 的常用事件

Repeater 控件还提供了一些事件，但是它所提供的事件并不多，最常用的事件说明如表 8-3 所示。

1. ItemCommand 事件

ItemCommand 事件通常在单击 Repeater 控件中的按钮时发生，按钮可以是 Button、

LinkButton 和 ImageButton 控件中的任意一个。

表 8-3　Repeater 控件的常用事件

事件名称	说　明
ItemCommand	当单击 Repeater 控件中的按钮时发生。该事件被设计为允许开发人员在项模板中嵌入 Button、LinkButton 和 ImageButton 控件
ItemCreated	在 Repeater 控件中创建一项时发生
ItemDataBound	该事件在 Repeater 控件中的某一项被数据绑定后但尚未呈现在页面上之前发生

【例 8-7】重新更改例 8-6 中的代码，向 Repeater 控件的 ItemTemplate 模板中添加执行删除操作的 LinkButton 控件，单击该控件时触发 ItemCommand 事件。实现步骤如下。

(1) 在 Web 窗体页中添加 Repeater 控件，向该控件的 ItemTemplate 模板中添加绑定数据时的代码，同时添加 LinkButton 控件。代码如下：

```
<asp:Repeater ID="RepeaterList" runat="server"
  OnItemCommand="RepeaterList_ItemCommand">
    <ItemTemplate>
        <div class="news_box">
            <div class="news_icon"></div>
            <div class="news_content">
                <%#Eval("noticeId") %>.<%#Eval("noticeTitle") %>
            </div>
            <div class="news_content"><%#Eval("noticeContent") %></div>
            <div class="news_content">
            <asp:LinkButton ID="lbDelete" runat="server" CommandName = "Del"
              CommandArgument='<%#Eval("noticeId") %>' Text="删除">
            </asp:LinkButton>
            </div>
        </div>
    </ItemTemplate>
</asp:Repeater>
```

上述代码为 LinkButton 控件添加了两个属性，即 CommandName 和 CommandArgument 属性。其中，CommandName 指定执行操作的命令，而 CommandArgument 指定传入的值。

(2) 在 Web 窗体页后台的 Page_Load 事件中添加代码，具体代码可以参考例 8-6 中的第 2 步。

(3) 在 Web 窗体页的“设计”窗口中选中 Repeater 控件，单击鼠标右键，在弹出的快捷菜单中选择“属性”命令打开“属性”窗格，找到事件中的 ItemCommand 事件项并双击添加事件，这时会向 Repeater 控件的页面代码中添加 OnItemCommand 事件属性。

页面代码如下：

```
<asp:Repeater ID="RepeaterList" runat="server"
  OnItemCommand="RepeaterList_ItemCommand">
    <!-- 其他代码 -->
</asp:Repeater>
```

(4) 在页面后台中找到 RepeaterList_ItemCommand 事件并为其添加代码，这段代码根据传入的参数删除指定的数据。代码如下：

```
protected void RepeaterList_ItemCommand(object source,
  RepeaterCommandEventArgs e)
{
    string oper = e.CommandName;
    string value = e.CommandArgument.ToString();
    //判断执行的操作和获取到的值是否合法
    if (oper == "Del" && !string.IsNullOrEmpty(value)) {
        string sql = "DELETE FROM noticelist WHERE noticeId="
                  + Convert.ToInt32(value);
        int result = SqlHelper.ExecuteNonQuery(CommandType.Text, sql, null);
        if (result > 0) {
            Response.Write("<script>alert(\"执行删除操作成功\");
                        window.location.href=\"Seven.aspx\" </script>");
        } else {
            Response.Write("<script>alert(\"执行删除操作失败\")</script>");
        }
    } else {
        Response.Write("<script>alert(\"执行删除操作失败\")</script>");
    }
}
```

在上述代码中，首先通过 e.CommandName 获取执行的操作命令；接着，通过 e.CommandArgument 获取传入的值；然后通过 if 语句判断获取的命令和值是否合法，如果合法，则调用 SqlHelper 类的 ExecuteNonQuery()方法执行删除操作。

(5) 运行页面并查看效果，删除第 2 条数据(标题是“首页内容更加清晰”)成功后单击弹出对话框中的“确认”按钮，效果如图 8-2 所示。

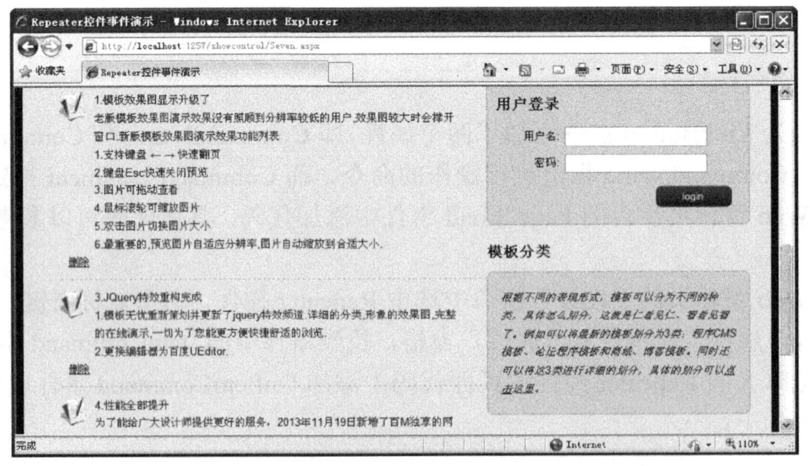

图 8-2　数据删除成功时的效果

在本例中，主要通过 CommandName 和 CommandArgument 实现了删除操作，Command 属性的常用操作命令如表 8-4 所示。

表 8-4　CommandName 属性的常用操作命令

命令名称	说　明
Cancel	取消编辑操作，并将 GridView 控件返回为只读模式
Delete	删除当前记录
Edit	将当前记录置于编辑模式
Sort	对 GridView 控件进行排序
Update	更新数据源中的当前记录
Page	执行分页操作，将按钮的 CommandArgument 属性设置为 First、Last、Next 和 Prev 或页码，以指定要执行的分页操作类型
Select	选择当前记录

2. ItemDataBound 事件

从图 8-2 中可以看到，数据库中的数据删除成功后，主键 ID 的值并不会自动的更改。例如，删除 ID 为 2 的记录，这时剩余的 3 条记录读取数据库中的 noticeID 值，分别是 1、3、4。大多数时候，用户不希望这样进行排列，而是重新为其指定值，让其按 1、2、3、4 的顺序排列，这时可以向 ItemDataBound 事件中添加代码。

ItemDataBound 事件在 Repeater 控件中的某一项被数据绑定后但尚未呈现在页面上之前发生。下面通过向该事件中添加代码，在每条记录之前自动生成编号。

【例 8-8】本例在上例的基础上进行更改，既会更改上例中的部分代码，也会通过 ItemDataBound 事件添加新的代码。实现步骤如下。

(1)　在新创建的 Web 窗体页添加 Repeater 控件，为该控件指定 OnItemDataBound 事件属性。在 ItemTemplate 模板项中绑定每项数据，并且在该模板项中添加用于显示自动生成编号的 Label 控件。页面代码如下：

```
<asp:Repeater ID="RepeaterList" runat="server"
  OnItemCommand="RepeaterList_ItemCommand"
  OnItemDataBound="RepeaterList_ItemDataBound">
    <ItemTemplate>
        <div class="news_box">
            <div class="news_icon"></div>
            <div class="news_content">
                <asp:Label ID="lblID" runat="server">
                </asp:Label>.<%#Eval("noticeTitle") %></div>
            <div class="news_content"><%#Eval("noticeContent") %></div>
            <div class="news_content">
                <asp:LinkButton ID="lbDelete" runat="server"
                  CommandName = "Del" CommandArgument='<%#Eval("noticeId") %>'
                  Text="删除">
                </asp:LinkButton></div>
        </div>
    </ItemTemplate>
</asp:Repeater>
```

(2) 更改 Repeater 控件中的 ItemCommand 事件代码，将删除成功后的链接更改为当前的 Web 窗体页。

(3) 添加 Repeater 控件中 ItemDataBound 事件的代码，在这段代码中判断当前项是否为列表(数据)项或者交替项，如果是，则通过 FindControl()方法找到 ID 是 lblID 的 Label 控件，然后指定 Text 属性的值。代码如下：

```
protected void RepeaterList_ItemDataBound(object sender,
  RepeaterItemEventArgs e)
{
    //如果当前项为数据项或交替项
    if (e.Item.ItemType==ListItemType.Item
      || e.Item.ItemType == ListItemType.AlternatingItem) {
        Label lb = (Label)e.Item.FindControl("lblID");
          //ID为lblID的Label控件
        lb.Text = Convert.ToString(e.Item.ItemIndex + 1) + ".";  //指定值
    }
}
```

(4) 运行本例的 Web 窗体页，查看效果，这时会自动为每一条数据添加编号，再次删除一条数据记录。其 ID 编号值是 3，标题是“JQuery 特效重构完成”，效果如图 8-3 所示。

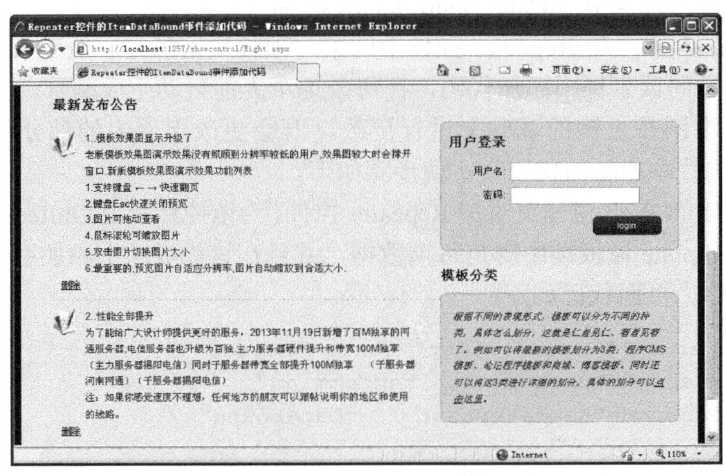

图 8-3 Repeater 控件实现自动添加编号

除了向 ItemDataBound 事件中添加自动生成编号的代码外，还可以通过其他的方式直接添加编号。

(1) 利用 Container.ItemIndex 属性

直接向 ItemTemplate 模板项中添加 Container.ItemIndex 属性，默认值会从 0 开始，如果要使编号从 1 开始，则在此属性基础上加 1。代码如下：

```
<ItemTemplate><%#Container.ItemIndex+1 %></ItemTemplate>
```

如果需要为 Repeater 控件添加连续编号，即执行向下页翻页后序号接前一页的序号时，可以使用下列代码：

```
<%#Container.ItemIndex+1+(this.AspNetPager.CurrentPageIndex-1)*pageSize %>
```

在上述代码中，AspNetPager 表示第三方分页控件 AspNetPager 的 ID 属性值，pageSize 是指每页的数据数量。

(2) 利用 Repeater 控件的 Items.Count 属性

通过 RepeaterName.Items.Count 属性可以获取控件的所有总数据记录，直接向页面中添加此属性，其中 RepeaterName 表示控件的名称。代码如下：

```
<ItemTemplate><%#this.Repeater1.Items.Count+1 %></ItemTemplate>
```

8.3 DataList 控件

如果用户需要显示多行单列或者单行多列的数据，可以使用 Repeater 控件或者 DataList 控件。DataList 控件也是一个迭代控件，可以在每行显示固定的数目，显示数行，通常它被称为数据迭代控件。

8.3.1 DataList 控件概述

DataList 控件可以用于任何重复结构中的数据，也可以以不同的布局显示行。它比 Repeater 控件相对复杂，因此实现的功能也比 Repeater 控件多，主要功能如下：

- 支持 7 种模板，并且为每种模板提供了相应的样式。
- 能够控制数据显示的方向，即可以横向或纵向显示数据。
- 控制每一列显示数据项的最大数量。
- 提供了对数据进行选择、编辑、更新、取消以及删除的功能。

DataList 控件中提供了 7 种模板，它除了包含 Repeater 控件中的 5 种模板外，还包括其他的两种模板——EditItemTemplate 模板和 SelectedItemTemplate 模板。

- EditItemTemplate：这是一个编辑项目模板，针对该字段的模板可以设置不同的服务器端控件来处理编辑状态下的不同类型数据。它呈现控件编辑项的内容，应用 EditItemStyle 样式，如果未定义，则使用 ItemTemplate。
- SelectedItemTemplate：该模板为通过使用按钮或其他操作显示选择的数据记录定义布局。其典型用法是提供数据记录的展开视图或用作主/详细关系的主记录，应用 SelectedItemStyle 样式，如果未定义，则使用 ItemTemplate。

8.3.2 DataList 的常用属性

DataList 控件包含多个属性，由于它的功能要比 Repeater 复杂，因此它所包含的属性也要比 Repeater 控件多，常用属性如表 8-5 所示。

DataList 控件的 RepeatColumns 属性很有意思，该属性指定了列数，无论排列方向是横向还是纵向，它都会生成这么多列(除非你的项数少于列数)。

【例 8-9】从当前数据库的 searchlist 表中读取所有的数据，searchlist 表中的数据指定要搜索的模板类型。实现步骤如下。

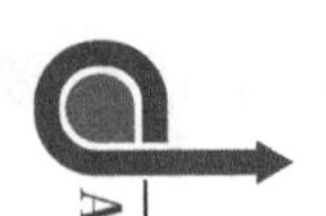

表 8-5 DataList 控件的常用属性

属性名称	说　明
DataSource	获取或设置源，该源包含用于填充控件中的项的值列表
DataSourceID	获取或设置数据源控件的 ID 属性，数据列表控件应使用它来检索其数据
EditItemIndex	获取或设置 DataList 控件中要编辑的选定项的索引号，默认值为-1
GridLines	当 RepeatLayout 属性设置为 Table 时，获取或设置 DataList 控件的网格线样式。其值有 None(默认值)、Both、Vertical 和 Horizontal
HorizontalAlign	获取或设置数据列表控件在其容器内的水平对齐方式
Items	获取表示控件内单独项的 DataListItem 对象的集合
RepeatColumns	获取或设置要在 DataList 控件中显示的列数
RepeatDirection	获取或设置 DataList 控件是垂直显示还是水平显示。 其值为 Vertical(默认值)和 Horizontal
RepeatLayout	获取或设置控件是在表中显示还是在流布局中显示。 其值有 Table(默认值)、Flow、UnorderedList 和 OrderedList
SelectedIndex	获取或设置 DataList 控件中的选定项的索引
SelectedItem	获取或设置 DataList 控件中的选定项
SelectedValue	获取所选择的数据列表项的键字段的值
ShowHeader	获取或设置一个值，该值指示是否在 DataList 控件中显示页眉节。默认值为 true
ShowFooter	获取或设置一个值，该值指示是否在 DataList 控件中显示脚注。默认值为 true

(1) 在 Web 窗体页中添加 DataList 控件，然后向 ItemTemplate 项模板中添加绑定数据的代码。

代码如下：

```
<asp:DataList ID="DataListType" runat="server" RepeatColumns="2">
    <ItemTemplate>
        <div class="textcss"><%#Eval("searchText") %></div>
    </ItemTemplate>
</asp:DataList>
```

(2) 在 Web 窗体页的后台添加绑定数据的列表代码，调用 SqlHelper 类的 GetDataSet() 方法获取记录列表。

代码如下：

```
protected void Page_Load(object sender, EventArgs e)
{
    DataSet dst = SqlHelper.GetDataSet(CommandType.Text,
      "SELECT * FROM searchlist", null);
    DataListType.DataSource = dst;
    DataListType.DataBind();
}
```

(3) 运行页面，查看效果，显示效果如图 8-4 所示。

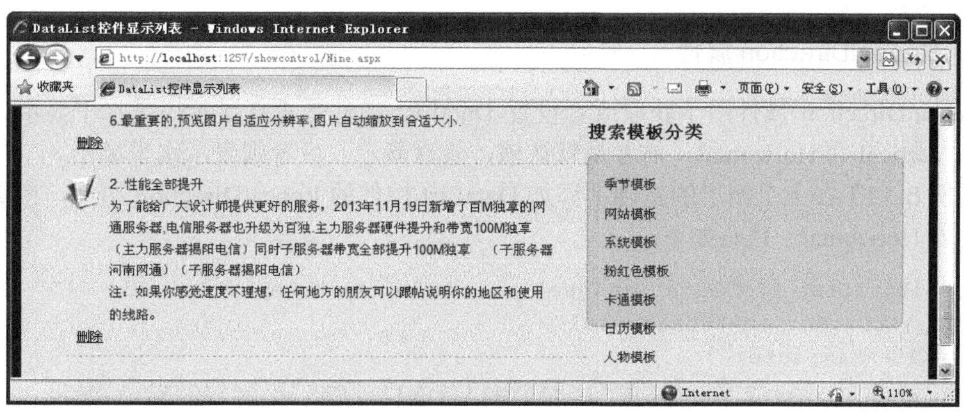

图 8-4　DataList 控件实现数据列表

8.3.3　DataList 的属性操作

在例 8-9 所示的效果中，如果内容过多，则会溢出到外面。通过 DataList 控件提供的属性，可以实现多列显示，除了例 8-9 中使用到的指定数据源的 DataSource 属性外，常用的 3 个属性如下所示。

1．RepeatColumns 属性

RepeatColumns 属性用于获取或设置 DataList 控件中显示的列数，默认情况下，一条记录显示一行，并且是单列的。

【例 8-10】在上例的基础上设置 RepeatColumns 属性，指定该属性的值为 2。

代码如下：

```
<asp:DataList ID="DataListType" runat="server" RepeatColumns="4">
   <ItemTemplate>
      <div class="textcss"><%#Eval("searchText") %></div>
   </ItemTemplate>
</asp:DataList>
```

重新运行本例的代码，查看效果，如图 8-5 所示。

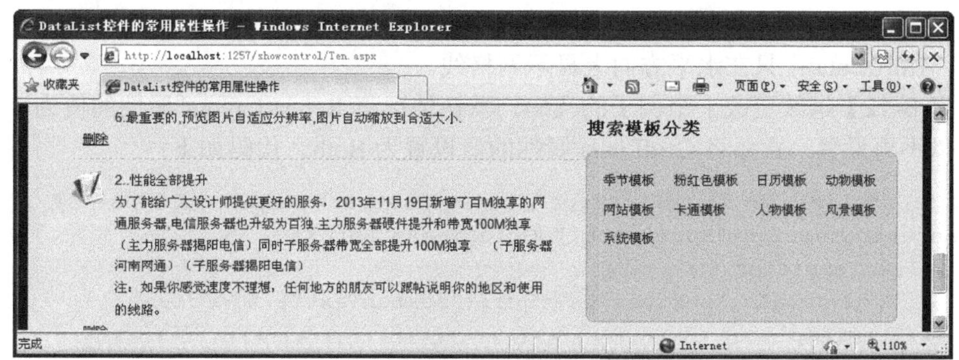

图 8-5　RepeatColumns 属性的使用

2. RepeatDirection 属性

RepeatDirection 属性用于获取或者设置 DataList 控件是垂直显示还是水平显示。它的值包括 Vertical 和 Horizontal，前者是默认值，垂直显示，后者则表示水平显示。

【例 8-11】在上个例子的基础上添加 DataList 控件的 RepeatDirection 属性，将属性的值指定为 Horizontal。代码如下：

```
<asp:DataList ID="DataListType" runat="server" RepeatColumns="4"
 RepeatDirection="Horizontal">
   <ItemTemplate>
       <div class="textcss"><%#Eval("searchText") %></div>
   </ItemTemplate>
</asp:DataList>
```

重新运行本例的代码，查看效果，如图 8-6 所示。

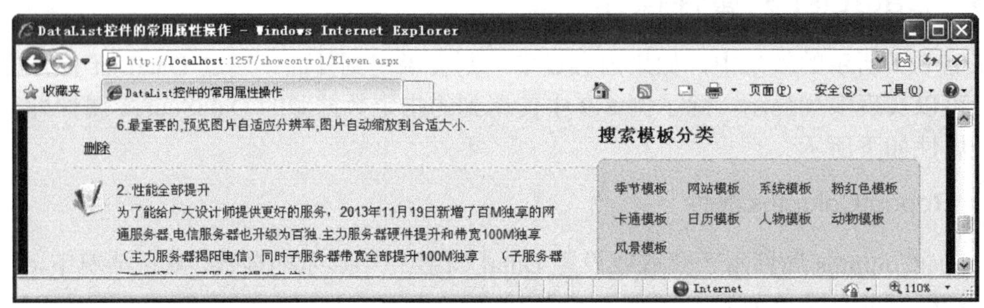

图 8-6　RepeatDirection 属性的使用

3. GridLines 属性

GridLines 属性用于获取或设置 DataList 控件的网格线样式。使用该属性时，必须将 RepeatLayout 属性的值设置为 Table，这才对 GridLines 属性起作用。GridLines 属性的值有 4 个，具体说明如下。

- None：默认值，网格线什么也不显示。
- Both：垂直方向和水平方向都显示网格线。
- Vertical：只在垂直方向上显示网格线。
- Horizontal：只在水平方向上显示网格线。

【例 8-12】继续更改上个例子的代码，默认情况下 RepeatLayout 属性的值为 Table，这里可以不再设置，直接将 GridLines 属性的值设置为 Both。代码如下：

```
<asp:DataList ID="DataListType" runat="server" RepeatColumns="4"
 RepeatDirection="Horizontal" GridLines="Both">
   <ItemTemplate>
       <div class="textcss"><%#Eval("searchText") %></div>
   </ItemTemplate>
</asp:DataList>
```

在浏览器中运行本例的 Web 窗体页，查看效果，如图 8-7 所示。

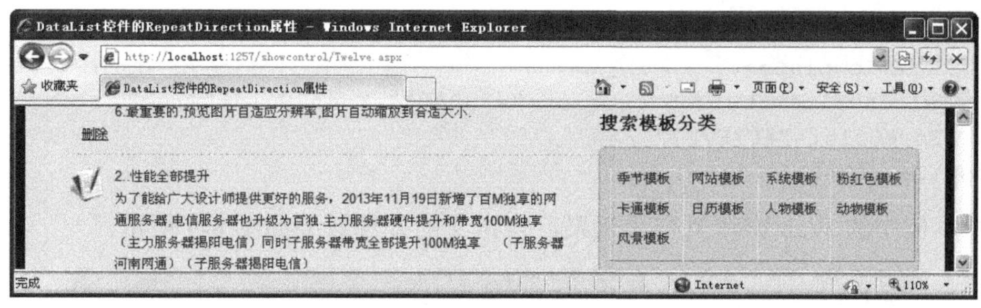

图 8-7　GridLines 属性的使用

8.3.4　自定义 DataList 的外观

DataList 控件提供了数十个属性，其中包括与样式相关的多个属性。用户通过指定样式相关属性，可以定义显示的样式，但是直接选择自定义的样式更加方便。

为 DataList 控件自定义外观时非常简单，在 Web 窗体页面的“设计”窗口中选中 DataList 控件，单击右侧的小按钮打开任务栏，在任务栏中单击“自动套用格式”项，弹出如图 8-8 所示的对话框。

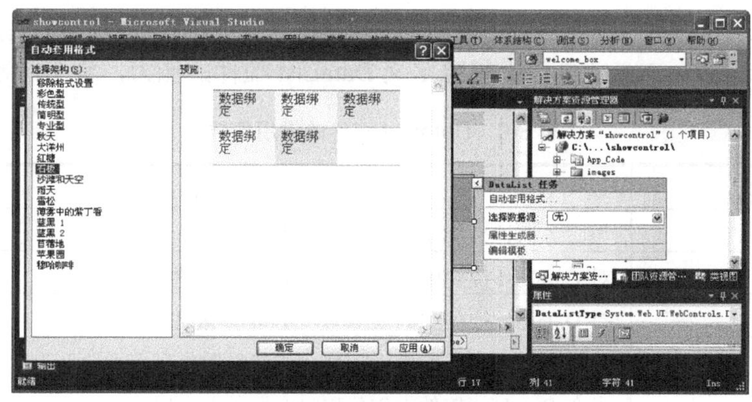

图 8-8　自动套用格式

在图 8-8 中，用户可以根据 DataList 控件的格式进行选择，选择完毕后单击“确定”按钮即可，这时会自动向 Web 窗体页面的 DataList 控件中添加代码。

【例 8-13】例如，为 searchlist 表中读取出来的数据添加样式，选择图 8-8 中的名称是“石板”的样式后单击“确定”按钮。页面相关的代码如下：

```
<asp:DataList ID="DataListType" runat="server" RepeatColumns="3"
  RepeatDirection="Horizontal" BackColor="White" BorderColor="#E7E7FF"
  BorderStyle="None" BorderWidth="1px" CellPadding="3"
  GridLines="Horizontal">
    <AlternatingItemStyle BackColor="#F7F7F7" />
    <FooterStyle BackColor="#B5C7DE" ForeColor="#4A3C8C" />
    <HeaderStyle BackColor="#4A3C8C" Font-Bold="True" ForeColor="#F7F7F7" />
    <ItemStyle BackColor="#E7E7FF" ForeColor="#4A3C8C" />
    <ItemTemplate>
```

```
        <div class="textcss"><%#Eval("searchText") %></div>
    </ItemTemplate>
    <SelectedItemStyle BackColor="#738A9C" Font-Bold="True"
      ForeColor="#F7F7F7" />
</asp:DataList>
```

运行本例中的 Web 窗体页查看效果，自定义的外观效果如图 8-9 所示。

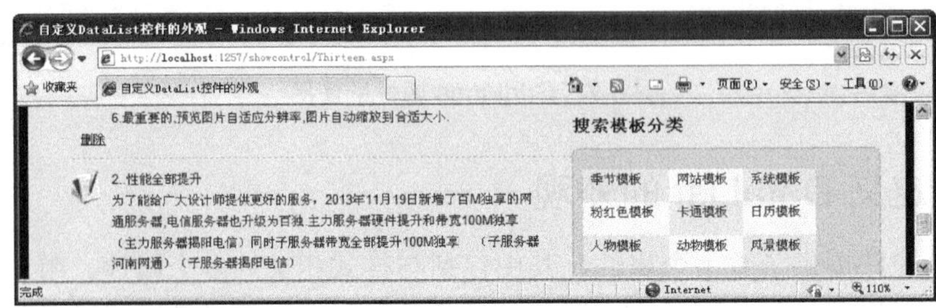

图 8-9　DataList 控件自动套用格式

8.3.5　DataList 的常用事件

DataList 包含的事件也要比 Repeater 控件多，例如 ItemCreated 事件在运行时自定义项的创建过程，ItemDataBound 事件提供自定义 DataList 控件的能力，常用的事件见表 8-6。

表 8-6　DataList 控件的常用事件

事 件 名	说　明
DataBinding	当服务器控件绑定到数据源时发生
DeleteCommand	对 DataList 控件中的某项单击 Delete 按钮时发生
EditCommand	对 DataList 控件中的某项单击 Edit 按钮时发生
ItemCommand	当单击 DataList 控件中的任一按钮时发生
ItemCreated	当在 DataList 控件中创建项时在服务器上发生
ItemDataBound	当项被数据绑定到 DataList 控件时发生
SelectedIndexChanged	在两次服务器发送之间，在数据列表控件中选择了不同项时发生
UpdateCommand	对 DataList 控件中的某项单击 Update 按钮时发生

如果要引发 CancelCommand、EditCommand、DeleteCommand 以及 UpdateCommand 事件，可以将 Button、LinkButton 或 ImageButton 控件添加到 DataList 控件的模板中，并将这些按钮的 CommandName 属性设置为某个关键字，如 cancel、edit、delete 或 update。当用户单击项中的某个按钮时，就会向该按钮的容器(DataList 控件)发送事件，按钮具体引发哪个事件将取决于所单击按钮的 CommandName 属性的值。

【例 8-14】 DataList 控件也可以实现自动编号的功能，实现的方式与 Repeater 控件相似。本例为 DataList 控件的 ItemDataBound 事件添加自动生成编号的代码。步骤如下。

(1) 在 Web 窗体页的 DataList 控件中添加 OnItemDataBound 事件属性，并且在 ItemTemplate 项模板中添加用于显示编号的 Label 控件。代码如下：

```
<asp:DataList ID="DataListType" runat="server" RepeatColumns="3"
  RepeatDirection="Horizontal"
  OnItemDataBound="DataListType_ItemDataBound">
    <ItemTemplate>
        <div class="textcss">
            <asp:Label ID="lblID" runat="server"></asp:Label>
            <%#Eval("searchText") %>
        </div>
    </ItemTemplate>
</asp:DataList>
```

(2) 在 Web 窗体页面后台的事件中添加为每一项生成自动编号的代码，在这段代码中通过 e.Item.ItemIndex 属性获取当前索引项。代码如下：

```
protected void DataListType_ItemDataBound(object sender, DataListItemEventArgs e)
{
    if (e.Item.ItemIndex != -1) {                    //如果索引不是-1
        int id = e.Item.ItemIndex;                   //当前索引项
        ((Label)e.Item.FindControl("lblID")).Text=(id+1).ToString()+".";
    }
}
```

(3) 在浏览器中运行本例的页面，查看效果，自动生成的编号如图 8-10 所示。

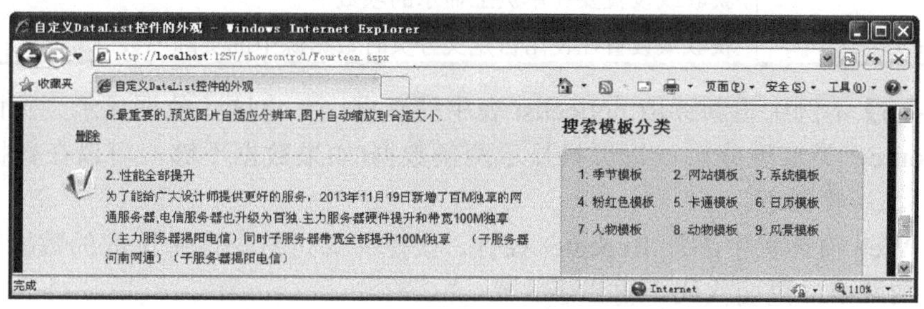

图 8-10　DataList 控件自动生成的编号

8.4　用 PagedDataSource 类实现分页

无论是 Repeater 控件还是 DataList 控件，它们都没有提供内置分页的功能。它们实现分页功能时，常用的方法有 3 种，如下所示：

- 通过 ASP.NET 提供的 PagedDataSource 类的属性实现。
- 通过使用第三方分页控件实现分页。
- 在数据库中写一个通用的分页存储过程，然后在帮助类中定义一个通用的方法，根据向方法中传入的参数返回需要显示的数据表中的记录。

PagedDataSource 类是 ASP.NET 中提供的一个分页类，该类不能被继承。在该类中封装了数据绑定控件与分页有关的属性，从而使控件实现执行分页的功能。也可以说 PagedDataSource 类是一个容器，先把数据从数据库中读取出来放在这个容器中，然后设置容器的属性，取出当前要显示的页上的部分数据；最后将部分数据再绑定到页面的显示控

件上。

PagedDataSource 属性包含多个常用的属性，其说明如表 8-7 所示。

表 8-7　PagedDataSource 类的常用属性

属性名称	说　明
AllowCustomPaging	获取或设置一个值，指示是否在数据绑定控件中启用自定义分页
AllowPaging	获取或设置一个值，指示是否在数据绑定控件中启用分页
AllowServerPaging	获取或设置一个值，指示是否启用服务器端分页
Count	获取要从数据源使用的基数
CurrentPageIndex	获取或设置当前页的索引
DataSource	获取或设置数据源
DataSourceCount	获取数据源中的项数
FirstIndexInPage	获取页面中显示的首条记录的索引
IsFirstPage	获取一个值，该值指示当前页是否是首页
IsLastPage	获取一个值，该值指示当前页是否是最后一页
IsPagingEnabled	获取一个值，该值指示是否启用分页
PageCount	获取显示数据源中的所有项所需要的总页数
PageSize	获取或设置要在单页上显示的项数
VirtualCount	获取或设置在使用自定义分页时数据源中的实际项数

【例 8-15】本例中重新读取 noticelist 表中的数据，并将这些数据显示到页面中，通过 PagedDataSource 类实现分页，每页只显示两条数据(如果数据不够，可以在数据库表中添加多条记录)。步骤如下。

(1) 在 Web 窗体页中添加 Repeater 控件，该控件绑定数据库中读取的数据列表，并将信息显示到网站中，页面代码不再显示。

(2) 在 Repeater 控件的下方添加 div 元素，向该元素中添加一个 Label 控件和两个 Button 控件。其中，Label 控件显示当前页和总页数；而两个 Button 控件分别指定上一页和下一页的实现。代码如下：

```
<asp:Label ID="Label1" runat="server" Text=""></asp:Label>
    
<asp:Button ID="btnPrev" class="btn1_mouseout" runat="server" Text="上一页" />
<asp:Button ID="btnNext" class="btn1_mouseout" runat="server" Text="下一页" />
```

(3) 打开 Web 窗体页的后台代码，首先在后台中声明一个全局的 Pager 属性，通过 ViewState 对象保存 Page 的值，Page 用于表示当前页。代码如下：

```
public int Pager
{
    get { return (int)ViewState["Page"]; }
    set { ViewState["Page"] = value; }
}
```

(4) 继续向 Page_Load 中添加实现代码，通过 IsPostBack 属性判断 Web 窗体页是否为首次加载，如果是，则将 Page 的值保存为 0，并且调用 ListBinding()方法绑定和显示数据。代码如下：

```
protected void Page_Load(object sender, EventArgs e)
{
    if (!IsPostBack) {          //如果是首页加载
       ViewState["Page"] = 0;
       ListBinding();        //绑定数据
    }
}
```

(5) ListBinding()方法中的代码不仅实现数据的绑定功能，也通过 PagedDataSource 类实现了分页功能。代码如下：

```
public void ListBinding()
{
    PagedDataSource pds = new PagedDataSource();
    pds.DataSource = SqlHelper.GetDataSet(CommandType.Text,
      "SELECT * FROM noticelist", null).Tables[0].DefaultView;
    pds.AllowPaging = true;          //允许分页
    pds.PageSize = 2;                //每页显示两条记录
    pds.CurrentPageIndex = Pager;    //当前页的索引
    btnPrev.Enabled = true;          //上一页按钮可用
    btnNext.Enabled = true;          //下一页按钮可用
    if (pds.IsFirstPage)             //如果是首页，上一页按钮不可用
       btnPrev.Enabled = false;
    if (pds.IsLastPage)              //如果是尾页，下一页按钮不可用
       btnNext.Enabled = false;
    Label1.Text = "第" + (pds.CurrentPageIndex + 1).ToString()
      + "页 共" + pds.PageCount.ToString() + "页";
    RepeaterList.DataSource = pds;  //指定 Repeater 控件的数据源
    RepeaterList.DataBind();         //绑定到 Repeater 控件
}
```

上述代码首先使用 new 关键字创建 PagedDataSource 的实例对象 pds，接着再设置该对象的属性值。其中，DataSource 属性指定数据源；AllowPaging 属性指定允许分页；PageSize 属性的值表示每页显示两条数据；CurrentPageIndex 属性设置当前页的索引。然后分别将两个按钮控件的 Enabled 属性的值指定为 true，表示两个按钮当前可用。

另外，IsFirstPage 属性判断当前显示页是否为首页，如果是则“上一页”按钮的 Enabled 属性值设置为 false。IsLastPage 属性判断当前显示页是否为尾页，如果是则“上一页”按钮的 Enabled 属性值设置为 false。最后为 Repeater 控件的 DataSource 属性指定数据源，使用 DataBind()方法激活绑定控件。

(6) 分别为网页中的“上一页”和“下一页”按钮添加 Click 事件，单击这两个按钮实现查看上一页和下一页的数据。代码如下：

```
protected void btnPrev_Click(object sender, EventArgs e)
{
```

```
        Pager--;                    //当前页索引-1
        ListBinding();                  //重新绑定页面
    }
    protected void btnNext_Click(object sender, EventArgs e)
    {
        Pager++;                    //当前页索引+1
        ListBinding();                  //重新绑定页面
    }
```

(7) 在浏览器中运行页面，查看效果，如图 8-11 所示。

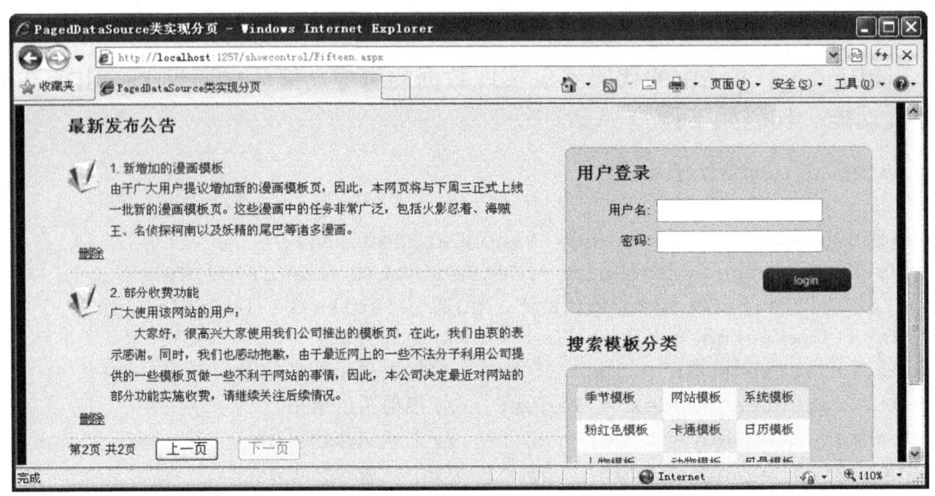

图 8-11　用 PagedDataSource 类实现分页效果

8.5　GridView 控件

在开发应用程序的时候，开发者使用最多的还是以列表的形式展示数据。在所有 ASP.NET 数据展示控件中，GridView 控件将 ASP.NET 最初的设计思想发挥得最为淋漓尽致。与上面的两种控件相比，GridView 控件的功能要比它们强大得多，它不仅能够以网格的形式显示数据，并且为数据提供了编辑、分页、排序以及删除等功能。

8.5.1　GridView 控件概述

GridView 控件属于迭代控件，它通常以表格的形式显示数据，因此被称为网格视图控件。GridView 控件在所有数据显示控件中应该是最容易使用的，因为它的功能很强大；但是它也是最难使用的，同样是因为它很强大。GridView 控件最常用的一种情况是作为后台管理系统，显示对数据库中的操作。

1．GridView 控件实现的功能

GridView 控件的强大功能体现在下列方面。

- 以编程方式访问 GridView 对象模型以动态设置属性、处理事件等。

- 可通过主题和样式自定义的外观。
- 绑定到数据源控件，如 SqlDataSource 和 ObjectDataSource 等。
- 内置排序和分页功能。
- 内置更新和删除功能。
- 内置行选择功能。
- 用于超链接列的多个数据字段。
- 多个键字段。

2．GridView 控件的模板

GridView 控件自身提供了两个模板：一个是数据模板；一个是分页模板。这两个模板并不经常使用，在 GridView 的 TemplateField 字段中提供了 6 个模板，通过这些模板细化字段的设置格式。

如表 8-8 所示对 GridView 控件中的所有模板进行了说明。

表 8-8　GridView 控件的模板

模板名称	说　明
EmptyDataTemplate	当 GridView 控件的数据源为空时将显示该模板的内容
PagerTemplate	页模板，定义与 GridView 控件的页导航相关的内容
HeaderTemplate	头部模板，设置每一列头部的提示内容及格式
FooterTemplate	脚注模板，设置每一列底部的提示内容及格式
ItemTemplate	项目模板，设置列内容的格式
AlternatingTemplate	交替项，使奇数条数据及偶数条数据以不同的模板显示，该模板与 ItemTemplate 结合可产生两个模板交错显示的效果
InsertItemTemplate	数据添加模板
EditItemTemplate	编辑项目模板，这里针对该字段的模板，我们可以设置不同的服务器端控件来处理编辑状态下的不同类型数据

如下代码展示了 TemplateField 字段中 6 个模板的使用：

```
<asp:GridView ID="GridView1" runat="server">
    <Columns>
        <asp:TemplateField>
            <HeaderTemplate><%--头部内容--%></HeaderTemplate>
            <InsertItemTemplate><%-- 插入模板内容 --%></InsertItemTemplate>
            <EditItemTemplate><%--编辑模板内容--%></EditItemTemplate>
            <ItemTemplate><%--项模板--%></ItemTemplate>
            <AlternatingItemTemplate><%--交替项模板--%>
            </AlternatingItemTemplate>
            <FooterTemplate><%--底部模板--%></FooterTemplate>
        </asp:TemplateField>
    </Columns>
</asp:GridView>
```

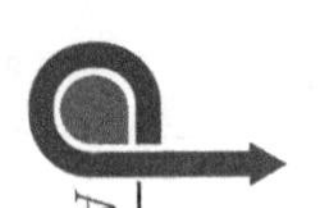

3. GridView 控件的字段列

GridView 控件中的每一列都由一个 DataControlField 对象表示。默认情况下，该控件的 AutoGenerateColumns 属性的值设置为 true，可以为数据源中的每一个字段创建一个 AutoGeneratedField 对象。然后，每一个字段按照在数据源中出现的顺序在 GridView 控件中呈现为一个列。

如果将 AutoGenerateColumns 属性的值设置为 false，开发者可以自定义字段列集合，也可以手动控制哪些字段列可以显示到 GridView 控件中。不同的字段列类型决定控件中各列的行为，表 8-9 列出了 GridView 控件的字段列的类型。

表 8-9　GridView 控件的列字段类型

属性名称	说　明
BoundField	显示数据源中某个字段的值。GridView 控件的默认列类型
ButtonField	为 GridView 控件中的每个项显示一个命令按钮。这使开发人员可以创建一列自定义按钮控件，如“添加”按钮或“移除”按钮
CheckBoxField	复选框字段，以复选按钮的形式展示数据，一般用于展示 bool 型数据
CommandField	显示用来执行选择、编辑或删除操作的预定义命令按钮
HyperLinkField	将数据源中某个字段的值显示为超链接。此列字段类型使开发人员可以将另一个字段绑定到超链接的 URL
ImageField	为 GridView 控件中的每一项显示一个图像，这里一般显示缩略图片
TemplateField	指定的模板为 GridView 控件中的每一项显示用户定义的内容。此列字段类型使开发者可以创建自定义的列字段

在表 8-9 中，BoundField 列和 TemplateField 列最经常被用到。其中，BoundField 列是默认的数据绑定类型，通常用于显示普通文本。该列包含多个属性，常用的属性说明如下。

- HeaderText：设置显示的标头文本。
- DataField：设置绑定到数据源中的列。
- SortExpression：设置与字段关联的排序表达式。
- HtmlCode：表示字段是否以 HTML 编码的形式显示给用户，默认值为 true。
- DataFormatString：可以设置显示的格式，常见的格式有以下 3 种。
  - ◆ {0:C}：设置要显示的内容是货币类型。
  - ◆ {0:D}：设置显示的内容是数字。
  - ◆ {0:yy-mm-dd}：设置显示的是日期格式。

例如，将用户的生日设置成 yy-mm-dd 格式。代码如下：

```
<asp:BoundField DataField="userbirth" HeaderText="出生日期"
  DataFormatString="{0:yy-mm-dd}" HtmlEncode="False"/>
```

使用 DataFormatString 属性设置显示内容的格式时，必须将 HtmlCode 属性的值设置为 false，否则 DataFormatString 的设置无效。

TemplateField 允许以模板的形式自定义数据绑定列的内容，它是这 7 种绑定列中最灵活的绑定形式，也是最复杂的。TemplateField 列的添加有两种方式：直接在窗体页的“源码”窗口添加或者将现有字段转换为模板字段。

通过 GridView 控件添加字段列的方式是：选中 GridView 控件后在“属性”窗格中找到 Columns 属性，单击属性后的按钮图标弹出“字段”的对话框，如图 8-12 所示。

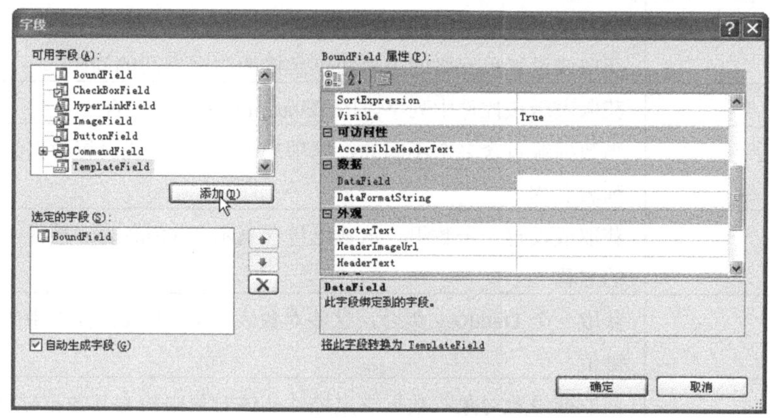

图 8-12 为 GridView 控件添加字段列

在弹出的对话框中，开发者选择可用字段后单击“添加”按钮，这样添加的内容就会显示在选定的字段中，然后在右侧可以设置字段列的相关属性，设计完成后直接单击“确定”按钮。另外，单击蓝色字体部分的链接，可以直接将字段转换为 TemplateField。

8.5.2 GridView 控件的常用属性

GridView 控件的功能非常强大，它提供了数十个属性，通过设置这些属性，可以实现不同的功能。大体上可以将这些属性分为 3 类：常用的基本属性、样式属性和其他属性。

1. GridView 控件的常用属性

常用属性是一些基本的、被经常使用的属性，这些属性包括是否允许分页和排序，是否为每个数据行添加“删除”、“编辑”和“选择”按钮，排序方向的设置和分页内容等，常用的属性如表 8-10 所示。

表 8-10 GridView 控件的常见属性

属性名称	说 明
AllowPaging	获取或设置一个值，该值指示是否启用分页功能。默认为 false
AllowSorting	获取或设置一个值，该值指示是否启用排序功能。默认为 false
AutoGenerateColumns	获取或设置一个值，该值指示是否为数据源中的每个字段自动创建绑定字段。默认为 true
AutoGenerateDeleteButton	获取或设置一个值，该值指示是否为每个数据行添加“删除”按钮。默认为 false
AutoGenerateEditButton	获取或设置一个值，该值指示是否为每个数据行添加“编辑”按钮。默认为 false

续表

属性名称	说 明
AutoGenerateSelectButton	获取或设置一个值，该值指示是否为每个数据行添加“选择”按钮。默认为 false
CellSpacing	获取或设置单元格的间距
CellPadding	获取或设置单元格的内容和单元格的边框之间的间距
Columns	获取表示该控件中列字段的 DataControlField 集合
DataMember	当数据源包含多个不同的数据项列表时，获取或设置数据绑定控件的数据列表名称
DataKeyNames	获取或设置一个数组，该数组包含显示在 GridView 控件中项的主键字段的名称
DataKeys	获取一个 DataKey 集合，这些对象表示 GridView 控件中的每一行的数据键值
DataSource	获取或设置对象，数据绑定控件从该对象中检索其数据项列表
DataSourceID	获取或设置控件的 ID，数据绑定控件从控件中检索其数据项列表
EditIndex	获取或设置要编辑的行的索引
EmptyDataText	获取或设置 GridView 控件绑定到不包含任何记录数据源时所呈现的空数据行中显示的文本
GridLines	获取或设置 GridView 控件的网格线样式，默认为 Both
HorizontalAlign	获取或设置 GridView 控件在页面上的水平对齐方式
PageCount	获取在 GridView 控件中显示数据源记录所需的页数
PageIndex	获取或设置当前显示页的索引
PageSize	获取或设置 GridView 控件在每页上所显示的记录条数
PagerSettings	设置 GridView 控件中页导航按钮的属性
Rows	获取表示该控件数据行中 GridViewRow 对象的集合
SelectedIndex	获取或设置 GridView 控件中选中行的索引
SelectedValue	获取 GridView 控件中选中行的数据键值
SelectedDataKey	获取 DataKey 对象，该对象包含 GridView 控件中选中行的数据键值
SelectedRow	获取对 GridViewRow 对象的引用，该对象表示控件中的选中行
SortDirection	获取正在排序的列的排序方向
SortExpression	获取与正在排序的列关联的排序表达式

在上述表中，当将 AutoGenerateColumns 属性的值设置为 true 时，为数据源中的每个字段自动创建一个 AutoGeneratedField 对象。然后每一字段作为 GridView 控件中的一列显示，其顺序是数据源中字段出现的顺序。如果将 AutoGenerateColumns 属性设置为 false，然后创建自定义的 Columns 集合，可以手动定义列字段，而不是让 GridView 控件自动生成列字段。除了绑定列字段外，还可以显示按钮列字段、复选框列字段、命令字段、超链接列字段、图像字段或基于自己自定义模板的列字段。

还可以使用显式声明的列字段和自动生成的列字段。两者同时使用时，先呈现显式声明的列字段，再呈现自动生成的列字段。

【例 8-16】通过 GridView 控件的 DataSource 属性指定数据源，并且自动创建数据绑定字段。实现步骤如下。

(1) 在 Web 窗体页中添加 GridView 控件，将该控件的 AutoGenerateColumns 属性的值设置为 false。然后在 TemplateField 字段列中分别添加 HeaderTemplate、ItemTemplate 和 FooterTemplate 模板，并且向模板中添加内容。其中，ItemTemplate 项模板绑定数据库表中的数据。代码如下：

```
<asp:GridView ID="GridView1" runat="server" AutoGenerateColumns="false">
    <Columns>
        <asp:TemplateField>
            <HeaderTemplate>
                <table>
                    <tr>
                        <td>学生编号</td><td>姓名</td>
                        <td>拼音</td><td>性别</td>
                        <td>身份证号</td><td>是否党员</td>
                        <td>国家</td><td>民族</td>
                        <td>联系电话</td><td>联系地址</td>
                    </tr>
            </HeaderTemplate>
            <ItemTemplate>
                <tr>
                    <td><%#Eval("stuNo") %></td>
                    <td><%#Eval("stuName") %></td>
                    <td><%#Eval("stuChinesePinYin") %></td>
                    <td><%#Eval("stuSex") %></td>
                    <td><%#Eval("stuCardNo") %></td>
                    <td>
                    <%#Convert.ToBoolean(Eval("stuIsParty"))==true?
                      "是" : "否" %>
                    </td>
                    <td><%#Eval("stuCountry") %></td>
                    <td><%#Eval("stuNation") %></td>
                    <td><%#Eval("stuPhone") %></td>
                    <td><%#SubStringContent(Eval("stuAddress")) %></td>
                </tr>
            </ItemTemplate>
            <FooterTemplate>
                </table>
            </FooterTemplate>
        </asp:TemplateField>
    </Columns>
</asp:GridView>
```

(2) 在 Web 窗体页的后台的 Page_Load 中添加绑定 GridView 控件的代码，这段代码读取 studentlist 表中的数据，并且为其绑定数据源。

代码如下：

```
protected void Page_Load(object sender, EventArgs e)
{
    DataSet ds = SqlHelper.GetDataSet(CommandType.Text,
                    "SELECT * FROM studentlist", null);
    GridView1.DataSource = ds;
    GridView1.DataBind();
}
```

(3) 在第 1 步绑定 stuAddress 字段的值时自动调用后台的 SubStringContent()方法，在该方法中判断读取内容长度是否大于 10。如果是，则截取前 10 个内容，否则直接显示全部内容。

代码如下：

```
public string SubStringContent(object obj)
{
    string content = obj.ToString();
    if (content.Length > 10) {
        return content.Substring(0, 10) + "...";
    } else {
        return content;
    }
}
```

(4) 运行上述代码，查看效果，如图 8-13 所示。

图 8-13 以 GridView 控件显示数据

2. GridView 控件的样式属性

GridView 控件与 DataList 控件一样，可以自动套用格式，也可以通过样式属性自动进行设计，表 8-11 列出了 GridView 控件提供的一些样式属性。

例如，可以将 GridView 控件的 AutoGenerateSelectButton 属性的值设置为 true，然后直接在 GridView 控件中设置 SelectedRowStyle 属性，指定选择时的样式。

表 8-11　与 GridView 控件外观相关的属性

模板名称	说　明
AlternatingRowStyle	GridView 控件的交替数据行的样式设置。 如果设置此属性，则与 RowStyle 交替显示
EditRowStyle	GridView 控件中正在编辑的行的样式设置
EmptyDataRowStyle	当数据源不包含任何记录时， GridView 控件中显示的空数据行的样式设置
FooterStyle	GridView 控件的脚注行的样式设置
HeaderStyle	GridView 控件的标题行的样式设置
PagerStyle	GridView 控件的页导航行的样式设置
RowStyle	GridView 控件的数据行的样式设置
SelectedRowStyle	GridView 控件中的选中行的样式设置
SortedAscendingCellStyle	数据在 GridView 控件中排序时所依据的数据列的样式设置
SortedAscendingHeaderStyle	如果设置了此样式，则在按升序对数据进行排序时，此样式(例如突出显示的列)将应用于单元格
SortedDescendingCellStyle	数据在 GridView 控件中排序时所依据的数据列的样式设置
SortedDescendingHeaderStyle	数据在 GridView 控件中排序时所依据的数据列的样式设置。如果设置了此样式，则在按降序对数据进行排序时，GridView 的标题中将出现向下箭头

代码如下：

```
<SelectedRowStyle ForeColor="Red" BackColor="GreenYellow" />
```

不设置样式属性时，还可以为 GridView 控件自动套用格式，自动套用格式时与 Repeater 控件一样，这里不再详细说明。

8.5.3　GridView 控件实现分页

Repeater 控件和 DataList 控件都不能够实现分页和自动排序的功能，但是 GridView 控件提供了实现分页和排序功能的属性。实现排序时需要指定 AllowSorting 属性，而实现分页时需要指定 AllowPaging 属性。

AllowPaging 属性的值是一个布尔值，将值设置为 true 时表示启用分页功能。除此之外，GridView 控件还提供了分页的相关属性，如 PageCount、PageSize、PagerSettings 和 PageIndex 等。

其中 PagerSettings 属性的 Mode 属性不仅指定了 GridView 控件的分页模式，还定义了分页经常使用的方向导航控件。Mode 属性的值如下。

- NextPrevious：显示“上一页”和“下一页”分页导航按钮。
- NumericFirstLast：直接以超链接形式显示页码，同时还显示“首页”和“尾页”超链接。
- NextPreviousFirstLast：显示“上一页”、“下一页”、“首页”和“尾页”导航

按钮。

- Numeric：默认值，直接以超链接形式显示页码。单击每一个页码就可以导航到相应的页。

【例 8-17】 在上例中，通过自定义列的方式在一个 Web 窗体页中显示了所有的数据，本例使用上面介绍的与分页相关的属性，从而实现分页的效果。步骤如下。

(1) 创建 Web 窗体页并且进行设计，页面大体效果与例 8-16 相似。

(2) 将 GridView 控件的 AllowPaging 属性的值设置为 true，并且将 PageSize 属性的值设置为 6，该属性指定每页显示 6 条数据。

(3) 继续设置 GridView 控件的属性，分别指定 PagerSettings 的各个属性的值。主要代码如下：

```
<asp:GridView ID="GridView1" runat="server" AutoGenerateColumns="false"
  AllowPaging="true" PageSize="6" PagerSettings-FirstPageText="首页"
  PagerSettings-LastPageText="尾页" PagerSettings-NextPageText="下一页"
  PagerSettings-PreviousPageText="上一页"
  PagerSettings-Mode="NextPreviousFirstLast">
    <%--省略数据显示的代码--%>
</asp:GridView>
```

(4) 运行上述页面的代码，查看效果，如图 8-14 所示。

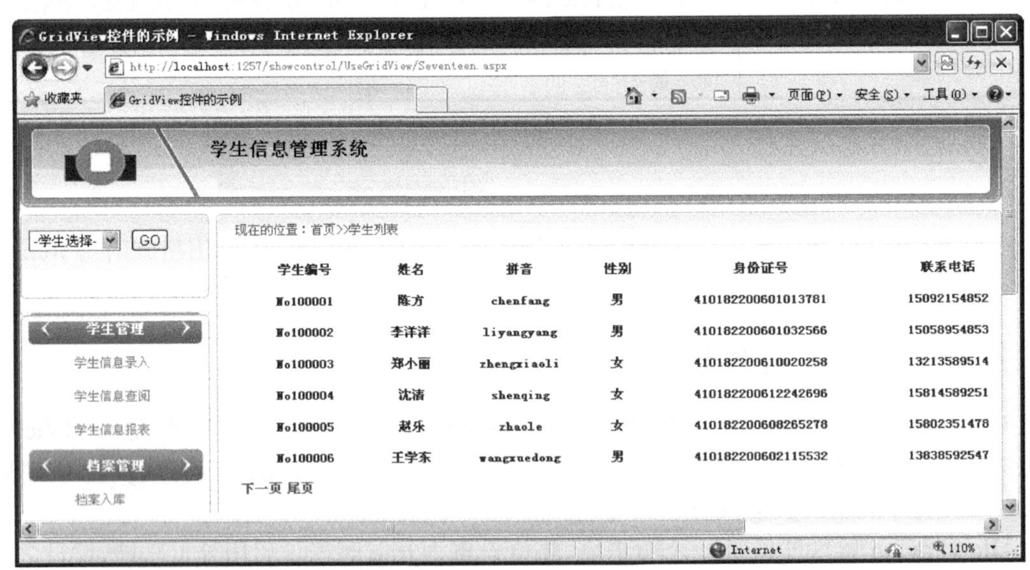

图 8-14　为 GridView 控件实现分页

(5) 单击图 8-14 中的“下一页”或者“尾页”的链接内容查看下一页或尾页内容，这时会出现如图 8-15 所示的错误提示。在该错误提示内容中，说明程序员的 GridView 控件激发了未经过处理的 PageIndexChanging 事件。

因此，需要为 GridView 控件添加 PageIndexChanging 事件。

(6) 为 GridView 控件添加 PageIndexChanging 事件，在该事件中重新指定 PageIndex 属性的值，指定完毕后重新绑定数据源。

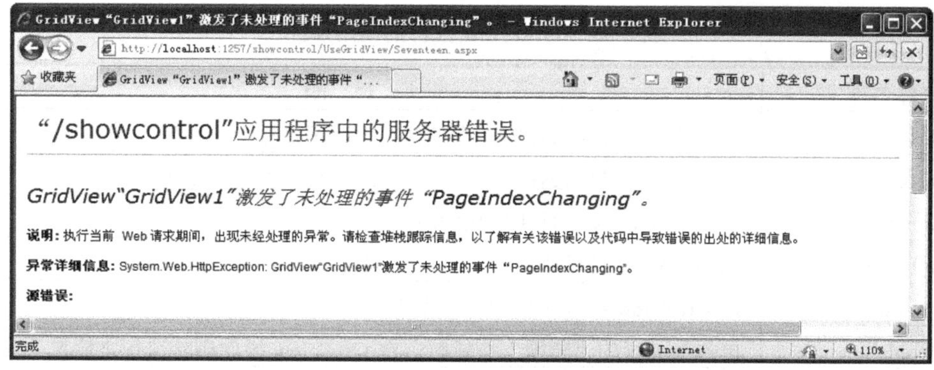

图 8-15　查看下一页内容时的错误提示

代码如下：

```
protected void GridView1_PageIndexChanging(object sender,
  GridViewPageEventArgs e)
{
    GridView1.PageIndex = e.NewPageIndex;    //重新指定索引页
    DataSet ds = SqlHelper.GetDataSet(CommandType.Text,
                     "SELECT * FROM studentlist", null);
    GridView1.DataSource = ds;
    GridView1.DataBind();
}
```

(7) 重新运行 Web 窗体页，单击页面中的链接查看，尾页时的效果如图 8-16 所示。

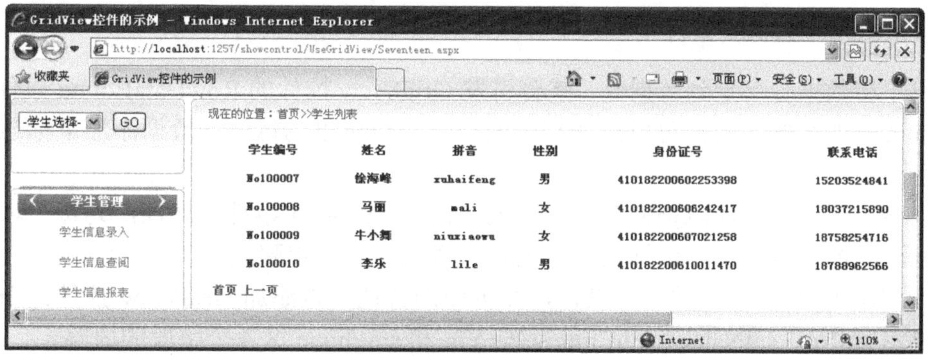

图 8-16　尾页时的效果

如果 GridView 控件启用了分页功能，则数据源必须实现 ICollection 接口或者数据集，否则会引发分页事件异常。如果 GridView 控件的数据源为 SqlDataReader 对象，则不能实现分页效果。

8.5.4　GridView 控件的常用事件

GridView 控件的功能非常强大，它的强大不仅仅在于属性、项模板和字段列，还在于它的事件，GridView 控件包含许多事件。在实现分页功能时已经介绍了 PageIndexChanging 事件，除了该事件外，其他的常用事件如表 8-12 所示。

表 8-12　GridView 控件的常用事件

事件名称	说　明
PageIndexChanging	单击某一页导航按钮时，在控件处理分页操作之前发生
PageIndexChanged	单击某一页导航按钮时，在控件处理分页操作之后发生
RowCommand	单击 GridView 控件中的按钮时发生
RowDataBound	在 GridView 控件中将数据行绑定到数据时发生
RowsCreated	在 GridView 控件中创建行时发生
RowDeleted	单击某一行的“删除”按钮时，在 GridView 控件删除该行之后发生
RowDeleting	单击某一行的“删除”按钮时，在 GridView 控件删除该行之前发生
RowEditing	单击某一行的“编辑”按钮以后，GridView 控件进入编辑模式之前发生
RowUpdated	单击某一行的“更新”按钮，并且 GridView 控件对该行进行更新之后发生
RowUpdating	单击某一行的“更新”按钮以后，GridView 控件对该行进行更新之前发生
SelectedIndexChange	单击某一行的“选择”按钮，GridView 控件对相应的选择操作处理时发生
SelectedIndexChanging	单击某一行的“选择”按钮之后，GridView 控件对相应的选择操作进行处理之前发生
DataBinding	当服务器控件绑定到数据源时发生
DataBound	在服务器控件绑定到数据源后发生
Sorted	单击用于列排序的超链接时，在此控件对相应的排序操作进行处理之后发生
Sorting	单击用于列排序的超链接时，在此控件对相应的排序操作进行处理之前发生

1. RowDataBound 事件

当用户将数据行绑定到数据时，就会引发 GridView 控件的 RowDataBound 事件，用户在删除或者修改数据之前，可以添加相关的提示，也可以为每一行数据添加鼠标悬浮时的背景颜色。

【例 8-18】下面演示 GridView 控件的 RowDataBound 事件的属性，为每一项数据添加鼠标悬浮时的背景颜色，鼠标离开时为当前颜色。实现步骤如下。

(1) 创建 Web 窗体页并进行设计，在页面的合适位置添加 GridView 控件。GridView 控件只显示 stuNo、stuName、stuChinesePinYin 和 stuPhone 这 4 个字段的内容。

(2) 为 GridView 控件指定属性，将 AutoGenerateColumns 属性的值设置为 true，表示自动生成字段列。还将添加 RowStyle-HorizontalAlign 属性和 HeaderStyle-HorizontalAlign 属性，它们指定内容项和头部的内容靠右显示。代码如下：

```
<asp:GridView ID="GridView1" runat="server"
  OnRowDataBound="GridView1_RowDataBound"
  RowStyle-HorizontalAlign="Right"
  HeaderStyle-HorizontalAlign ="Right" AutoGenerateColumns="true">
    <%--省略数据显示的代码--%>
</asp:GridView>
```

除了指定上述属性外，GridView 控件还实现了分页功能，但是上面的代码并没有显示

分页属性和相关的事件属性，这里不再介绍，可以参考例 8-17 的实现。

(3) 在后台的 Page_Load 事件处理程序中添加 GridView 控件的数据源绑定代码；在其 PageIndexChanging 事件中添加分页的实现代码。

(4) 为 GridView 控件的 RowDataBound 事件编写代码。内容如下：

```
protected void GridView1_RowDataBound(object sender,
  GridViewRowEventArgs e)
{
    if (e.Row.RowType == DataControlRowType.DataRow)  //当前行如果是数据行
    {
        e.Row.Attributes.Add("onmouseover",
          "currentcolor=this.style.backgroundColor;
          this.style.backgroundColor='orange'");
        e.Row.Attributes.Add("onmouseout",
          "this.style.backgroundColor=currentcolor");
    }
}
```

上述代码中，if 语句判断当前的行是否为数据行，是则通过 e.Row.Attributes.Add()方法添加悬浮和离开时的效果。这段代码的等同效果可以在 JavaScript 中实现，这里不再说明。

(5) 运行本例的代码，查看效果，如图 8-17 所示。

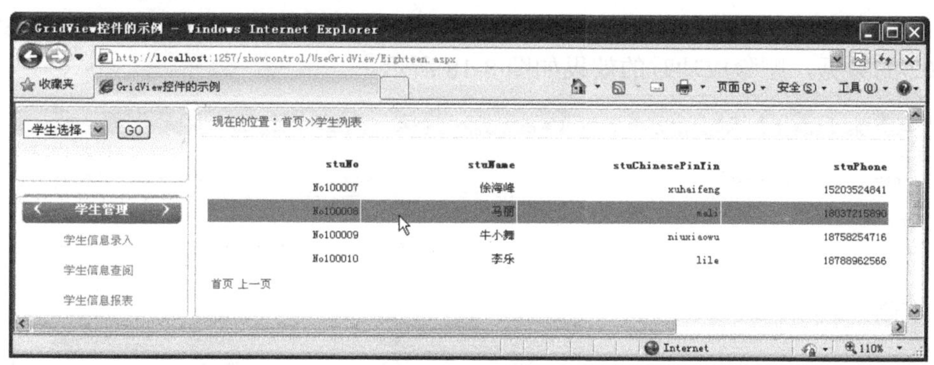

图 8-17　鼠标悬浮时的效果

2. RowDeleting 事件

RowDeleting 事件在单击某一行的“删除”按钮时，在 GridView 控件删除该行之前发生。将该事件与 AutoGenerateDeleteButton 属性结合，可以实现删除数据的功能。当 AutoGenerateDeleteButton 属性设置为 true 时，会自动地向 GridView 控件添加一列(由 CommandField 对象来表示)，该列带有每个数据行的“删除”按钮。单击某行的“删除”按钮会将该记录从数据源中永久移除。

另外，为了能成功地删除数据，还必须设置 DataKeyNames 属性以标识数据源的键字段。DataKeyNames 属性的值可以有多个，每个值之间通过英文逗号(,)进行分隔。如果不指定 DataKeyNames 属性的值，那么即使指定了 AutoGenerateDeleteButton 属性和 RowDeleting 事件，也不会有任何效果。

【例 8-19】下面将 RowDeleting 事件、AutoGenerateDeleteButton 属性和 DataKeyNames 属性结合起来，实现数据的删除功能。步骤如下。

(1) 创建新的 Web 窗体页并进行设计，在页面的合适位置添加 GridView 控件，该控件在上个例子的基础上添加属性。

(2) 为 GridView 控件添加 DataKeyNames 属性，该属性的值是 stuNo，表示学生编号。

(3) 为 GridView 控件添加 RowDeleting 事件，在该事件的代码中获取要删除的学生编号。然后调用 SqlHelper 类的 ExecuteNonQuery()方法进行删除，删除成功后重新显示数据。代码如下：

```
protected void GridView1_RowDeleting(object sender, GridViewDeleteEventArgs e)
{
    string key = e.Keys[0].ToString();
    int result = SqlHelper.ExecuteNonQuery(CommandType.Text,
      "DELETE FROM studentlist WHERE stuNo='" + key + "'", null);
    if (result > 0)
    {
        GridView1.DataSource = GetDataSetList();
        GridView1.DataBind();
    }
}
```

(4) 运行本例的页面，单击网页中的“删除”按钮进行测试。例如，删除学生编号是 No100002 的数据，删除成功时的效果如图 8-18 所示。

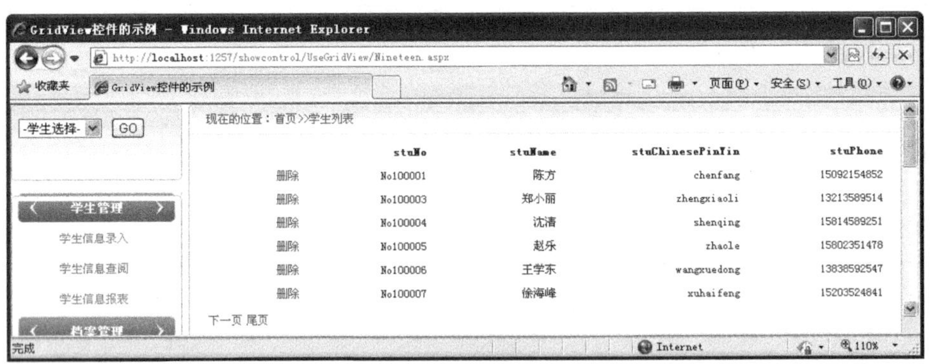

图 8-18 删除数据成功后的效果

GridView 控件的功能非常强大，读者可以将表 8-12 中的事件与其他属性结合，实现添加和编辑等功能。另外，GridView 控件还可以像 Repeater 和 DataList 控件一样，实现自动编号的功能。这里不再对这些功能一一进行介绍，感兴趣的读者可以亲自动手试一试。

8.6 DetailsView 控件

增加、删除、修改和查看是对数据的基本操作，实现数据的查看操作时很简单，用户可以直接在列表页面 A.aspx 中添加一个链接按钮，该按钮的链接页面属性跳转到另一个页

面(B.aspx)，在该页面中获取传入的参数并显示到页面。

实际上，ASP.NET 中提供了像 GridView 一样的控件——DetailsView 控件，直接使用该控件的属性就可以实现查看详细信息的功能。

8.6.1 DetailsView 控件概述

DetialsView 控件用于实现查看数据的功能，但是，它也能实现插入、删除和更新数据的功能。该控件使用表格布局，并将记录的每个字段显示在它自己的一行内。该控件常用于查看、更新、插入新记录，并且常用在“主-详细”方案中，默认情况下 DetailsView 控件将逐行显示记录的各个字段。另外，DetailsView 控件只会显示一条数据记录，且该控件不支持排序。

DetailsView 控件支持类似于 GridView 的 Fields 集合属性。除了 DetailsView 将每个字段显示一行而 GridView 将所有字段显示在一行之外，功能上与 GridView 控件的 Columns 集合相似。

DetailsView 控件本身有 4 个模板：PagerTemplate、EmptyDataTemplate、FooterTemplate 和 HeaderTemplate。该控件对每一个模板提供了一个样式属性，开发者可以使用这些属性为对应的模板设置显示样式。另外，DetailsView 控件还为每个字段提供了 5 个模板，它们分别是：AlternatingItemTemplate、EditItemTemplate、HeaderTemplate、InsertItemTemplate 和 ItemTemplate。

DetailsView 控件通常用于查看数据的详细信息，它通常在“主-详细”方案中使用，不支持排序功能。在这些方案中，主控件的选中记录决定要在 DetailsView 控件中显示的记录。如果 DetailsView 控件的数据源公开了多条记录，该控件仅显示一条数据记录。

下面从 3 个方面列出了 GridView 控件和 DetailsView 控件之间的不同点。

- 从数据的显示方式上区分：GridView 控件是通过表格的形式显示所有查到的数据记录，而 DetailsView 控件只显示一条数据记录。
- 从功能上区别：GridView 控件可以设置排序和选择的功能，而 DetailsView 不能；DetailsView 控件可以设置插入新记录的功能，而 GridView 不能。
- 从使用上来说：GridView 控件通常用于显示主要的数据信息，而 DetailsView 控件常用于显示与 GridView 控件中数据记录对应的详细信息。

8.6.2 DetailsView 的常用属性

与其他控件一样，DetailsView 控件本身包含多个常用的属性和事件，表 8-13 列出了一些常用属性。

DetailsView 控件可以自动对其关联数据源中的数据进行分页，但是前提是数据由支持 ICollection 接口的对象表示或基础数据源支持分页。该控件提供用于在数据记录之间导航的用户界面，如果要启用分页，需要将 AllowPaging 属性设置为 true。

表 8-13　DetailsView 控件的常用属性

属性名称	说　明
AllowPaging	获取或设置一个值，该值指示是否启用分页功能。默认为 false
AutoGenerateDeleteButton	获取或设置一个值，该值指示是否为每个数据行添加“删除”按钮
AutoGenerateEditButton	获取或设置一个值，该值指示是否为每个数据行添加“编辑”按钮
AutoGenerateSelectButton	获取或设置一个值，该值指示是否为每个数据行添加“选择”按钮
AutoGenerateRows	获取或设置一个值，该值指示对应于数据源中每个字段的行字段是否自动生成并在 DetailsView 控件中显示
CurrentMode	获取 DetailsView 控件的当前数据输入模式
DataKey	获取一个 DataKey 对象，该对象表示所显示的记录的主键
DataKeyNames	获取或设置一个数组，该数组包含数据源的键字段的名称
DefaultMode	获取或设置 DetailsView 控件中默认的数据输入模式，其值有 ReadOnly(默认值)、Insert 和 Edit
DataItem	获取绑定到 DetailsView 控件的数据项
DataItemCount	获取基础数据源中的项数
DataItemIndex	从基础数据源中获取 DetailsView 控件中正在显示的项的索引
DataSource	获取或设置对象，数据绑定控件从该对象中检索其数据项列表
DataSourceID	获取或设置控件的 ID，数据绑定控件从该控件中检索其数据项列表
GridLines	获取或设置 DetailsView 控件的网格线样式，默认值为 Both
HorizontalAlign	获取或设置 DetailsView 控件在页面上的水平对齐方式
PageCount	获取在 GridView 控件中显示数据源记录所需的页数
PageIndex	获取或设置当前显示页的索引
PageSize	获取或设置 GridView 控件在每页上所显示的记录的条数

【例 8-20】分别创建两个 Web 窗体页，一个用于显示数据列表，一个用于显示详细信息。实现步骤如下。

(1) 创建 Web 窗体页并进行设计，在页面中添加 GridView 控件，并将该控件的 AutoGenerateColumns 属性的值设置为 false，通过手动方式添加要显示的字段列。最后在每一列数据的最后添加 HyperLink 控件，指定该控件的 NavigateUrl 属性和其他属性。

代码如下：

```
<ItemTemplate>
    <tr>
        <td><%#Eval("stuNo") %></td>
        <td><%#Eval("stuName") %></td>
        <td><%#Eval("stuChinesePinYine") %></td>
        <td><%#Eval("stuPhone") %></td>
        <td>
            <asp:HyperLink ID="lblDetails"
            NavigateUrl='<%# "DataDetailsView.aspx?no=" + Eval("stuNo") %>'
            Text='详细' runat="server">
```

```
            </asp:HyperLink>
        </td>
    </tr>
</ItemTemplate>
```

(2) 运行 Web 窗体页查看效果，单击页面中名称为“详细”的超链接，跳转到 DataDetailsView.aspx 页面并传入 no 参数。创建 DataDetailsView.aspx 页面并在该页面中添加一个 DetailsView 控件。代码如下：

```
<asp:DetailsView ID="DetailsView1" runat="server"
  Height="50px" Width="100%">
</asp:DetailsView>
```

(3) 在 DataDetailsView.aspx 页面后台的 Page_Load 事件中获取上个页面传入的 no 参数。然后调用 SqlHelper 类的 ExecuteReader()方法读取数据，将读取的内容保存到 SqlDataReader 对象 dr 中。最后通过 DataSource 属性设置 Details 控件的数据源，并通过 DataBind()方法进行绑定。代码如下：

```
protected void Page_Load(object sender, EventArgs e)
{
    string content = Request.QueryString["no"].ToString();
    SqlDataReader dr = SqlHelper.ExecuteReader(CommandType.Text,
      "SELECT * FROM studentlist WHERE stuNo='" + content + "'", null);
    DetailsView1.DataSource = dr;
    DetailsView1.DataBind();
}
```

(4) 运行上述页面，查看详细效果，如图 8-19 所示。

图 8-19　以 DetailsView 控件显示详细数据

8.6.3　DetailsView 控件的常用事件

DetailsView 控件与 GridView 控件非常相似，它也包含许多事件，常用的事件如表 8-14 所示。

表 8-14 DetailsView 控件的常用事件

事件名称	说 明
DataBinding	当服务器控件绑定到数据源时发生
DataBound	在服务器控件绑定到数据源后发生
ItemCommand	当单击 DetailsView 控件中的按钮时发生
ItemCreated	在 DetailsView 控件中创建记录时发生
ItemDeleted	单击 DetailsView 控件中的“删除”按钮时，在删除操作之后发生
ItemDeleting	单击 DetailsView 控件中的“删除”按钮时，在删除操作之前发生
ItemInserted	单击 DetailsView 控件中的“插入”按钮时，在插入操作之后发生
ItemInserting	单击 DetailsView 控件中的“插入”按钮时，在插入操作之前发生
ItemUpdated	单击 DetailsView 控件中的“更新”按钮时，在更新操作之后发生
ItemUpdating	单击 DetailsView 控件中的“更新”按钮时，在更新操作之前发生
PageIndexChanged	当 PageIndex 属性的值在分页操作后更改时发生
PageIndexChanging	当 PageIndex 属性的值在分页操作前更改时发生

【例 8-21】下面通过向 DetailsView 控件中自定义列的方式显示数据，并且根据获取到的 stuIsParty 字段的值分别显示“是”或“否”。实现步骤如下。

(1) 更改数据列表页面 HyperLink 控件的链接页面，将其指定到一个新的页面，这里指定为 TwentyOne.aspx。

(2) 创建 TwentyOne.aspx 页面并进行设计，在该页面添加 DetailsView 控件并指定 AutoGenerateRows 属性的值为 false，然后为其添加 OnDataBound 事件属性。在 Fields 中手动通过 BoundField 字段的 DataField 绑定数据。页面代码如下：

```
<asp:DetailsView ID="DetailsView1" AutoGenerateRows="false" runat="server"
  Height="50px" Width="100%" OnDataBound="DetailsView1_DataBound">
    <Fields>
        <asp:BoundField HeaderText="stuNo" DataField="stuNo" />
        <asp:BoundField HeaderText="stuName" DataField="stuName" />
        <asp:BoundField HeaderText="stuChinesePinYin"
          DataField="stuChinesePinYin" />
        <asp:BoundField HeaderText="stuSex" DataField="stuSex" />
        <asp:BoundField HeaderText="stuCardNo" DataField="stuCardNo" />
        <asp:TemplateField HeaderText="stuIsParty">
            <ItemTemplate>
                <%#Convert.ToBoolean(Eval("stuIsParty"))==true?"是":"否"%>
            </ItemTemplate>
        </asp:TemplateField>
        <asp:BoundField HeaderText="stuCountry" DataField="stuCountry" />
        <asp:BoundField HeaderText="stuNation" DataField="stuNation" />
        <asp:BoundField HeaderText="stuPhone" DataField="stuPhone" />
        <asp:BoundField HeaderText="stuAddress" DataField="stuAddress" />
    </Fields>
</asp:DetailsView>
```

(3) 在 DetailsView 控件的 DataBound 事件中添加代码，如果当前的模式是只读的，则将第 6 行的背景颜色设置为黄绿色。代码如下：

```
protected void DetailsView1_DataBound(object sender, EventArgs e)
{
    if (DetailsView1.CurrentMode == DetailsViewMode.ReadOnly)
      //当前的数据模式是只读的
    {
        DetailsView1.Rows[5].BackColor = System.Drawing.Color.GreenYellow;
    }
}
```

(4) 重新运行数据列表页面，单击某条记录后面的“详细”按钮查看，如图 8-20 所示。

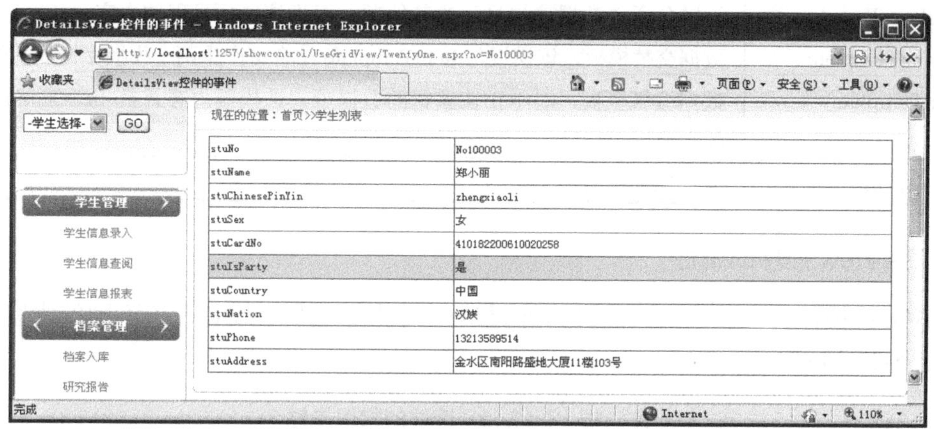

图 8-20 通过 DataBound 事件设置背景颜色

8.7 用 ListView 和 DataPager 分页显示数据

Repeater、DataList 和 GridView 这 3 个控件最经常被使用到，但是除了它们之外，ASP.NET 中还包括其他的一些数据显示控件。下面分别介绍 ListView 控件和 DataPager 控件，通过使用它们，可以实现分页显示数据的功能。

8.7.1 ListView 控件

ListView 控件会按照开发人员使用模板和样式定义的格式显示数据，它可以适用于任何具有重复结构的数据。但是与其他控件(如 DataList 和 Repeater)不同的是：ListView 控件允许用户编辑、插入和删除数据，也可以对数据进行排序和分页，这一切功能的实现都不需要编写代码。

1. ListView 控件的模板

程序中利用 ListView 控件可以绑定从数据源返回的数据项并显示它们，也可以对它们分组。ListView 控件提供了 11 种项模板，其说明如表 8-15 所示。

表 8-15　ListView 控件的 11 种项模板

模板名称	说　明
LayoutTemplate	定义 ListView 控件的主要布局和内容的根模板
ItemTemplate	定义显示控件中的项的内容
ItemSeparatorTemplate	定义显示控件中的各个项之间呈现的内容
GroupTemplate	定义控件中组容器的内容
GroupSeparatorTemplate	定义控件要在项组之前呈现的内容
EmptyItemTemplate	定义在使用 GroupTemplate 模板为空项时呈现的内容
EmptyDataTemplate	定义在数据源未返回数据时要呈现的内容
SelectedItemTemplate	为区分所选数据项与显示的其他项，而为该选项呈现的内容
AlternatingTemplate	数据交替模板，该模板与 ItemTemplate 结合可产生两个模板交错显示的效果
EditItemTemplate	数据编辑模板，对于正在编辑的数据项，该模板内容替换 ItemTemplate 项的内容
InsertItemTemplate	数据添加模板

2. ListView 控件的属性

ListView 控件包含多个常用属性，通过这些属性可以获取或者设置不同的内容，常用属性如表 8-16 所示。

表 8-16　ListView 控件的常用属性

属性名称	说　明
DataKeyNames	获取或设置一个数组，该数组包含了显示在 ListView 控件中的项的主键字段的名称
DataMember	当数据源包含多个不同的数据项列表时，获取或设置数据绑定控件绑定到数据列表的名称
DataSource	获取或设置对象，数据绑定控件从该对象中检索其数据项列表
DataSourceID	获取或设置控件的 ID，数据绑定控件从该控件中检索其数据项列表
GroupItemCount	获取或设置 ListView 控件中每组显示的项数
GroupPlaceholderID	获取或设置 ListView 控件中的组占位符的 ID
InsertItemPosition	获取或设置 InsertItemTemplate 模板在作为 ListView 控件的一部分呈现时的位置
SortDirection	获取要排序的字段的排序方向
SortExpression	获取与要排序的字段关联的排序表达式
SelectedIndex	获取或设置 ListView 控件中的选定项的索引
SelectedValue	获取 ListView 控件中的选定项的数据键值

【例 8-22】下面通过 ListView 控件显示数据列表，实现步骤如下。

(1) 创建 Web 窗体页并进行设计，在页面的合适位置添加 ListView 控件，并且在 ItemTemplate 项模板中绑定数据。代码如下：

```
<asp:ListView ID="ListView1" runat="server">
    <ItemTemplate>
        <div class="news_box">
            <div class="news_icon"></div>
            <div class="news_content">
                <%#Convert.ToInt32(Container.DataItemIndex)+1 %>
                .<%#Eval("noticeTitle") %>
            </div>
            <div class="news_content"><%#Eval("noticeContent") %></div>
        </div>
    </ItemTemplate>
</asp:ListView>
```

(2) 在 Web 窗体页的后台 Page_Load 代码中，读取 noticelist 表中的数据，并且绑定到 ListView 控件中。

(3) 运行 Web 窗体页查看效果，如图 8-21 所示。

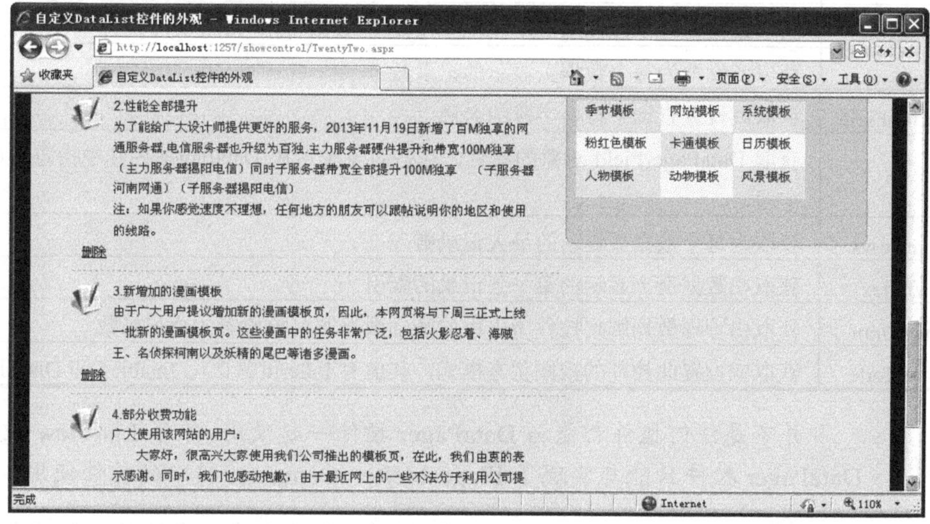

图 8-21　通过 ListView 控件显示数据

3. ListView 控件的事件

ListView 控件中包含常用的事件，这些事件与 DetailsView 控件的许多事件相似，这里不再详细说明。

在数据项绑定到 ListView 控件中的数据时，会触发 ItemDataBound 事件，在该事件中实现添加自动编号的功能。

【例 8-23】在上个例子的基础上添加代码，首先在页面 ListView 控件的 ItemTemplate 项模板中添加一个 ID 是 lblID 的 Label 控件；接着为该控件添加 ItemDataBound 事件，在该事件的代码中为 lblID 赋值。事件代码如下：

```
protected void ListView1_ItemDataBound(object sender,
  ListViewItemEventArgs e)
```

```
{
    Label b = (Label)e.Item.FindControl("lblID");        //获取 Label 控件
    b.Text = Convert.ToString(e.Item.DataItemIndex + 1);    //赋值
}
```

重新运行上述代码，查看自动生成编号的效果。

8.7.2 DataPager 控件

DataPager 控件与其他控件结合实现分页，ListView 控件可以实现分页功能，也是通过该控件来实现的。DataPager 控件可以放在两个位置：一是独立于 ListView 控件；二是内嵌在 ListView 控件的<LayoutTemplate>内。

DataPager 包含多个属性，通过这些属性可以实现分页效果，常用属性如表 8-17 所示。

表 8-17 DataPager 控件的常用属性

属性名称	说　明
PagedControlID	获取或设置一个控件的 ID，该控件包含的数据将由 DataPager 控件进行分页
PageSize	获取或设置为每个数据页显示的记录数
QueryStringField	获取或设置查询字符串字段的名称
Fields	获取 DataPagerField 对象的集合，这些对象表示在 DataPager 控件中指定的页导航字段
MaximumRows	获取为每个数据页显示的最大记录数
StartRowIndex	获取在数据页上显示的第一条记录的索引
TotalRowCount	获取由管理数据绑定控件所引用的基础数据源对象检索的总记录数
ViewStateMode	获取或设置此控件的视图状态模式，其值有 Inherit(默认)、Enabled 和 Disabled

并不是任何控件都能与 DataPager 控件一起使用，除了 ListView 控件外，DataPager 控件只能与实现了 IPageableItemContainer 接口的控件使用。

【例 8-24】 DataPager 控件与 ListView 控件实现分页的方式非常简单，继续在上个例子的基础上进行更改。DataPager 控件的相关代码如下：

```
<asp:DataPager ID="DataPagerListView" runat="server" PageSize="2"
  PagedControlID="ListView1">
    <Fields>
        <asp:NextPreviousPagerField ShowFirstPageButton="true"
            ShowLastPageButton="true" />
    </Fields>
</asp:DataPager>
```

上述代码将 DataPager 控件的 PagedControlID 的属性值设置为 ListView 控件的 ID，PageSize 的属性值为 2，表示每页显示两条记录。

NextPreviousPagerField 标签内的 ShowLastPageButton 和 ShowFirstPageButton 的属性值设置为 true，表示允许显示“第一页”和“最后一页”链接按钮。

重新运行本例的 Web 窗体页，查看效果，如图 8-22 所示。

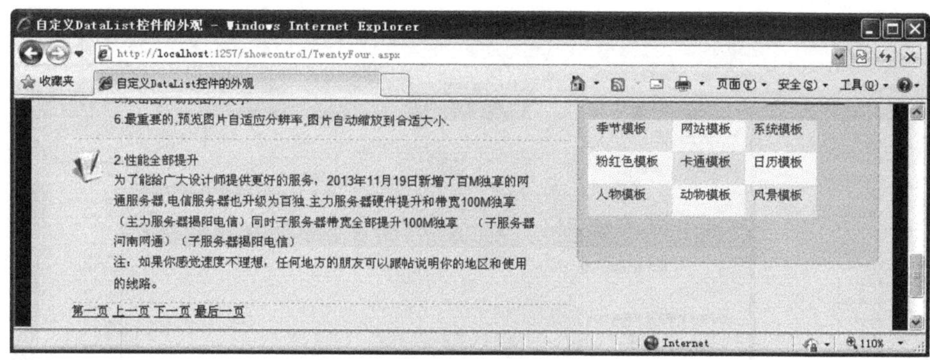

图 8-22 用 DataPager 控件实现分页

8.8 数据源控件

在上面的所有例子中，如果使用数据显示控件显示数据，只需要指定控件的 DataSource 属性，并且通过 DataBind()方法绑定即可。但是，在 ASP.NET 中还提供了一些数据源控件，这些控件允许开发者使用不同类型的数据源。它们可以直接连接到数据源，并从中检索数据，使其他控件可以绑定到数据源，而无需代码。

ASP.NET 中提供了 7 个数据源控件，其说明如表 8-18 所示。

表 8-18 常用的数据源控件

数据源控件名称	说 明
AccessDataSource	用于检索 Access 数据库(文件后缀名为.mdb 的文件)中的数据
LinqDataSource	常常用于访问数据库实体类提供的数据
ObjectDataSource	它能够将来自业务逻辑层的数据对象与表示层中的数据绑定，实现数据的显示、编辑和删除等任务
EntityDataSource	允许绑定到基于实体数据模型(EDM)的数据，支持自动生成更新、插入、删除和选择命令。还支持排序、筛选和分页
SiteMapDataSource	专门处理类似站点地图的 XML 数据，默认情况下数据源是以.sitemap 为扩展名的 XML 文件
SqlDataSource	可以使用基于 SQL 关系的数据库(如 SQL Server、Oracle、ODBC 以及 OLE DB 等)作为数据源，并从这些数据源中检索数据
XmlDataSource	常常用来访问 XML 文件或具有 XML 结构的层次数据(如 XML 数据块等)

【例 8-25】以 SqlDataSource 数据源为例，直接为 ListView 控件指定 SqlDataSource 数据源。实现步骤如下。

(1) 创建新的 Web 窗体页并进行设计，在页面的合适位置添加 ListView 控件，并且添加绑定 noticelist 表数据的代码。

(2) 在窗体页的“设计”窗口中选中 ListView 控件，并单击右侧的小三角，打开该控

件的任务栏。在下拉菜单中单击“新建数据源”选项，打开一个对话框，如图 8-23 所示。

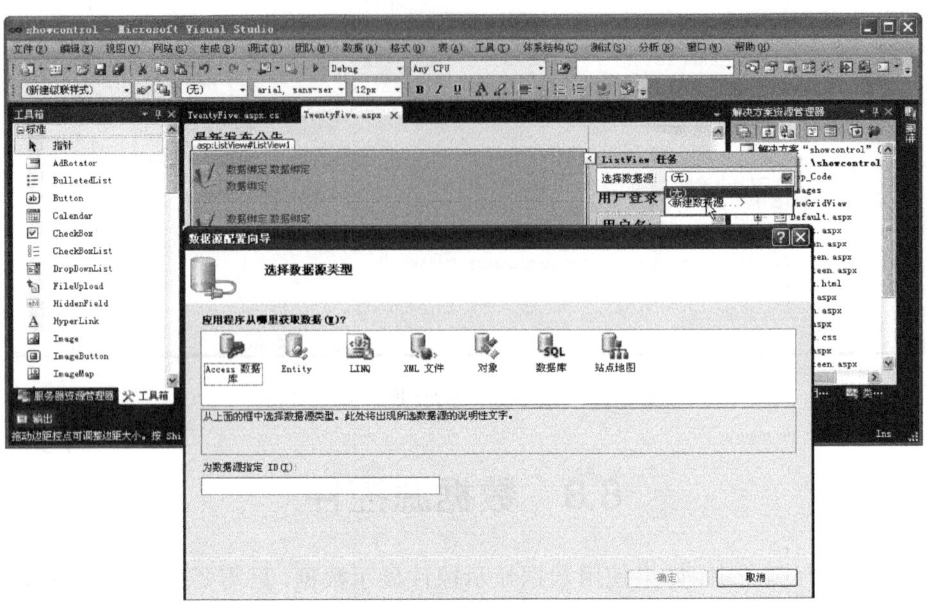

图 8-23 单击“新建数据源”打开配置向导

(3) 在图 8-23 中选择数据库并输入数据源 ID，选择并输入完毕后“确定”按钮会变为可用，单击该按钮进行下一步操作，如图 8-24 所示。

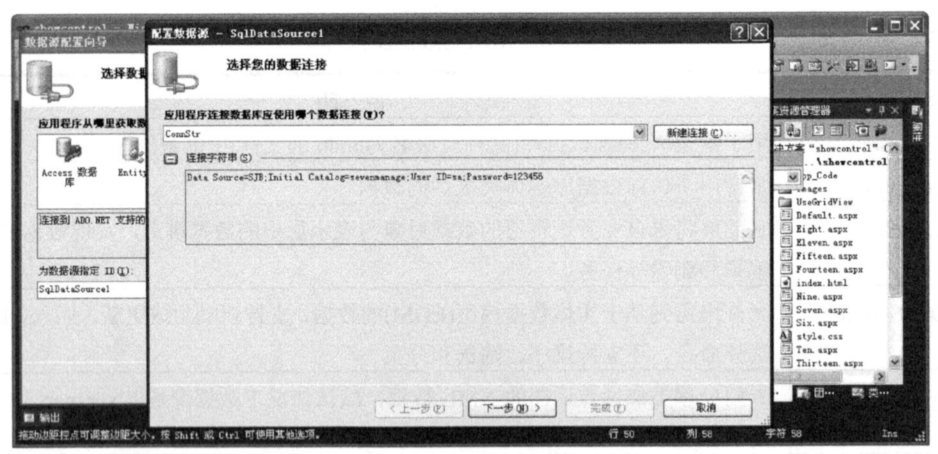

图 8-24 “选择您的数据连接”界面

在图 8-24 中，用户可以直接单击下拉菜单中的选项进行操作，也可以单击图中的“新建连接”按钮添加一个新的连接。

(4) 设置数据库连接字符串完成后单击“下一步”按钮进行操作，这时会进入如图 8-25 所示的“配置 Select 语句”界面。

在该界面中，程序员可以直接选择要执行操作的数据库表，如果要执行其他的操作，例如根据条件查找，可以单击 WHERE 按钮。

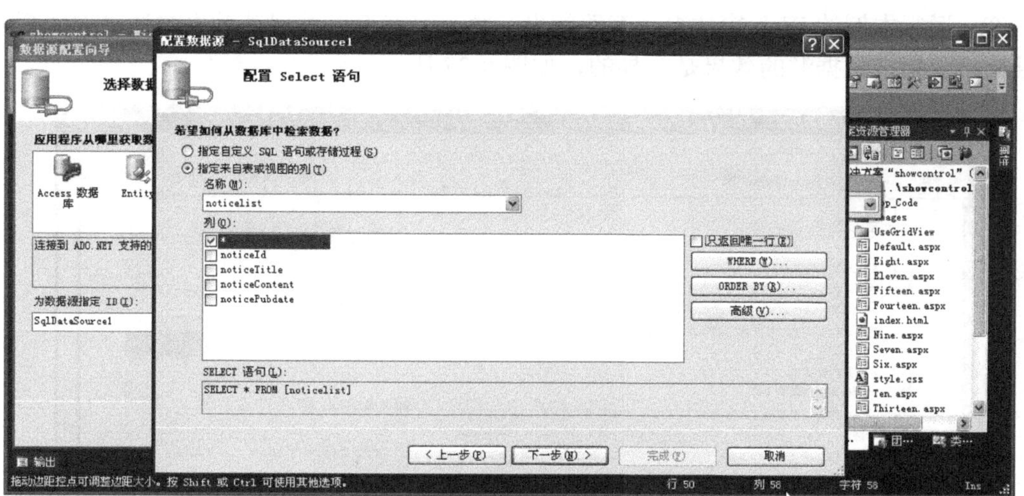

图 8-25　配置 Select 语句

(5) 继续单击图 8-25 中的“下一步”按钮进行操作，这时将会进入如图 8-26 所示的“测试查询”界面。

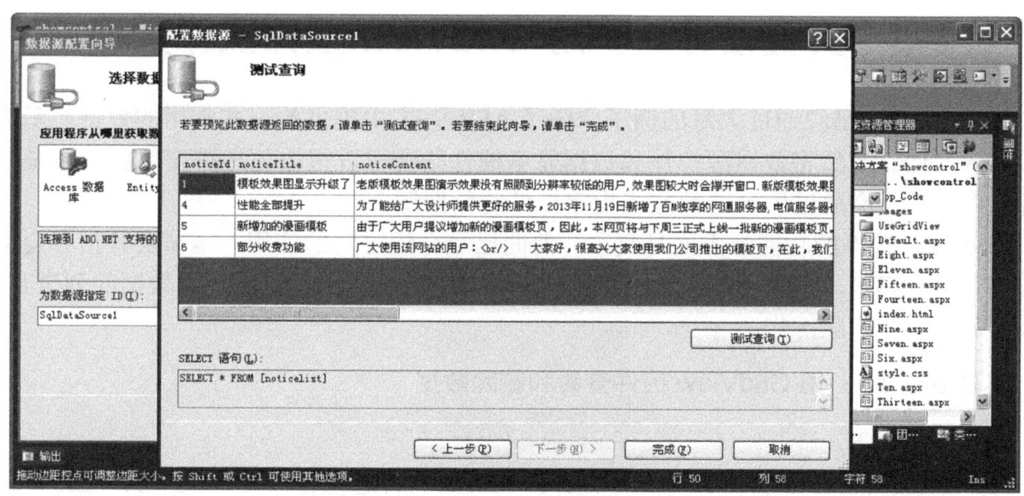

图 8-26　测试查询

(6) 截止到这一步，ListView 控件配置数据源的操作已经完成，直接单击“完成”按钮完成绑定，这时 Web 窗体会自动添加 SqlDataSource 数据源控件以及相关属性，并且将 ListView 控件的 DataSourceID 属性的值指定为 SqlDataSource 控件的 ID 属性值。

代码如下：

```
<asp:SqlDataSource ID="SqlDataSource1" runat="server"
  ConnectionString="<%$ ConnectionStrings:ConnStr %>"
  SelectCommand="SELECT * FROM [noticelist]">
</asp:SqlDataSource>
```

(7) 程序员可以根据需要为其添加实现分页和排序等功能，具体代码不再展示。

(8) 运行本例的 Web 窗体页，查看效果，通过观察可以发现其效果与通过 DataSource 属性在后台指定数据源的效果是一样的，如图 8-27 所示。

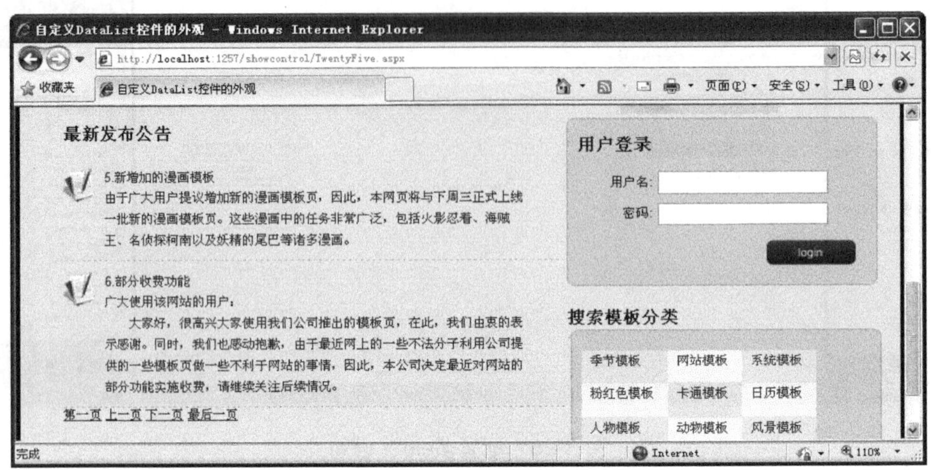

图 8-27 通过 SqlDataSource 数据源控件指定 ListView 显示内容

8.9 实验指导——用 GridView 控件操作数据

在本节之前，已经通过大量的例子介绍了 ASP.NET 中提供的一些常用的数据显示控件和数据源控件。虽然将数据源控件和数据显示控件结合可以很方便地绑定数据，但是在实际开发中，还是会通过后台这种方式指定控件的数据源。

GridView 控件的功能强大而且复杂，前面已经介绍过它的使用，本节实验指导会将前面的例子结合起来，完成一个综合的案例。在本节实验指导中，将实现对数据的列表查看、详细信息查看和删除操作。

实验指导 8-1：用 GridView 控件查看和删除数据

实现步骤如下。

(1) 创建新的 Web 窗体页并进行设计，在页面的合适位置添加 GridView 控件，设置该控件的 AutoGenerateColumns 属性、AllowPaging 属性和 BorderWidth 属性等，并为该控件添加 PageIndexChangeing 事件、RowCommand 事件和 RowDataBound 事件。

代码如下：

```
<asp:GridView ID="GridViewList" runat="server"
  AutoGenerateColumns="false" Width="100%" BorderWidth="1"
  BorderColor="Gray" AllowPaging="True" PageSize="8"
  OnPageIndexChanging="GridViewList_PageIndexChanging"
  OnRowCommand="GridViewList_RowCommand"
  OnRowDataBound="GridViewList_RowDataBound">
    <Columns>
        <asp:TemplateField>
            <HeaderTemplate>
                <table>
```

```
                <tr><td>文章 ID</td><td>文章标题</td><td>文章类型</td>
                <td>作者</td><td>发布时间</td><td>操作</td></tr>
            </HeaderTemplate>
            <ItemTemplate>
                <tr>
                    <td><%#Eval("articleId") %></td>
                    <td><%#Eval("articleTitle") %></td>
                    <td><%#Eval("articleType") %></td>
                    <td><%#Eval("articleAuthor") %></td>
                    <td>
                    <%#Eval("articlePubdate","{0:yyyy-MM-dd hh:mm:ss}") %>
                    </td>
                    <td>
                    <asp:LinkButton ID="lbDetails" runat="server"
                      CommandName="Select"
                      CommandArgument='<%#Eval("articleId") %>'
                      Text="详情" ForeColor= "Red">
                    </asp:LinkButton>
                    <asp:LinkButton ID="lbDel" runat="server"
                      CommandName="Del"
                      CommandArgument='<%#Eval("articleId") %>'
                      Text="删除" ForeColor="Red">
                    </asp:LinkButton>
                    </td>
                </tr>
            </ItemTemplate>
            <FooterTemplate></table></FooterTemplate>
        </asp:TemplateField>
    </Columns>
</asp:GridView>
```

(2) GridView 控件实现了分页的功能，本节实验指导通过向 PagerTemplate 项模板中添加内容，自定义分页按钮。

代码如下：

```
<PagerTemplate>
    <asp:Label ForeColor="YellowGreen" ID="lblPage" runat="server"
      Text='<%# "第" + (((GridView)Container.NamingContainer).PageIndex + 1)
      + "页/共" + (((GridView)Container.NamingContaine r).PageCount)
      + "页" %> '>
    </asp:Label>
    <asp:LinkButton ForeColor="YellowGreen" ID="lbnFirst" runat="Server"
      Text="首页" Enabled='<%# ((GridView)Container.NamingContainer)
      .PageIndex != 0 %>' CommandName="Page" CommandArgum ent="First">
    </asp:LinkButton>
    <asp:LinkButton ForeColor="YellowGreen" ID="lbnPrev" runat="server"
      Text="上一页" Enabled='<%# ((GridView)Container.NamingContainer)
      .PageIndex != 0 %>' CommandName="Page" CommandArgum ent="Prev">
    </asp:LinkButton>
```

```
    <asp:LinkButton ForeColor="YellowGreen" ID="lbnNext" runat="Server"
      Text="下一页" Enabled='<%# ((GridView)Container.NamingContainer)
      .PageIndex != (((GridView)Container.NamingContaIne r).PageCount-1) %>'
      CommandName="Page" CommandArgument="Next">
    </asp:LinkButton>
    <asp:LinkButton ForeColor = "YellowGreen" ID = "lbnLast" runat = "Server"
      Text="尾页" Enabled='<%# ((GridView)Container.NamingContainer)
      .PageIndex != (((GridView)Container.NamingContainer).PageCount-1) %>'
      CommandName="Page" CommandArgument="Last">
    </asp:LinkButton>
    </div>
</PagerTemplate>
```

(3) 在页面的后台添加绑定 GridView 控件的代码，Page_Load 事件的代码如下：

```
protected void Page_Load(object sender, EventArgs e)
{
    GridViewList.DataSource = GetDataSetList();  //指定数据源
    GridViewList.DataBind();     //绑定数据源
}
public DataSet GetDataSetList() {
    DataSet ds = SqlHelper.GetDataSet(CommandType.Text,
      "SELECT * FROM articlelist");
    return ds;
}
```

(4) PageIndexChanging 事件实现分页时的效果，为该事件添加代码，指定新的索引页，然后重新绑定 GridView 控件。

(5) 在后台添加 GridView 控件的 RowCommand 事件代码如下：

```
protected void GridViewList_RowCommand(object sender,
  GridViewCommandEventArgs e)
{
    string oper = e.CommandName;                    //获取操作
    if (oper == "Select") {
        int id = Convert.ToInt32(e.CommandArgument.ToString());
        Response.Redirect("Details.aspx?aid=" + id);
    } else if (oper == "Del") {
        int id = Convert.ToInt32(e.CommandArgument.ToString());
        int result = SqlHelper.ExecuteNonQuery(CommandType.Text,
          "DELETE FROM articlelist WHERE articleId=" + id, null);
        if (result > 0) {
            Response.Write("<script>alert(\"删除数据成功\");</script>");
            GridViewList.DataSource = GetDataSetList();  //指定数据源
            GridViewList.DataBind();     //绑定数据源
        } else {
            Response.Write("<script>alert(\"删除数据失败\");</script>");
        }
    }
}
```

上述代码首先通过 CommandName 属性获取操作，如果 CommandName 属性的值为 Select 则通过 e.CommandArgument 属性获取值，并将该值作为参数传递到 Details.aspx 页面。如果 CommandName 属性的值为 Del，也需要获取参数值，并且调用 SqlHelper 类的 ExecuteNonQuery()方法执行删除操作，删除完毕后重新绑定数据。

(6) 当用户单击每条数据记录后面的“删除”按钮后可以删除数据，但是有时候，需要弹出对话框再次确认用户是否删除。可以向 LinkButton 控件的 OnClientClick 客户端事件属性中添加 JavaScript 脚本实现，也可以通过向 GridView 控件的 RowDataBound 事件添加代码实现。

代码如下：

```
protected void GridViewList_RowDataBound(object sender,
  GridViewRowEventArgs e)
{
    if (e.Row.RowType == DataControlRowType.DataRow) { //当前行如果是数据行
        LinkButton lb = e.Row.FindControl("lbDel") as LinkButton;
        lb.Attributes.Add("onclick", "return confirm('确定要删除吗？')");
    }
}
```

上述代码首先判断当前行是否为数据行，如果是，则获取 GridView 控件中 ID 属性值为 lbDel 的 LinkButton 控件，并为该控件添加 onclick 事件。通过上述方式添加的脚本效果与直接为其添加客户端的效果一样。

(7) 截止到这里，数据的列表显示和删除功能的实现已经完毕，运行 Default.aspx 页面查看数据列表，效果如图 8-28 所示。在图 8-28 中，还可以单击“上一页”、“下一页”、“首页”和“尾页”按钮进行测试。

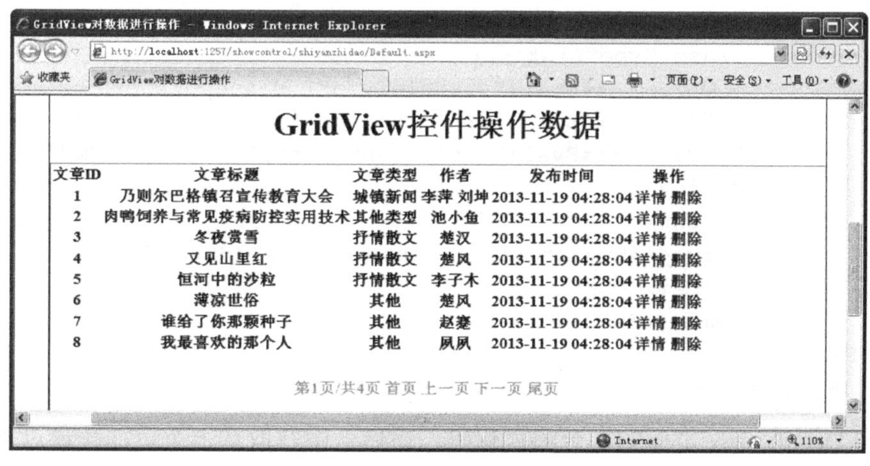

图 8-28 数据列表查看

(8) 单击每条数据记录后面的“删除”按钮，测试删除功能，弹出的提示信息如图 8-29 所示。在弹出的提示对话框中，单击“确定”按钮删除数据，单击“取消”按钮则不会删除数据。

图 8-29 删除数据提示

(9) 单击数据列表页面的“详细”按钮时，跳转到 Details.aspx 页面查看详细信息，如果该页面不存在，则进行创建并设计，向该页面中添加 DetailsView 控件。页面代码如下：

```
<asp:DetailsView ID="DetailsViewShow" runat="server"
 AutoGenerateRows="false">
   <Fields>
      <asp:TemplateField>
         <HeaderStyle BorderStyle="None" CssClass="show" />
         <ItemTemplate>
            <center>
            <h2><%#Eval("articleTitle") %></h2>
            <div>
            <asp:HyperLink ID="hlReturn" runat="server"
              NavigateUrl="~/shiyanzhidao/Default.aspx" Text="返回"
              ForeColor="Red">
            </asp:HyperLink><br /> <br />
            文章分类：<%#Eval("articleType") %>  
            文章作者：<%#Eval("articleAuthor") %>  ;
            发布时间：<%#Eval("articlePubdate","{0:yyyy年MM月dd}") %>
            </div>
            </center>
            <div><%#Eval("articleContent") %></div>
         </ItemTemplate>
      </asp:TemplateField>
   </Fields>
</asp:DetailsView>
```

(10) 向 Details.aspx 页面的后台添加代码，在后台中获取从上个页面传递过来的 aid 参数的值，根据该值获取详细信息并绑定到 DetailsView 控件中：

```
protected void Page_Load(object sender, EventArgs e)
{
   if (!string.IsNullOrEmpty(Request.QueryString["aid"])) {
      int aid = Convert.ToInt32(Request.QueryString["aid"]);
      SqlDataReader dr = SqlHelper.ExecuteReader(CommandType.Text,
```

```
            "SELECT * FROM articlelist WHERE articleId=" + aid, null);
        DetailsViewShow.DataSource = dr;
        DetailsViewShow.DataBind();
    } else {
        Response.Redirect("Default.aspx");
    }
}
```

(11) 单击图 8-28 中第 2 条数据的“详情”按钮查看信息，结果如图 8-30 所示。

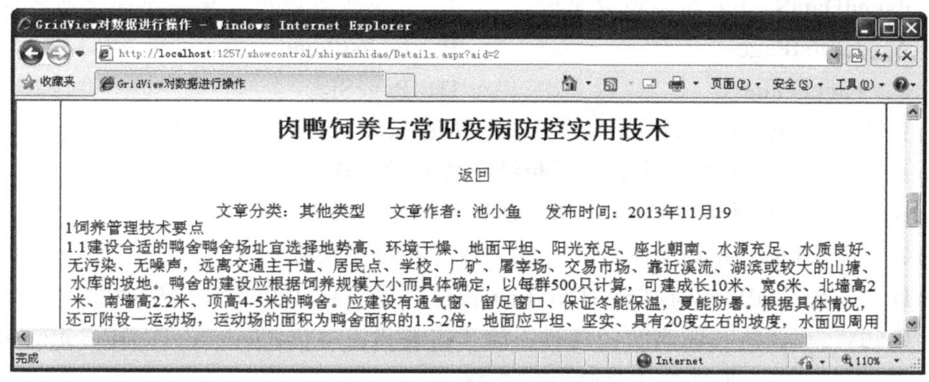

图 8-30　查看详细信息

虽然通过使用数据源控件和 GridView 控件的相关属性也可以实现删除等操作，但是本节实验指导介绍的方式最为常用。另外，添加和修改的实现也非常简单，可以向页面中添加代码，接着在后台中进行判断跳转到不同的页面的操作，这里不再详细解释。

8.10　习　　题

1. 填空题

(1) 通过使用__________方式绑定的数据实际上等价于 Response.Write()这种形式。

(2) 以<%# %>方式动态绑定数据显示控件的后台数据时，通常会使用 Eval()和__________方法。

(3) 在 Repeater 控件的__________事件中添加代码可以实现自动生成编号的功能。

(4) DataList 控件的__________属性用于获取或者设置要在控件中显示的列数。

(5) 以 GridView 控件实现内置分页功能时，需要将__________属性的值设置为 true。

(6) 下面是 Web 窗体页中的一段 JavaScript 脚本，在脚本创建的函数中调用后台声明的公有方法 ReturnResult()，其中空白处的内容是__________。

```
<script type="text/javascript">
    function GetReturnResult() {
        var result = "<%___ ReturnResult("您已经单击了按钮")%>"; //调用后台方法
        alert(result);
```

```
    }
</script>
```

2. 选择题

(1) 在下列项模板中，________是 DataList 控件特有而 Repeater 控件没有的。

A. HeaderTemplate　　B. EditItemTemplate

C. ItemTemplate　　D. FooterTemplate

(2) PagedDataSource 类实现分页时，________属性可以设置要在页面上显示的项数。

A. IsFirstPage　　B. IsLastPage

C. PageCount　　D. PageSize

(3) 关于 Repeater 控件、DataList 控件和 GridView 控件，下面说法正确的是________。

A. 这 3 个控件都内置了分页和排序功能的实现

B. 这 3 个控件都没有内置实现分页和排序的功能

C. 只有 GridView 控件内置实现了分页和排序功能

D. 只有 GridView 控件和 DataList 控件内置实现了分页和排序功能

(4) GridView 控件实现删除功能时，除了需要设置 AutoGenerateDeleteButton 属性外，还需要设置________属性，该属性指定主键。

A. DataKeyName　　B. DataKeyNames

C. DataKey　　D. DataKeys

(5) 向 PagerTemplate 项模板中自定义分页按钮时，需要将 CommandName 属性的值设置为 Page，它表示执行分页操作。那么将 CommandArgument 属性的值设置为________时表示执行尾页操作。

A. Prev　　B. Next　　C. First　　D. Last

(6) 为 GridView 控件添加 RowDataBound 事件，在该事件的代码中实现鼠标悬浮时的光亮效果显示，下面空白处的代码应该是________。

```
protected void gvShow_RowDataBound(object sender, GridViewRowEventArgs e)
{
    if (e.Row.RowType == __________)
    {
        e.Row.Attributes.Add("onmouseover",
          "currentcolor=this.style.backgroundColor;
          this.style.backgroundColor='red'");
        e.Row.Attributes.Add("onmouseout",
          "this.style.backgroundColor=currentcolor");
    }
}
```

A. DataControlRowType.DataRow

B. DataControlRowType.EmptyDataRow

C. DataControlCellType.DataRow

D. DataControlRowType.Pager

(7) DataPager 控件实现分页功能时，__________属性获取或设置一个控件的 ID 属性值，该控件包含的数据将由 DataPager 控件进行分页。

A．ID　　B．ControlID

C．PagedControlID　　D．QueryStringField

3. 简答题

(1) ASP.NET 中绑定数据时有哪几种方法？

(2) 为 DataList 控件添加连续编号时有哪几种方法，试通过示例说明。

(3) 数据显示控件实现分页功能时可以使用哪些方法，试选择一种方法详细说明。

第 9 章　第三方控件和模块处理

ASP.NET 技术能够实现许多功能，但是有些时候，仅仅依靠 ASP.NET 所提供的技术是远远不够的。例如，在网站的登录页面通常会提示用户输入验证码，如果验证码输入错误，也不会登录成功。这时，仅仅利用前面介绍的技术是不能实现验证码显示的，这就需要使用第三方的验证码控件。除此之外，本章还会介绍第三方分页控件。

本章着重介绍常用的第三方控件和模块处理，通过学习这些知识，读者不仅可以掌握验证码和分页的实现，还可以了解 HTTP 模块和 HTTP 处理程序，并且能够掌握水印的添加和防盗链的实现。

本章学习目标如下：

- 掌握 SerialNumber 验证控件的使用。
- 掌握如何通过自定义类实现验证码。
- 了解 AspNetPager 控件实现的功能。
- 熟悉 AspNetPager 控件的属性和事件。
- 掌握如何使用 AspNetPager 控件为数据绑定控件分页。
- 掌握如何使用 AspNetPager 控件制作图片浏览器。
- 了解 HTTP 模块的工作流程和用途。
- 了解 HTTP 处理程序的工作流程和用途。
- 熟悉 IHttpHandler 和 IHttpModule 接口。
- 掌握局部水印和全局水印的实现。
- 掌握防盗链的实现。

9.1　实现验证码

喜欢网购的用户对验证码一定不会陌生，它是一张图片，包含随机生成的数字、字母和汉字等。使用验证码最大的好处就是能防止破解密码后自动登录，下面分别介绍常用的验证控件和自定义验证类实现验证码。

9.1.1　验证控件

SerialNumber 控件是一个第三方验证控件，通过向 ASP.NET 中添加该控件，可以自动实现验证码。该控件包含两个常用的方法，Create()方法用于自动生成验证码；CheckSN()方法验证用户输入的验证码是否与生成的验证码一致，它返回一个布尔值。

使用 SerialNumber 控件时，首先需要向“工具箱”中添加引用，下面通过一个例子进行详细介绍。

【例 9-1】首先向“工具箱”中添加对 Webvalidates.dll 的引用，然后再详细使用。实现步骤如下。

(1) 创建一个空白的网站，向该网站中添加 UseSerialNumber.aspx 页面，打开该页面并向页面中添加控件进行设计。部分代码如下：

```
<form style="width: 400px;" class="formc" method="post" runat="server">
    <div class="mt20">
        <h2 class="mb10">请填写 URL 地址</h2>
        <div class="row">
            <label>URL 地址</label>
            <div class="col">
                <asp:TextBox ID="txtUrl" runat="server" Width="270px"
                  CssClass="placeholder mod-big-input"
                  placeholder="例:www.baidu.com">
                </asp:TextBox></div></div>
        <div class="row">
            <label>验证码</label>
            <div class="col">
                <asp:TextBox ID="captcha" runat="server"></asp:TextBox>
                <cc1:SerialNumber ID="SerialNumber1" runat="server">
                </cc1:SerialNumber>
                <asp:LinkButton ID="lbRefersh" runat="server"
                  Text="点击更改验证码">
                </asp:LinkButton>
                <div id="captcha_error" runat="server"
                  class="mt10" style="color: red; display: none;">
                   验证码有误或已过期，请重新输入
                </div></div></div>
        <div class="row">
        <asp:Button ID="btnSubmit" runat="server" Text="提 交"
          CssClass="big mod-middle-btn" /></div>
    </div>
</form>
```

(2) 设计完成后，打开并在“工具箱”中找到最后一个选项卡，右击，弹出快捷菜单，如图 9-1 所示。

(3) 在图 9-1 中选择“选择项”命令，这时会弹出如图 9-2 所示的“选择工具箱项”对话框。

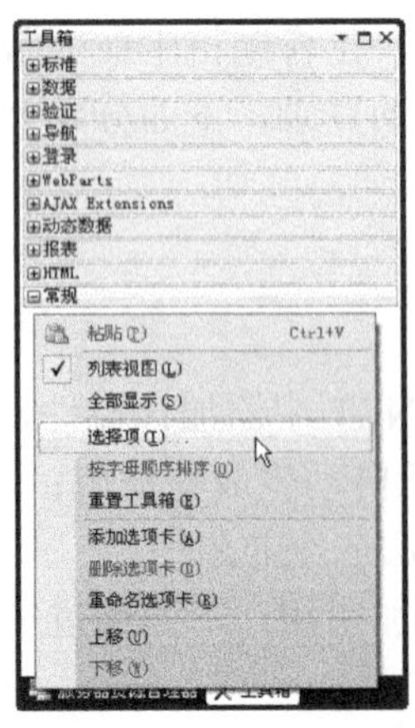

图 9-1 快捷菜单

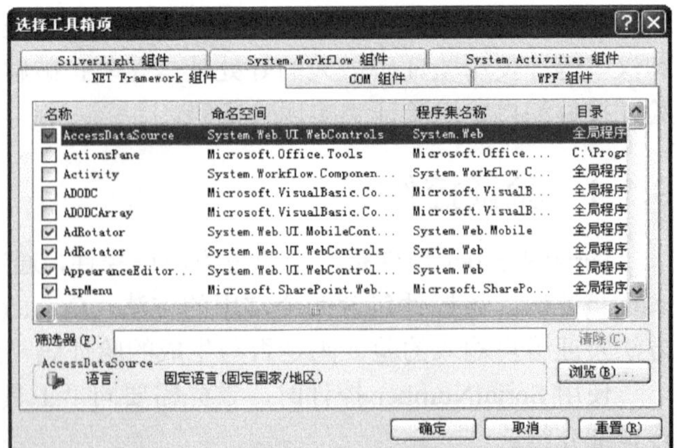

图 9-2 打开“选择工具箱项”对话框

(4) 在图 9-2 中单击“浏览”按钮弹出打开文件的对话框，效果如图 9-3 所示。在弹出的对话框中选择下载的 Webvalidates.dll 文件，选择后单击“打开”按钮进行添加。

(5) 向“工具箱”中添加项完毕后，将会在最后一个选项卡的“常规”项中显示 SerialNumber 控件，此时的效果如图 9-4 所示。

图 9-3　在“打开”对话框选择文件

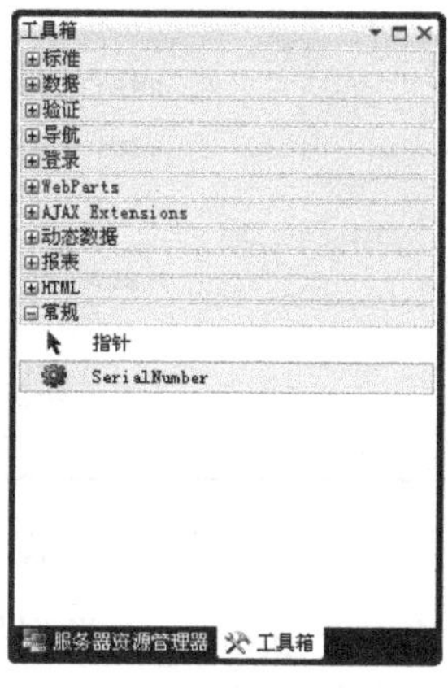

图 9-4　添加成功

(6) 直接拖动 SerialNumber 控件到页面的合适位置，这时会在“设计”窗口提示控件在上下文中不可用，如图 9-5 所示。当出现如图 9-5 所示的错误时可以忽略，只要去正常使用就行了。

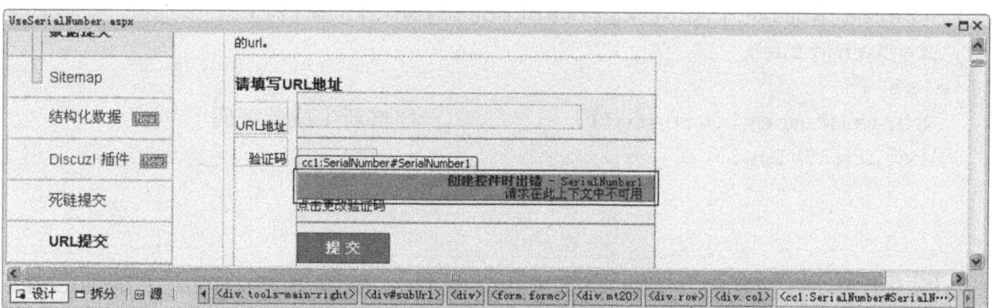

图 9-5　添加 SerialNumber 控件

(7) 除了在页面的“设计”窗口提示外，还会在“源”窗口中首先对该控件进行注册，再使用，这点与用户控件一样。相关代码如下：

```
<%@ Register Assembly="WebValidates" Namespace="WebValidates"
  TagPrefix="cc1" %>
<cc1:SerialNumber ID="SerialNumber1" runat="server"></cc1:SerialNumber>
```

(8) 在窗体页的后台 Load 事件中添加代码，当页面首次加载时，调用 SerialNumber 控件的 Create()方法生成验证码。代码如下：

```
protected void Page_Load(object sender, EventArgs e)
{
    if (!IsPostBack) {                              //页面首次加载时生成验证码
        SerialNumber1.Create();                     //自动生成验证码
```

```
    }
}
```

(9) 运行窗体页，查看验证码的生成效果，如图 9-6 所示。

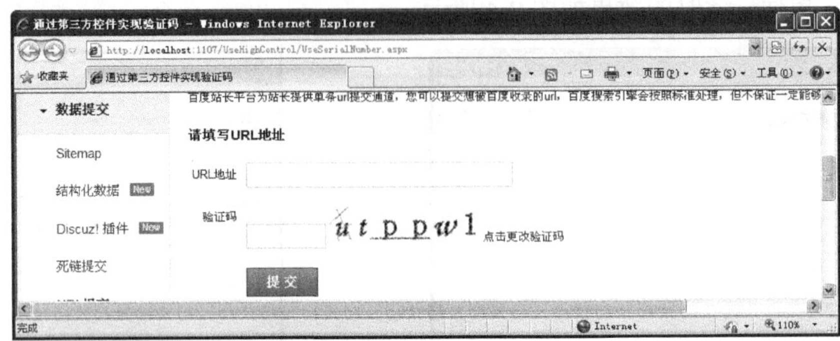

图 9-6　查看验证码的生成效果

(10) 创建一个 protected 类型的 CheckCode()方法，该方法判断用户输入的验证码是否正确。在该方法中通过 CheckSN()方法进行判断，用户输入的验证码正确则返回 true，否则重新调用 Create()方法生成验证码，并返回 false。代码如下：

```
protected bool CheckCode()
{
    //如果用户输入的验证码不正确
    if (SerialNumber1.CheckSN(captcha.Text.Trim())) {
        return true;
    } else {
        SerialNumber1.Create();            //重新生成验证码
        return false;
    }
}
```

(11) 为图 9-6 中的“提交”按钮添加 Click 事件，在该事件中调用 CheckCode()方法进行判断。代码如下：

```
protected void btnSubmit_Click(object sender, EventArgs e)
{
    if (!CheckCode()) {           //如果验证码不正确，则显示提示信息
        captcha_error.Style.Add("display", "block");
        return;
    } else {
        captcha_error.Style.Add("display", "none");
    }
}
```

(12) 重新运行页面，输入验证码进行查看，输入错误时的效果如图 9-7 所示。

验证控件验证内容时不区分用户输入的大小写，但是区分全角和半角。上面例子通过调用 Create()方法生成随机位数的验证码，例如图 9-6 中生成了 5 位随机验证码，图 9-7 中则生成了 4 位随机验证码。可以通过定义实现生成固定位数验证码的功能。

图 9-7　验证码输入错误时的提示

【例 9-2】根据例 9-1 中的代码进行更改，首先在页面后台代码中声明一个私有类型的 GetCode()方法。在该方法中首先调用 Create()方法生成验证码，然后通过 SerialNumber 控件的 SN 属性获取生成的随机验证码位数并保存到 str 变量中，最后通过 while 语句判断 str 的长度，如果 Length 属性的值不等于 4，则一直循环。代码如下：

```
private void GetCode()
{
    SerialNumber1.Create();                    //生成验证码
    string str = SerialNumber1.SN.ToString();          //生成的随机位数
    while (str.Length != 4) {                  //生成 4 位随机码
        SerialNumber1.Create();
        str = SerialNumber1.SN.ToString();
    }
}
```

在页面后台的 Load 事件中直接调用 GetCode()方法，调用完毕后运行窗体页查看效果。

9.1.2　自定义验证类

使用 SerialNumber 控件可以方便地显示验证码，并且对用户输入的验证码进行判断。但是它的灵活度不高、安全性不高，并且不容易控制验证码显示时的宽度和高度，更重要的是，用户只能调用 SerialNumber 控件的属性和方法，不能对其进行更改。因此，在实际工作开发中，程序员可以通过自定义类实现验证码的生成。

1．自定义类实现验证码

自定义类实现验证码非常容易理解，向自定义的类中添加多个方法代码，最后在窗体页面的后台中调用，下面详细进行说明。

【例 9-3】首先在网站中添加名称为 CustomCode 的类，该类用于生成验证码，向该类中添加多个验证码生成的方法，以及处理验证码的方法。步骤如下。

(1)　首先声明一个 CreateCheckCodeImage()方法，该方法用于创建验证码图片。完整代码如下：

```
public void CreateCheckCodeImage()
{
    string checkCode = GenerateCheckCode();                //生成随机验证数
```

```
    //判断生成的随机数是否为空
    if (checkCode == null || checkCode.Trim() == String.Empty)
        return;
    Bitmap image =
      new Bitmap((int)Math.Ceiling((checkCode.Length * 12.5)), 22);
    Graphics g = Graphics.FromImage(image);
    try {
        Random random = new Random();           //创建随机生成器
        g.Clear(Color.White);                   //清空图片背景色
        for (int i=0; i<25; i++) {              //画图片的背景噪音线
            int x1 = random.Next(image.Width);
            int x2 = random.Next(image.Width);
            int y1 = random.Next(image.Height);
            int y2 = random.Next(image.Height);
            g.DrawLine(new Pen(Color.Silver), x1, y1, x2, y2);
        }
        Font font = new Font("Arial", 12, (FontStyle.Bold | FontStyle.Italic));
        LinearGradientBrush brush = new LinearGradientBrush(
          new Rectangle(0, 0, image.Width, image.Height),
          Color.Blue, Color.DarkRed, 1.2f, true);
        g.DrawString(checkCode, font, brush, 2, 2);
        for (int i=0; i<100; i++) {             //画图片的前景噪音点
            int x = random.Next(image.Width);
            int y = random.Next(image.Height);
            image.SetPixel(x, y, Color.FromArgb(random.Next()));
        }
        //画图片的边框线
        g.DrawRectangle(new Pen(Color.Silver), 0, 0, image.Width - 1,
          image.Height - 1);
        MemoryStream ms = new MemoryStream();
        image.Save(ms, ImageFormat.Jpeg);
        HttpContext.Current.Response.ClearContent();
        HttpContext.Current.Response.ContentType = "IMAGE/Jpeg";
        HttpContext.Current.Response.BinaryWrite(ms.ToArray());
        HttpContext.Current.Response.End();
    } finally {
        g.Dispose();
        image.Dispose();
    }
}
```

在上述代码中，首先调用GenerateCheckCode()方法获取随机生成数并保存到checkCode变量中，判断 checkCode 变量的值是否为空，如果为空则返回。然后分别创建 Bitmap 和 Graphics 的实例对象，它们分别用于创建位图和画布。在创建 Bitmap 实例对象时，更改数字可以控制显示验证码图片的宽度和高度。

另外，在 try 语句中绘制背景噪音线、前景噪音点和图片的边框线等内容；在 finally 语句中释放资源。

(2) 创建生成 5 位随机数字或字母的 GenerateCheckCode()方法，并且将生成的随机内容放到 Cookie 对象中。代码如下：

```
private string GenerateCheckCode()
{
    int number;
    char code;
    string checkCode = String.Empty;
    Random random = new Random();
    for (int i=0; i<6; i++) {                    //生成 5 位随机数
        number = random.Next();
        if (number % 2 == 0)
            code = (char)('0' + (char)(number % 10));
        else
            code = (char)('A' + (char)(number % 26));
        checkCode += code.ToString();
    }
    HttpCookie cookie = new HttpCookie("CheckCode",
     EncryptPassword(checkCode, "SHA1"));
    HttpContext.Current.Response.Cookies.Add(cookie);
    return checkCode;                        //返回随机生成的数字
}
```

(3) 上个步骤在生成随机数时调用 EncryptPassword()方法对其以“SHA1”的形式进行加密。除了以“SHA1”形式加密外，还可以以 MD5 形式进行加密。EncryptPassword()方法的代码如下：

```
static public string EncryptPassword(string PasswordString,
  string PasswordFormat)
{
    switch (PasswordFormat) {
        case "SHA1":
               passWord = FormsAuthentication
                 .HashPasswordForStoringInConfigFile(PasswordString,
                 "SHA1");
                break;
        case "MD5":
               passWord = FormsAuthentication
                 .HashPasswordForStoringInConfigFile(PasswordString,
                 "MD5");
                break;
        default:
                passWord = string.Empty;
                break;
    }
    return passWord;
}
```

(4) 添加其他处理字符串的方法，这些方法可以对用户输入的字符串进行验证。例如

判断输入的内容是否为数字；输入的内容全角到半角的转换、半角到全角的转换；替换字符串中的某些内容；以及获取汉字的第一个拼音等。下面的内容为将全角字符串转换为半角，代码如下：

```
static public string GetBanJiao(string QJstr)
{
    char[] c = QJstr.ToCharArray();
    for (int i=0; i<c.Length; i++) {
        byte[] b = Encoding.Unicode.GetBytes(c, i, 1);
        if (b.Length == 2) {
            if (b[1] == 255) {
                b[0] = (byte)(b[0] + 32);
                b[1] = 0;
                c[i] = Encoding.Unicode.GetChars(b)[0];
            }
        }
    }
    string strNew = new string(c);
    return strNew;
}
```

2. 使用自定义类

上面例子中，通过前 3 个步骤向 CustomCode 类中添加了 3 个方法，下面使用该类中的方法实现验证码。

【例 9-4】对例 9-2 的页面做更改，通过自定义类实现验证码的功能。操作步骤如下。

(1) 在用户输入验证码内容的 TextBox 控件之后添加 Image 控件，设置该控件的 ImageUrl 属性，它指向 CheckCode.aspx 页面，将生成的验证码显示到图片。相关代码如下：

```
<asp:Image ID="img" runat="server" ImageUrl="CheckCode.aspx"
  alt="看不清楚，点我换一个" />
```

(2) 创建 CheckCode.aspx 页面，在页面的后台 Load 事件中实例化 CustomCode 类，并调用 CreateCheckCodeImage()方法生成验证码图片。代码如下：

```
protected void Page_Load(object sender, EventArgs e)
{
    CustomCode cc = new CustomCode();
    cc.CreateCheckCodeImage();            //生成验证码图片
}
```

(3) 向 UseCustomCode.aspx 页面 Button 控件的 Click 事件中添加代码，在代码中判断用户输入的验证码是否与 Cookie 保存的相等。代码如下：

```
protected void btnSubmit_Click(object sender, EventArgs e)
{
    //获取验证码中保存的验证码
    string cookiecode = Request.Cookies["CheckCode"].Value.ToString();
    string inputcode = this.captcha.Text;        //获取用户输入的验证码
```

```
        //对用户输入的验证码加密
        inputcode = CustomCode.EncryptPassword(inputcode, "SHA1");
        if (cookiecode != inputcode) {      //如果验证码和生成的不等
            this.captcha_error.Style.Add("display", "block");
        } else {
            this.captcha_error.Style.Add("display", "none");
        }
    }
```

(4) 运行 UseCustomCode.aspx 页面进行查看，通过 CustomCode 类编写的验证码区分大小写，也区分全角和半角，效果如图 9-8 所示。

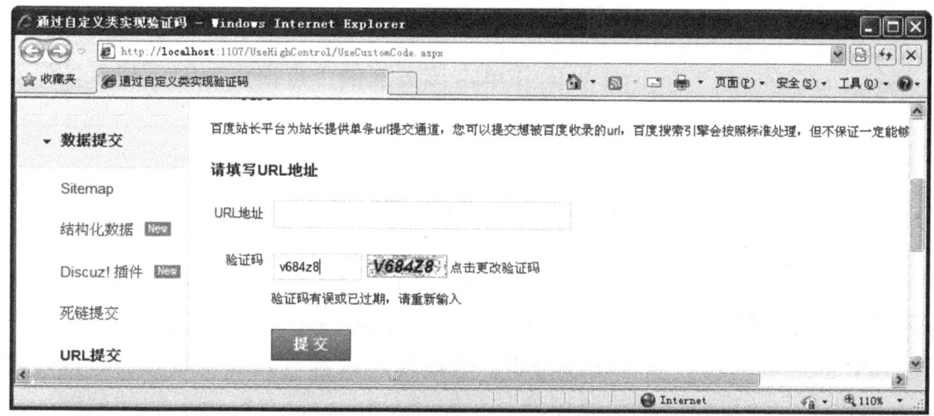

图 9-8　通过自定义类测试验证码

在第 3 步中，用户输入的验证码错误时直接显示错误信息，没有重新生成验证码。需要重新生成验证码时，指定 Image 控件的 ImageUrl 属性，代码如下：

```
this.img.ImageUrl = "CheckCode.aspx";            //重新生成一个验证码
```

(5) 例 9-3 中，CustomCode 类中生成验证的字母全是大写的，因此，如果想要忽略大小写，需要调用 ToUpper()方法对用户输入的内容进行转换。另外，也可以调用该类中的方法将全角字符转换为半角。更改 Button 控件的 Click 事件，部分代码如下：

```
protected void btnSubmit_Click(object sender, EventArgs e)
{
    //获取验证码中保存的验证码
    string cookiecode = Request.Cookies["CheckCode"].Value.ToString();
    string inputcode = this.captcha.Text;        //获取用户输入的验证码
    inputcode = CustomCode.GetBanJiao(inputcode).ToUpper();  //其他操作
    /* 省略其他内容 */
}
```

(6) 重新运行 UseCustomCode.aspx 页面，输入验证码进行测试，查看效果。

(7) 单击图 9-8 中的“点击更改验证码”按钮时，会刷新验证码，它通过 LinkButton 控件的 ClientClick 事件实现。

为该控件添加 OnClientClick 事件属性，代码如下：

```
<asp:LinkButton ID="lbRefersh" runat="server"
  OnClientClick="javascript;CheckCode()" Text="点击更改验证码">
</asp:LinkButton>
```

(8) 上个步骤中，在 LinkButton 的 ClientClick 事件里调用脚本中 CheckCode()函数的代码，在该函数中更改 Image 控件的验证码。代码如下：

```
<script type="text/javascript">
function CheckCode() {
    var pic = document.getElementById("img");
    pic.src = "Checkcode.aspx?" + new Date().getTime();
}
</script>
```

(9) 运行 UseCustomCode.aspx 页面并单击该页面的“点击更改验证码”按钮测试，并查看效果。

9.2 实 现 分 页

虽然 GridView 控件自带了分页的功能实现，但是它的分页功能存在着一定的缺点，例如可定制性差、无法通过 Url 实现分页功能等。而 DataList 和 Repeater 等控件虽然可以通过 PagedDataSource 类的相关属性实现分页，但是使用这种方式非常繁琐，而且代码重用率低。第三方提供了一种与分页相关的控件——AspNetPager，它针对上的面问题，提供了很好的解决方案。

9.2.1 认识 AspNetPager 控件

AspNetPager 控件将分页导航功能与数据显示功能完全独立开来，由用户自己控制数据的获取和显示方式，因此可以被灵活地应用于任何需要实现分页导航功能的地方，例如为 GridView、DataList 和 Repeater 等数据绑定控件实现分页、呈现自定义的分页数据或制作图片浏览器等。

由于 AspNetPager 控件和数据是独立的，因此要分页的数据可以来自任何数据源，例如 SQL Server、Oracle、Access、MySQL、DB2 等数据库以及 XML 文件、内存数据或缓存中的数据以及文件系统等。

1. AspNetPager 控件的功能

AspNetPager 控件的功能非常强大，主要功能如下所示。

(1) 支持通过 Url 进行分页。AspNetPager 除提供默认分页方式外，还支持通过 Url 进行分页。这种方式允许用户通过在浏览器的地址栏中输入相应的地址，即可直接进入指定页面，也可以使用搜索引擎搜索到所有分页的页面内容。

(2) 支持 Url 分页方式下的 Url 重写(UrlRewrite)功能。Url 重写技术可以使显示给用户的 Url 不同于实际的 Url，该技术被广泛应用于搜索引擎优化(SEO)、网站重组后重定向页面路径以及提供用户友好的 Url 等方面，AspNetPager 支持 Url 重写技术，可以自定义分页

导航的 Url 格式，实现 Url 重写。

(3) 支持使用用户自定义图片作为导航元素。可以使用自定义的图片文件作为分页控件的导航元素，而不仅仅限于显示文字内容。

(4) 功能强大灵活、使用方便、可定制性强。AspNetPager 分页控件的所有导航元素都可以由用户进行单独控制，从 6.0 版起，AspNetPager 支持使用主题(Theme)与皮肤(Skin)统一控件的整体样式，配合 ASP.NET 2.0 中的 DataSource 控件，AspNetPager 只需要编写短短几行代码，甚至无须编写任何代码，只需设置几个属性，就可以实现分页功能。

(5) 兼容 IE 6.0+及 FireFox 1.5+等浏览器。

2. AspNetPager 控件的常用属性

AspNetPager 控件提供了数十个属性，通过这些属性，可以设置分页按钮的外观和显示文本等，常用属性如表 9-1 所示。

表 9-1 AspNetPager 控件的常用属性

属性名称	说 明
AlwaysShow	获取或设置一个值，该值指定是否总是显示 AspNetPager 分页控件，即使要分页的数据只有一页
AlwayShowFirstLastPageNumber	获取或设置一个值，该值指定是否总显示第一页和最后一页的索引按钮
CssClass	获取或设置由 Web 服务器控件在客户端呈现的级联样式表(CSS)类
CurrentPageButtonPostion	当前页数字按钮在所有数字分页按钮中的位置，其值有 Fixed(默认固定)、Beginning(最前)、End(最后)和 Center(居中)
CurrrentPageIndex	获取或设置当前显示面的索引
Direction	获取或设置在 Panel 控件中显示包含文本的控件的方向
UrlRewritePattern	获取或设置 URL 的重写格式
EnableUrlRewriting	获取或设置一个值，该值指定是否启用 URL 重写
FirstPageText	获取或设置为第一页按钮显示的文本
LastPageText	获取或设置为最后一页按钮显示的文本
NextPageText	获取或设置为下一页按钮显示的文本
PrevPageText	获取或设置为上一页按钮显示的文本
NavigationButtonsPosition	首页、上页、下页和尾页四个导航按钮在分页导航元素中的位置，可选值为：Left(左侧)、Right(右侧)以及 BothSides(默认值，分布在两侧)
NavigationButtonType	获取或设置第一页、上一页、下一页和最后一页按钮的类型，该值仅当 PagingButtonType 设为 Image 时才有效。其值有 Image 和 Text(默认值)
PageCount	获取所有要分页的记录需要的总页数
RecordCount	获取或设置需要分页的所有记录的总数

续表

属性名称	说　明
ShowFirstLast	获取或设置一个值，该值指示是否在页导航元素中显示第一页和最后一页按钮
ShowMoreButtons	获取或设置一个值，该值指示是否在页导航元素中显示更多页按钮
CurrentPageIndex	获取或设置当前显示页的索引
ShowPageIndex	获取或设置一个值，该值指示是否在页导航中显示页索引数值按钮
ShowPageIndexBox	获取或设置页索引框的显示方式，以便用户输入或从下拉框中选择需要跳转到的页索引
CustomInfoHTML	获取或设置显示在用户自定义信息区的用户定义 HTML 文本内容
SubmitButtonImageUrl	获取或设置提交按钮的图片路径，若该属性值为空，则显示为普通按钮；否则显示为图片按钮且使用该属性的值作为图片路径

如果想要实现 Url 分页重写技术，则可以将 EnableUrlRewriting 属性的值为 true，并且将 UrlRewritePattern 属性的值设置为指定的 Url 页面，这样就可以实现分页重写。另外，如果将 EnableUrlRewriting 属性的值设置为 true，会自动地将 UrlPaging 属性的值设置为 true(默认值为 false)。

3. AspNetPager 控件的常用事件

AspNetPager 控件有两个事件：PageChanged 事件和 PageChanging 事件。当已经完成分页操作时，PageChanged 事件才会被引发；而 PageChanging 事件则是在 AspNetPager 处理分页操作前引发，因此可以在事件处理程序中根据需要取消分页操作。

PageChanging 事件的处理程序会接收一个 PageChangingEventArgs 类型的参数，它包含与此事件相关的数据。PageChangingEventArgs 类型常用的两个属性的说明如下。

- Cancel：获取或设置指示是否应取消事件的值。
- NewPageIndex：获取用户在 AspNetPager 控件的页选择元素中选定的或在页索引文本框中手工输入的页的索引。

9.2.2 使用 AspNetPager 控件

AspNetPager 的使用非常简单，它与 SerialNumber 控件都属于第三方控件，因此需要先下载，然后再将其拖动到“工具箱”中。操作步骤如下。

(1) 在 AspNetPager 网站(http://www.webdiyer.com/Controls/AspNetPager/Downloads)下载最新版本的控件，下载完成后，解压缩包。

(2) 在解压后的包中找到 AspNetPager.dll 文件，并将该文件引入到“工具箱”中，引入方式与 Webvalidates.dll 的引用一样。

(3) 从“工具箱”中拖动此控件到页面的合适位置。

(4) 设置与分页有关的内容。

在第 3 步中，从“工具箱”中拖动 AspNetPager 控件到页面时，也会向页面中注册该控件。相关代码如下：

```
<%@ Register Assembly="AspNetPager" Namespace="Wuqi.Webdiyer"
  TagPrefix="webdiyer" %>
<webdiyer:AspNetPager ID="AspNetPager1" runat="server">
</webdiyer:AspNetPager>
```

可以广泛的使用 AspNetPager 控件，例如使用它对数据绑定控件进行分页，也可以将它与数据源控件结合起来实现分页，还可以实现 Url 重写和逆向分页，设置导航元素布局，以及制作图片浏览器等，下面通过一个简单的练习演示如何通过 AspNetPager 控件对 DataList 控件进行分页。

【例 9-5】在本例中，通过 DataList 控件显示商品列表，AspNetPager 控件实现分页，并且每页显示 4 条记录。操作步骤如下。

(1) 新建 UseAspNetPager.aspx 页面，首先向页面添加 DataList 控件，向该控件中添加 HeaderTemplate、ItemTemplate 和 FooterTemplate 模板项，在 ItemTemplate 模板项中绑定数据。代码如下：

```
<asp:DataList ID="DataList1" runat="server" RepeatColumns="4">
    <HeaderTemplate><ul></HeaderTemplate>
    <ItemTemplate>
        <li style="width: 170px;">
            <div class="p4p-pic">
            <a class="pt" target="_blank" title='<%#Eval("sglName") %>'
              href="#"><img src='<%#Eval("sglImageUrl") %>'></a> 
            </div>
            <h3>
            <a class="pt" target="_blank" href="#" %>'>
            <%#Eval("sglName") %></a>
            </h3>
            <p><strong><span>￥</span><%#Eval("sglPrice") %></strong></p>
            <div class="p4p-ww-offer">
            <a title="我正在网上，马上和我洽谈" target="_self"
              href="javascript:;" class="alitalk alitalk-on"></a>
            <a title="点此查看卖家电话、传真等" href="#">
            <img class="lt-phone" height="16" width="16"
              src="images/52812_1762579351.png" alt=""></a> 
            </div>
            <div class="p4p-ordernow-offer">
            <a target="_blank" href="#">查看详情 </a>
            </div>
        </li>
    </ItemTemplate>
    <FooterTemplate></ul></FooterTemplate>
</asp:DataList>
```

(2) 直接从“工具箱”中拖动 AspNetPager 控件到该页面，指定每页显示的记录、显示的文本和自定义的文本内容等。代码如下：

```
<webdiyer:AspNetPager ID="AspNetPager1" runat="server" CssClass="pages"
  CurrentPageButtonClass="cpb" PageSize="4"
```

```
    CustomInfoHTML="共%PageCount%页，当前为第%CurrentPageIndex%页"
    FirstPageText="首页" LastPageText="尾页" NextPageText="下一页"
    PageIndexBoxType="TextBox" PrevPageText="上一页" ShowBoxThreshold="6"
    ShowCustomInfoSection="Left" ShowPageIndexBox="Auto"
    SubmitButtonText="Go" TextAfterPageIndexBox="页"
    TextBeforePageIndexBox="转到" UrlPaging="True"
    AlwaysShow="True">
</webdiyer:AspNetPager>
```

上述代码中主要设置 CssClass 属性，用于调用自定义的样式；PageSize 属性指定每页显示 4 条记录；FirstPageText、LastPageText、NextPageText 和 PrePageText 分别显示首页、尾页、下一页和上一页显示的文本；CustomInfoHTML 属性用于自定义显示的文本内容。

(3) 向页面后台添加的 Load 事件中添加代码，首先指定 AspNetPager 控件的总记录条数，然后再绑定 DataList 控件的数据源。代码如下：

```
protected void Page_Load(object sender, EventArgs e)
{
    if (!IsPostBack)  //页面首次加载
    {
        AspNetPager1.RecordCount = GetTotalList("").Rows.Count; //总记录数
        DataList1.DataSource = GetTotalList("list");     //数据源
        DataList1.DataBind();
    }
}
```

(4) 上个步骤中调用 GetTotalList()方法获取数据库表的数据，在该方法中传入一个参数，主要是为了区分记录数。如果传入的参数为空，则查询所有记录，否则查询指定的前 N 条记录。代码如下：

```
public DataTable GetTotalList(string sql)
{
    int page = AspNetPager1.PageSize;    //获取每页显示的条数
    int pageindex = (AspNetPager1.CurrentPageIndex - 1) * page;
    if (string.IsNullOrEmpty(sql)) {      //传入的 SQL 语句是否为空
        sql = "select * from SaleGoodList";
    } else {                        //如果传入的 SQL 语句不为空
        sql = "select top " + page
          + " * from SaleGoodList where sglId not in (select top "
          + pageindex + " sglId from SaleGoodList) ";
    }
    DataSet ds = SqlHelper.GetDataSet(CommandType.Text, sql, null);
    return ds.Tables[0];
}
```

(5) 为 AspNetPager 控件添加 PageChanged 事件，在此事件代码中重新绑定数据，实现分页。代码如下：

```
protected void AspNetPager1_PageChanged(object sender, EventArgs e)
{
```

```
    DataList1.DataSource = GetTotalList("list");
    DataList1.DataBind();
}
```

(6) 运行 UseAspNetPager.aspx 页面，查看分页效果，如图 9-9 所示。

图 9-9　用 AspNetPager 控件实现分页

9.3　实验指导——制作图片浏览器

上前面已经提到过，AspNetPager 控件的使用非常广泛，其中一个功能就是制作图片浏览器。图片浏览器主要通过设置 AspNetPager 控件各个属性控制按钮样式，然后在事件中添加代码来实现。

实验指导 9-1：制作图片浏览器

用户在单击图片浏览器的“上一页”、“下一页”、“首页”和“尾页”按钮时，可以查看上一张、下一张、首页和尾页的图片。实现步骤如下。

(1) 在当前网站创建一个新的文件夹，向文件夹中创建 Default.aspx 页面。首先向页面中添加 Image 控件，该控件用于显示图片：

```
<asp:Image runat="server" ID="img1" ImageUrl="~/zhidao1/images/lianxi1.jpg" />
```

在上述代码中指定 Image 控件的 ImageUrl 属性，它默认显示当前网站下 zhidao1 文件夹中 images 下的 lianxi1.jpg 文件。

(2) 继续向页面中添加 AspNetPager 控件并设置该控件的各个属性，例如 UrlPaging 属性启用 Url 传递分页信息；PagingButtonType 设置导航按钮为图片；ImagePath 指定图片按钮的路径，这里设置为根目录的 pager_images 文件夹；ButtonImageNameExtension、ButtonImageExtension 以及 DisabledButtonImageNameExtension 等属性设置与图片按钮有关的样式。代码如下：

```
<webdiyer:AspNetPager ID="AspNetPager1" runat="server"
  HorizontalAlign="Center" PageSize="1" ShowPageIndex="False"
  UrlPageIndexName="img" UrlPaging="True" Width="500px"
```

```
    PagingButtonType="Image" ImagePath="../pager_images/"
    ButtonImageNameExtension="n" ButtonImageExtension=".gif"
    DisabledButtonImageNameExtension="g" PagingButtonSpacing="18px"
    ShowCustomInfoSection="Left"
    CustomInfoHTML="图片：<font color='red'>%currentPageIndex%</font>
    /%pageCount%">
</webdiyer:AspNetPager>
```

(3) 向页面后台的 Load 事件中添加代码，首次加载时显示当前 images 文件夹下所有以 lianxi 开头的.jpg 图片，并且通过 Length 属性获取图片的总数量，将总数量的值赋给 AspNetPager 控件的 RecordCount 属性。代码如下：

```
protected void Page_Load(object sender, EventArgs e)
{
    if (!IsPostBack)
    {
        string[] files =
          Directory.GetFiles(Server.MapPath("images"), "lianxi*.jpg");
        AspNetPager1.RecordCount = files.Length;
    }
}
```

(4) 为 AspNetPager 控件添加 PageChanged 事件，在事件代码中重新为 Image 控件指定 ImageUrl 属性的值。代码如下：

```
protected void AspNetPager1_PageChanged(object sender, EventArgs e)
{
    string[] pname =
      Directory.GetFiles(Server.MapPath("images"), "lianxi*.jpg");
    img1.ImageUrl = "~/zhidao/images/"
      + Path.GetFileName(pname[AspNetPager1.CurrentPageIndex - 1]);
}
```

(5) 运行 Default.aspx 页面，查看图片浏览器的效果，如图 9-10 所示。

图 9-10　查看图片浏览器的效果

9.4　HTTP 模块和 HTTP 处理程序

一个网站或系统最重要的一部分便是安全，HTTP 模块基本上是提供一种定制的身份认证服务。ASP.NET 中提供了处理程序和模块两部分内容，它们可以实现图片水印的添加、防盗链，也可以验证用户的身份凭证是否有效。下面将介绍 ASP.NET 中的 HTTP 模块和 HTTP 处理程序。

9.4.1　HTTP 模块

HTTP 模块通常可以叫作 HttpModule，它是一个在每次针对应用程序发出请求时调用的程序集。HTTP 模块作为 ASP.NET 请求管道的一部分调用，它们能够在整个请求过程中访问生命周期事件。HTTP 模块使工作人员可以检查传入和传出的请求并根据请求进行操作，如图 9-11 所示展示了 HttpMudule 的工作过程。

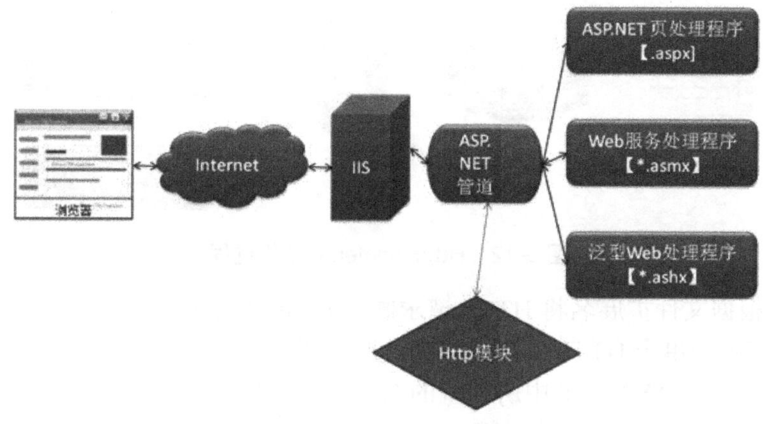

图 9-11　HttpModule 的工作过程

当一个 HTTP 请求到达 HttpModule 时，整个 ASP.NET 框架系统还并没有对这个 HTTP 请求做任何处理。简单地说，就是此时对于 HTTP 请求来说，HttpModule 是一个 HTTP 请求的“必经之路”，所以可以在这个 HTTP 请求传递到真正的请求处理中心(HttpHandler)之前附加一些需要的信息在这个 HTTP 请求信息之上，或者针对截获的这个 HTTP 请求信息做一些额外的工作，或者在某些情况下干脆终止满足一些条件的 HTTP 请求，从而可以起到一个 Filter 过滤器的作用。

一般来讲，HttpMudule 模块通常具有以下用途。

(1)　安全

可以检查传入的请求，HttpModule 可以在调用请求页、XML Web 服务或处理程序之前执行自定义的身份验证或其他安全检查。在以集成模式运行的 Internet 信息服务 IIS 7.0 中，可以将 Forms 身份验证扩展到应用程序中的所有内容类型。

(2)　统计信息和日志记录

HttpModule 是在每次请求时调用的，因此可以将请求统计信息和日志信息收集到一个集中的模块中，而不是收集到各页中。

(3) 自定义的页眉或页脚

开发者可以修改传出响应，可以在每一个页面或 XML Web 服务响应中插入内容，例如自定义的标头信息。

9.4.2 HTTP 处理程序

ASP.NET 请求处理过程是基于管道模型的，在模型中，把 HTTP 请求传递给管道中的所有模块，每个模块都接收 HTTP 请求，并没有完全控制权限。模块可以用任何自认为适合的方式来处理请求，一旦请求已过了所有的 HttpModule，最终就会被 HTTP 处理程序(HttpHandler)处理。

简单地说，HttpHandler 响应对 ASP.NET Web 应用程序的请求而运行的过程，如图 9-12 所示为 Httphandler 的工作过程。

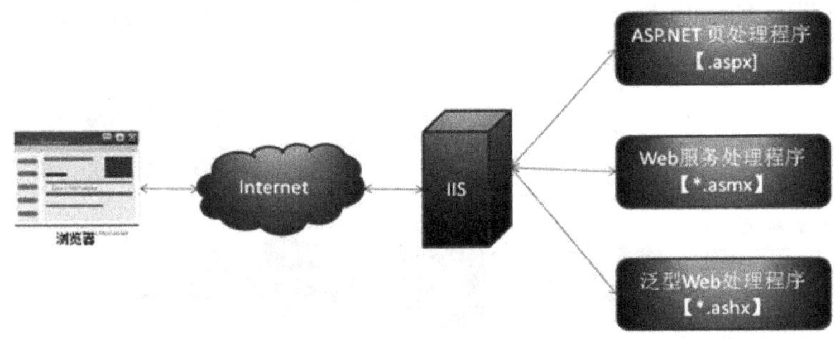

图 9-12 HttpHandler 的工作过程

ASP.NET 根据文件扩展名将 HTTP 请求映射到 HttpHandler，每个 HTTP 处理程序都可以处理应用程序中的单个 HTTP URL 或 URL 扩展名组。

图 9-12 中展示了 ASP.NET 中所内置的 HTTP 处理程序：页处理程序(*.aspx)、Web 服务处理程序(*.asmx)和泛型 Web 处理程序(*.ashx)。

- 页处理程序：用于所有 ASP.NET 页的默认 HTTP 处理程序，这是最常用的一种类型的处理程序。当用户请求.aspx 文件时通过页处理程序来处理请求。
- Web 服务处理程序：ASP.NET 中作为.asmx 文件创建的 Web 服务页的默认 HTTP 处理程序。
- 泛型 Web 处理程序：不含 UI 和包括@WebHandler 指令的所有 Web 处理程序的默认 HTTP 处理程序。

开发者可以创建自定义的 HTTP 处理程序，将自定义输出呈现给浏览器。如果创建自定义 HTTP 处理程序，可以通过实现 IHttpHandler 接口的类，创建一个同步处理程序，或者实现 IHttpAsyncHandler，来创建一个异步处理程序。

自定义 HttpHandler 具有以下用途。

(1) RSS 源

如果要为网站创建 RSS 源，可以创建一个可发出 RSS 格式 XML 的处理程序。然后可以将文件扩展名(如.rss)绑定到此自定义处理程序。当用户向站点发送以.rss 结尾的请求时，ASP.NET 将调用自定义的 HttpHandler 处理请求。

(2) 图像服务器

如果希望 Web 应用程序能够提供不同大小的图像，可以编写一个自定义处理程序来调整图像大小，然后将调整后的图像作为处理程序的响应发送给用户。

9.4.3 IHttpModule 和 IHttpHandler

开发自定义 HttpHandler 和 HttpModule 前，必须了解 IHttpHandler 和 IHttpModule 接口，它们是开发处理程序和模块的起始点。除了这两个接口外，还有一个 IHttpAsyncHandler 接口，是开发异步处理程序的起始点。

HttpModule 实现了 IHttpModule 接口，用于页面处理前和处理后的一些事件的处理；HttpHandler 则是实现 IHttpHandler 接口，这才是 HTTP 请求的真正处理中心，对请求页面进行真正的处理。

IHttpModule 接口和 IHttpHandler 接口是两个不同的概念，其不同点如下所示。

(1) 执行的先后顺序不同

HTTP 请求页面时首先执行实现了 IHttpModule 接口的内容，然后再执行实现了 IHttpHandler 接口的内容。

(2) 请求处理不同

无论客户端请求什么文件(例如 ASPX、HTML 或 RAR)，都会调用实现 IHttpModule 接口的内容；而只有 ASP.NET 注册过的文件类型(如 ASPX 和 ASMX)才会调用实现了 IHttpHandler 接口的内容。

(3) 任务不同

IHttpModule 主要是对请求进行预处理，例如验证、修改和过滤等，同时也可以对响应进行处理；IHttpHandler 则是按照请求生成相应的内容。

开发者实现 IHttpHandler 接口时必须实现接口中的 IsReusable 属性和 ProcessRequest() 方法。IsReusable 属性表示获取一个值，该值指示其他请求是否可以使用 IHttpHandler 实例；ProcessRequest()方法则表示通过实现 IHttpHandler 接口的自定义 HttpHandler 启用 HTTP Web 请求的处理。

【例 9-6】经常上网的用户可以知道，在访问某些网站时，许多图片的右下角都会添加一些水印，这些水印可能是文字，也可能是一张小图片。下面为网站中显示的图片添加文字水印，本例在 9.3 节实验指导基础上进行添加，主要通过局部添加处理程序的方式实现功能。步骤如下。

(1) 在当前网站的当前文件夹下中添加一般处理程序，选中项目后右击，从弹出的快捷菜单中选择“添加新项”命令，这时将弹出如图 9-13 所示的“添加新项”对话框，在该对话框中直接单击“添加”按钮，添加 Handler.ashx 一般处理程序。

(2) 打开 Web.config 配置文件，向该文件中添加水印显示文字和添加水印的字体。内容如下：

```
<appSettings>
    <add key="WaterMark" value="图片来源：http://www.baidu.com"/>
    <add key="Font-Size" value="24"/>
</appSettings>
```

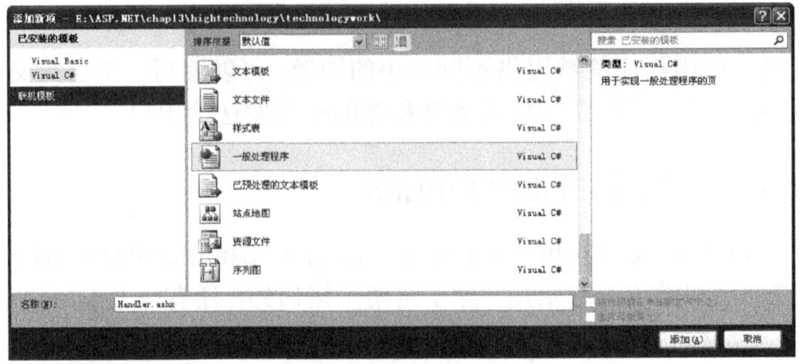

图 9-13　添加一般处理程序

(3) 更改页面后台 AspNetPager 控件的 PageChanged 事件，在事件代码中重新为 Image 控件指定 ImageUrl 属性。将该属性的值指向 Handler.aspx 文件，并向该文件中传入一个 imgid 参数。代码如下：

```
protected void AspNetPager1_PageChanged(object sender, EventArgs e)
{
    string[] pname =
      Directory.GetFiles(Server.MapPath("images"), "lianxi*.jpg");
    img1.ImageUrl = "Handler.ashx?imgid=" + "~/zhidao1/images/"
      + Path.GetFileName(pname[AspNetPager1.CurrentPageIndex - 1]);
}
```

(4) 打开 Handler.aspx 文件并向 ProcessRequest()方法中添加代码，这些代码专门处理对图片资源的请求。当第一次请求某张图片时，由于缓存中没有，就会读取该张图片并添加指定的水印，然后把它输出到客户端，同时也把它缓存一定时间，在缓存期内再次请求这张图片时不用添加水印，直接把缓存中的图片输出就行了。代码如下：

```
public void ProcessRequest(HttpContext context)
{
    //获取请求的物理图片路径
    string imagePath = context.Request
      .MapPath(context.Request.Params["imgid"].ToString());
    Bitmap image = null;
    //缓存中没有指定的图片就将图片添加水印并缓存
    if (context.Cache[imagePath] == null) {
        image = new Bitmap(imagePath);
        image = AddWaterMark(image);
        context.Cache[imagePath] = image;
    } else {                    //否则就直接从缓存中取出添加了水印的图片，节省时间
        image = context.Cache[imagePath] as Bitmap;
    }
    image.Save(context.Response.OutputStream, ImageFormat.Jpeg);
}
```

(5) 在上个步骤中使用到了 AddWaterMark()方法，该方法的代码介绍如何为图片添加水印，首先从 Web.config 配置文件中读取要添加的水印文字和文字大小，接着创建 Font

和 Brush 的实例对象。Graphics 用来创建画布，DrawString()方法绘制指定的文本字符串，最后释放资源并将创建的图片返回。代码如下：

```
private Bitmap AddWaterMark(Bitmap image)
{
    string text = System.Configuration.ConfigurationManager
      .AppSettings["WaterMark"].ToString();
    int fontSize = int.Parse(System.Configuration
      .ConfigurationManager.AppSettings["Font-Size"].ToString());
    Font font = new Font("宋体", fontSize);       //创建字体对象
    Brush brush = Brushes.Red;                   //创建画刷对象
    Graphics g = Graphics.FromImage(image);      //创建画布
    SizeF size = g.MeasureString(text, font);
    g.DrawString(text, font, brush, image.Width - size.Width,
      image.Height - size.Height);   //绘制文字
    g.Dispose();                     //释放资源
    return image;
}
```

(6) 运行上述代码，查看水印效果，如图 9-14 所示。

图 9-14　为图片添加局部水印

9.4.4　添加全局水印

当网站或系统中的图片比较少时，可以通过例 9-6 中的代码添加水印，但是，这种方式很繁琐，不利于代码的更改。例如，如果网站中有多处 Image 控件，那么是不是要为每一个 Image 控件的 ImageUrl 属性指定 Handler.ashx 页面呢？有没有一种更加简单快捷的方法呢？有，开发人员可以自定义实现 IHttpHandler 接口的类。

自定义的类实现接口后，不必像上个练习一样为每个显示的内容指定处理程序，而是直接在 Web.config 文件中进行配置。代码如下：

```
<httpHandlers>
    <add verb="supported http verbs" path="path"
     type="namespace.classname, assemblyname" />
<httpHandlers>
```

向 Web.config 文件中添加自定义的类配置时，需要 3 个属性参数，分别是 verb、path 和 type，说明如下。

- verb：指定了处理程序所支持的 HTTP 动作，如果某个处理程序支持所有的 HTTP 动作，将此属性值指定为“*”，否则使用逗号分隔的列表列出支持的动作。例如，处理程序只支持 GET 和 POST 时，此属性的值就是“GET,POST”。
- path：它指定了需要调用处理程序的路径和文件名(可以包含通配符)。如果开发人员只希望对 Image 文件夹下所有的.jpg 文件起作用，则可以设置为“Image/*.jpg”。
- type：它通过用名字空间、类名称和部件名称的组合形式指定处理程序或处理程序工厂的实际类型。ASP.NET 运行时首先搜索应用程序的 bin 目录中的部件 DLL，接着在全局部件缓冲(GAC)中搜索。

【例 9-7】在例 9-5 中通过 AspNetPager 控件对 DataList 绑定的列表进行了分页，本例在该例代码的基础上进行更改，自定义类，添加全局水印。实现步骤如下。

(1) 打开当前网站下的 Web.config 文件，向该文件的 appSettings 和 httpHandlers 节点添加内容。内容如下：

```
<configuration>
    <appSettings>
        <add key="NewWaterImage" value="~/lianxi7/images/Water.jpg"/>
    </appSettings>
    <system.web>
        <httpHandlers>
            <add verb="*" path="images/pic*.jpg" type="Pic_Handler" />
        </httpHandlers>
    </system.web>
</configuration>
```

(2) 向当前网站添加一个 Pic_Handler 类，该类实现 IHttpHandler 接口的属性和方法，其中 ProcessRequest()方法用于添加水印。代码如下：

```
public class Pic_Handler : IHttpHandler
{
    public bool IsReusable
    {
        get { return true; }
    }
    public void ProcessRequest(HttpContext context)
    {
        Image bookCover;
        //判断路径是否存在，如果存在
        if (System.IO.File.Exists(context.Request.PhysicalPath)) {
```

```
            bookCover = Image.FromFile(context.Request.PhysicalPath);
            string water = ConfigurationManager
              .AppSettings["NewWaterImage"].ToString();
            //加载水印图片
            Image watermark =
              Image.FromFile(context.Request.MapPath(water));
            Graphics g = Graphics.FromImage(bookCover);  //实例化画布
            g.DrawImage(watermark,
              new Rectangle(bookCover.Width-watermark.Width,
              bookCover.Height - watermark.Height, watermark.Width,
              watermark.Height), 0, 0, watermark.Width, watermark.Height,
              GraphicsUnit.Pixel);              //在 image 上绘制水印
            g.Dispose();
            watermark.Dispose();                       //释放水印图片
        } else
            bookCover = Image.FromFile("~/lianxi7/images/pic2.jpg");
        context.Response.ContentType = "image/jpeg";     //设置输出格式
        //将图片存入输出流
        bookCover.Save(context.Response.OutputStream, ImageFormat.Jpeg);
        context.Response.End();
    }
}
```

在 ProcessRequest()方法中首先根据请求的图片路径判断是否存在，如果存在，则加载水印图片，实例化画布后，向原来的图片中绘制新的图片水印，然后释放水印；如果不存在，则直接显示一张指定的图片。

(3) 运行本例的页面，查看效果，全局水印效果如图 9-15 所示。从该图中可以看出，只对指定的图片进行了水印添加，而没有指定的图片则不会添加水印。

图 9-15 全局水印效果

9.5 实验指导——防盗链的实现

有时候，使用者需要防止其他网站直接引用系统或网站中的图片，或下载文件连接，需要禁止盗链，在 ASP.NET 中可以很容易地实现该功能。

本节实验指导做一个简单的盗链图片示例，例如在当前网站中新建一个文件夹，在该文件夹下创建 images 文件夹。image 文件夹下存放两张图片：一张为正常显示的 1.jpg 图片；另一张为用于提示非法盗链的 error.jpg 图片。

实验指导 9-2：通过向 IHttpHandler 接口的方法中添加代码实现防盗链

实现防盗链功能的步骤如下。

(1) 创建 Default.aspx 页面，向该页面中添加一个元素链接，它链接到一个 ChainHandler.ashx 文件。内容如下：

```
<form id="form1" runat="server">
   <div><a href="ChainHandler.ashx">图片</a></div>
</form>
```

(2) 向当前文件夹下创建 ChainHandler.ashx 文件，向该文件的 ProcessRequest()方法中添加实现防盗的代码。代码如下：

```
public void ProcessRequest(HttpContext context)
{
   //正常显示图片
   string picpath = context.Server.MapPath("~/zhidao2/images/1.jpg");
   //防盗图片
   string errorpic = context.Server.MapPath("~/zhidao2/images/error.jpg");
   if (context.Request.UrlReferrer == null) {  //如果请求为空
      context.Response.Expires = 0; //设置客户端缓冲过期时间为 0，即立即过期
      context.Response.Clear();      //清空服务器端为此会话开启的输出缓存
      context.Response.ContentType = "image/jpg";   //设置输出文件类型
      context.Response.WriteFile(errorpic);   //将请求文件写入输出缓存中
      context.Response.End();          //将输出缓存中的信息传送到客户端
   } else {
      //如果不是本地引用，则是盗链本站图片
      if (context.Request.UrlReferrer.Host != "localhost") {
         /* 省略防盗代码，可参考 if 语句 */
      } else {            //如果是本地网站引用图片，则返回正确的图片
         //设置客户端缓冲过期时间为 0，即立即过期
         context.Response.Expires = 0;
         context.Response.Clear();    //清空服务器端为此会话开启的输出缓存
         context.Response.ContentType = "image/jpg";  //设置输出文件类型
         context.Response.WriteFile(picpath);  //将请求文件写入到输出缓存中
         context.Response.End();      //将输出缓存中的信息传送到客户端
      }
   }
}
```

在上述代码中首先声明两个变量，它们分别用于显示正常图片和防盗图片；接着判断请求是否为空，如果是，则输入防盗图片；否则的话再次进行判断，判断是否是本地网站引用图片。如果不是本地引用图片，则应防盗本站图片；否则将图片输出传送到客户端。

(3) 运行本次实验指导的窗体，查看效果，如图 9-16 所示。

图 9-16　正常访问图片

(4) 更改图片的访问地址，查看效果，如图 9-17 所示。

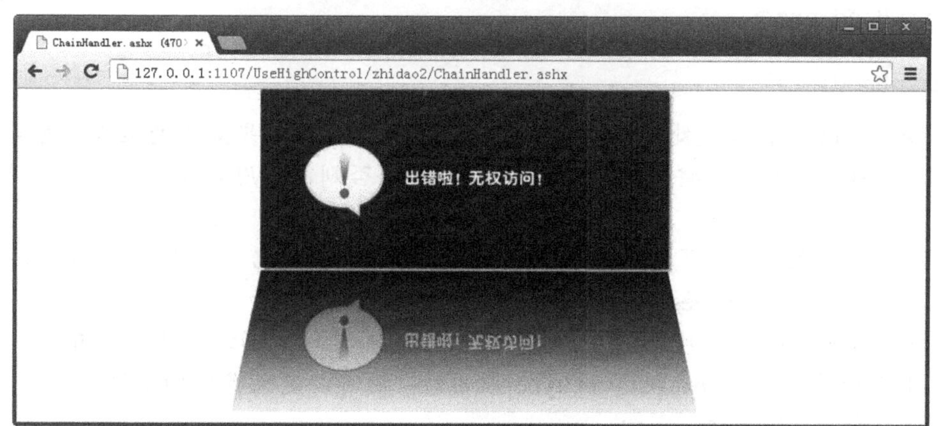

图 9-17　访问出错的效果

9.6　习　　题

1. 填空题

(1) 通过第三方的 SerialNumber 验证控件来实现验证码的时候，需要向工具箱中添加对__________文件的引用。

(2) AspNetPager 控件的__________事件在 AspNetPager 处理分页操作前引发。

(3) 设置 AspNetPager 控件的__________属性可以指定 URL 的重写格式。

(4) __________是真正处理 HTTP 请求的核心。

2. 选择题

(1) SerialNumber 控件通过__________方法判断用户输入的验证码是否正确。

A. CreateSN()　　B. Create()

C. CheckSN()　　D. Check()

(2) 创建一般处理程序的后缀名是__________。

A. .aspx　　B. .ashx　　C. .asax　　D. .asmx

(3) 关于第三方的 AspNetPager 控件，下面的__________选项是正确的。

A. 该控件的数据源只能来自于 SQL Server 或 Access 数据库，其他的数据源一概不接受

B. 它可以实现数据绑定控件的分页，但不能与数据源控件结合使用

C. 该控件支持通过 Url 进行分页，但并不支持分页功能下 Url 的重写功能

D. 由于它是一个第三方的控件，因此使用前必须将它添加到项目中

(4) __________是一个在每次针对应用程序发出请求时调用的程序集。

A. HTTP 模块　　B. HTTP 处理程序

C. HTTP 管道　　D. A 和 B 都对

(5) 在 Web.config 中配置以下内容，说法正确的是__________。

```
<httpHandlers>
   <add verb="*" path="images/*.jpg" type="MyHandler />
<httpHandlers>
```

A. verb 属性指定处理程序所支持的 HTTP 动作，如果某个处理程序支持所有的 HTTP 动作，将此属性值指定为“*”，否则，使用分号分隔的列表列出支持的动作

B. path 属性指定了需要调用处理程序的路径和文件名，它指定的“images/*.jpg”值表示对 images 文件夹下的所有.jpg 文件起作用。

C. type 属性的值只能引用 bin 目录中的 DLL 组件，不能是其他的值。

D. 除了定义 verb、path 和 type 属性外，还可以定义其他的属性，例如 validate 和 lockItem 等。

3. 简答题

(1) 简述通过自定义类实现验证码的大体步骤。

(2) 尽可能多地说出你所知道的有关实现分页的方法(至少三种)。

(3) 简述 HTTP 模块和 HTTP 处理程序的用途，并说出添加局部水印的关键步骤。

第 10 章　处理目录和文件的常用类

基于 HTTP 协议的特性，将 Web 分为客户端与服务器端，在客户端经常需要与服务器端进行信息交互，以及获取服务器端的状态信息。例如从客户端提交一个文件到服务器，将客户端的输入保存到服务器，以及查看服务器上的目录和文件信息等。作为运行于服务器端的 ASP.NET，它能够很好地完成这些任务，而且还提供了很多操作方法，例如打开和关闭文件、读取和写入文件内容、查看文件属性、获取目录的属性，以及文件的上传和下载等。

本章将详细介绍如何利用 ASP.NET 中提供的类对目录和文件进行操作，在介绍这些内容之前，首先介绍 System.IO 命名空间和如何从 DriveInfo 类获取硬盘信息。

本章的学习目标如下：

- 熟悉 System.IO 命名空间下的常用类。
- 掌握 DriveInfo 类的常用属性。
- 掌握 Directory 类操作目录的常用方法。
- 熟悉 DirectoryInfo 类如何获取目录的基本信息。
- 掌握 DirectoryInfo 类操作目录的常用方法。
- 掌握 File 类操作文件的常用方法。
- 熟悉 FileInfo 类如何获取文件的基本信息。
- 掌握 FileInfo 类操作文件的常用方法。
- 熟悉 StreamWriter 类的基本使用。
- 熟悉 StreamReader 类的基本使用。
- 掌握如何通过 FileUpload 控件实现文件上传。
- 掌握如何通过 Response 对象实现文件下载。

10.1　System.IO 命名空间

在 C#中，所有内置的文件、目录和流的相关操作类都位于 System.IO 命名空间，该命名空间是由.NET 框架类库提供的，包含允许读写文件和数据流的类以及提供基本文件和目录支持的类，并且该空间还提供了基于 I/O 流的操作方式。

10.1.1　System.IO 命名空间下的常用类

通过使用 System.IO 命名空间，可以大大简化开发者的工作，直接通过类进行一系列的操作，而不必关心操作的是本地文件，还是网络中的数据。在 System.IO 命名空间下包含多个与文件、目录和流操作相关的类，常用类的说明如表 10-1 所示。

表 10-1 System.IO 命名空间下的常用类

常用类名称	说 明
BinaryReader	用特定的编码将基元数据类型读作二进制值
BinaryWriter	以二进制形式将基元类型写入流，并支持用特定的编码写入字符串
BufferedStream	将缓冲层添加到另一个流上的读取和写入操作。该类不能被继承
Directory	公开用于创建、移动、枚举目录和子目录的静态方法。该类不能被继承
DirectoryInfo	公开用于创建、移动、枚举目录和子目录的实例方法。该类不能被继承
DriveInfo	提供对有关驱动器的信息的访问
File	提供用于创建、复制、删除、移动和打开文件的静态方法。该类不能被继承
FileInfo	提供创建、复制、删除、移动和打开文件的实例方法。该类不能被继承
FileStream	既支持同步读写操作，也支持异步读写操作
MemoryStream	创建以内存作为其支持存储区的流
PathTooLongException	当路径名或文件名超过系统定义的最大长度时引发的异常
Stream	提供字节序列的一般视图
StreamReader	实现一个 TextReader，使其以一种特定的编码从字节流中读取字符
StreamWriter	实现一个 TextWriter，使其以一种特定的编码向流中写入字符
StringReader	实现从字符串进行读取的 TextReader
StringWriter	实现一个用于将信息写入字符串的 TextWriter，信息存储在 StringBuilder 中
TextReader	表示可读取连续字符系列的阅读器
TextWriter	表示可以编写一个有序字符系列的编写器。该类为抽象类

表 10-1 列出的 System.IO 命名空间的类中，通过 DriveInfo 类获取磁盘信息；Directory 和 DirectoryInfo 类操作目录；File 类和 FileInfo 类操作文件，下面将对它们进行介绍。

10.1.2 通过 DriveInfo 类浏览磁盘信息

浏览硬盘信息是指如何在客户端得知服务器上都有哪些驱动器，类型是什么(光驱或者网络驱动器)，可用空间和卷标等。通过这些信息，可以准确地分析出服务器的运行状态。DriveInfo 可以对计算机上的驱动器进行操作，该类只包含一个 GetDrives()静态方法，用于检索计算机上所有逻辑驱动器的名称，并返回一个包含驱动器列表的数组。

除了方法而外，DriveInfo 类还提供多个与驱动器相关的操作实例属性，常用属性的说明如表 10-2 所示。

表 10-2 通过 DriveInfo 类浏览硬盘信息

常用属性	说 明
AvailableFreeSpace	指示驱动器上的可用空闲空间量
DriveFormat	获取文件系统的名称，例如 NTFS 或 FAT32
DriveType	获取驱动器类型

续表

常用属性	说 明
IsReady	获取一个指示驱动器是否已准备好的值
Name	获取驱动器的名称
RootDirectory	获取驱动器的根目录
TotalFreeSpace	获取驱动器上的可用空闲空间总量
TotalSize	获取驱动器上存储空间的总大小
VolumeLabel	获取或设置驱动器的卷标

在表 10-2 中，通过 DriveType 属性可以获取驱动器的类型，它的值是枚举类型 DriveType 的值之一，说明如下。

- CDRom：此驱动器是一个光盘设备，例如 CD 或 DVD-ROM。
- Fixed：此驱动器是一个固定磁盘。
- Network：此驱动器是一个网络驱动器。
- NoRootDirectory：此驱动器没有根目录。
- Ram：此驱动器是一个 RAM 磁盘。
- Removable：此驱动器是一个可移动存储设备，例如软盘驱动器或者 USB 闪存驱动器。
- Unknown：驱动器类型未知。

【例 10-1】本例提供一个所有的驱动器列表，要用户选择一个驱动器后输出指定驱动器的信息，包括驱动器名称、可用空间、总空间、驱动器类型以及驱动器卷标等。操作步骤如下。

(1) 创建 DriveInfoOper.aspx 页面并向该页面添加一个 DropDownList 控件和 Label 控件，前者显示驱动器列表，后者用于显示驱动器信息。

(2) 在页面后台的 Load 事件中添加代码，这些代码显示可用驱动器列表。代码如下：

```
protected void Page_Load(object sender, EventArgs e)
{
    DriveInfo[] allDrives = DriveInfo.GetDrives(); //获取所有的驱动器列表
    foreach (DriveInfo d in allDrives) {           //遍历驱动器
        ddlShow.Items.Add(d.Name);                 //添加到下拉列表框
    }
}
```

(3) 设置 DropDownList 控件的 AutoPostBack 属性设置为 True，并且为该控件添加 SelectedIndexChanged 事件，在该事件中输出各种驱动器信息。代码如下：

```
protected void ddlShow_SelectedIndexChanged(object sender, EventArgs e)
{
    DriveInfo d = new DriveInfo(ddlShow.SelectedItem.ToString());
    //获取用户选择的驱动器
    if (d.IsReady == true) {                  //判断驱动器是否可用
        lblInfo.Text = "驱动器名称: " + d.Name + "<br/>";
        lblInfo.Text += "驱动器类型: " + d.DriveType + "<br/>";
```

```
            lblInfo.Text += "驱动器卷标: " + d.VolumeLabel + "<br/>";
            lblInfo.Text += "驱动器根目录: " + d.RootDirectory + "<br/>";
            lblInfo.Text += "文件系统名称: " + d.DriveFormat + "<br/>";
            lblInfo.Text +=
              "驱动器可用空间:" + d.AvailableFreeSpace + " bytes" + "<br/>";
            lblInfo.Text +=
              "驱动器上可用空闲空间总量:" + d.TotalFreeSpace + " bytes" + "<br/>";
            lblInfo.Text += "驱动器空间大小:" + d.TotalSize + "bytes " + "<br/>";
        } else {
            lblInfo.Text = "驱动器还没有准备好。";
        }
    }
```

(4) 运行该页面时，首先可以看到当前计算机上所有可用的驱动器列表，从中选择一项后，可以查看磁盘信息，如图 10-1 所示。

图 10-1　通过 DriveInfo 类浏览磁盘目录

10.2　目录处理类

使用目录可以对文件进行归纳，例如，对一个网站新建一个目录，然后通过编程的方式获取目录的大小。处理目录时，可以通过 System.IO 命名空间下的 Directory 类和 DirectoryInfo 类来实现，它们可以完成对目录及其子目录的创建、移动和浏览等操作，下面介绍这两个常用的类。

10.2.1　Directory 类

Directory 是一个静态类，该类提供了一系列操作目录的静态方法，在调用静态方法之前，不必创建该类的实例。使用 Directory 类的静态方法可以创建、移动、枚举目录和子目录等，表 10-3 列出了常用的静态方法。

表 10-3　Directory 类的常用静态方法

方法名称	说　明
CreateDirectory()	创建一个指定路径的目录
Delete()	删除一个指定路径的目录
Exists()	判断指定路径的目录是否存在，如果存在返回 true，否则返回 false
EnumerateDirectories()	返回指定路径中与搜索模式匹配的目录名称的可枚举集合， 还可以搜索子目录
GetCreationTime()	返回指定目录的创建时间和日期
SetCreationTime()	为指定的文件或目录设置创建日期和时间
GetCurrentDirectory()	获取应用程序的当前工作目录
SetCurrentDirectory()	将应用程序的当前工作目录设置为指定的目录
GetDirectories()	获取指定目录中子目录，返回为字符串数组
GetDirectoryRoot()	返回指定路径的卷信息、根信息或两者同时返回
GetFiles()	获取指定目录下的文件，返回为字符串数组
GetFileSystemEntries()	获取指定目录中的所有文件和子目录
GetLastAccessTime()	返回上次访问指定文件或目录的日期和时间
SetLastAccessTime()	设置上次访问指定文件或目录的日期和时间
GetLastWriteTime()	返回上次写入指定文件或目录的日期和时间
SetLastWriteTime()	设置上次写入目录的日期和时间
Move()	将指定目录及其内容移动到新的位置

在上述表中，可以通过 Directory 类提供的 GetLastAccessTime()和 GetLastWriteTime()等方法获取基本信息。

【例 10-2】 例如，首先判断“E:\MyInfo\Novel”目录是否存在，如果不存在，给出提示，否则输出基本信息。代码如下：

```
protected void Page_Load(object sender, EventArgs e)
{
    string dipath = @"E:\MyInfo\Novel";
    if (Directory.Exists(dipath)) { //如果目录存在
        lblInfo.Text =
          "创建时间：" + Directory.GetCreationTime(dipath).ToString();
        lblInfo.Text += "最后一次访问时间："
          + Directory.GetLastAccessTime(dipath).ToString();
        lblInfo.Text += "最后一次写入时间："
          + Directory.GetLastWriteTime(dipath).ToString();
    } else {
        Response.Write("<script>alert('Novel 目录不存在。')</script>");
    }
}
```

10.2.2 DirectoryInfo 类

DirectoryInfo 类与 Directory 类一样，用于对目录进行管理。但是 DirectoryInfo 类需要实例化才可以调用其方法，从而有效地对一个目录进行多种操作。DirectoryInfo 类在实例化后，可以获取目录的创建时间和最后修改时间等状态。

1. DirectoryInfo 类的属性

DirectoryInfo 类提供了 4 个属性，用来获取目录的名称、父目录和根等，说明如下。

- Exists：判断指定路径的目录是否存在，如果存在，则返回 True，否则返回 False。
- Name：获取目录的名称。
- Parent：获取指定子目录的父目录名称。
- Root：获取目录的根部分。

另外，DirectoryInfo 类还从 FileSystemInfo 类中继承了 9 个属性，如表 10-4 所示。

表 10-4 DirectoryInfo 类从 FileSystemInfo 继承的属性

属性名称	说　明
Attributes	获取或设置当前目录的 FileAttributes
CreationTime	获取或设置当前目录的创建时间
CreationTimeUtc	获取或设置当前目录的创建时间，其格式为 UTC 时间
Extension	获取表示文件扩展名部分的字符串
FullName	获取目录或文件的完整目录
LastAccessTime	获取或设置上次访问当前文件或目录的时间
LastAccessTimeUtc	获取或设置上次访问当前文件或目录的时间，其格式为 UTC 时间
LastWriteTime	获取或设置上次写入当前文件或目录的时间
LastWriteTimeUtc	获取或设置上次写入当前文件或目录的时间，其格式为 UTC 时间

【例 10-3】利用 DirectoryInfo 类的实例属性获取“E:\Program Files\Mozilla Firefox”目录的状态信息，包括目录创建时间、完整路径、最后一次访问和修改时间等。

实现步骤如下。

(1) 向新建的窗体页中添加一个 Label 控件，该控件用于显示目录的状态信息。

(2) 向页面后台的 Load 事件中添加代码，首先声明目录路径的 path 变量，接着创建 DirectoryInfo 类的实例对象，最终向 Label 控件中输出结果。代码如下：

```
protected void Page_Load(object sender, EventArgs e)
{
    string path = @"E:\Program Files\Mozilla Firefox";
    DirectoryInfo di = new DirectoryInfo(path);
    lblInfo.Text = "目录创建时间：" + di.CreationTime.ToShortDateString()
      + "<br/>完整路径：" + di.FullName
      + "<br/>最后一次访问时间：" + di.LastAccessTime
      + "<br/>最后一次修改时间：" + di.LastWriteTime
      + "<br/>目录名称：" + di.Name
```

```
    + "<br/>父目录：" + di.Parent
    + "<br/>所在驱动器：" + di.Root.ToString();
}
```

(3) 运行页面查看结果，如图 10-2 所示。

图 10-2　通过 DirectoryInfo 类的实例属性获取信息

2. DirectoryInfo 类的方法

除了属性外，DirectoryInfo 类还提供了多个操作目录的方法，使用者调用这些方法可以对目录进行操作，表 10-5 对常用的方法进行了说明。

表 10-5　DirectoryInfo 类的常用方法

方法名称	说　明
Create()	创建目录
CreateSubdirectory()	在指定的路径中创建一个或多个子目录
Delete()	删除指定的目录路径
EnumerateDirectories()	返回当前目录中的目录信息的可枚举集合
EnumerateFiles()	返回当前目录中的文件信息的可枚举集合
GetDirectories()	返回当前目录的子目录
GetFiles()	返回当前目录的文件列表
GetFileSystemInfos()	检索表示当前目录的文件和子目录的强类型 FileSystemInfo 对象的数组
MoveTo()	将 DirectoryInfo 实例及其内容移动到新路径

10.3　目 录 操 作

在 10.2 节中已经介绍了常用的 Directory 类和 DirectoryInfo 类，下面会利用这两个类的常用方法来操作目录。

10.3.1　创建目录

创建目录是指在指定的路径中添加新的文件夹。在 ASP.NET 中，创建目录有以下 3

种方式。

1. Directory 类的 CreateDirectory()方法

Directory 类的 CreateDirectory()静态方法可以创建目录，该方法返回一个 DirectoryInfo 对象。它的两种构造形式如下：

```
CreateDirectory(string path)
CreateDirectory(string path, DirectorySecurity directorySecurity)
```

在上述形式中，path 参数指定要创建的目录路径，它可以是一个绝对路径，也可以是一个相对路径。例如“C:\\MyDir”、“MyDir\\MySubdir”或者“\\\\MyServer\\MyShare”等都是可以接受的路径；directorySecurity 参数应用指定的 Windows 安全性。

2. DirectoryInfo 类的 Create()方法和 CreateSubdirectory()方法

Create()实例方法直接创建该目录；CreateSubdirectory()方法在指定的路径中创建一个或者多个子目录。Create()方法和 CreateSubdirectory()方法也有两种形式，这两种构造形式与 Directory 类的 Create()方法相似，这里不再详细介绍。

【例 10-4】利用 DirectoryInfo 类的 Create()和 CreateSubdirectory()两个实例方法创建一个目录和子目录。操作步骤如下。

(1) 向新建的页面中添加一个 TextBox 控件，供用户输入目录和路径。代码如下：

```
创建目录的完整路径：
<asp:TextBox ID="txtCreateDirectory" runat="server"></asp:TextBox>
(例如：E:\MyName\Love)
```

(2) 继续向页面中添加两个 RadioButton 控件，这两个控件供用户选择是否创建一个默认目录。代码如下：

```
是否为该目录创建一个默认的“电影”子目录：
<asp:RadioButton ID="rbTrue" runat="server" GroupName="IsSon" />是
<asp:RadioButton ID="rbFalse" runat="server" Checked="true"
  GroupName="IsSon" />否
```

(3) 向页面中添加 Button 控件和 Label 控件，前者用于执行添加操作，后者则显示操作后的结果。代码如下：

```
<asp:Button ID="btnCreate" runat="server" Text=" 创 建 "
  OnClick="btnCreate_Click" /><br /><br />
<asp:Label ID="lblResult" runat="server"></asp:Label>
```

(4) 从上一个步骤中可以看出，Button 控件有一个 Click 事件，该事件中的代码用于创建目录和子目录。代码如下：

```
protected void btnCreate_Click(object sender, EventArgs e)
{
    string directory = txtCreateDirectory.Text;        //创建目录路径
    DirectoryInfo di = new DirectoryInfo(directory);
    if (di.Exists) {                                   //创建的目录已经存在
```

```
            lblResult.Text = "很抱歉，该目录已经存在，请重新输入。";
        } else {                                    //创建的目录不存在
            di.Create();
            if (rbTrue.Checked) {                   //确定创建子目录
                di.CreateSubdirectory("电影");
            }
            lblResult.Text = "恭喜您，已经添加目录成功。";
        }
    }
```

(5) 运行页面，输入内容进行测试，效果如图 10-3 所示。从该图中可以看出，可以在“D:\Things”目录下创建 Love 文件夹，并且在 Love 文件夹下创建一个默认名称是“电影的”目录。

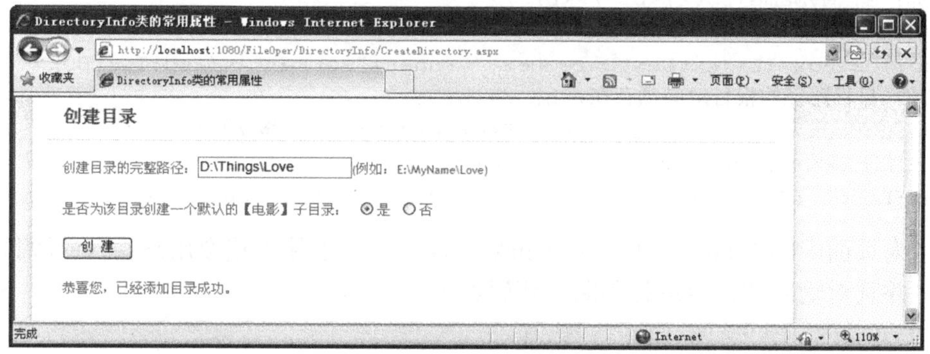

图 10-3　创建目录成功时的效果

10.3.2　移动目录

移动目录是指将当前目录移动到新的位置。它的工作原理是：首先创建目标目录，然后创建目录中的内容，再将被移动的源目录删除。ASP.NET 中移动目录有两种方法：Directory 类的 Move()方法和 DirectoryInfo 类的 MoveTo()方法。

1．Directory 类的 Move()方法

直接调用 Directory 类的 Move()静态方法时，需要传入两个参数：第一个参数指定要移动的目录路径，即源路径；第二个参数表示目标目录路径，可以使用相对目录引用和绝对目录引用。基本形式如下：

```
public static void Move(string sourceDirName, string destDirName)
```

2．Directory 类的 MoveTo()方法

MoveTo()方法也可以用来实现文件的移动功能，使用该方法时需要传入一个参数，它表示一个目录路径。基本形式如下：

```
public static void MoveTo(string destDirName)
```

使用 Move()或者 MoveTo()方法在移动目录时，源路径和目标路径必须具有相同的根。移动操作在不同的磁盘卷之间无效，如源文件和目标文件必须在 F 盘，若一个在 F 盘另一个在 G 盘则会报错。

【例 10-5】 用户可以在页面中输入要移动的源目录和目标目录，然后单击按钮实现移动效果。操作步骤如下。

(1) 向新建的页面中添加两个 TextBox 控件、一个 Button 控件和 Label 控件。其中 TextBox 控件用于输入源目录和目标目录；Button 控件执行目录移动操作；Label 控件显示结果。相关的代码如下：

```
目录的 源 路径：
<asp:TextBox ID="txtSourceDirectory" runat="server"></asp:TextBox>
(例如：E:\MyName\Love)<br /><br />
目录的目标路径：
<asp:TextBox ID="txtDestDirectory" runat="server"></asp:TextBox>
(注意：目标路径的根目录必须存在)<br /><br />
<asp:Button ID="btnMove" runat="server" Text=" 移 动 "
  OnClick="btnMove_Click" /><br /><br />
<asp:Label ID="lblResult" runat="server"></asp:Label>
```

(2) 为页面中的 Button 控件添加 Click 事件，在该事件中获取用户输入的源目录和目标目录，并且对输入的内容进行判断。代码如下：

```
protected void btnMove_Click(object sender, EventArgs e)
{
    string directory = txtSourceDirectory.Text;        //创建源目录
    DirectoryInfo di = new DirectoryInfo(directory);
    if (di.Exists) {                                   //如果源目录存在，则进行移动
        string dest = txtDestDirectory.Text;           //目标目录路径
        if (!Directory.Exists(dest)) {                 //如果目标文件不存在
            di.MoveTo(dest);
            lblResult.Text = "移动成功，现在可以在目标路径中查看了。";
        }
    } else {                                           //否则提示移动失败
        lblResult.Text = "很抱歉，您要移动的目录并不存在，请重新输入。";
    }
}
```

(3) 运行页面，输入内容进行测试，效果如图 10-4 所示。

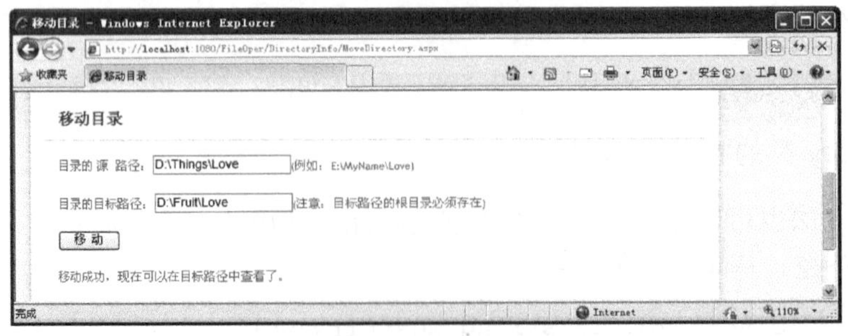

图 10-4　移动目录成功时的效果

在移动目录时，必须确保目标目录的根目录存在。但是，如果目标目录与源目录路径的根目录相同，此时 Move()方法就不再移动而是重命名目录。下面直接将 D:\MyDir\MyNew 目录重命名为 D:\MyDir\New，它们具有相同的根目录“D:\\MyDir”：

```
Directory.Move("D:\\MyDir\\MyNew", "D:\\MyDir\\New");
```

如果在调用 move()方法时，出现“被移动的目录访问被拒绝”的错误，则说明没有移动那个路径的权限，或者是要移动的目录中存在其他进程正在使用的文件。

10.3.3　删除目录

删除目录时可以通过 Delete()方法，Directory 类和 DirectoryInfo 类中都提供了该方法，但是它们稍微有点差别。

1. Directory 类的 Delete()方法

调用 Directory 类的 Delete()静态方法可以直接删除指定的目录。Delete()方法有以下两种构造形式：

```
public Delete(string path);
public Delete(string path, bool recursive);
```

使用上述两种构造形式都可以删除目录，第一个构造方法表示从指定路径删除空目录，path 表示用户输入的指定目录；第二个构造方法表示删除指定的目录并删除该目录中的任何子目录，如果要删除 path 中的目录、子目录和文件，则为 true，否则为 false。

【例 10-6】用户可以向页面中输入要删除的目录，并且选择是否删除目录下的所有子内容(包括子目录和子文件)。实现步骤如下。

(1)　向新建的页面中分别添加 TextBox 控件、RadioButton 控件、Button 控件以及 Label 控件。其中，TextBox 控件用于提供用户输入；RadioButton 控件向用户提供选择；Button 控件执行删除操作；Label 控件显示删除结果。代码如下：

```
要删除的目录：<asp:TextBox ID="txtDeleteDirectory" runat="server">
</asp:TextBox><br /><br />
是否删除该目录下的所有子内容：
<asp:RadioButton ID="rbTrue" runat="server" GroupName="Dele" Checked="true" />是
<asp:RadioButton ID="rbFalse" runat="server" GroupName="Dele" />否<br /><br />
<asp:Button ID="btnDelete" runat="server" Text=" 删 除 "
  OnClick="btnDelete_Click" /><br /><br />
<asp:Label ID="lblResult" runat="server"></asp:Label>
```

(2)　为 Button 控件添加 Click 事件，向 Click 事件中添加代码。代码如下：

```
protected void btnDelete_Click(object sender, EventArgs e)
{
    string delpath = txtDeleteDirectory.Text;        //要删除的目录
    if (Directory.Exists(delpath)) {                 //删除的目录存在时
        try
```

```
                if (rbTrue.Checked)
                    Directory.Delete(delpath, true);
                else
                    Directory.Delete(delpath, false);
                lblResult.Text = "恭喜您，删除目录成功。";
            } catch (Exception ex) {
                lblResult.Text = "删除过程中出现错误。错误原因是：" + ex.Message;
            }
        } else {
            lblResult.Text = "很抱歉，您要删除的目录并不存在。";
        }
    }
```

在上述代码中，首先判断要删除的目录是否存在，如果存在，则判断是否选择删除目录下的所有子内容，如果是，则向 Delete()方法的第二个参数传入 True。

(3) 运行页面，查看效果，将“D:\Fruit\Love”目录删除，并且不删除子内容，此时的效果如图 10-5 所示。

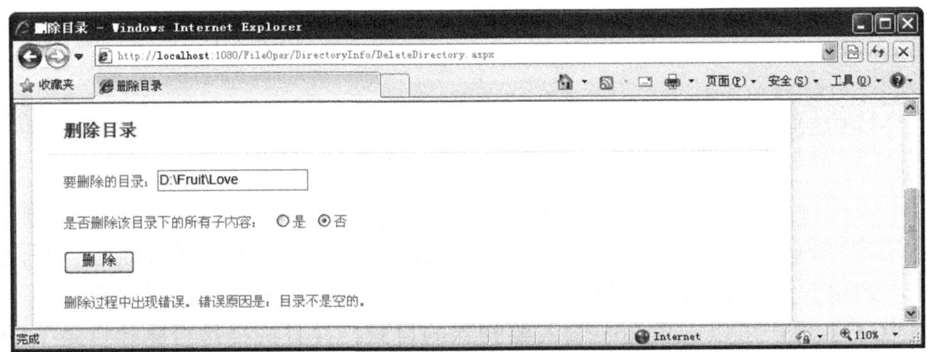

图 10-5　删除目录失败时的提示效果

用户可以重新在页面中的选择，将“否”取消选中，将“是”选中，重新单击“删除”按钮并观察效果，这时可以将该目录删除，同时删除该目录下名称为“电影”的子目录。

2. DirectoryInfo 类的 Delete()方法

调用 DirectoryInfo 类的 Delete()实例方法也可以删除指定的文件夹，该方法也有两种重载形式，这两种形式与 Directory 的 Delete()方法很相似。形式如下：

```
public Delete();
public Delete(bool recursive);
```

10.3.4　遍历目录

遍历目录是指获取指定目录下的子目录和文件，例如，用户在删除目录时可以首先遍历目录中的内容，判断该目录下是否包含其他子目录和文件。Directory 类和 DirectoryInfo 类都提供了多个方法遍历目录，常用的方法说明如下。

- Directory 类的 GetDirectories()方法：返回指定目录中子目录的名称。

- Directory 类的 GetFiles()方法：返回指定目录中文件的名称。
- Directory 类的 GetFileSystemEntries()方法：返回指定目录中所有文件和子目录的名称。
- DirectoryInfo 类的 GetDirectories()方法：返回当前目录的子目录。
- DirectoryInfo 类的 GetFiles()方法：返回当前目录的文件列表。
- DirectoryInfo 类的 GetFileSystemInfos()方法：返回表示某个目录中所有文件和子目录的强类型 FileSystemInfo 项的数组。

在上面列出的方法中，有的方法只能获取目录的子目录；有些方法只能获取文件；还有一些方法既可以获取目录，又可以获取文件。

1. 获取目录列表

Directory 类和 DirectoryInfo 类都提供了 GetDirectories()方法来获取列表。不同的是，这两个方法一个是静态的，一个是动态的。静态的 GetDirectories()方法返回一个字符串数组；动态的 GetDirectories()方法返回一个 DirectoryInfo 数组。

以 Directory 类的 GetDirectories()方法为例，形式如下：

```
public static string[] GetDirectories(string path);
public static string[] GetDirectories(string path, string searchPattern);
public static string[] GetDirectories(string path, string searchPattern,
  SearchOption searchOption);
```

在上述形式中，path 参数表示目录名称，执行后会返回该目录中所包含的所有文件。在接受两个参数的方法中，第 2 个参数表示指定目录中要匹配的文本名，如果存在，就返回所匹配文件的绝对目录，否则不返回任何信息。第 3 个参数用于指定搜索操作应包括所有子目录还是仅包括当前目录。

DirectoryInfo 类的 GetDirectories()方法构造形式与 Directory 类相似，它也有 3 种构造形式。基本形式如下：

```
public static string[] GetDirectories();
public static string[] GetDirectories(string searchPattern);
public static string[] GetDirectories(string searchPattern,
  SearchOption searchOption);
```

【例 10-7】根据用户向页面中输入的内容查看目录下的所有子目录，并且显示目录的名称、完整路径和创建时间等内容。实现步骤如下。

(1) 向页面中添加 TextBox 控件、Button 控件以及表格。其中 TextBox 控件向用户提供输入；Button 控件向用户提供操作；而表格则显示目录列表。代码如下：

```
要查看的目录：<asp:TextBox ID="txtDirectoryList" runat="server">
</asp:TextBox>
<asp:Button ID="btnShow" runat="server" Text=" 查 看 "
  OnClick="btnShow_Click" /><br /><br />
<div id="divShow">
    <table style="font-size: 14px; width: 100%">
        <thead>
```

```
            <tr><td style="width: 30%">目录名称</td>
            <td style="width: 30%">完整路径</td>
            <td style="width: 40%">创建时间</td></tr>
        </thead>
        <tbody id="contentShow" runat="server">
        </tbody>
    </table>
</div>
```

(2) 为 Button 控件添加 Click 事件，在该事件中，首先创建 DirectoryInfo 类的实例并判断目录是否存在。如果存在，则通过 DirectoryInfo 类的 GetDirectories()方法获取到该目录下的子目录列表，并将结果保存到 DirectoryInfo 数组变量中。最后通过 foreach 循环语句进行遍历，将最终的结果显示到页面的 tbody 元素中。

代码如下：

```
protected void btnShow_Click(object sender, EventArgs e)
{
    string directory = txtDirectoryList.Text;               //要查看的目录
    DirectoryInfo di = new DirectoryInfo(directory);
    if (di.Exists) {                                         //如果查看的目录存在
        //获取到的目录子目录列表
        DirectoryInfo[] direcList = di.GetDirectories();
        string info = "";
        foreach (DirectoryInfo item in direcList) {         //遍历获取到的目录
            info += "<tr><td>" + item.Name + "</td><td>"
              + item.FullName + "</td><td>" + item.CreationTime + "</td>";
        }
        contentShow.InnerHtml = info;
    } else {
        contentShow.InnerText = "很抱歉，您要查看的目录并不存在。";
    }
}
```

(3) 运行页面，输入内容后单击“查看”按钮，这时会显示当前目录下的所有子目录，效果如图 10-6 所示。

图 10-6　查看当前目录下的所有子目录

2. 获取文件列表

Directory 类和 DirectoryInfo 类中都提供了一个 GetFiles()方法，该方法用于获取目录下的文件列表。Directory 类的 GetFiles()静态方法返回一个字符串数组，而 DirectoryInfo 类的 GetFiles()实例方法则返回一个 FileInfo 类型的数组，遍历数组时，可以通过 FileInfo 对象的属性获取文件基本信息。

【例 10-8】在例 10-7 的基础上进行更改，用户输入目录后单击按钮，可以获取该目录下的所有子文件列表。重新为按钮添加 Click 事件代码，这段代码通过 DirectoryInfo 类的 GetFiles()方法获取文件列表。代码如下：

```
protected void btnShow_Click(object sender, EventArgs e)
{
    string directory = txtDirectoryList.Text;       //要查看的目录
    DirectoryInfo di = new DirectoryInfo(directory);
    if (di.Exists) {                     //如果查看的目录存在
        FileInfo[] filelist = di.GetFiles();   //获取到的目录子文件列表
        string info = "";
        foreach (FileInfo item in filelist) {       //遍历获取到的目录
            info += "<tr><td>" + item.Name + "</td><td>" + item.FullName
              + "</td><td>" + item.CreationTime + "</td>";
        }
        contentShow.InnerHtml = info;
    } else {
        contentShow.InnerText = "很抱歉，您要查看的目录并不存在。";
    }
}
```

运行页面，输入内容后单击“查看”按钮，这时会列出当前目录下的所有子文件，效果如图 10-7 所示。

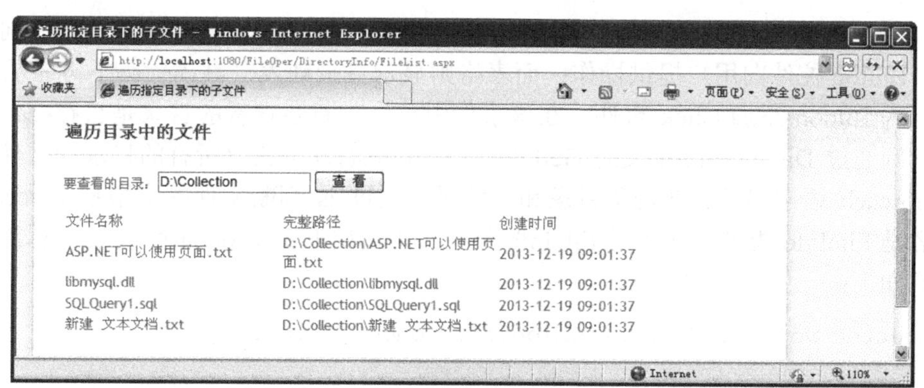

图 10-7 遍历当前目录下的所有子文件

3. 获取目录和文件列表

Directory 类和 DirectoryInfo 类中都分别提供了用于获取目录与文件的方法，那么有没有提供一种方法既可以获取到目录，也可以获取到文件呢，这是当然的。

Directory 类中提供了 GetFileSystemEntries()方法，它返回一个字符串数组；DirectoryInfo 中提供了 GetFileSystemInfos()方法，它返回一个 FileSystemInfo 类型的数组。这两个方法都有 3 种构造形式，其构造形式与前两种方法相似，这里不再详细介绍。

FileSystemInfo 类中包含文件和目录操作所共有的方法，该类可以表示文件或目录，从而可以作为 FileInfo 或 DirectoryInfo 对象的基础。当分析许多文件和目录时，可以使用该类，如表 10-6 所示列出了 FileSystemInfo 的常用属性。

表 10-6　FileSystemInfo 类的常用属性

属性名称	说　明
Attributes	获取或设置当前文件或目录的特性
CreationTime	获取或设置当前文件或目录的创建时间
Exists	获取指示文件或目录是否存在的值
Extension	获取表示文件扩展名部分的字符串
FullName	获取目录或文件的完整目录
LastAccessTime	获取或设置上次访问当前文件或目录的时间
LastWriteTime	获取或设置上次写入当前文件或目录的时间
Name	对于文件，获取该文件的名称。对于目录，如果存在层次结构，则获取层次结构中最后一个目录的名称。否则 Name 属性获取该目录的名称

FileSystemInfo 类中还会使用到两个字段：FullPath 字段表示目录或文件的完全限定目录；OriginalPath 表示最初由用户指定的目录(不论是相对目录还是绝对目录)。

【例 10-9】继续在前面示例页面的基础上更改代码，当用户输入目录并单击按钮后显示所有的目录和文件，除了显示名称、完整路径和创建时间外，还会显示文件类型。如果是文件夹，则直接显示输出“文件夹”，如果是文件，则输出扩展名部分的字符串。实现步骤如下。

(1)　向页面中添加 TextBox 控件、Button 控件以及表格。其中 TextBox 控件向用户提供输入；Button 控件向用户提供操作；而表格则显示目录列表，具体代码不再显示。

(2)　为 Button 添加 Click 事件，在该事件中首先判断要查看的目录是否存在。如果目录存在，则通过 DirectoryInfo 类的 GetFileSystemInfos()方法获取所有的目录和文件列表，再通过 foreach 语句遍历。在遍历目录和文件时，通过 is 判断文件的类型是 DirectoryInfo 类型或者是 FileInfo 类型，如果是 FileInfo 类型，则调用 Extension 属性获取扩展名。

代码如下：

```
protected void btnShow_Click(object sender, EventArgs e)
{
    string directory = txtDirectoryList.Text;                //要查看的目录
    DirectoryInfo di = new DirectoryInfo(directory);
    if (di.Exists) {                                     //如果查看的目录存在
        //获取目录的子目录和子文件
        FileSystemInfo[] sysList = di.GetFileSystemInfos();
        string info = "";
        foreach (FileSystemInfo item in sysList) {       //遍历获取到的目录
```

```
            if (item is DirectoryInfo)          //如果是文件夹
                info += "<tr><td>" + item.Name + "</td><td>文件夹</td><td>"
                  + item.FullName + "</td><td>" + item.CreationTime + "</td>";
            else                                //如果是文件
                info += "<tr><td>" + item.Name + "</td><td>"
                  + item.Extension + "文件</td><td>" + item.FullName
                  + "</td><td>" + item.CreationTime + "</td>";
        }
        contentShow.InnerHtml = info;
    } else {
        contentShow.InnerText = "很抱歉，您要查看的目录并不存在。";
    }
}
```

(3) 运行本例的代码，查看效果，这时会输出当前目录下的所有内容，包括子目录和子文件，效果如图 10-8 所示。

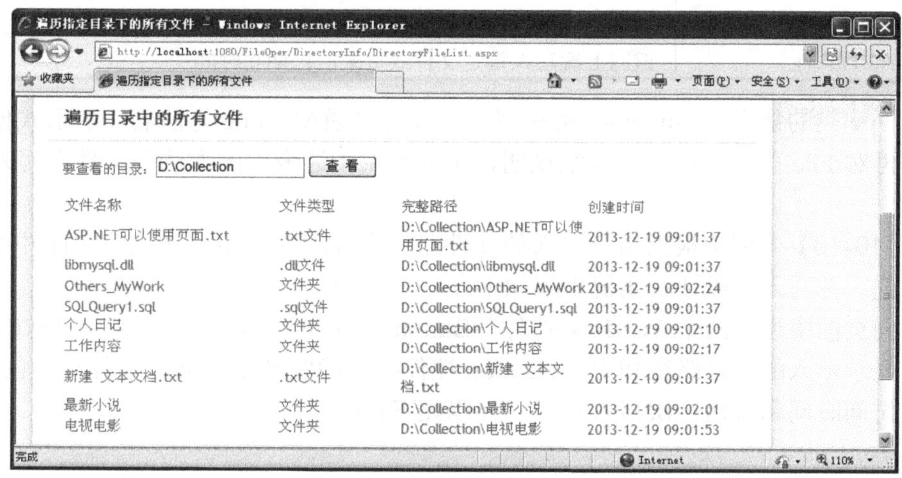

图 10-8　输出目录中的所有文件(子目录和子文件)

10.4　文件处理类

目录与文件的关系很密切，因此介绍过目录之后，就不得不提到文件操作。文件是一个具体的内容，例如 MyName.txt 就是一个记事本文件，“小说.rar”则是一个压缩包文件。

System.IO 命名空间下提供了 File 静态类和 FileInfo 实例类操作文件，下面分别对它们进行介绍。

10.4.1　File 类

System.IO 命名空间下提供的 File 类是一个静态类，它所提供的方法都是静态方法，使用这些方法可以创建、复制、删除、移动以及打开文件。通过 File 类可以协助创建 FileStream 对象，表 10-7 列出了 File 类的常用方法。

表 10-7　File 类的常用方法

方法名称	说　明
Create()	在指定路径中创建文件
Copy()	将指定文件复制到新文件
Delete()	删除指定的文件
Exists()	判断指定的文件是否存在
Open()	打开指定的文件
OpenRead()	打开文件进行读取
OpenWrite()	打开文件进行写入
OpenText()	打开文本文件进行读取
Move()	将指定文件移到新位置，并提供指定新文件名的选项
GetCreationTime()	返回指定文件或目录的创建日期和时间
GetLastAccessTime()	返回上次访问指定文件或目录的日期和时间
GetLastWriteTime()	返回上次写入指定文件或目录的日期和时间

由于 File 类的使用与 Directory 类相似，可以直接通过“File.方法名”的形式使用，因此这里不再对 File 类的方法进行详细说明，下面利用上述表中的方法向文件中写入内容后进行读取。

【例 10-10】本例中根据用户输入的文件路径进行读取，如果读取的文件并不存在，则进行创建，并写入一段话。实现步骤如下。

(1)　向页面中添加两个 TextBox 控件、Button 控件和 Label 控件。其中 TextBox 控件分别用于显示输入的文件路径和内容；Button 控件执行读取操作；Label 控件显示创建时间、最后一次访问时间和最后一次写入时间。代码如下：

```
要读取的文件：<asp:TextBox ID="txtFile" runat="server"></asp:TextBox>
<asp:Button ID="btnRead" runat="server" Text=" 读 取 "
  OnClick="btnRead_Click" /><br /><br />
<div id="divShow">
    <asp:Label ID="lblShow" runat="server"></asp:Label>
    <br /><br />读取内容：<br />
    <asp:TextBox ID="txtShowContent" runat="server" TextMode="MultiLine"
      Width = "420px" Height = "150px">
    </asp:TextBox>
</div>
```

(2)　为 Button 控件添加 Click 事件，代码如下：

```
protected void btnRead_Click(object sender, EventArgs e)
{
    string filepath = txtFile.Text;      //要读取的文件路径
    if (!File.Exists(filepath)) {        //如果文件不存在则创建，并写入一段内容
        using (FileStream fs = File.Create(filepath)) {  //重新创建一个文件
            Byte[] info = new UTF8Encoding(true).GetBytes(
              "我必须要写入一些内容进行查看了，自己写得总是好的嘛。嘻嘻");
```

```
            fs.Write(info, 0, info.Length);      //将指定的内容写入到文件中
        }
    }
    lblShow.Text = "创建时间："
      + File.GetCreationTime(filepath).ToString("yyyy-MM-dd hh:mm:ss")
      + "<br/>最后一次访问时间："
      + File.GetLastAccessTime(filepath).ToString("yyyy-MM-dd hh:mm:ss")
      + "<br/>最后一次写入时间："
      + File.GetLastWriteTime(filepath).ToString("yyyy-MM-dd hh:mm:ss");
    txtShowContent.Text = "";
    using (StreamReader sr = File.OpenText(filepath)) {  //打开文件读取内容
        string s = "";
        while ((s = sr.ReadLine()) != null) {
            txtShowContent.Text += s + "\r\n";
        }
    }
}
```

上述代码中，通过 File 类的 Exists()方法判断文件是否存在，若不存在，则通过 Create()方法创建，并向该文件中写入一段内容。分别通过 GetCreationTime()、GetLastAccessTime()和 GetLastWriteTime()方法获取文件的基本信息，最后通过 OpenText()方法打开文件，返回一个 StreamReader 对象，调用该对象的 ReadLine()方法读取内容。

(3) 运行页面，输入文件路径后单击按钮进行查看，效果如图 10-9 所示。

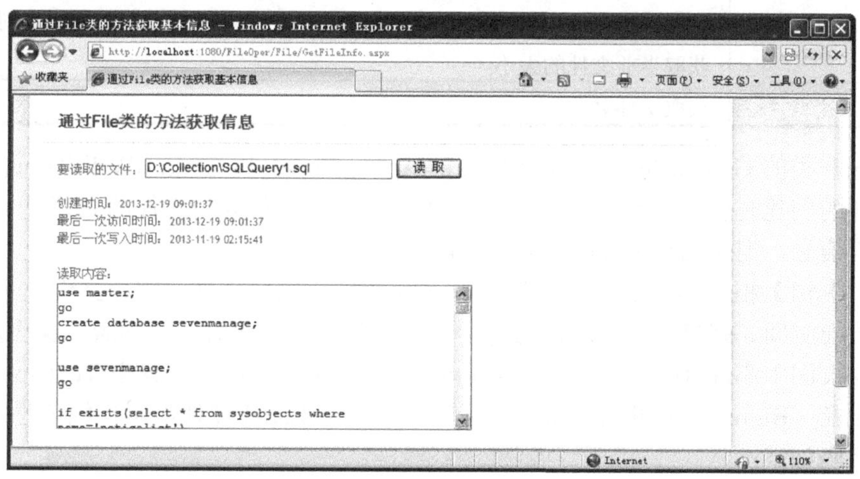

图 10-9　通过 File 类的静态方法获取信息和内容

10.4.2　FileInfo 类

FileInfo 类与 DirectoryInfo 类一样，也是一个密封类，不能被继承。该类提供创建、复制、删除、移动和打开文件的实例方法，并且帮助创建 FileStream 对象。

如果用户打算多次重用某个对象，可以考虑使用 FileInfo 类的实例方法，而不是 File 类的静态方法，因此 FileInfo 的实例方法并不总是需要进行安全检查。

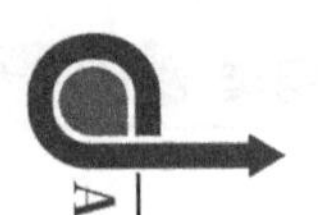

1. 常用属性

FileInfo 类作为一个实例对象操作类，提供了许多属性，用来获取文件的相关信息，常用属性如表 10-8 所示。

表 10-8 FileInfo 类的常用属性

属性名称	说　明
Attributes	获取或设置当前 FileSystemInfo 的 FileAttributes 属性
CreationTime	获取或设置当前 FileSystemInfo 对象的创建时间
CreationTimeUtc	获取或设置当前 FileSystemInfo 对象的创建时间，其格式为通用 UTC 时间
Directory	获取父目录的实例
DirectoryName	获取表示目录的完整路径的字符串
Exists	获取指示文件是否存在的值
Extension	获取表示文件扩展名部分的字符串
FullName	获取目录或文件的完整目录
IsReadOnly	获取或设置确定当前文件是否为只读的值
LastAccessTime	获取或设置上次访问当前文件或目录的时间
LastAccessTimeUtc	获取或设置上次访问当前文件或目录的时间，其格式为通用 UTC 时间
LastWriteTime	获取或设置上次写入当前文件或目录的时间
LastWriteTimeUtc	获取或设置上次写入当前文件或目录的时间，其格式为通用 UTC 时间
Length	获取当前文件的大小
Name	获取文件名

通过 File 类的 GetCreationTime()、GetLastAccessTime()和 GetLastWriteTime()方法只能获取到文件的创建时间、上次访问和写入时间。它们不能获取到文件的完整目录，文件大小和名称等信息，但是通过 FileInfo 类则可以获取。

【例 10-11】根据用户输入的文件查看详细信息，包括文件名称、文件大小、最后一次写入和访问时间、完整路径、是否为只读、扩展名以及创建时间等内容。操作步骤如下。

(1) 向页面中添加 TextBox 控件、Button 控件和 Label 控件。其中 TextBox 控件用于输入文件路径；Button 控件执行读取文件信息的操作；Label 控件显示详细信息。

页面代码如下：

```
要查看的文件：<asp:TextBox ID="txtFile" runat="server"></asp:TextBox>
<asp:Button ID="btnShow" runat="server" Text=" 查 看 "
  OnClick="btnShow_Click" /><br /><br />
<asp:Label ID="lblResult" runat="server"></asp:Label>
```

(2) 为 Button 控件添加 Click 事件，在事件中编写查看文件信息的代码。代码如下：

```
protected void btnShow_Click(object sender, EventArgs e)
{
    string filepath = txtFile.Text;            //输入的文件路径
    FileInfo fi = new FileInfo(filepath);      //实例化 FileInfo 对象
```

```
    if (fi.Exists) {                          //如果用户输入的文件路径存在
        lblResult.Text = "文件名称：" + fi.Name
          + "<br/>文件大小：" + fi.Length + " 字节<br/>最后一次更新时间："
          + fi.LastWriteTime.ToLongDateString()
          + fi.LastWriteTime.ToLongTimeString()+ "<br/>最后一次访问时间："
          + fi.LastAccessTime.ToLongDateString()
          + fi.LastAccessTime.ToLongTimeString() + "<br/>是否为只读文件："
          + fi.IsReadOnly.ToString() + "<br/>文件的完整目录：" + fi.FullName
          + "<br/>文件扩展名：" + fi.Extension + "<br/>目录的完整路径："
          + fi.DirectoryName + "<br/>文件的创建时间："
          + fi.CreationTime.ToLongDateString()
          + fi.CreationTime.ToLongTimeString();
    } else {
        lblResult.Text = "很抱歉，您输入的文件路径并不存在，请输入正确的路径。";
    }
}
```

(3) 运行页面，输入文件完整路径后单击按钮查看，结果如图 10-10 所示。

图 10-10　通过 FileInfo 类的实例属性获取信息

2. 方法列表

FileInfo 类方法的使用与 File 类的方法使用很相似，并且有很多功能也相同，例如 CopyTo()方法与 File 类中的 Copy()方法是相同的，但是不同的是 FileInfo 类中的方法不是静态的，必须通过 FileInfo 实例化对象进行访问；而 File 类就不必了。

默认情况下，FileInfo 类将向所有用户授予对新文件的完全读/写访问权限。另外，如果要多次使用文件对象，可以调用 FileInfo 类的实例方法，而不是 File 类的相应静态方法，因为安全检查并不是每次都需要。

FileInfo 类中包含多个实例方法，表 10-9 列出了常用的方法。

表 10-9　FileInfo 类的常用方法

方法名称	说　明
AppendText()	创建一个 StreamWriter，向 FileInfo 的此实例表示向文件追加文本
CopyTo()	将现有文件复制到新文件

续表

方法名称	说　明
Create()	创建文件
CreateText()	创建写入新文本文件的 StreamWriter 对象
Delete()	删除指定文件
Encrypt()	将某个文件加密，使得只有加密该文件的账户才能将其解密
MoveTo()	将指定文件移到新位置，并提供指定新文件名的选项
Open()	打开指定文件
OpenRead()	创建只读 FileStream 对象
OpenText()	创建使用 UTF8 编码、从现有文本文件中进行读取的 StreamReader 对象
OpenWrite()	创建写入的 FileStream 对象
Replace()	使用当前 FileInfo 对象所描述的文件替换指定文件的内容，这一过程将删除原始文件，并创建被替换文件的备份

10.5　文件基本操作

调用 File 类和 FileInfo 类的方法可以实现对文件的创建、删除、复制和移动等操作，下面主要利用 FileInfo 类的方法实现对文件的基本操作，File 类的方法调用非常简单，这里不再对其进行详细说明。

10.5.1　创建文件

在 File 类和 FileInfo 类中都提供了 Create()方法创建文件，使用 FileInfo 类的 Create()方法创建文件很简单，实例化 FileInfo 对象后直接调用即可。

【例 10-12】直接根据用户输入的文件路径和名称进行文件创建，并且将创建的结果输出到页面。实现步骤如下。

(1) 向新创建的页面中添加 TextBox 控件、Button 控件和 Label 控件。其中 TextBox 控件供用户进行输入；Button 控件执行添加操作；Label 控件显示执行的结果。代码如下：

```
要创建的文件：<asp:TextBox ID="txtFile" runat="server"></asp:TextBox>
<asp:Button ID="btnCreate" runat="server" Text=" 创 建 "
  OnClick="btnCreate_Click" /><br /><br />
<asp:Label ID="lblResult" runat="server" ForeColor="Red" Font-Size="16px">
</asp:Label>
```

(2) 为 Button 控件添加 Click 事件，在该事件中编写代码，实现文件的创建操作。代码如下：

```
protected void btnCreate_Click(object sender, EventArgs e)
{
    string filepath = txtFile.Text;                //获取创建的文件
    FileInfo fi = new FileInfo(filepath);          //实例化 FileInfo 对象
    if (fi.Exists) {                               //如果要创建的文件已经存在
```

```
            lblResult.Text =
              "很抱歉，您要创建的文件已经存在，请选择其他路径尝试创建。";
        } else {
            fi.Create();
            lblResult.Text = "恭喜您，要创建的文件已经成功，可以找到文件并添加内容。";
        }
    }
```

在上述代码中获取用户输入的文件名称和路径，紧接着创建 FileInfo 类的实例对象，通过 Exists 属性判断要创建的文件是否存在。如果文件已经存在，则返回提示；否则调用 Create()方法进行创建并返回结果。

(3) 运行页面，输入内容进行测试，效果如图 10-11 所示。

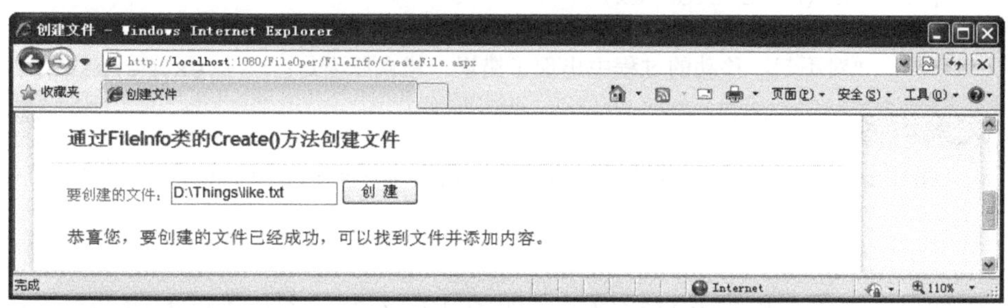

图 10-11　调用 FileInfo 类的 Create()方法创建文件

10.5.2　移动文件

移动文件是指将当前文件移动到新的位置，除了使用 File 类的 Move()静态方法外，还可以通过 FileInfo 类的 MoveTo()实例方法。通过 MoveTo()方法移动文件时，需要传入一个参数，它表示目标文件的路径和名称。使用方法如下：

```
fi.MoveTo("目标文件的路径和名称");
```

移动文件操作实际上是删除源文件并且创建一个新的目标文件，它和复制文件操作都支持相对路径。

【例 10-13】用户在页面中输入源文件和目标文件的路径以及名称后单击按钮实现文件移动操作。实现步骤如下。

(1) 向页面中分别添加两个 TextBox 控件、一个 Button 控件和 Label 控件，它们结合起来实现文件的移动操作。页面代码如下：

```
源文件(要移动的文件)：<asp:TextBox ID="txtSourceFile" runat="server">
</asp:TextBox><br /><br />
目标文件(文件的新位置)：<asp:TextBox ID="txtDestFile" runat="server">
</asp:TextBox><br /><br />
<asp:Button ID="btnMove" runat="server" Text=" 移 动 "
  OnClick="btnMove_Click" /><br /><br />
<asp:Label ID="lblResult" runat="server" ForeColor="Red" Font-Size="16px">
</asp:Label>
```

(2) 为 Button 控件添加 Click 事件，在事件中编写实现文件移动的代码。在这段代码中，首先判断源文件是否存在，如果存在，则调用 MoveTo()方法移动。代码如下：

```
protected void btnMove_Click(object sender, EventArgs e)
{
    string source = txtSourceFile.Text;          //源文件
    string dest = txtDestFile.Text;              //目标文件
    FileInfo fi = new FileInfo(source);          //实例化 FileInfo 对象
    if (fi.Exists) {                             //如果要移动的文件已经存在
        try {
            fi.MoveTo(dest);
            lblResult.Text = "恭喜您，移动文件已经成功，可以找到文件进行查看。";
        } catch (Exception ex) {
            lblResult.Text =
              "对不起，移动的过程中出现了错误。错误原因是：" + ex.Message;
        }
    } else {
        lblResult.Text = "很抱歉，您要移动的文件并不存在，请重新输入要移动的文件。";
    }
}
```

(3) 运行页面，输入内容并查看效果，如图 10-12 所示为在不同的驱动器之间移动成功的效果。

图 10-12　在不同驱动器之间实现文件移动

移动目录时，目录之前必须保证在同一个驱动器内移动，但是移动文件时，既可以在同一个驱动器之间移动，也可以从一个驱动器移动到另一个驱动器。

10.5.3　复制文件

复制文件是指将指定文件中的内容复制到另一个文件中。ASP.NET 中复制文件有两种方法：File 类的 Copy()方法和 FileInfo 类的 CopyTo()方法。CopyTo()方法的使用很简单，基本使用方法如下：

```
FileInfo info = new FileInfo("源文件");
info.CopyTo("目标文件");
```

从上述形式中可以看出，调用 CopyTo()方法时也需要传入一个参数，该参数指向一个目标文件的路径和名称。

【例 10-14】本例在页面中输入源文件和目标文件路径，实现复制功能，页面显示效果与例 10-13 相似，这里不再详细说明。为执行复制操作的 Button 控件添加 Click 事件，在事件中编写实现复制文件的代码。代码如下：

```
protected void btnCopy_Click(object sender, EventArgs e)
{
    string source = txtSourceFile.Text;          //源文件
    string dest = txtDestFile.Text;              //目标文件
    FileInfo fi = new FileInfo(source);          //实例化 FileInfo 对象
    if (fi.Exists) {                             //如果要复制的文件已经存在
        try {
            fi.CopyTo(dest);
            lblResult.Text =
              "恭喜您，已经将源文件的内容复制到目标文件，可以打开目标文件查看内容";
        } catch (Exception ex) {
            lblResult.Text =
              "对不起，复制内容的过程中出现了错误。错误原因是：" + ex.Message;
        }
    } else {
        lblResult.Text = "很抱歉，您要复制的源文件并不存在。";
    }
}
```

运行本例的页面，输入内容进行测试，如图 10-13 所示。从图中可见，是将“E:\love.txt”文件复制到“D:\Things\mylove.txt”文件中。

图 10-13　用 FileInfo 类的 CopyTo()方法实现复制

10.5.4　删除文件

除了对文件进行创建、移动和复制等基本操作外，通常还需要删除某个文件，删除文件也有两种方式：一种是用 File 类的 Delete()方法；另一种是用 FileInfo 类的 Delete()方法。

【例 10-15】首先向页面中添加 TextBox 控件和 Button 控件，前者获取用户输入的内容，后者则执行删除操作。为 Button 控件添加 Click 事件，在该事件中编写删除文件的代

码。代码如下：

```
protected void btnDelete_Click(object sender, EventArgs e)
{
    string filepath = txtDeleteFile.Text;
    FileInfo fi = new FileInfo(filepath);        //实例化 FileInfo 对象
    if (fi.Exists) {                             //如果要删除的文件已经存在
        fi.Delete();
        lblResult.Text = "已经删除文件成功";
    } else {
        lblResult.Text = "很抱歉，您要删除的文件并不存在。";
    }
}
```

运行页面，输入内容后单击按钮进行查看，例如将“E:\love.txt”文件删除，成功时的效果如图 10-14 所示。

图 10-14 删除“E:\love.txt”文件

10.6 文件高级操作

除了对文件进行基本操作外，还可以对文件执行高级操作，例如读取或者写入文件中的内容，也可以通过控件执行文件上传操作，同时对上传的文件进行下载。本节将介绍文件的一些高级操作，包括写入内容、读取内容、文件上传和文件下载等。

10.6.1 写入文件内容

System.IO 命名空间下提供了多个类，通过这些类可以实现一些高级操作。例如使用 StreamWriter 类实现一个 TextWriter，使其以一种特定的编码向流中写入字符。默认情况下，StreamWriter 不是线程安全的。

StreamWriter 以一种特定的编码输出字符，而从 Stream 派生的类则用于字节的输入和输出，该类默认使用 UTF8Encoding 的实例，除非指定其他编码。

1. StreamWriter 类的构造函数

StreamWriter 通常被称为写入器，它在使用时需要实例化，它有 7 种构造函数，但是并不是每一种都会被经常用到。常用的 4 种构造函数形式如下：

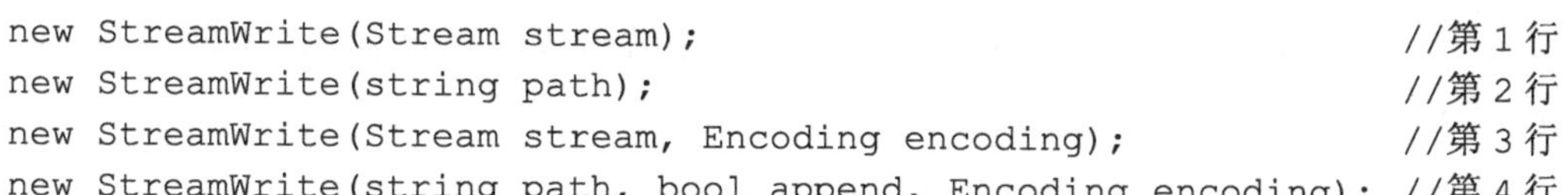

```
new StreamWrite(Stream stream);                                    //第 1 行
new StreamWrite(string path);                                      //第 2 行
new StreamWrite(Stream stream, Encoding encoding);                 //第 3 行
new StreamWrite(string path, bool append, Encoding encoding);      //第 4 行
```

在上述代码中，第 1 行代码表示使用默认编码格式为指定的流初始化 StreamWriter 类的实例；第 2 行代码表示使用默认编码为指定的文件做流初始化；第 3 行代码通过指定的编码初始化流；最后一行代码通过指定的编码格式初始化流，其中 bool 类型的 append 参数表示是否向文件中追加内容。

实例化 StreamWriter 对象时，如果指定的文件路径不存在，构造函数会自动创建一个新文件，如果存在，可以选择改写还是追加内容进行操作。

2．StreamWriter 类的常用属性

StreamWriter 类中包含一些属性，但是常用的属性有 Encoding 和 NewLine 两个，它们的说明如下所示。

- Encoding：用于获取写入到其中的编码格式。
- NewLine：用于获取或设置由当前 TextWriter 使用的行结束符字符串。

3．StreamWriter 类的常用方法

StringWriter 类中也包含着多个方法，通过这些方法可以向文件中写入内容，也可以释放资源文件，常用的 3 个方法如下所示。

- Write()：写入流，将字符串内容写入到文件中。
- WriteLine()：向文件中写入一行字符串，即在文件中写入字符串时会换行。
- Close()：关闭写入流并且释放资源，应在写入完成后调用以防止数据丢失。

4．使用 StreamWriter 类写入内容

简单地了解 StreamWriter 类的构造函数、属性和方法后，下面通过 StreamWriter 类向文件中写入内容，一般的使用步骤如下所示。

(1) 创建 StreamWriter 类的实例对象。

(2) 调用 Write()或 WriteLine()写入方法，将字符流写入到文件中。

(3) 调用 Close()方法保存写入的字符并且释放资源。

【例 10-16】向指定的文件中写入内容，写入成功后弹出提示对话框。实现步骤如下。

(1) 向新建的页面中添加两个 TextBox 控件和一个 Button 控件。其中 TextBox 控件分别向用户提供输入的文件和内容；Button 控件执行写入操作。页面代码如下：

```
文件路径：<asp:TextBox ID="txtWriteFile" runat="server" Width="300px">
  </asp:TextBox><br /><br />
写入内容：<asp:TextBox ID="txtContent" runat="server" TextMode="MultiLine"
  Width="300px" Height="100px"></asp:TextBox><br /><br />
<asp:Button ID="btnWrite" runat="server" Text=" 写 入 内 容 "
  OnClick="btnWrite_Click" />
```

(2) 为 Button 控件添加 Click 事件，在事件中编写代码，向指定的文件中写入内容。代码如下：

```
protected void btnWrite_Click(object sender, EventArgs e)
{
    string filepath = txtWriteFile.Text;                    //写入的文件
    string content = txtContent.Text;                       //写入的文件内容
    //创建编码为 UTF8 的写入器
    StreamWriter sw = new StreamWriter(filepath, false, Encoding.UTF8);
    sw.WriteLine(content);                          //将内容写入到文件中
    sw.Close();                                     //关闭写入器
    Page.ClientScript.RegisterStartupScript(GetType(), "",
      "<script>alert('写入文件成功')</script>");
}
```

在上述代码中，首先获取用户输入的文件和内容；紧接着创建编码格式为 UTF8 的写入器；然后调用 WriteLine()方法向文件中写入内容，并调用 Close()方法关闭写入器；最后弹出一个写入成功的脚本提示。

(3) 运行页面，输入内容后单击按钮进行保存，成功时的效果如图 10-15 所示。

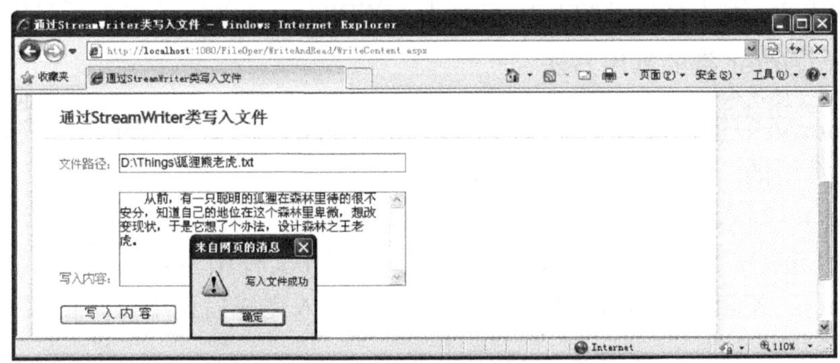

图 10-15　写入文件内容成功时的效果

(4) 当弹出如图 10-15 所示的提示时，根据路径找到文件并打开，确定是否已经成功写入了内容，如图 10-16 所示。

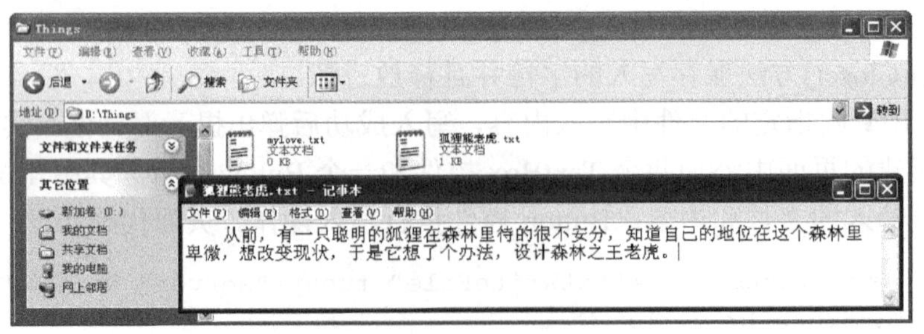

图 10-16　打开文件并查看内容

在本例中，如果用户输入的文件并不存在，就会自动创建文件并且向文件中写入内容；如果文件已经存在，则会覆盖文件中的内容。

10.6.2　读取文件内容

除了提供向文件中写入内容的 StreamWriter 类外，System.IO 命名空间还提供了用于读取文件内容的 StreamReader 类。StreamReader 类实现一个 TextReader，使其以一种特定的编码从字节流中读取字符。

通常将 StreamWriter 称为读取器，可以读取各种基于文本的文件。该类会以一种特定的编码从字节流中读取字符，还可以读取文件中的各行信息。默认情况下 StreamReader 类线程不安全，另外，除非特意指定，否则 UTF8 是 StreamReader 类的默认编码。

1．StreamReader 类的构造函数

与 StreamWriter 类相比，StreamReader 类的构造函数要比 StreamWriter 多 3 个，即它有 10 种形式的构造函数。但是，并不是每一种构造函数都经常被用到，最常用的构造函数有两种。形式如下：

```
new StreamReader(string path)
new StreamReader(string path, Encoding encoding)
```

在上述两种形式的代码中，第 1 行代码为指定的文件初始化流；第 2 行则通过指定的编码来初始化文件流。

2．StreamReader 类的常用属性

StreamReader 类中包含 BaseStream、CurrentEncoding 和 EndOfSteam 这 3 个属性，说明如下所示。

- BaseStream：返回基础流。
- CurrentEncoding：获取当前 StreamReader 对象正在使用的当前字符编码。
- EndOfStream：获取一个值，该值表示当前的流位置是否在流的末尾。

3．StreamReader 类的常用方法

与属性相比，StreamReader 类最常使用方法进行读取操作，如表 10-10 所示列出了一些常用的方法。

表 10-10　StreamReader 类的常用方法

方法名称	说　明
Read()	读取输入流中的下一个字符或下一组字符，不可用时，则返回-1
ReadLine()	从当前流中读取一行字符，并将数据作为字符串返回，如果到达了文件的末尾，则为空引用
ReadToEnd()	读取从文件的当前位置到文件结尾的字符串。若当前位置为文件头，则读取整个文件
Close()	关闭读取器并释放资源，在读取数据完成后调用

4．使用 StreamReader 类读取内容

使用 StreamReader 类读取内容的步骤与 StreamWriter 类很相似，主要步骤如下。

(1) 创建 StreamReader 类的实例对象。

(2) 调用 StreamReader 类实例对象的方法读取数据。

(3) 调用 Close()方法关闭读取器并且释放资源。

【例 10-17】本例通过 StreamReader 类读取指定文件的内容，并且将内容显示到指定的输入框中。实现步骤如下。

(1) 向新建的页面中分别添加 FileUpload 控件、Button 控件、Label 控件和 TextBox 控件。其中，FileUpload 控件向用户提供选择文件；Button 控件执行读取操作；Label 控件显示用户选择的文件完整路径；TextBox 控件则显示读取的内容。代码如下：

```
文件路径：<asp:FileUpload ID="fuReadFile" runat="server" />
<asp:Button ID="btnRead" runat="server" Text=" 读 取 "
  OnClick="btnRead_Click" /><br /><br />
读取内容：<asp:Label ID="lblName" runat="server"></asp:Label><br /><br />
<asp:TextBox ID="txtContent" runat="server" TextMode="MultiLine"
  Width="320px"></asp:TextBox>
```

(2) 为 Button 控件添加 Click 事件，在事件中编写读取文件内容的代码。代码如下：

```
protected void btnRead_Click(object sender, EventArgs e)
{
    string filename = this.fuReadFile.PostedFile.FileName.ToString();
    //获取选择的文件
    lblName.Text = "您读取的文件来源是：" + filename;
    StreamReader sr = new StreamReader(filename,
      System.Text.Encoding.Default);          //创建读取器
    txtContent.Text = sr.ReadToEnd();         //读取文件内容
    sr.Close();                               //关闭读取器
}
```

上述代码首先获取用户选择的文件；接着将选择的文件显示到 Label 控件中；然后实例化 StreamReader 类的对象，并通过 ReadToEnd()方法读取文件中的内容，将读取的内容显示到 TextBox 控件中；最后调用 Close()方法关闭读取器。

(3) 运行页面，单击 FileUpload 控件的“浏览”按钮，选择文件后单击“读取”按钮读取文件内容，如图 10-17 所示。

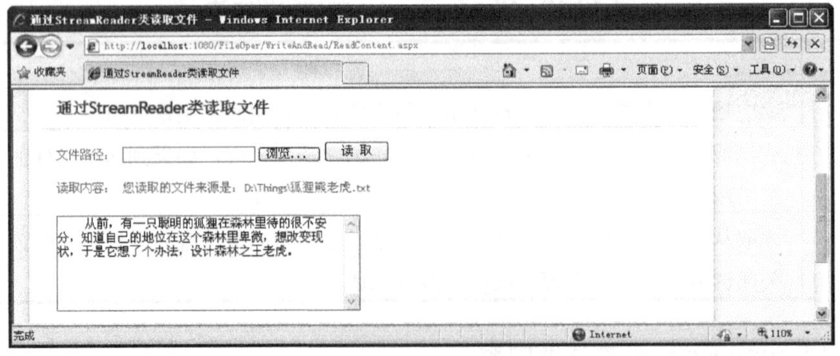

图 10-17　选择文件后读取文件内容

由于不同的浏览器其兼容性不同，因此许多浏览器通过 fuReadFile.PostedFile.FileName 获取到的只是文件名，并不是完整的路径。根据浏览器的不同，需要进行设置，以 Internet Explorer 浏览器为例，在该浏览器的选项中有一个“将文件上载到服务器时包含本地目录路径”的选项，默认是禁用的，将其启用即可。启用方法是：从 IE 浏览器的菜单栏中选择“工具”→“Internet 选项”命令，找到“安全”选项卡中的“自定义级别”按钮，并单击打开一个对话框，在该对话框中找到“将文件上载到服务器时包含本地目录路径”项，然后启用即可，如图 10-18 所示。

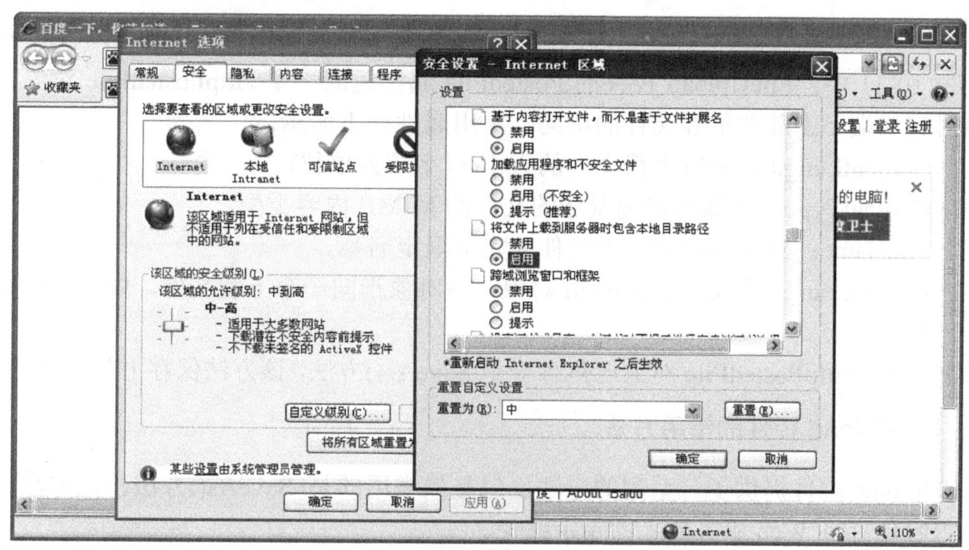

图 10-18　设置 IE 浏览器中的上传选项

10.6.3　文件上传

文件上传允许用户从客户端选择一个文件提交到服务器端进行保存。在实际应用中使用得非常广泛，例如注册淘宝卖家时需要上传身份证明，在招聘网上可以上传个人简历，在微博中可以上传个人的照片等。

ASP.NET 实现文件上传的功能非常简单，它提供了 FileUpload 控件，该控件在例 10-17 中已经使用到。

使用 FileUpload 控件，可以为用户提供一种将文件从用户的计算机发送到服务器的方法，该控件在允许用户上传图片、文本文件或其他文件方面很有用。要上传的文件将在回发期间作为浏览器请求的一部分提交给服务器，上传文件后，可以通过代码管理文件。

FileUpload 控件会显示一个文本框，用户可以在其中输入希望上传到服务器的文件名称，同时还会显示一个“浏览”按钮，该按钮显示一个文件导航对话框。

1. FileUpload 控件的常用属性

FileUpload 控件与其他控件一样，它也包含一些属性、方法和事件。通过 FileUpload 控件的属性可以获取上传文件的名称和上传对象等内容，常用属性如表 10-11 所示。

表 10-11　FileUpload 控件的常用属性

属性名称	说　明
FileBytes	从使用 FileUpload 控件指定的文件中获取一个字节数组
FileContent	获取 Stream 对象，它指向要使用 FileUpload 控件上载的文件
FileName	获取客户端上使用 FileUpload 控件上载的文件的名称
HasFile	获取一个值，该值指示 FileUpload 控件是否包含文件
PostedFile	获取使用 FileUpload 控件上载的文件的基础 HttpPostedFile 对象

在表 10-11 中，FileUpload 控件的 PostedFile 属性返回一个 HttpPostedFile 对象，该对象提供对客户端已上载的单独文件的访问，常用属性如下所示。

- ContentLength：获取上载文件的大小(以字节为单位)。
- ContentType：获取客户端发送的文件的 MIME 内容类型。
- FileName：获取客户端上的文件的完全限定名称。
- InputStream：获取一个 Stream 对象，该对象指向一个上载文件，以准备读取该文件的内容。

除属性外，HttpPostedFile 对象还包含一个 SaveAs()方法，该方法保存上载文件的内容。

2．FileUpload 控件的常用方法

FileUpload 控件提供了一系列的方法，但是最常用的是 SaveAs()方法，该方法将上载文件的内容保存到 Web 服务器上的指定路径。

3．使用 FileUpload 控件上传图片

简单的了解 FileUpload 控件之后，下面通过该控件向当前应用程序的 fileupload 文件夹中上传图片。

【例 10-18】本例通过 FileUpload 控件和其他控件结合来实现。操作步骤如下。

(1)　向新建的页面中添加 FileUpload 控件、Button 控件、Image 控件以及两个 Label 控件。其中，FileUpload 控件用于选择文件；Button 控件执行上传操作；Image 控件显示上传的图片；Label 控件分别显示结果和文件基本信息。页面代码如下：

```
选择上传的文件：<asp:FileUpload ID="fuUploadFile" runat="server" /> 
<asp:Button ID="btnUpload" runat="server" Text=" 上 传 "
  OnClick="btnUpload_Click" />
<asp:Label ID="lblResult" runat="server"></asp:Label></p>
<asp:Label ID="lblInfo" runat="server"></asp:Label>
<asp:Image ID="imgShow" runat="server" ImageUrl="~/logo.jpg" />
```

(2)　为 Button 控件添加 Click 事件，在事件中编写实现文件上传的代码。代码如下：

```
protected void btnUpload_Click(object sender, EventArgs e)
{
    if (fuUploadFile.HasFile) {                        //判断是否选择文件
        //获取文件内容类型
        string fileContentType = fuUploadFile.PostedFile.ContentType;
```

```
        if (fileContentType == "image/bmp" || fileContentType == "image/gif"
          || fileContentType == "image/pjpeg") {     //判断类型是否符合条件
            string name = fuUploadFile.PostedFile.FileName; //客户端文件路径
            FileInfo file = new FileInfo(name);
            string fileName = file.Name;            //文件名称
            //服务器端文件路径
            string webFilePath = Server.MapPath("fileupload/" + fileName);
            if (!File.Exists(webFilePath)) {           //判断相同文件是否存在
                try {
                    fuUploadFile.SaveAs(webFilePath); //用 SaveAs()方法保存文件
                    lblResult.Text = "提示：文件" + fileName
                      + "上传成功！路径是：" + "fileupload/" + fileName;
                    lblInfo.Text = "文件大小：" + file.Length
                      + " 字节<br/>文件扩展名：" + file.Extension + "<br/>";
                    imgShow.ImageUrl = "fileupload/" + fileName;
                } catch (Exception ex) {
                    lblResult.Text = "提示：文件上传失败，失败原因：" + ex.Message;
                }
            } else {
                lblResult.Text = "提示：文件已经存在，请重命名后上传";
                imgShow.ImageUrl = "fileupload/" + fileName;
            }
        } else {
            lblResult.Text = "提示：文件类型不符";
        }
    }
}
```

上述代码首先通过 HasFile 属性判断是否选择文件，如果选择文件，则执行其他操作。通过 fuUploadFile.PostedFile.ContentType 获取上传的文件类型，并且对类型进行判断，如果满足条件，则通过 HttpPostedFile 对象的 FileName 属性获取客户端名称，并将其保存到 name 变量中。实例化一个 FileInfo 对象后，通过该对象的 Name 属性获取文件名称，再进行文件上传的操作。在上传文件之前，首先通过 File.Exists()方法判断上传的文件是否存在，如果不存在，则上传并显示基本信息和图片。

(3) 运行页面，查看效果，初始效果如图 10-19 所示。

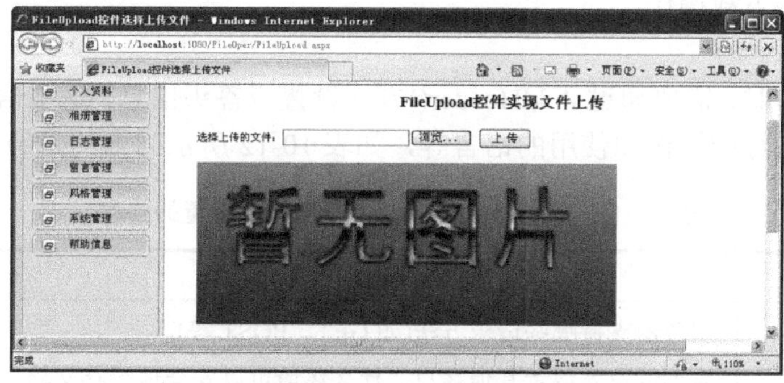

图 10-19　初始效果

(4) 单击页面中的“浏览”按钮选择图片，选择完毕后单击“上传”按钮执行上传操作，上传成功的效果如图 10-20 所示。

图 10-20 文件上传成功时的效果

10.6.4 文件下载

文件上传是将文件从客户端保存到服务器端，而文件下载是与文件上传相反的过程，它是将文件从服务器端下载到客户端。在文件下载时，通常会提供一个文件列表，然后通过单击链接完成下载过程。

文件下载过程的实现非常简单，主要通过 Response 对象的相关属性和方法来实现文件的下载功能。一般步骤如下。

(1) 通过 ContentType 属性设置输出流的类型。

(2) 调用 AddHeader()方法定义文件下载中的应答头。

(3) 执行文件下载操作。

(4) 释放资源。

在第 2 步操作时，需要通过 AddHeader()方法设置应答头信息，这些信息可以是下载名称、编码格式、执行的操作和使用的语言等，如表 10-12 所示列出的是经常设置的内容。

表 10-12 通过 AddHeader()方法经常设置的信息

应答头信息	说 明
Allow	服务器支持哪些请求方法(如 GET、POST 等)
Cache-Control	告诉浏览器或者其他客户，什么环境可以安全地缓存文档
Content-Disposition	要求浏览器询问客户，将响应存储在磁盘上给定名称的文件中

续表

应答头信息	说　明
Content-Encoding	文档的编码(Encode)方法，只有在解码之后才可以得到 Content-Type 头指定的内容类型
Content-Language	文档使用的语言
Content-Length	表示内容长度，当浏览器使用持久 HTTP 连接时需要这个数据
Content-Type	表示后面的文档属于什么 MIME 类型
Date	当前的 GMT 时间
Expires	指明应该在什么时候认为文档已经过期，从而不再缓存它
Last-Modified	文档的最后改动时间
Location	300~399 之间的所有响应都应该包括这个报头，它通知浏览器文档的地址
Refresh	表示浏览器应该在多少时间之后刷新文档，以秒计
Server	服务器名字，Servlet 一般不设置这个值，而是由 Web 服务器自己设置
Set-Cookie	设置与页面关联的 Cookie，可使用 HttpServletResponse 提供的 addCookie 专用方法来替代

【例 10-19】本例主要通过设置 Response 对象的各个属性和方法来实现文件的下载。实现步骤如下。

(1) 向新建的页面中添加一个 Repeater 控件，该控件显示 fileupload 文件夹下的图片列表。为该添加分别添加 HeaderTemplate、ItemTemplate 和 FooterTemplate 模板项。部分代码如下：

```
<asp:Repeater ID="Repeater1" runat="server">
    <HeaderTemplate>
        /* 省略头部代码 */
    </HeaderTemplate>
    <ItemTemplate>
        <tr align="left">
            <td><%# Eval("Name") %></td>
            <td>
                <asp:Image ID="imgshow" runat="server"
                  ImageUrl='<%# GetImageUrl(Eval("Name"))%>'
                  Width="106" Height="106" />
            </td>
            <td><%# Eval("Extension") %></td>
            <td><%# Eval("Length") %></td>
            <td><%# Eval("CreationTime","{0:yyyy-MM-dd}") %></td>
            <td width="10%">
                <asp:LinkButton ID="linkBtn" runat="server"
                  CommandName="add" CommandArgument='<%# Eval("Name") %>'
                  Text="下载" ForeColor="Blue" OnClick="linkBtn_Click">
                </asp:LinkButton>
            </td>
        </tr>
```

```
    </ItemTemplate>
    <FooterTemplate>/* 省略脚部代码 */</FooterTemplate>
</asp:Repeater>
```

(2) 在页面后台的 Load 事件中添加代码，即用于绑定 Repeater 控件数据源的代码。主要代码如下：

```
protected void Page_Load(object sender, EventArgs e)
{
    if (!Page.IsPostBack) {                              //如果是首次加载
        string downpath = Server.MapPath("fileupload"); //返回指定的文件路径
        //创建 DirectoryInfo 对象
        DirectoryInfo dirinfo = new DirectoryInfo(downpath);
        if (!dirinfo.Exists)                             //如果目录不存在
            Page.ClientScript.RegisterStartupScript(GetType(), "",
             "<script>alert('该文件目录不存在')</script>");
        else {
            FileInfo[] filist = dirinfo.GetFiles();  //获取该目录下的所有文件
            IList<Down> downinfo = new List<Down>(); //文件列表集合对象
            foreach (FileInfo fi in filist) {        //遍历列表对象
              Down di = new Down(fi.Name, fi.Extension,
                        fi.Length.ToString(), fi.CreationTime);
               downinfo.Add(di);
            }
            Repeater1.DataSource = downinfo;         //指定数据源
            Repeater1.DataBind();
        }
    }
}
```

在上述代码中，首次加载页面时返回 fileupload 文件夹的路径；接着创建 DirectoryInfo 类的实例对象，并判断目录是否存在。如果不存在弹出提示；否则通过 GetFiles()方法获取目录下的所有文件，并保存到 FileInfo 类型的数组中；最后通过 foreach 循环语句遍历集合中的内容。其中，Down 是一个文件下载类，它有有参和无参的构造方法，并且对文件名称、扩展名、长度和创建时间等字段进行了封装。

(3) 在第 1 步绑定图片时，调用后台的 GetImageUrl()方法来显示图片，该方法很简单。代码如下：

```
public string GetImageUrl(object obj)
{
    string image = "fileupload/" + obj.ToString();
    return image;
}
```

(4) 每一张图片后面都有一个 LinkButton 控件，单击该控件可以实现图片下载。为该控件添加 Click 事件，事件代码如下：

```
public void linkBtn_Click(object sender, EventArgs e)
{
    string downFile = ((LinkButton)sender).CommandArgument;
```

```
    //服务器端下载文件的路径
    string path = Server.MapPath("fileupload") + "\\" + downFile;
    if (File.Exists(path)) {
        FileInfo fi = new FileInfo(path);
        Response.ContentEncoding =
          System.Text.Encoding.GetEncoding("UTF-8"); //解决中文乱码
        //将 HTTP 头添加到输出流
        Response.AddHeader("Content-Disposition",
          "attachment; filename = " + Server.UrlEncode(fi.Name));
        Response.AddHeader("Content-length", fi.Length.ToString());
        Response.ContentType = "application/octet-stream";//设置输出流的类型
        //将指定文件的内容作为文件块直接写入 HTTP 响应输出流
        Response.WriteFile(fi.FullName);
        Response.End();
    } else
        Page.ClientScript.RegisterStartupScript(GetType(), "",
          "<script>alert(
          '你要下载的文件不存在，可以地址发生改变。请确认后下载！')</script>");
}
```

上述代码首先获取 LinkButton 控件的 CommandArgument 属性值，然后使用 File 类的 Exists()方法判断要下载文件的路径是否存在。如果存在，则创建 FileInfo 类的实例对象，通过 Response 对象的 AddHeader()方法来设置 HTTP 标头名称和值。另外 ContentType 属性用于设置输出流的类型，WriteFile()方法表示将指定文件的内容写入到 HTTP 输出流中。

(5) 运行本例的页面，查看效果，初始效果如图 10-21 所示。

图 10-21 例 10-19 的初始效果

(6) 单击图 10-21 中右侧的“下载”链接，将会弹出如图 10-22 所示的对话框。

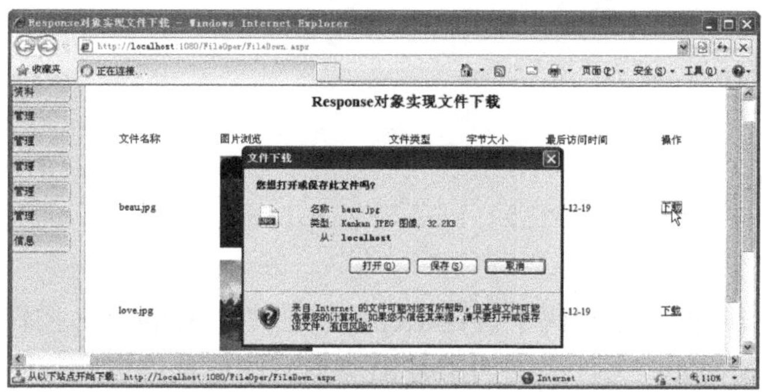

图 10-22 单击“下载”链接来下载图片

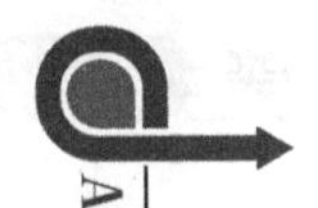

10.7 实验指导——个人日志手册

在本章之前，已经通过大量的例子介绍了如何在C#中处理目录和文件，本节实验指导利用前面的知识点完成一个综合的案例。在本节中实现个人日志手册的查看和修改、删除等多个功能，个人日志手册实际上就是一个简单的记事本，它记录了某个日期所发生的事件，通俗地说，就是个人日记。

实验指导 10-1：利用本章的知识点制作个人日志手册

实现个人日志手册的功能时，主要的步骤如下。

(1) 新建一个 Index.aspx 页面，该页面用于显示个人日志列表，包括日志名称、大小以及操作等。其中，列表通过 Repeater 控件来实现，在该控件中分别为 HeaderTemplate、ItemTemplate 和 FooterTemplate 模板项添加内容。代码如下：

```
<asp:Repeater ID="Repeater1" runat="server">
    <HeaderTemplate>
        <table width="100%">
            <tr>
                <td>文件名称</td><td>内容大小(以字节为单位)</td><td>操作</td>
            </tr>
    </HeaderTemplate>
    <ItemTemplate>
        <tr align="left">
            <td><%# Eval("Name") %></td>
            <td><%# Eval("Length") %></td>
            <td>
            <a href='DiaryShow.aspx?filename=<%#Eval("Name") %>'>查看</a>
              
            <asp:LinkButton ID="lbDelete" runat="server"
              CommandName="delete" CommandArgument='<%# Eval("Name") %>'
              Text="删除" OnClick="linkDelete_Click">
            </asp:LinkButton>  
            <asp:LinkButton ID="linkBtn" runat="server" CommandName="add"
              CommandArgument='<%# Eval("Name") %>' Text="下载"
              OnClick="linkBtn_Click">
            </asp:LinkButton>
            </td>
        </tr>
    </ItemTemplate>
    <FooterTemplate></table></FooterTemplate>
</asp:Repeater>
```

(2) 在 Index.aspx 的后台代码中绑定 Repeater 控件，Repeater 控件的数据源是当前应用程序当前目录下 mydiary 文件夹中的所有记事本文件，具体绑定代码类似于例 10-19 中的第 2 步，这里不再详细给出。

(3) 运行页面，查看列表效果，如图 10-23 所示。

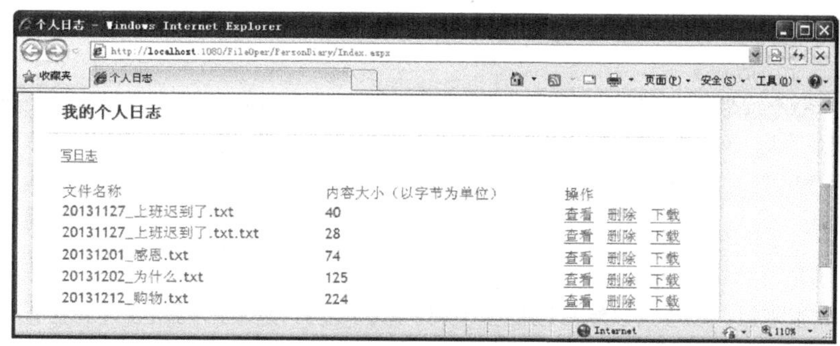

图 10-23　个人日志列表查看的效果

从图 10-23 的效果图中可以看出，每条记录之后都包含“查看”、“删除”和“下载”等 3 个链接按钮。另外，在列表上方有一个“添加日志”的链接，单击该链接，可以跳转到 AddDiary.aspx 页面，它执行日志添加操作。

(4)　单击图 10-23 中的“写日志”链接跳转页面，该页面中包含多个 TextBox 控件和 Button 控件，页面设计效果如图 10-24 所示。在该图中，Calendar 控件默认是不显示的，当单击“选择”按钮时，则显示。

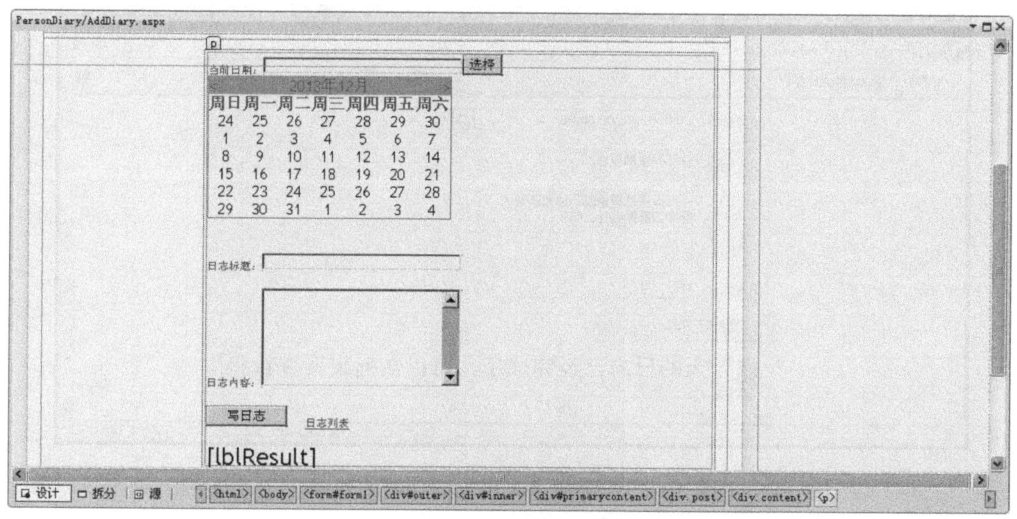

图 10-24　写日志页面的设计效果

(5)　为图 10-24 中的“选择”按钮添加 Click 事件，将 Calendar 控件的 Visible 属性值设置为 True 即可，事件代码不再给出。

(6)　为 Calendar 控件添加 SelectionChanged 事件，在该事件中，将选中的日期显示到 TextBox 控件中，同时将 Calendar 控件的 Visible 属性值设置为 False。

(7)　为图 10-24 中的“写日志”按钮添加 Click 事件，在事件中编写日志写入的实现代码。代码如下：

```
protected void btnAdd_Click(object sender, EventArgs e)
{
    string date = txtDiaryDate.Text;          //日志日期
    string title = txtDiaryTitle.Text;        //日志标题
```

```
    string content = txtDiaryContent.Text;      //日志内容
    string newname =
      Convert.ToDateTime(date).ToString("yyyyMMdd") + "_" + title;
    string diarypath = Server.MapPath("~") + "\\PersonDiary\\mydiary\\"
      + newname + ".txt";
    FileInfo fi = new FileInfo(diarypath);
    if (fi.Exists) {    //如果当前日记已经存在
        lblResult.Text =
          "很抱歉，您今天已经写过日志了啊，怎么还写，赶紧回到列表页进行查看和修改吧。";
    } else {
        //创建写入器
        StreamWriter sw = new StreamWriter(diarypath, false, Encoding.UTF8);
        sw.WriteLine(content);                          //将内容写入到文件中
        sw.Close();                                     //关闭写入器
        lblResult.Text = "您今天的日志已经完成了，可以在列表页查看和修改.";
    }
}
```

(8) 运行页面，输入内容进行测试，输入成功后的效果如图 10-25 所示。

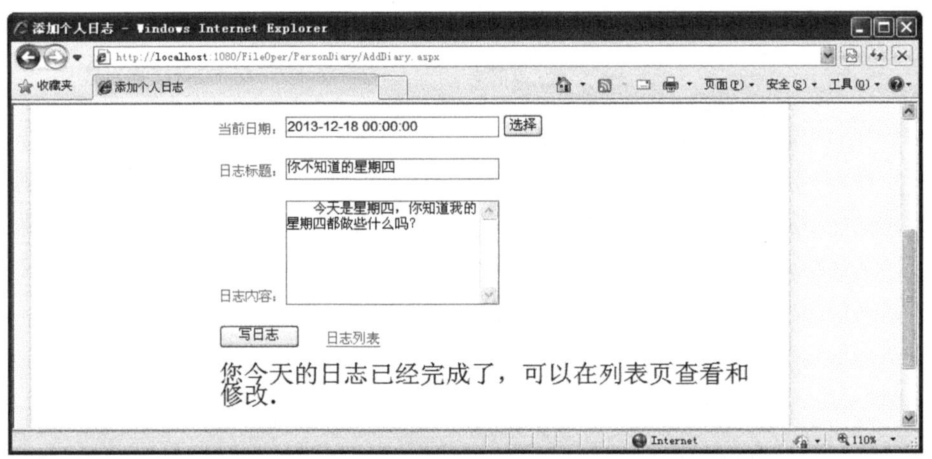

图 10-25　添加个人日志成功时的效果

(9) 单击图 10-23 中的"查看"链接，会跳转到 DiaryShow.aspx 页面并传入一个 filename 参数。创建 DiaryShow.aspx 页面并进行设计，其效果与 AddDiary.aspx 页面很相似，但是该页面中需要将表示日期的 TextBox 控件的 ReadOnly 属性值设置为 True。

(10) 为 DiaryShow.aspx 页面的后台添加 Load 事件代码，它获取传入的 filename 参数的值，并且读取文件的内容，并显示到页面。代码如下：

```
protected void Page_Load(object sender, EventArgs e)
{
    if (!Page.IsPostBack) {  //首次加载
        if (Request.Params["filename"] != null) {
            string name = Request.Params["filename"].ToString();
            ViewState["filename"] = name;
            string[] splits = name.Split('_');    //对传入的参数进行分隔
```

```
            txtDiaryDate.Text = splits[0];          //显示日期
            txtDiaryTitle.Text = splits[1];         //显示标题
            string filename =
              Server.MapPath("~/PersonDiary/mydiary/") + name.ToString();
            StreamReader sr =
              new StreamReader(filename, System.Text.Encoding.Default);
            txtDiaryContent.Text = sr.ReadToEnd();          //读取文件内容
            sr.Close();                                     //关闭读取器
        }
    }
}
```

在上述代码中，首先判断获取到的参数值是否为空，如果不为空，将其保存到 ViewState 对象中，并通过 Split()方法对其进行分隔，将分隔后的内容显示到页面。显示日志内容时则通过 StreamReader 类创建写入器，并调用 ReadToEnd()方法进行读取。

(11) 页面中的内容可以更改，保存更改操作需要单击“修改日志”按钮，为该按钮添加 Click 事件。该事件的代码与添加日志时“写日志”按钮的 Click 事件代码相似，都是将内容写入到文件，因此这里代码不再给出。

(12) 单击图 10-23 中的“查看”链接，跳转到 DiaryShow.aspx 页面，更改页面中的内容，修改成功时的效果如图 10-26 所示。

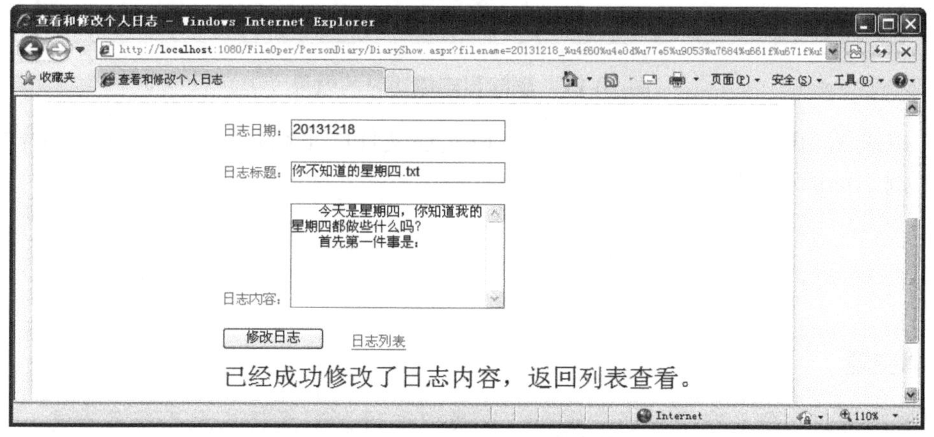

图 10-26　修改日志的页面

(13) 单击图 10-23 中的“删除”链接时，直接删除当前选择的文件，删除成功后重新显示文件列表。

为“删除”按钮添加 Click 事件，在事件中编写删除文件的代码。内容如下：

```
public void linkDelete_Click(object sender, EventArgs e)
{
    string downFile = ((LinkButton)sender).CommandArgument;
    //服务器端下载文件的路径
    string path = Server.MapPath("mydiary") + "\\" + downFile;
    try {
        FileInfo fi = new FileInfo(path);
        fi.Delete();                                        //执行删除操作
```

```
            Page.ClientScript.RegisterStartupScript(GetType(), "",
              "<script>alert('删除成功')</script>");
            GetList();
        } catch (Exception ex) {
            Page.ClientScript.RegisterStartupScript(GetType(), "",
              "<script>alert('删除时出现错误。错误原因是："
              + ex.Message + "')</script>");
        }
    }
```

(14) 运行页面，单击“删除”按钮将前面添加的日志删除，删除成功时会重新显示日志列表，这时可以发现前面添加的名称是“20131218_你不知道的星期四.txt”的文件已经被成功删除，如图 10-27 所示。

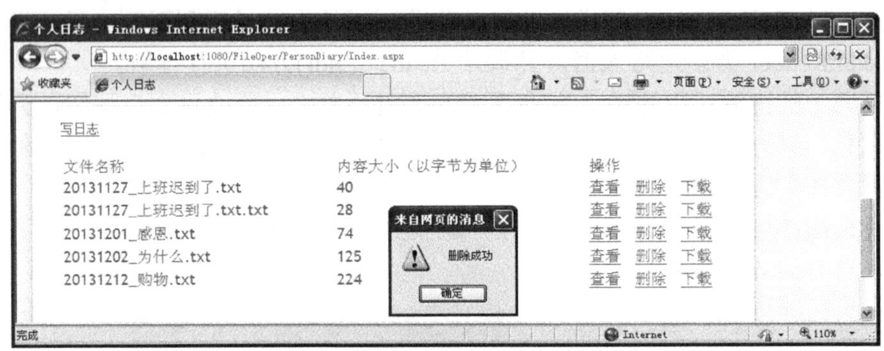

图 10-27　删除日志成功时的效果

(15) 单击图 10-23 中的“下载”按钮可以实现文件的下载功能，下载的代码非常简单，可以参考例 10-19，这里不再详细说明。

10.8　习　　题

1. 填空题

(1)　System.IO 命名空间下的__________类以二进制形式将基元类型写入流，并且它支持用特定的编码写入字符串。

(2)　__________类中提供了一系列的静态方法来处理目录，包括目录的创建、删除和移动等。

(3)　下面一段代码获取“E:\MyThings”目录下的所有文件夹，并且遍历文件夹下的名称，那么空白处的代码应该填写__________。

```
string path = @"E:\MyThing";
string[] list = __________;
foreach (string item in list) {
    name.InnerHtml += item + "<br/>";        //输入文件夹名称并换行
}
```

(4)　File 类提供了一个__________静态方法，用于创建文件。

2. 选择题

(1) 通过 DirectoryInfo 类的__________属性可以获取驱动器的根目录。

A. Name　　B. RootName

C. TotalFreeSpace　　D. RootDirectory

(2) 下面列出的 4 个属性中，__________属性是 DirectoryInfo 类从 FileSystemInfo 类中继承而来的。

A. Name　　B. FullName

C. Parent　　D. Root

(3) 根据下面代码的显示结果，向空白处填写的内容应该是__________。

```
FileInfo fi = new FileInfo("D:\\xixi.doc");
if (fi.__________) {
    lblResult.Text = "文件存在，您可以执行删除和移动等操作。";
} else {
    lblResult.Text = "文件不存在，但是您可以调用方法进行创建。";
}
```

A. Create()　　B. MoveTo()

C. Exists　　D. Exists()

(4) 调用 StreamReader 类读取文件的内容时，__________方法读取从文件的当前位置到文件结尾的字符串，如果当前位置为文件头，则读取整个文件。

A. Read()　　B. ReadLine()

C. ReadToEnd()　　D. WriteLine()

(5) FileUpload 控件通过__________属性获取上传文件的基础 HttpPostedFile 对象。

A. HasFile　　B. PostedFile

C. FileName　　D. FileContent

(6) 文件下载时通过 Response 对象的 AddHeader()方法可以设置头部信息，其中__________指定文档属于什么 MIME 类型。

A. Content-Type　　B. Content-Language

C. Content-Encoding　　D. Cache-Control

(7) 在如下所示的代码中，空白处的内容应该是 DriveInfo 对象的__________属性。

```
DriveInfo d = new DriveInfo("C:\");         //获取用户选择的驱动器
if (d.IsReady == true) {                    //判断驱动器是否可用
    lblInfo.Text = "驱动器名称： " + d.Name + "<br/>";
    lblInfo.Text += "驱动器类型： " + d.DriveType + "<br/>";
    lblInfo.Text += "驱动器可用空间:" + d.__________ + " bytes";
} else {
    lblInfo.Text = "驱动器还没有准备好。";
}
```

A. VolumeLabel　　B. TotalSize

C. TotalFreeSpace　　D. AvailableFreeSpace

3. 简答题

(1) 列举 DriveInfo 类的常用属性，并且对这些属性进行说明。
(2) 对目录进行创建、删除和遍历操作时分别需要哪些方法？
(3) 对文件进行创建、删除、复制和移动操作时分别需要哪些方法？
(4) 首先列出 FileUpload 控件的常用属性，然后说出实现文件上传时的基本步骤。
(5) 如何使用 Response 对象实现文件下载，试说出主要步骤。

第 11 章　用 DOM 对象处理 XML 数据

ASP.NET 技术的功能非常强大，在前面已经介绍过与 XML 有关的内容，例如 XmlDataSource 数组源控件，如何通过 XML 文件绑定数据显示控件(例如 GridView 控件)。实际上，XML 的功能也非常强大，使用 XML 不仅清晰，而且方便理解，它可以完成许多不可能完成的任务。因此本章将详细介绍 XML 文档的处理，但是在处理 XML 文档之前，会简单了解 XML 文档，例如它的特点、优势和结构等。

通过本章的学习，读者不仅会对 XML 文档有更深刻的了解，也会掌握如何使用 System.XML 命名空间下的常用类处理 XML 文档。

本章的学习目标如下：

- 了解 XML 文档的特点和技术优势。
- 熟悉 XML 文档的声明和组成。
- 熟悉 System.XML 命名空间下的常用类。
- 掌握 XmlWriter 类的基本使用。
- 掌握 XmlReader 类的基本使用。
- 了解文档对象模型及其特点。
- 熟悉 XmlDocument 类的使用。
- 掌握 XmlNode 类的常用属性和方法。
- 简单了解 XmlNodeList 类。
- 掌握如何使用相关类的属性和方法对节点操作。
- 了解一些常用的节点类型。
- 掌握如何将 XML 作为数据源绑定控件。

11.1　XML 文档概述

XML 是英文 eXtensible Markup Language的缩写，通常被称为可扩展标记语言。它可以用来标记数据、定义数据类型，是一种允许用户对自己的标记语言进行定义的源语言。下面简单了解一下 XML 文档，包括特点、结构和命名空间等内容。

11.1.1　了解 XML 文档

XML 的前身是 SGML(The Standard Generalized Markup Language)，它是 IBM 从 20 世纪 60 年代起开发的 GML(Generalized Markup Language)标准化后的名称。

从 1996 年开始，有了 XML 的雏形，并且向 W3C 进行提议，在 1998 年 2 月发布为 W3C 的标准(XML 1.0)。

简单地说，XML 是 W3C 推荐参考的通用标记语言，同样也是 SGML 的子类，可以定义自己的一组标记，特点如下所示：

- XML 是一种元语言，它描述的是结构和语义，而不是格式化特征。
- 允许通过使用自定义格式，标识、交换和处理数据库可以理解的数据。
- XML 基于文本的格式，允许开发人员描述结构化数据并在各种应用之间发送和交换这些数据。
- 有助于在服务器之间传输结构化数据。

由于 XML 是可扩展的，因此它利用自身的技术优势可以完成许多不可能的任务。许多开发者都喜欢使用 XML 技术，一旦使用 XML，就会发现它是解决许多棘手问题的有力工具。例如，下面从 5 个方面列出了 XML 的技术优势。

1. 设计与特定领域有关的标记语言

用户可以使用 XML 自由地制定自己的标记语言，它允许各种不同的专业人士(例如音乐家、化学家和数学学者等)开发与自己的特定领域有关的标记语言，使领域中的人们可以交换笔记、数据和信息，而不用担心接收端的人是否有特定的软件来创建数据。

2. 自描述数据

XML 在基本水平上使用的是非常简单的数据格式，可以用 100%的纯 ASCII 文本来书写，也可以用几种其他定义好的格式来书写。ASCII 文本是几乎不会“磨损”的，丢失一些字节甚至是相当多的字节，剩下的数据还是可以读取的。这就与许多格式形成了鲜明的对比，例如压缩数据或是串行的 Java 对象，这些数据即使丢失一个字节，剩余的数据也变得不可读取了。

3. 数据重用

XML 是被设计用来存储数据、携带数据和交换数据的，它不是为了显示数据而设计的。一个存储数据的 XML 文档，可以被程序解析，把里面的数据提取出来加以利用，也可以被放到数据库中，还可以通过网络传输到另外一台计算机上，被解析使用。这些数据可以在多种场合使用。

4. 数据和表示分离

XML 的优势在于它保持了用户界面和结构数据之间的分离，把数据从表示中分离出来，能够无缝地集成众多来源的数据。例如，可以将用户信息、采购订单、研究结果、账单支付、医疗记录、目录数据以及其他来源转换为中间层上的 XML，以便能够像 HTML 数据一样很容易地联机交换数据。

5. 结构化和集成数据

XML 对于大型和复杂的文档是理想的，因为数据是结构化的。这不仅使用户可以指定一个定义了文档中的元素的词汇表，而且还可以指定元素之间的关系。例如，如果要将销售客户的地址一起放在 Web 页面上，这就需要有每个客户的电话号码和电子邮件地址。

XML 也提供客户端的包括机制，可以根据多种来源集成数据并将其作为一个文档来显示。数据还可以马上进行重新排列。数据的各个部分可以根据用户的操作显示或隐藏。当处理大型的信息仓库(例如关系型数据库)时是极为有用的。

11.1.2　XML 文档的声明

一个规范的 XML 文档通常以一个 XML 声明开始，通过 XML 元素来组织 XML 数据。XML 声明是处理指令的一种，告诉浏览器或者其他处理程序这个文档是一个 XML 格式的文档。

声明 XML 时，必须放在文档的第一行，前面不能有空白、注释或者其他的处理指令。如下所示给出了一个比较完整的声明格式：

```
<?xml version="1.0" encoding="编码" standalone="yes/no" ?>
```

声明 XML 文档时有 3 个属性：version 属性、encoding 属性和 standalone 属性，它们的说明如下所示。

1．version 属性

version 属性说明文档遵循 XML 的哪个版本，目前 XML 规范有两个版本：1.0 和 1.1。这两个版本的规范标准几乎是一样的，只是在给元素命名时，它们对某些 Unicode 字符采取不同的处理方法。

XML 的 1.1 版本还没有得到大多数解析器的支持，因此，除非遇到一些 Unicode 字符在 1.0 版本里不能使用的情况，否则最好使用 1.0 版本。

如果确实需要使用 XML 1.1 规范，就必须确保所使用的 XML 解析器支持 1.1 版本。另外，当需要与其他人交换 XML 文档时，必须确保对方的解析器也支持 XML 1.1 版本，否则会引起操作性问题。

2．encoding 属性

计算机里唯一能够理解的就是由 1 和 0 组成的序列，因此，任何东西在计算机里都是用数字来表示的。字符码是指一个字符集与代表这些字符的一组数字之间的一种一一对应关系。

声明时，使用 encoding 属性表示字符编码，它是指字符码中的数字的表示方法。简单地说，就是每个数字要用多少个字节表示。如果文档里没有说明编码，则会使用默认的 UTF-8 或 UTF-16，因此，解析器必须支持这两种编码格式。如果文档没有说明编码，而又使用了非 UTF-8 和 UTF-16 编码的字符，就会引起解析器出错。

3．standalone 属性

standalone 属性有它自己的专有名字：独立文档声明(Standalone Document Declaration，SDD)。XML 推荐标准并没有要求解析器对 SDD 做任何处理，对解析器来说，它只不过起到提示作用。

如果 XML 声明中提供了 standalone 属性，则它的值必须是 yes 或者 no。yes 表示文档可以完全独立存在，不依赖于其他任何文件；no 表示文档可能依赖于一个外部的 DTD 文件(DTD 会在后面进行介绍)。

11.1.3 完整的 XML 文档

简单地说，一个格式规范的文档会遵循 W3C 的 XML 1.0 推荐标准的语法要求，它由一个可选的序言、文档的主体以及可选的尾部组成。其中，序言引用在文档或根元素的开始标记之前出现的信息，可以是字符编码、文档结构、样式表、处理指令，也可以是样式表；主体部分可以由一个或多个元素组成，其形式为一个可能也包含字符数据的文档树；尾部最简单，表示元素的结束部分，例如可以以注释结束，一般情况下尾部是指根元素的结束标记。

从逻辑上来说，XML 文档由 XML 声明、注释、元素、字符和实体引用、处理指令以及 CDATA 文本段和命名空间等多个部分组成。在 XML 文档中，所有文档的组成部分都是通过元素来指明的，如图 11-1 所示为 XML 文档的完整结构。

```
<?xml version="1.0" encoding="utf-8" ?> ---- XML声明

文档类型声明
<!DOCTYPE program[
  <!ELEMENT program (java,c,vb,copyright)>
  <!ELEMENT java (#PCDATA)>
  <!ELEMENT c (#PCDATA)>
  <!ELEMENT vb EMPTY>
  <!ELEMENT copyright (#PCDATA)>
  <!ENTITY copyright "&#169;2008,IT在中国" >
]>

<!--这是一个program文档 -->     ------- 注释
<program>          ------------- 根元素开始标记
  <java>
CDATA段
   <![CDATA[      ------------- CDATA段起始定界符
    if (a > b && c < b)
      max = a;
   ]]>         ------------- CDATA段结束定界符
  </java>
  <c>
   if (a &#x3c; c)   max = c;
  </c>          字符引用
  <vb/> -------- -------------- 空元素
  <copyright>&copyright;</copyright>
</program> --------------------- 根元素结束标记
                 字符引用
```

图 11-1　XML 文档的组成

从图 11-1 中可以看出，一个完整的 XML 文档可以包含多个内容，但这些内容并不是全部都存在，可以根据需要进行添加。

【例 11-1】下面展示了一个基本的 XML 文档，该 XML 文档用来描述某个班级成绩在前两名的同学的基本信息。文档如下：

```
<?xml version="1.0" encoding="utf-8" ?>
<students>
    <!-- 第 1 名同学 -->
    <student>
        <name>Lucy</name>
        <age>17</age>
        <gender>Girl</gender>
        <appraise>作为班长，积极的帮助他人。乐观开朗、活泼可爱</appraise>
    </student>
    <!--第 2 名同学-->
```

```
    <student>
        <name>Jim</name>
        <age>17</age>
        <gender>Boy</gender>
        <appraise>学习好，运动也好，多次参加学校比赛，为班级争光。</appraise>
    </student>
</students>
```

上述代码中，文档的第 1 行用于声明 XML，定义 XML 文档所遵循的 XML 标准的版本。第 2 行是文档根元素，所有的 XML 文档都必须包含一个根元素，它必须有一个对应的结束标记，如果忽略标记，则不符合规定。第 3 行通过添加注释为下面的内容解释说明。第四行是 students 节点下的第一个子节点。第 5 行到第 8 行描述了第一个子节点下的子节点信息。

向 XML 文档中添加注释非常简单，但是还需要注意以下几点：

- 注释不能出现在 XML 声明之前，XML 声明必须是文档最前面的部分。
- 注释不能放在标记中。
- 注释可以包围和隐藏标记。
- 两个连字符(--)除了作为注释起始和结束标记的一部分外，不能出现在该注释中。
- 注释不能以--->进行结尾。

11.2　System.Xml 命名空间

.NET 框架类库对 XML 文档的访问提供了强大的支持，与处理 XML 文档相关的类都被封装在 System.Xml 命名空间下。System.Xml 命名空间根据功能细化，分为多个子命名空间，这些空间包括 System.Xml.Linq、System.Xml.Resolvers、System.Xml.Schema、System.Xml.Serialization、System.XML.Xpath 以及 System.XML.Xsl 等。

开发者在处理 XML 文档中的数据之前，必须引入 Systm.Xml 命名空间，如果有必要，还需要引入子命名空间。引入时需要使用 using 关键字，引入代码如下：

```
using System.Xml;
using System.Xml.Schema;
using System.Xml.XPath;
```

System.Xml 命名空间下包含许多类，表 11-1 列出了一些常用类。

表 11-1　System.Xml 命名空间下的常用类

类 名 称	说　明
XmlAttribute	表示一个特性。此特性的有效值和默认值在文档类型中定义
XmlDocument	表示创建 XML 文档，在内存中以树状形式保存 XML 文档中的数据
XmlDocumentType	表示文档类型声明
XmlElement	表示 XML 文档中的一个元素，如<Name></Name>
XmlEntity	表示 XML 文档中的一个实体声明，格式为<!ENTITY...>
XmlNamedNodeMap	表示可以通过名称或索引访问的节点的集合

续表

类 名 称	说 明
XmlNode	表示 XML 文档中的一个节点
XmlNodeList	表示排序的节点集合
XmlNodeType	枚举类型，表示 XmlNode 的具体类型。如元素开始或结束、属性、文本、空白等
XmlText	表示 XML 文档中的文本，如<Gender>男</Gender>中的文本“男”
XmlDeclaration	表示 XML 文档的声明节点，格式为<?xml ver=“1.0” ... ?>
XmlComment	表示 XML 文档中的一段注释，格式为 <-- 注释文本 -->
XmlReader	表示一个读取器，它以一种快速、非缓存和只进的方式读取包含 XML 数据的流或文件
XmlWriter	表示一个编写器，它以一种快速、非缓存和只进的方式生成包含 XML 数据的流或文件
XmlTextReader	表示提供对 XML 数据进行快速、非缓存、只进访问的读取器
XmlTextWriter	表示提供快速、非缓存、只进方法的编写器

System.Xml 命名空间下的多数类都以 Xml 开头，但是也有例外的。例如，该命名空间下的 ReadState 类表示读取器的读取状态；WriteState 类表示写入器的写入状态。

表 11-1 列出了 System.Xml 命名空间及其子命名空间下提供的与常用操作有关的类，本章只是介绍常用的几个类以及类成员，可以使用它们写入、读取和访问 XML 文件中的数据。关于更多的类和更高级的技术，读者可以从 MSDN 或相关书籍上获取更多的资料。

11.3 基于流的 XML 处理

对 XML 文档中的数据，处理时有两种形式：基于流的 XML 处理和内存中的 XML 处理。基于流的 XML 处理需要通过 XmlWriter 类和 XmlReader 类，它们提供一种非缓存的只进 XML 数据处理方法。

11.3.1 通过 XmlWriter 类写入内容

XmlWriter 类支持 XML 1.0 和 XML 中的命名空间建议，表示一个编写器，该编写器提供一种快速、非缓存和只进的方式来生成包含 XML 数据的流或文件。XmlWriter 的功能也非常强大，通过使用它可以完成以下任务。

- 检查字符是不是合法的 XML 字符，元素和属性的名称是不是有效的 XML 名称。
- 检查 XML 文档的格式是否正确。
- 将二进制字节编码为 base64 或 binhex，并写出生成的文本。
- 使用公共语言运行库类型传递值，而不是使用字符串，这样就可以避免必须手动执行值的转换。

- 将多个文档写入一个输出流。
- 写出有效的名称、限定名和名称标记。

1. 创建 XmlWriter 类的对象

XmlWriter 类提供了一个 Create()静态方法创建写入器，该方法有 10 种构造形式。常用的几种形式如下：

```
public static XmlWriter Create(Stream output)
public static XmlWriter Create(string outputFileName)
public static XmlWriter Create(TextWriter output)
public static XmlWriter Create(XmlWriter output)
```

在上述形式中，第 1 行代码使用指定的流创建一个新的 XmlWriter 实例；第 2 行代码使用指定的文件名创建一个新的 XmlWriter 实例；第 3 行代码使用指定的 TextWriter 创建一个新的 XmlWriter 实例；最后一行代码使用指定的 XmlWriter 对象创建一个新的 XmlWriter 实例。

2. XmlWriter 类的常用方法

创建 XmlWriter 对象后就可以调用其方法设置 XML 文档了，该对象中包含多个常用方法，其说明如表 11-2 所示。

表 11-2 XmlWriter 类的常用方法

方法名称	说 明
WriteAttributes()	写出在 XmlReader 中当前位置找到的所有属性
WriteComment()	写出包含指定文本的注释<!-- -->
WriteCData()	写出包含指定文本的<![CDATA[...]]>块
WriteChars()	以每次一个缓冲区的方式写入文本
WriteStartDocument()	编写版本为 1.0 并具有独立特性的 XML 声明
WriteStartElement()	写出具有指定的本地名称的开始标记
WriteString	编写给定的文本内容
WriteEndDocument()	关闭任何打开的元素或特性并将编写器重新设置为 Start 状态
WriteEndElement()	关闭一个元素并弹出相应的命名空间范围。必须与 WirteStartElement()成对使用
WriteName()	写出指定的名称，确保它符合 W3C XML 1.0 建议的有效名称
WriteValue()	编写一个 System.Int64 值
WriteWhitespace	写出给定的空白。如果传入字符串不是空字符串，则会抛出一个异常
WriteElementString	使用指定的本地名称、命名空间 URI 和值编写元素
WriteAttributeString()	写出具有指定的前缀、本地名称、命名空间 URI 和值的特性
WriteFullEndElement()	当在派生类中被重写时，关闭一个元素并弹出相应的命名空间范围

在表 11-2 列出的方法中，通过 WriteStartElement()方法创建一个指定的节点开始标记，WriteEndElement()方法创建一个对应的节点结束标记，在这两个方法中，通过 WriteString()方法可以设置元素节点中包含的值。一种更加简单的办法是直接使用 WriteElementString()

方法，它的效果与 WriteStartElement()、WriteString()和 WriteEndElement()方法创建的效果一样。

3．使用 XmlWriter 类写入内容

简单地了解 XmlWriter 类的创建和方法之后，下面通过调用该类的方法创建一个 XML 文档，该文档包含 3 个常用的浏览器，并对它们进行说明。

【例 11-2】运行页面后，单击按钮，创建一个包含浏览器列表的 XML 文档，并且显示创建的结果。实现步骤如下。

(1) 向新建的页面中添加 Button 控件和 Label 控件，其中 Button 控件执行 XML 文档的创建，Label 控件则显示执行的结果。

(2) 为 Button 控件添加 Click 事件，在该事件中编写创建 XML 文档的代码。首先调用 XmlWriter 类的 Create()静态方法向当前网站中创建 browser.xml 文件。代码如下：

```
protected void btnCreate_Click(object sender, EventArgs e)
{
    XmlWriter writer = XmlWriter.Create(Server.MapPath(".")
      + "\\browser.xml");
    /* 省略其他代码 */
}
```

(3) 继续向 browser.xml 文件中添加 XML 文档的声明，使用 WriteStartDocument()方法。代码如下：

```
writer.WriteStartDocument();                               //添加一个头部元素
writer.WriteWhitespace(System.Environment.NewLine);       //添加一个空白
```

(4) 添加名称是 list 的根节点元素，然后为该元素添加一个 count 属性，该属性的值为 3，它表示 list 根节点下包含 3 个子节点。代码如下：

```
writer.WriteStartElement("list");                //根节点 list
writer.WriteAttributeString("count", "3");      //包含一个 count 属性，其值为 3
writer.WriteWhitespace(System.Environment.NewLine);
```

(5) 声明一个 string 类型的二维数组，它用于显示 3 个常用的浏览器。代码如下：

```
string[,] browerlist = {
    { "Internet Explorer", "Windows Internet Explorer，原称 Microsoft Internet
Explorer，简称 MSIE(一般称为 Internet Explorer，简称 IE)，是微软公司推出的一款网页
浏览器。" },
    {"Google Chrome","Google Chrome 又称 Google 浏览器，是一个由 Google(谷歌)公
司开发的开放原始码网页浏览器。该浏览器是基于其他开放原始码软件所撰写，包括 WebKit 和
Mozilla，目标是提升稳定性、速度和安全性，并创造出简单且有效率的使用者界面。"},
    {"Mozilla Firefox","Mozilla Firefox 称为火狐，是一个开源网页浏览器，使用 Gecko
引擎(非 ie 内核)，支持多种操作系统如 Windows、Mac 和 linux。"}
};
```

(6) 遍历 browserlist 二维数组，分别向 browser.xml 文件中添加元素节点，并且为每一个元素节点添加注释。代码如下：

```
for (int i=0; i<browerlist.GetLength(0); i++) {
    writer.WriteStartElement("browser");
    writer.WriteWhitespace(System.Environment.NewLine);
    for (int j=0; j<browerlist.GetLength(1); j++) {
        if (j == 0) {
            writer.WriteComment("浏览器名称");                //添加注释说明
            writer.WriteWhitespace(System.Environment.NewLine);
            writer.WriteElementString("name", browerlist[i, j]);
        } else {
            writer.WriteComment("浏览器的解释说明");              //添加注释说明
            writer.WriteWhitespace(System.Environment.NewLine);
            writer.WriteElementString("explain", browerlist[i, j]);
        }
        writer.WriteWhitespace(System.Environment.NewLine);
    }
    writer.WriteEndElement();
    writer.WriteWhitespace(System.Environment.NewLine);
}
```

上述代码通过 GetLength(0)获取二维数组的行数；GetLength(1)获取二维数组的列数；WriteStartElement(“browser”)方法创建 browser 元素节点；WriteComment()则对元素进行解释说明；WriteElementString()方法创建指定的元素节点，并指定文本值；WriteEndElement()方法结束 browser 元素节点。

(7) 创建根节点元素的结束标记，并且结束写入器。代码如下：

```
writer.WriteFullEndElement();
writer.WriteWhitespace(System.Environment.NewLine);
writer.WriteEndDocument();
writer.Close();                //关闭 XML 文件
lblResult.Text = "添加成功";
```

(8) 单击按钮向 XML 文档中添加内容，当页面中显示“添加成功”提示时，表示 browser.xml 文件已经创建成功，刷新网站后就可以看到该文件。找到对应的目录后可以打开并查看内容，也可以通过浏览器查看，效果如图 11-2 所示。

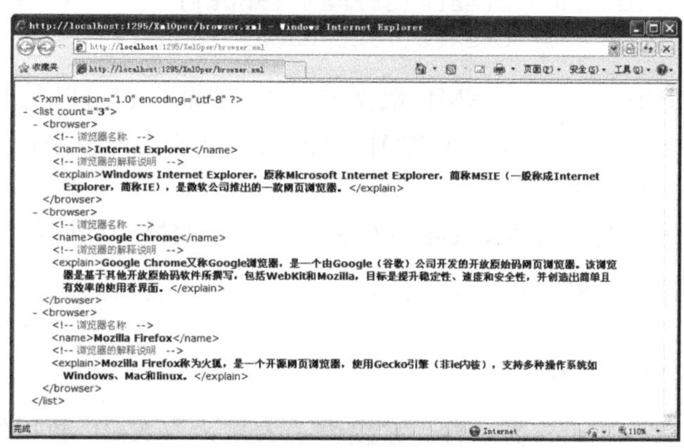

图 11-2　browser.xml 文件的内容

在例 11-2 中，通过 XmlReader 类创建了一个 XML 文档，下面根据该例，总结出使用 XmlReader 类的步骤。

(1) 通过调用静态方法 Create()创建基于文件或数据流的 XmlWriter 对象。

(2) 通过 WriteStartDocument()方法写入 XML 文件的标准头部内容“<?xml...?>”。如果没有该操作，在 XmlWriter 第一次写入数据时会自动调用该方法写入 XML 文件的头部。

(3) 如果有必要，可以通过 WriteComment()方法写入文件描述。

(4) 通过调用 WriteStartElement()方法写入元素的头。

(5) 如果该元素有属性，需要通过 WriteAttributeString()方法写入该元素的所有属性。

(6) 如果该元素需要直接写入值，可以通过 WriteValue()方法写入各种类型的值。

(7) 最后通过 WriteEndElement()方法关闭该元素的写入。

(8) 如果元素带有多个子元素，则对每个子元素重复第 4~8 步的写入操作。

(9) 通过 XmlWriter.Close()关闭写入器和数据流或文件。

11.3.2 通过 XmlReader 类读取内容

XmlReader 类与 XmlWriter 类相反，它表示一个读取器，以一种快速、非缓存和只进的方式读取包含 XML 数据的流或文件。XmlReader 类定义的方法和属性使用户可以浏览数据并读取节点的内容，当前节点指读取器所处的节点。使用任何返回当前节点值的读取方法和属性推进读取器，使用 XmlReader 类可以完成以下任务：

- 检查字符是不是合法的 XML 字符，元素和属性名称是不是有效的 XML 名称。
- 检查 XML 文档的格式是否正确。
- 根据 DTD 或架构验证数据。
- 从 XML 流检索数据或使用提取模型跳过不需要的记录。

1．创建 XmlReader 读取器

创建写入器时会通过 Create()静态方法，同样，XmlReader 类也提供了一个 Create()静态方法创建读取器。该方法包含 12 种构造形式，常见的 3 种形式如下：

```
public static XmlReader Create(string inputUri);
public static XmlReader Create(Stream input);
public static XmlReader Create(TextReader input);
```

上述形式中 inputUri 表示包含 XML 数据的 URL 地址，它可以是一个文件名，也可以是网络上的 URL 地址；input 表示包含 XML 数据的数据流，可以是任何包含 XML 数据的流，也可以是 TextReader 流。

直接将 XML 文件的地址传入 Create()方法中创建读取器。代码如下：

```
XmlReader reader = XmlReader.Create(@"E:\work\BookInfo.xml");
```

2．XmlReader 类的常用属性

XmlReader 类与 XmlWriter 类一样，它提供了大量读取 XML 数据的属性和方法，用户通过这些属性可以解析 XML 文档，常用的属性如表 11-3 所示。

表 11-3 XmlReader 类的常用属性

属性名称	说 明
CanReadBinaryContent	获取一个值，该值指示 XmlReader 是否实现二进制内容读取方法
CanReadValueChunk	获取一个值，该值指示 XmlReader 是否实现 ReadValueChunk()方法
Depth	当在派生类中被重写时，获取 XML 文档中当前节点的深度
HasValue	当在派生类中被重写时，获取一个值，该值指示当前节点是否可以具有 Value
Name	当在派生类中被重写时，获取当前节点的限定名
ReadState	当在派生类中被重写时，获取读取器的状态
Value	当在派生类中被重写时，获取当前节点的文本值

3．XmlReader 类的常用方法

除了属性外，XmlReader 类中还包含多个方法，通过这些方法可以获取与定位有关的信息，可以读取 XML 文档的内容，常用方法如表 11-4 所示。

表 11-4 XmlReader 类的常用方法

方法名称	说 明
MoveToAttribute()	移动到指定的属性
MoveToContent()	检查当前节点是否是内容节点，如果此节点不是内容节点，则读取器向前跳至下一个内容节点或文件结尾
MoveToElement()	移动到包含当前属性节点的元素
MoveToFirstAttribute()	移动到第一个属性
MoveToNextAttribute()	移动到下一个属性
Skip()	跳过当前节点的子级
IsStartElement()	测试当前内容节点是否是开始标记
Read()	从流中读取下一个节点
ReadString()	将元素或文本节点的内容读取为一个字符串
ReadInnerXml()	将所有内容(包括标记)当作字符串读取
ReadOuterXml()	读取表示该节点和所有它的子级的内容(包括标记)
ReadStartElement()	检查当前节点是否为元素，并将读取器推进到下一个节点
ReadElementString()	用于读取简单纯文本元素的帮助方法
ReadAttributeValue()	将属性值分析为一个或多个 Text、EntityReference 或 EndEntity 节点
ReadEndElement()	检查当前内容节点是否为结束标记并将读取器推进到下一个节点
GetAttribute()	获取属性的值
ReadContentAs()	将内容作为指定类型的对象读取

在上述表中，通常会使用 Read()、ReadString()、ReadInnerXml()和 ReadOuterXml()方法读取数据。Read()方法非常容易理解，下面对其他 3 个方法进行简单说明。

- ReadString()：以字符串的形式返回元素或者文本节点的内容。根据读取器的位置

分为以下 3 种情况。

◆ 如果 XmlReader 位于某个元素上，此方法会将所有文本、有效空白、空白和 CDATA 节点串联在一起，并以元素内容的形式返回串联的数据。遇到任何标记时，读取器停止，可以在混合内容模型中发生，也可以在读取元素结束标记时发生。

◆ 如果 XmlReader 位于某个文本节点上，此方法将对文本、有效空白、空白和 CDATA 节点执行相同的串联。

◆ 如果 XmlReader 定位在属性文本节点上，则 ReadString()方法与读取器定位在元素开始标记上时的功能相同，它返回所有串联在一起的元素文本节点。

- ReadInnerXml()：返回当前节点的所有内容(包括标记)，不返回当前节点(开始标记)和对应的结束节点(结束标记)。例如，如果有 XML 字符串“<node>this<child id=“123”/></node>”，则使用 ReadInnerXml()方法将会返回字符串“this<child id=“123”/>”。
- ReadOuterXml()：返回当前节点及其所有子级的所有 XML 内容(包括标记)。其行为与 ReadInnerXml()方法类似，只是同时还返回开始标记和结束标记。

4．使用 XmlReader 类读取数据

了解了 XmlReader 类的属性和方法等内容后，下面通过一个简单的例子演示 XmlReader 类的使用。

【例 11-3】 在该例子中调用 XmlReader 类的 Read()方法循环读取 browser.xml 文件中的内容。操作步骤如下。

(1) 在页面中添加一个表格，为表格指定表头，然后添加一个 tbody 元素，它动态显示内容。代码如下：

```
<table width="100%">
   <thead>
      <tr>
         <td style="width: 25%;">浏览器</td>
         <td style="width: 75%;">浏览器说明</td>
      </tr>
   </thead>
   <tbody id="showinfo" runat="server"></tbody>
</table>
```

(2) 向页面后台的 Load 事件中添加代码，在 Load 事件中首先通过 XmlReader 类创建一个读取器，然后通过 Read()方法循环读取内容。代码如下：

```
protected void Page_Load(object sender, EventArgs e)
{
   string xmlpath = Server.MapPath("~") + "\\browser.xml";
   XmlReader reader = XmlReader.Create(xmlpath);
   string showtr = "";
   showtr += "<tr>";
   while (reader.Read()) {
      if (reader.NodeType == XmlNodeType.Element) {
         if (reader.Name == "name")
```

```
                showtr += "<td style=\"width:30%; height:20px;\">"
                  + reader.ReadString() + "</td>";
            if (reader.Name == "explain")
                showtr += "<td style=\"width:70%;\">"
                  + reader.ReadString() + "</td>";
        } else if (reader.NodeType == XmlNodeType.EndElement) {
            if (reader.Name == "browser")
                showtr += "</tr>";
        }
    }
    showinfo.InnerHtml = showtr;
    reader.Close();
}
```

上述代码在循环读取 browser.xml 文件中的内容时，通过 XmlNode 对象的 Element 属性判断当前内容是否为元素节点，如果是，则判断读取的内容是否行于 name 或者 explain，分别根据 Name 的值添加内容。通过 XmlNodeType 对象的 EndElement 属性判断是否为结束的元素节点，如果获取的 Name 值为 browser，则获取当前行。

(3) 运行页面，查看效果，如图 11-3 所示。

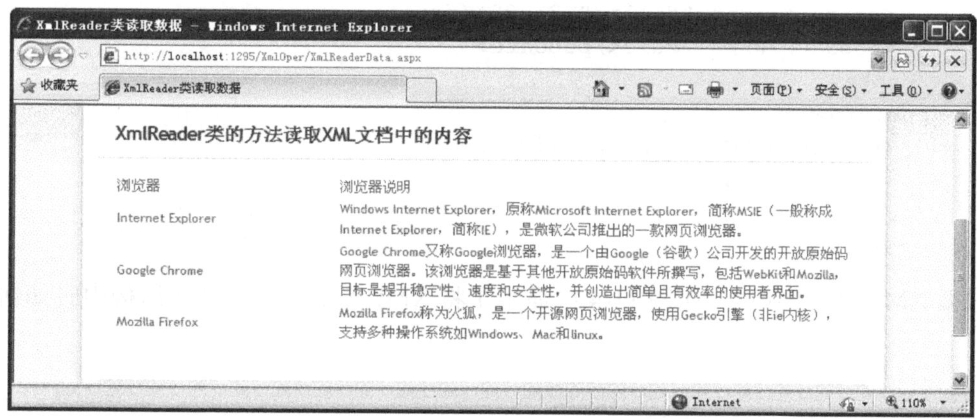

图 11-3　通过 XmlReader 类读取内容

11.4　内存中的 XML 处理

在内存中处理 XML 文档的内容时，.NET 框架包括 3 个用于处理 XML 数据的模型：XmlDocument 类、XPathDocument 类和 LINQ to XML。在本章中，主要介绍在内存中如何通过 XmlDocument 类处理 XML 文档。

11.4.1　文档对象模型

W3C 文档对象模型被分为 3 个不同的部分：核心文档对象模型、XML 文档对象模型和 HTML 文档对象模型。其中，核心文档对象模型用于结构化文档的标准模型；XML 文档对象模型用于 XML 文档的标准模型；HTML 文档对象模型用于 HTML 文档的标准模型。

XML 文档对象模型(Document Object Model，DOM)是 XML 文档的内存中表示形式。

DOM 使开发者能够以编程方式读取、处理和修改 XML 文档。XmlReader 类也读取 XML 文档，但它提供非缓存的只进、只读访问。这就意味着使用 XmlReader 类无法编辑属性值或者元素内容，也无法插入和移除节点。编辑是 DOM 的主要功能，XML 数据在内存中表示是常见的结构化方法，尽管实际的 XML 数据在文件中时或从另一个对象传入时以线性方式存储。

XML 文档对象模型把 XML 文档视为一种树结构或者树模型，对于要解析的 XML 文档，首先利用 DOM 解析器加载到内存中，在内存中为 XML 文件建立逻辑形式的树。从本质上来讲，DOM 就是 XML 文档在内存中的一个结构化视图，它将一个 XML 文档看作是一棵节点树，而其中的每一个节点代表一个可以与其进行交互的对象。

【例 11-4】XML 文档的树结构展示了节点的集合和它们之间的关系，这棵树从根节点开始，然后在树的最低层级向文本节点添加内容。例如，下面的代码为一段 XML 文档：

```
<?xml version="1.0"?>
<books>
    <book>
        <author>Carson</author>
        <price format="dollar">31.95</price>
        <pubdate>05/01/2013</pubdate>
    </book>
    <pubinfo>
        <publisher>MSPress</publisher>
        <state>WA</state>
    </pubinfo>
</books>
```

根据 XML 文档的内容，在图 11-4 中显示了将 XML 数据读入 DOM 结构中时如何构造内存。

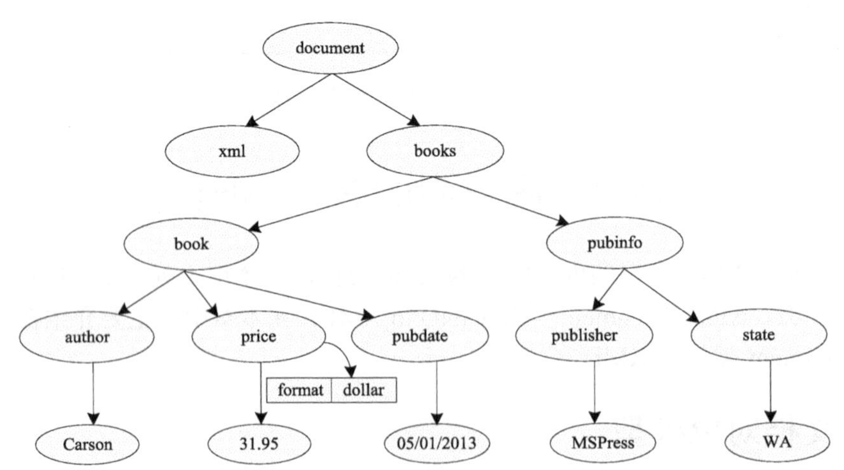

图 11-4　将 XML 数据读入 DOM 结构中时如何构造内存

该图中的每个圈表示一个节点，称为 XmlNode 对象。XmlNode 对象是 DOM 树中的基本对象。XmlDocument 类(扩展 XmlNode)支持用于对整个文档执行操作的方法。另外，

XmlDocument 提供了查看和处理整个 XML 文档中的节点的方法。通过使用 XmlNode 和 XmlDocument 的方法和属性可以执行以下操作：

- 访问和修改 DOM 特定的节点，例如元素节点和实体引用节点等。
- 除检索节点包含的信息(例如元素节点中的文本)外，还检索整个节点。

节点树中的节点之间都有等级关系，可以将图 11-4 中的 books 看作是父节点或根节点，父节点拥有子节点，位于相同层级上的子节点称为同级节点(兄弟或姐妹)。books 节点中包含 book 和 pubinfo 两个子节点，这两个节点之间是同级关系。其中，第一个子节点称为首个子节点，然后第二个往下可以称为下一个同级子节点，最后一个子节点可以称为最末子节点。根据图 11-4 可以得出以下结论：

- 在树结构中，顶端的节点被称为根节点。
- 根节点之外的每个节点都有一个父节点。
- 节点下可以包含任何数量的子节点。
- 叶子是没有子节点的节点。也可以说，将没有子节点的节点称为叶子。
- 同级节点是拥有相同父节点的节点。

11.4.2 XmlDocument 类

接口是一组方法声明的集合，没有具体的实现。这些方法具有共同的特征，即共同作用于 XML 文档中某一个对象的一类方法，当使用编程语言实现这个接口的一个对象时，就可以称为 DOM 对象。

在 DOM 对象中包含 3 个常用的对象：XML 文档对象、XML 节点对象和 XML 节点列表对象。

XML 文档既是一种对象，同时又代表整个 XML 文档。它由根节点和子节点组成，同时由 XmlDocument 类来实现。如果对一个 XML 文档进行操作，首先要获取到整个文档对象，再根据应用程序的需要调用该对象的其他子对象。

在前面简单介绍文档对象模型时提到了 XmlDocument 类，该类实现了 W3C 文档对象模型级别 1 核心和 DOM 级别 2 核心建议。DOM 是 XML 文档的内存中(缓存)树表示形式。使用 XmlDocument 及其相关的类，可以构造 XML 文档、加载和访问数据、修改数据以及保存更改。

由于 XmlDocument 类实现 IXpathNavigable 接口，因此它还可用作 XslTransform 类的源文档。XmlDataDocument 类对 XmlDocument 进行扩展，允许通过关系 DataSet 存储、检索和操作结构化数据。

1. XmlDocument 类的构造函数

使用 XmlDocument 类之前，必须初始化该类的新实例，它有两种构造方法。形式如下：

```
public XmlDocument()
public XmlDocument(XmlNameTable nt)
```

在上述形式中，第一行表示直接初始化 XmlDocument 类的新实例；第二行则表示用指定的 T:System.Xml.XmlNameTable 初始化 XmlDocument 类的新实例。

2．XmlDocument 类的常用属性

XmlDocument 类实例化后，可以调用相关属性获取信息，包括当前节点的基本 URL、当前节点的第一个子级，以及是否包含子节点等。XmlDocument 类的大多数常用属性都来自于继承的 XmlNode 类，这里不再详细解释。

3．XmlDocument 类的常用方法

XmlDocument 类中还包含多个方法，大多数常用的方法都是继承或重写自 XmlNode 类中的，表 11-5 列出了常用的方法。

表 11-5　XmlDocument 类的常用方法

方法名称	说　明
CreateComment()	创建包含指定数据的 XmlComment
CreateElement()	创建具有指定名称的元素
CreateTextNode()	创建具有指定文本的 XmlText
CreateWhitespace()	创建一个 XmlWhitespace 节点
Load()	从指定的流/URL/TextReader/XmlReader 中加载 XML 文档
LoadXml()	从指定的字符串加载 XML 文档
ReadNode()	根据 XmlReader 中的信息创建 XmlNode 对象。读取器必须定位在节点或特性上
Save()	保存 XML 文档
WriteTo()	将 XmlDocument 节点保存到指定的 XmlWriter (继承自 XmlNode.WriteeTo()方法)

4．XmlDocument 类加载 XML 文档

XmlDocument 类中包含多个属性和方法，但是大多数常用的属性和方法都是从其他类继承而来的。使用 XmlDocument 可以从不同的格式读入内存，读取源包括字符串、流、URL、文本或 XmlRead 的派生类。

【例 11-5】下面显示如何使用 LoadXml()方法加载 XML 文档，并将其保存到指定的 book.xml 文件中。实现步骤如下。

(1) 向新建的页面中添加 Button 控件，并为该控件添加 Click 事件。页面代码如下：

```
<asp:Button ID="btnSave" runat="server" Text="单击按钮保存 XML 文档"
  OnClick="btnSave_Click" />
```

(2) 为 Button 控件添加 Click 事件，在 Click 事件中编写实现 LoadXml()方法加载的 XML 文档。代码如下：

```
protected void btnSave_Click(object sender, EventArgs e)
{
    try {
        string xmlpath =
          Server.MapPath("~") + "book.xml";        //获取 book.xml 文件的路径
```

```
        XmlDocument doc = new XmlDocument();      //创建 XmlDocument 类的实例
        doc.LoadXml("<book genre='novel' ISBN='1-861001-57-5'>"
         + "<title>Pride And Prejudice</title><price>22.22</price>"
         + "</book>");                           //从字符串中加载 XML 文档
        doc.Save(xmlpath);                       //保存 XML 文档到指定的文件
        Response.Write("加载 XML 文档完成");
    } catch (Exception ex) {
        Response.Write("加载 XML 文档过程中出现了错误。原因是：" + ex.Message);
    }
}
```

上述代码首先获取当前网站根目录下 book.xml 文件的完整路径；接着创建 XmlDocument 类的实例；然后调用 LoadXml()方法从字符串中加载 XML 文档；最后调用 Save()方法保存内容，并且输出结果。

(3) 运行页面，单击按钮查看效果，如果页面中输出“加载 XML 文档完成”的提示则表示保存成功。保存成功后找到当前网站根目录下的 book.xml 文件，如图 11-5 所示。

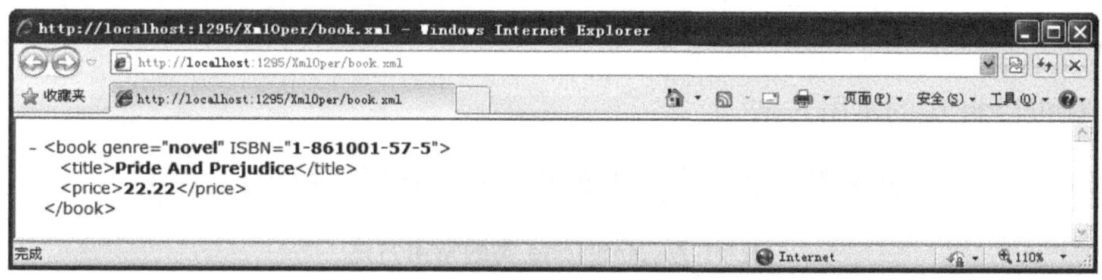

图 11-5　book.xml 文件的内容

虽然 Load()和 LoadXml()两个方法都可以加载 XML 文档，但是它们之间也存在着一些区别。LoadXml()方法从字符串中读取 XML 文档，如例 11-5 所示。Load()方法将文档置入内存中并包含可用于从每个不同的格式中获取数据的重载方法。

11.4.3　XmlNode 类

XmlNode 类表示 XML 文档中的单个节点，它实现了 W3C 文档对象模型级别 1 核心和核心 DOM 级别 2。DOM 是 XML 文档的内存中(缓存)树状表示形式。XmlNode 是 DOM 中.NET 实现的基类，它支持 XPath 选择并提供编辑功能。XmlDocument 类扩展 XmlNode 并代表 XML 文档，前面已经简单介绍过。

1. XmlNode 类的常用属性

XmlNode 类中包含多个属性和方法，XmlDocument 类中的多数常用属性就是从该类继承而来的，表 11-6 列出了它的常用属性。

表 11-6　XmlNode 类的常用属性

属性名称	说　明
BaseURI	获取当前节点的基 URI
ChildNodes	获取节点的所有子节点

续表

属性名称	说　明
FirstChild	获取节点的第一个子级
HasChildNodes	获取一个值，该值指示节点是否有任何子节点
InnerText	获取或设置节点及其所有子节点的串联值
InnerXml	获取或设置仅代表该节点的子节点的标记
IsReadOnly	获取一个值，该值指示节点是否是只读的
Item[string]	获取具有指定 Name 的第一个子元素
Item[string, string]	获取具有指定 LocalName 和 NamespaceURI 的第一个子元素
LastChild	获取节点的最后一个子级
NextSibing	获取紧接在该节点之后的节点
OuterXml	获取包含此节点及其所有子节点的标记
ParentNode	获取该节点(对于可以具有父级的节点)的父级
Value	获取或设置节点的值

2．XmlNode 类的常用方法

XmlNode 类中还包含数十个方法，其常用方法如表 11-7 所示。

表 11-7　XmlNode 类的常用方法

方法名称	说　明
AppendChild()	将指定的节点添加到节点的子节点列表的末尾
Clone()	创建此节点的一个副本
CloneNode()	在派生类创建节点的副本
RemoveAll()	移除当前节点的所有子节点和/或特性
RemoveChild()	移除指定的子节点
ReplaceChild()	使用新节点来替换旧节点
SelectNodes()	选择匹配 XPath 表达式的节点列表
SelectSingleNode()	选择匹配 XPath 表达式的第一个 XmlNode

11.4.4　XmlNodeList 类

XmlDocument 类中包含一个继承自 XmlNode 类的 ChildNodes 属性，该属性表示排序的节点集合，它是 XmlNode 对象的集合。XmlNodeList 即节点列表对象，它对创建集合的节点对象的子级的更改将立即反映在由 XmlNodeList 属性和方法返回的节点中。

XmlNodeList 支持迭代和索引访问。除了 ChildNodes 属性外，XmlNode 对象的 SelectNodes 属性和 XmlDocument 与 XmlElement 类中的 GetElementsByTagName()方法也返回一个 XmlNodeList 对象。

获取到 XmlNodeList 类的对象后再调用属性和方法进行操作。使用 XmlNodeList 对象

的 Count 属性可以获取 XmlNodeList 中的节点数。另外，它还包含多个方法，但是 Items() 方法最为常用，它检索给定索引处的节点。

11.4.5 节点操作

在前面的 3 个小节中，简单了解了 XmlDocument 类、XmlNode 类和 XmlNodeList 类，下面分别调用这些类的属性和方法对节点进行操作，例如遍历节点、添加节点、删除节点、替换节点以及复制节点等。在对 XML 文档进行操作之前，必须确保一个完整的 mygood.xml 文件，该文件是常用商品的列表。如下代码显示了 mygood.xml 文件的详细内容，后面主要对该文件中的节点进行操作：

```
<?xml version="1.0" encoding="utf-8" ?>
<list>
<good>
    <name>火腿肠</name>
    <price>1.5 元/根</price>
    <intro>如果需要的数量过多，可以提前预订，请拨打联系电话：400-2345-****</intro>
</good>
<good>
    <name>农夫山泉</name>
    <price>1.5 元/瓶</price>
    <intro>农夫山泉股份有限公司是一家中国大陆的饮用水生产企业，成立于 1996 年 9 月 26
日，原名为“浙江千岛湖养生堂饮用水有限公司”，所在地为杭州，是养生堂旗下的控股公司，拥
有浙江千岛湖、湖北丹江口、广东万绿湖、吉林长白山、陕西宝鸡太白山等五大优质水源基地。
    </intro>
</good>
<good>
    <name>菠萝</name>
    <price>4.5 元/斤</price>
    <intro>购买菠萝本店负责削皮，负责切开。</intro>
</good>
</list>
```

1. 遍历节点

遍历节点是经常使用的操作之一，它表示在节点树中进行循环或移动。例如，开发者需要提取每个元素的值时就需要进行遍历操作，可以将这个过程叫作“遍历节点树”。

使用 XmlDocument 对象加载 XML 文件，XmlNodeList 对象获取节点的集合，XmlNode 对象显示节点的基本信息。将 XmlDocument、XmlNodeList 和 XmlNode 结合起来，可以访问 XML 文档中的每个节点，通常情况下有 3 种方式来访问：

- 利用节点的关系在节点树中导航。
- 使用 getElementsByTagName()方法，这个方法返回节点列表 NodeList 对象。
- 通过循环遍历树结构中的节点。

【例 11-6】将 XmlDocument、XmlNodeList 和 XmlNode 对象结合遍历 mygood.xml 文件中的元素节点的内容。实现步骤如下。

(1) 向新建的页面中添加两个Label控件，其中第一个Label控件显示元素节点的总数，第二个Label控件显示元素节点的值。代码如下：

```
<asp:Label ID="lblResult" runat="server" Font-Size="Large"></asp:Label><br />
<br/>
<asp:Label ID="lblShow" runat="server" Font-Size="Small"></asp:Label>
```

(2) 向页面的Load事件中添加代码，首先创建XmlDocument对象并加载mygood.xml文件；接着通过DocumentElement.ChildNodes获取根节点下的子节点元素并显示出元素个数；然后分别调用GetElementsByTagName()方法获取mygood.xml文件中的节点的集合；最后通过for循环语句遍历输出各个元素节点的值。代码如下：

```
protected void Page_Load(object sender, EventArgs e)
{
    string xmlpath = Server.MapPath("~") + "\\mygood.xml";
    //获取mygood.xml文件的完整目录
    XmlDocument doc = new XmlDocument();
    doc.Load(xmlpath);        //加载XML文档
    XmlNodeList nodeList = doc.DocumentElement.ChildNodes;
    //获取根节点下的子节点列表
    lblResult.Text = "从mygood.xml文件中解析加载一共得到:<font color='red'>"
      + nodeList.Count + "</font>件商品";
    XmlNodeList nameList = doc.GetElementsByTagName("name");
    XmlNodeList priceList = doc.GetElementsByTagName("price");
    XmlNodeList introList = doc.GetElementsByTagName("intro");
    for (int i=0; i<nodeList.Count; i++) {       //遍历子节点
        lblShow.Text += "<br/><br/>正在获取第" + (i + 1) + "本图书的资料：";
        lblShow.Text += "<br/>商品名称：" + nameList[i].InnerText
          + "<br/>商品单价：" + priceList[i].InnerText
          + "<br/>简单介绍：" + introList[i].InnerText;
    }
}
```

(3) 运行页面，查看输出结果，如图11-6所示。

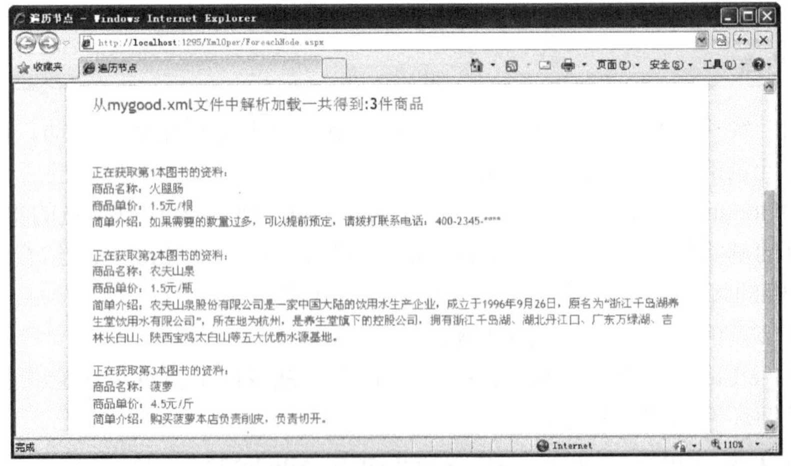

图11-6 遍历节点内容

在 DOM 树形结构中，每个部分都是节点，但是元素节点没有文本值。元素节点的文本存储在子节点中，这个节点称为文本节点，获取元素文本的方法，就是获取这个子节点(即文本节点)的值。

2. 追加节点

程序员可以向根元素或其他元素中添加新的节点，节点有许多种形式，例如元素节点、属性节点、文本节点和注释节点等。添加不同形式的节点时可以调用不同的方法，例如在添加注释节点时可以调用 CreateComment()方法，添加属性节点时可以调用 CreateAttribute()方法。但是，在最后都需要调用 AppendChild()方法将其添加到指定的节点对象中。

【例 11-7】 通过 AppendChild()方法向 mygood.xml 文件中添加一个注释节点和一个 good 元素节点，它包含 name 和 price 两个子元素节点，每个元素节点都有指定的文本内容。添加内容完毕后重新查看 XML 文件的内容，实现步骤如下。

(1) 向新建的页面中添加两个 Label 控件，其作用与例 11-6 相似，这里不再详细介绍。

(2) 为页面的 Load 事件编写代码，这段代码不仅实现节点的添加，也实现遍历功能。首先创建 XmlDocument 类的实例，并且调用 Load()方法加载 XML 文档。代码如下：

```
protected void Page_Load(object sender, EventArgs e)
{
    string xmlpath = Server.MapPath("~") + "\\mygood.xml";
    //获取 mygood.xml 文件的完整目录
    XmlDocument doc = new XmlDocument();
    doc.Load(xmlpath);                    //加载 XML 文档
    /* 省略其他代码 */
}
```

(3) 通过调用 doc 对象的 CreateComment()方法创建一个注释节点，CreateElement()方法创建 3 个不同的元素节点，并为指定的部分元素设置 InnerText 属性的值。代码如下：

```
XmlComment comment = doc.CreateComment("在前面的基础上追加第 4 个节点元素");
XmlElement addEle = doc.CreateElement("good");  //创建元素
XmlElement addSonName = doc.CreateElement("name");  //创建子元素
XmlElement addSonPrice = doc.CreateElement("price");  //创建子元素
addSonName.InnerText = "老坛酸菜牛肉面";
addSonPrice.InnerText = "3.5 元/桶";
```

(4) 通过调用 addEle 对象的 AppendChild()方法添加两个子节点。代码如下：

```
addEle.AppendChild(addSonName);       //向第 4 个 good 元素中添加一个 name 元素
addEle.AppendChild(addSonPrice);      //向第 4 个 good 元素中添加一个 price 元素
```

(5) 调用 doc 对象的 SelectSingleNode()方法找到根节点，并且调用 AppendChild()方法分别添加注释节点和 addEle 节点，添加完毕后调用 Save()方法重新保存到文档中。

代码如下：

```
XmlNode list = doc.SelectSingleNode("list"); //找到根节点
list.AppendChild(comment);
list.AppendChild(addEle);                 //添加第 4 个元素
```

```
doc.Save(xmlpath);
```

(6) 由于向 mygood.xml 文件中添加了一个注释节点，它也算是一个子节点，因此得到的子节点列表是 5 个。但是，注释节点中并没有 name、price 和 intro 等节点，因此再通过例 11-6 进行遍历则会出错，这里重新添加遍历 mygood.xml 文件的代码。代码如下：

```
XmlNodeList nodeList =
  doc.DocumentElement.ChildNodes;      //获取根节点下的子节点列表
lblResult.Text = "从 mygood.xml 文件中解析加载一共得到:<font color='red'>"
  + nodeList.Count + "</font>个子节点";
for (int i=0; i<nodeList.Count; i++) {    //遍历子节点
    lblShow.Text += "<br/><br/>正在获取第" + (i + 1) + "本图书的资料: ";
    if (nodeList[i].NodeType == XmlNodeType.Element) {  //如果是节点元素
        XmlNodeList sonNodeList = nodeList[i].ChildNodes; //当前子节点元素
        for (int j=0; j<sonNodeList.Count; j++) {
            if (sonNodeList[j].Name == "name")
                lblShow.Text += "<br/>商品名称: " + sonNodeList[j].InnerText;
            if (sonNodeList[j].Name == "price")
                lblShow.Text += "<br/>商品单价: " + sonNodeList[j].InnerText;
            if (sonNodeList[j].Name == "intro")
                lblShow.Text += "<br/>商品介绍: " + sonNodeList[j].InnerText;
        }
    } else if (nodeList[i].NodeType == XmlNodeType.Comment) {
        lblShow.Text += "第" + (i + 1) + "个子节点是一个注释说明，内容是: "
          + nodeList[i].InnerText;
    } else {
        lblShow.Text += "第" + (i + 1)
          + "个子节点既不是元素节点，也不是注释节点，因此不再显示内容。";
    }
}
```

在上述代码中，首先获取根节点下的子节点列表，接着输出子节点的数量。通过 for 语句来遍历根节点下的子节点，在该语句中通过 NodeType 属性判断获取到的节点的类型。如果是元素节点，则获取当前元素节点的所有子节点，并且通过另一个 for 语句遍历，在该语句中根据 Name 属性的值进行判断，并显示不同的内容。如果是注释节点，那么直接显示注释内容；否则向页面中显示一段文本内容。

(7) 运行页面，查看输出结果，效果如图 11-7 所示。

为了确认用户添加的内容是否已成功，可以找到 mygood.xml 文件并打开查看，或者直接在浏览器中运行 mygood.xml 文件。

3. 删除节点

当用户发现有多余的节点存在时，可以删除这些多余的节点。删除节点时，常用 RemoveAll()方法和 RemoveChild()方法。当使用 RemoveChild()方法移除指定的子节点时，需要向该方法中传入一个参数，它表示正在被移除的节点。

基本形式如下：

```
public virtual XmlNode RemoveChild(XmlNode oldChild)
```

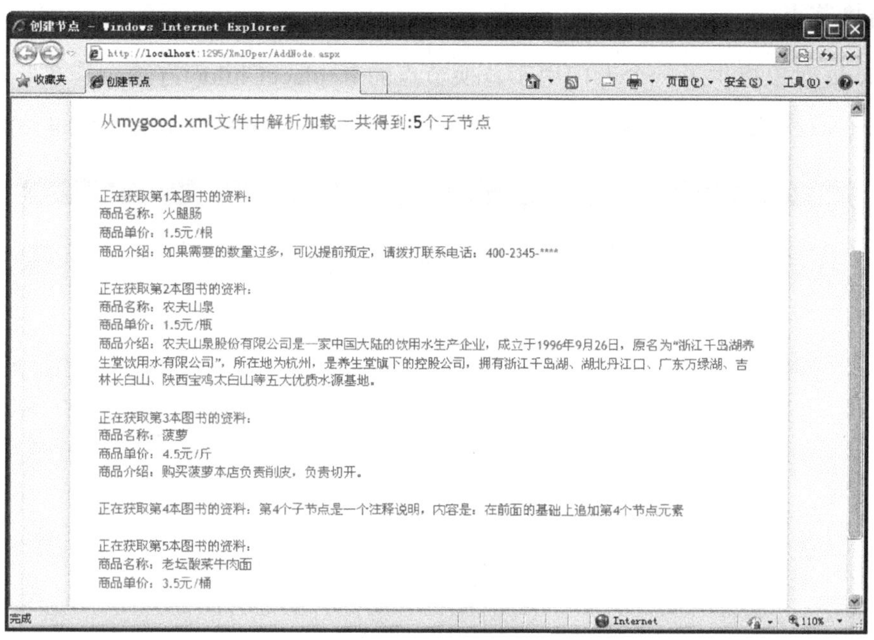

图 11-7　运行结果

【例 11-8】在前面页面效果的基础上添加删除指定节点的代码，页面设计效果不变，更改后台 Load 事件的代码。

代码如下：

```
protected void Page_Load(object sender, EventArgs e)
{
    string xmlpath = Server.MapPath("~") + "\\mygood.xml";
    //获取 mygood.xml 文件的完整目录
    XmlDocument doc = new XmlDocument();
    doc.Load(xmlpath);          //加载 XML 文档
    //获取第一个子元素节点
    XmlNode firstNode = doc.DocumentElement.FirstChild;
    //移除第一个元素节点的 price 元素
    firstNode.RemoveChild(firstNode["price"]);
    //直接移除注释节点
    doc.DocumentElement.RemoveChild(doc.DocumentElement.ChildNodes[3]);
    doc.Save(xmlpath);
    /* 省略其他代码 */
}
```

上述代码首先创建 XmlDocument 类并调用 Load()方法加载 XML 文档；接着获取当前 mygood.xml 文件中根节点下的第一个子元素节点，然后调用 RemoveChild()方法将该节点下的 price 子节点删除；然后再次通过调用根节点的 RemoveChild()方法将 mygood.txt 文件中的注释节点删除；重新保存到 mygood.xml 文件后再遍历输出，遍历代码不再显示。

重新运行页面并查看效果，删除节点后再次遍历 XML 文件，效果如图 11-8 所示。

4. 替换节点

XmlNode 对象提供了一个专门用于替换节点的 ReplaceChild()方法。基本形式如下：

```
public virtual XmlNode ReplaceChild(XmlNode newChild, XmlNode oldChild)
```

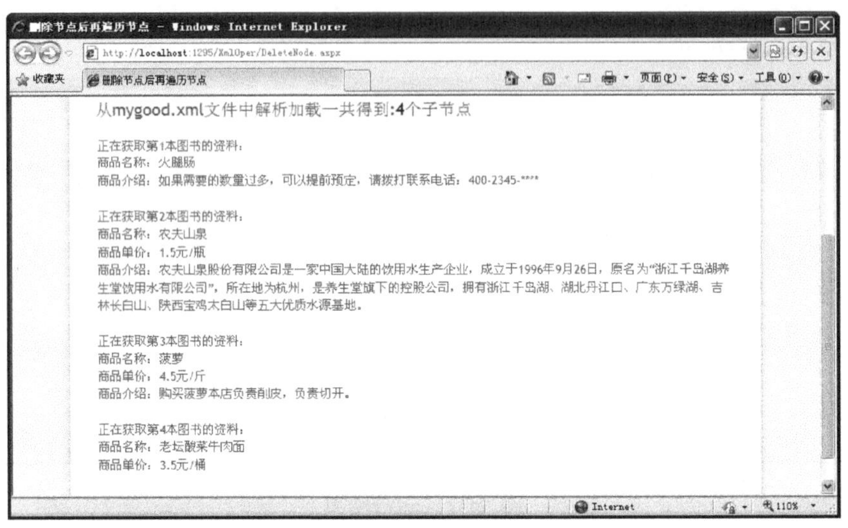

图 11-8　删除指定节点后再次遍历

上述形式中，newChild 表示要放入子列表的新节点；oldChild 表示列表中正在被替换的节点；该方法的返回值是一个被替换后的节点。如果 newChild 已经在树中，则先将其移除；如果 newChild 是从另一个文档中创建的，可以使用 XmlDocument 对象的 ImportNode()方法将节点导入到当前文档，然后可将导入的节点传递给 ReplaceChild()方法。

【例 11-9】利用 ReplaceChild()方法将新创建的一个元素节点替换到 mygood.xml 文件中的最后一个子元素节点。向新建的页面中添加控件并进行设计，设计完毕后，向页面后台的 Load 事件中添加替换代码。部分代码如下：

```
protected void Page_Load(object sender, EventArgs e)
{
    string xmlpath =
     Server.MapPath("~") + "\\mygood.xml";  //获取 mygood.xml 文件的完整目录
    XmlDocument doc = new XmlDocument();          //创建 XmlDocument 类的实例
    doc.Load(xmlpath);                            //加载 XML 文档
    XmlElement ele = doc.CreateElement("test"); /创建一个子元素
    ele.InnerText = "替换测试";                   //指定显示的值
    doc.DocumentElement.ReplaceChild(ele, doc.DocumentElement.LastChild);
        //替换操作
    doc.Save(xmlpath);                            //重新保存到 XML 文档
    /* 省略遍历代码 */
}
```

运行本示例的窗体页，查看效果，如图 11-9 所示。

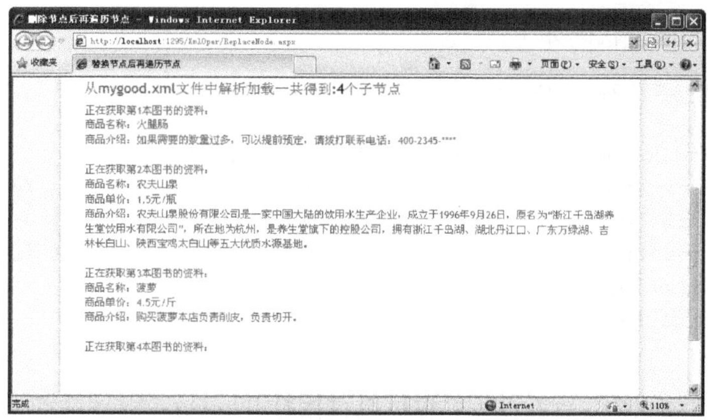

图 11-9　替换节点内容后遍历节点

从图 11-9 可以看出，在该图中并没有显示最后一个节点的内容。为了找到原因，可以运行 mygood.xml 文件进行查看，如图 11-10 所示。

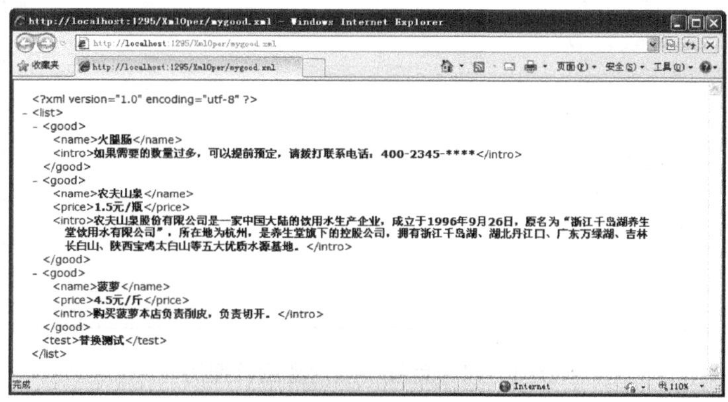

图 11-10　XML 文档的内容

从该图中可以发现，最后一个节点与其他的节点有所不同，它没有包含 name 和 price 等子节点，而是直接向 test 中添加了文本。但是，在遍历代码时只对 name、price 和 intro 节点的文本进行判断并显示，因此，图 11-9 中输出的结果是一个空内容。

5．复制节点

除了追加、删除、遍历和替换等操作外，还可以复制节点。复制节点时可以使用 Clone()方法和 CloneNode()方法，这两个方法都返回复制后的节点。Clone()方法可以直接使用，CloneNode()方法则需要传入一个参数值。基本形式如下：

```
public abstract XmlNode CloneNode(bool deep)
```

上述内容中 deep 参数是一个布尔类型，如果它的值为 True，则递归地复制指定节点下的子树；如果为 False，则只复制节点本身。

【例 11-10】继续在前面例子的基础上进行更改，首先获取 mygood.xml 文件中根元素下的第一个元素；然后再调用 CloneNode()方法复制该元素的所有内容，并保存到 XmlNode 类型的 clone 对象中；最后将复制后的元素追加到根元素下。

Load 事件中的部分代码如下：

```
protected void Page_Load(object sender, EventArgs e)
{
    /* 省略 XmlDocument 对象的创建和加载文档的代码 */
    XmlNode firstNode = doc.DocumentElement.FirstChild;  //获取最后一个元素
    XmlNode clone = firstNode.CloneNode(true);
    doc.DocumentElement.AppendChild(clone);     //复制后的节点添加到根元素中
    doc.Save(xmlpath);    /* 省略遍历代码 */
    /* 省略遍历代码 */
}
```

运行本例的窗体页面，查看效果，也可以直接打开 mygood.xml 文件进行查看，页面中显示的效果如图 11-11 所示。

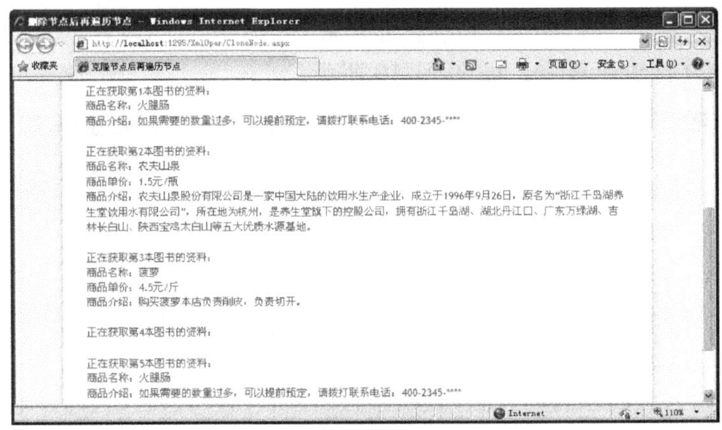

图 11-11 克隆节点内容后再遍历

11.4.6 节点类型

当将 XML 文档作为节点树读入内存时，这些节点的节点类型在创建节点时确定。XML 文档对象模型具有多种节点类型，这些类型由 W3C 确定。在例 11-7 追加节点后遍历节点时使用到了 NodeType 属性，该属性就是用来获取节点类型的，表 11-8 列出了节点类型、分配给该节点类型的对象以及每种节点类型的简短说明。

表 11-8 W3C 中定义的节点类型

DOM 节点类型	Object	说 明
Document	XmlDocument 类	树中所有节点的容器。也称作文档根，文档根并非总是与根元素相同
DocumentFragment	XmlDocumentFragment 类	包含一个或多个不带任何树结构的节点的临时袋
DocumentType	XmlDocumentType 类	表示<!DOCTYPE…>节点
EntityReference	XmlEntityReference 类	表示非扩展的实体引用文本
Element	XmlElement 类	表示元素节点

续表

DOM 节点类型	Object	说　明
Attr	XmlAttribute 类	元素的属性
ProcessingInstruction	XmlProcessinigInstruction 类	处理指令节点
Comment	XmlComment 类	注释节点
Text	XmlText 类	属于某个元素或属性的文本
CDATASection	XmlCDataSection 类	表示 CDATA
Entity	XmlEntity 类	表示 XML 文档(来自内部文档类型定义(DTD)子集或来自外部 DTD 和参数实体)中的<!ENTITY…>声明
Notation	XmlNotation	表示 DTD 中声明的表示法

实际上，还有一些节点类型并没有被写入到 W3C 标准中，但这些类型可以作为 XmlNodeType 枚举在.NET Framework 对象模型中使用，因此，这些节点类型不存在匹配的 DOM 节点类型列。例如，表 11-9 对没有被写入到 W3C 的节点类型进行说明。

表 11-9　未被写入到 W3C 中的节点类型

节点类型	说　明
XmlDeclaration	表示声明节点<?xml version="1.0"...>
XmlSignificantWhitespace	表示有效空白(混合内容中的空白)
XmlWhitespace	表示元素内容中的空白
EndElement	当 XmlReader 到达元素的末尾时返回
EndEntity	由于调用 ResolveEntity 而在 XmlReader 到达实体替换的末尾时返回

11.5　实验指导——XML 文件绑定 Repeater 控件

在介绍数据列表显示控件时提到过可以将 XmlDataSource 控件与数据绑定控件结合使用，也可以将 XML 文件作为数据绑定控件的数据源。前面已经简单了解了 XML 的基本知识，下面将创建一个 XML 文件，并且将该文件作为数据源绑定到 Repeater 控件中。简单地说，就是通过 Repeater 控件发布 XML 文件的数据。

实验指导 11-1：将 XML 文件作为数据源绑定 Repeater 控件

将 XML 控件作为 Repeater 控件的数据源时，实现数据绑定的步骤如下。

(1) 首先创建 Member.xml 文件，该文件显示 4 个会员的基本信息，包括会员姓名、年龄、住址、联系电话以及爱好等。以第一个会员为例，部分内容如下：

```
<?xml version="1.0" encoding="utf-8" ?>
<memberlist>
    <member>
        <name>FoverLove</name>
```

```
        <age>24</age>
        <address>郑州市黄河路 18 号</address>
        <phone>13828284476</phone>
        <hobby>爬山、打羽毛球和唱歌</hobby>
    </member>
    <!-- 省略其他内容 -->
</memberlist>
```

(2) 创建 Default.aspx 窗体页，并向 Page 指令中添加一个 ContentType 属性，指定该属性的值为“text/xml”。代码如下：

```
<%@ Page Language="C#" AutoEventWireup="true" ContentType="text/xml"
  CodeFile="Default.aspx.cs" Inherits="shiyan_Default" %>
```

(3) 删除窗体页中的 body、html 和 title 等元素，只留下 form 元素，并向该元素中添加 Repeater 控件。

(4) 添加 XmlDataSource 控件，该控件绑定 Repeater 控件。

绑定数据完成后的代码如下：

```
<%@ Import Namespace="System.Xml" %>
<form id="form1" runat="server">
    <asp:repeater id="xml1" runat="server" datasourceid="XmlDataSource1">
        <HeaderTemplate>
            <?xml version="1.0" encoding="utf-8" ?>
            <rss version="2.0" xmlns:a10="http://www.w3.org/2005/Atom">
            <channel>
            <title>发布标题</title>
            <link>链接地址</link>
        </HeaderTemplate>
        <ItemTemplate>
            <ul>
                <li style="color: Blue;">
                《<%# Server.HtmlEncode(XPath("name").ToString()) %>》
                </li>
                <li>(<%# Server.HtmlEncode(XPath("age").ToString()) %>)</li>
                <li>(<%# Server.HtmlEncode(XPath("address").ToString()) %>)
                </li>
                <li>(<%# Server.HtmlEncode(XPath("phone").ToString()) %>)
                </li>
                <li>(<%# Server.HtmlEncode(XPath("hobby").ToString()) %>)
                </li>
            </ul>
        </ItemTemplate>
        <FooterTemplate>
            </channel>
            </rss>
        </FooterTemplate>
    </asp:repeater>
    <asp:xmldatasource id="XmlDataSource1" runat="server"
```

```
    datafile="~/shiyan/Member.xml">
  </asp:xmldatasource>
</form>
```

(5) 在前面的步骤中以 RSS 的形式显示内容，运行显示的效果如图 11-12 所示。

图 11-12　运行显示 Default.aspx 窗体页

(6) Default.aspx 窗体页通过 XmlDataSource 控件绑定 Repeater 控件，并且以 XML 文档的形式显示数据。

重新创建一个 Default2.aspx 窗体页，直接向 Repeater 控件的 ItemTemplate 模板项中添加绑定 XML 文件的代码。完整代码如下：

```
<%@ Import Namespace="System.Xml" %>
<form id="form1" runat="server">
   <asp:repeater id="xml1" runat="server" datasourceid="XmlDataSource1">
      <ItemTemplate>
         <ul>
             <li style="color: Blue;">
             《<%# Server.HtmlEncode(XPath ("name").ToString()) %>》
             </li>
             <li>(<%# Server.HtmlEncode(XPath("age").ToString()) %>)</li>
             <li>(<%# Server.HtmlEncode(XPath("address").ToString()) %>)</li>
             <li>(<%# Server.HtmlEncode(XPath("phone").ToString()) %>)</li>
             <li>(<%# Server.HtmlEncode(XPath("hobby").ToString()) %>)</li>
         </ul>
         <hr />
      </ItemTemplate>
   </asp:repeater>
   <asp:xmldatasource id="XmlDataSource1" runat="server"
     datafile="~/shiyan/Member.xml">
   </asp:xmldatasource>
</form>
```

(7) 运行 Default2.aspx 窗体页，查看效果，将会显示 XML 文档中的数据，如图 11-13 所示。

图 11-13　发布并显示 XML 文档的数据

11.6　习　　题

1. 填空题

(1) __________是 XML 的英文缩写，中文被称为可扩展标记语言。

(2) XML 文档在声明时可以包含__________、encoding 和 standalone 这 3 个属性。

(3) ASP.NET 中与 XML 文件相关的处理类都放在__________命名空间下。

(4) System.Xml 命名空间下提供__________类，表示文档类型声明。

(5) XmlReader 类中可以调用__________属性获取一个值，该值指示 XmlReader 是否实现二进制内容读取方法。

2. 选择题

(1) 向 XML 文档中添加注释时，以下哪个选项的说法是正确的？__________

A. 注释可以添加在 XML 文档的任何地方，例如 XML 声明之前和结束标记中

B. 注释可以包围和隐藏标记

C. 注释不能放在标记中，只能放在根元素下

D. 可以以任何数量的连接符结尾，例如以--->结尾

(2) System.Xml 的子命名空间不包括__________。

A. System.Xml.XmlElement　　B. System.Xml.Linq

C. System.XML.Xsl　　D. System.Xml.Schema

(3) 通过 XmlWriter 类写入 XML 文件数据时，调用__________方法用于创建 XML 文档的头部，即 XML 的声明<?xml...?>。

A. WriteStartElement()　　B. WriteStartDocument()

C. WriteElementString()　　D. WriteComment()

(4) 以下选项中，__________不是 XmlWriter 类能够完成的任务。

A. 将二进制字节编码为 base64 或 binhex，并写出生成的文本

B. 检查字符是不是合法的 XML 字符，以及元素和属性的名称是不是有效的 XML 名称

C. 从 XML 流检索数据或使用提取模型跳过不需要的记录

D. 写出有效的名称、限定名和名称标记

(5) XmlNode 对象提供__________方法，它将指定的节点添加到节点的子节点列表的末尾。

A. SelectNodes()　　B. RemoveChild()

C. RemoveAll()　　D. AppendChild()

(6) 被 W3C 组织所接受的节点类型不包括__________。

A. EndElement　　B. Document

C. Element　　D. Entity

(7) 在如下所示的一段代码中，横线处的内容应该是__________。

```
protected void Page_Load(object sender, EventArgs e)
{
    string xmlpath = Server.MapPath("~") + "\\mygood.xml";
    //获取 mygood.xml 文件的完整目录
    XmlDocument doc = new XmlDocument();
    doc.Load(xmlpath);        //加载 XML 文档
    __________ nodeList = doc.DocumentElement.ChildNodes;
    //获取根节点下的子节点列表
    for (int i=0; i<nodeList.Count; i++) {       //遍历子节点
        /* 省略其他内容 */
    }
}
```

A. XmlNodeList　　B. XmlNode

C. XmlText　　D. NodeList

3. 简答题

(1) 声明一个 XML 文档时包含哪些属性？这些属性分别是用来做什么的？

(2) 列举 System.Xml 命名空间下的一些常用操作类，并且对这些类的常用属性和方法进行说明。

(3) 分别说明如何通过 XmlWriter 和 XmlReader 类进行操作。

第 12 章　配置文件和网站部署

在前面的章节中，我们已经详细地介绍了 ASP.NET 中的常用操作。那么，创建网站后，如何让其他人能够访问该网站中的页面呢？很简单，只要将网站部署和发布即可。

在部署和发布网站之前，应该配置网站的相关信息，例如，将连接字符串信息放置在 Web.config 文件中，或者在 Web.config 文件中配置其他信息等。因此，本章还将介绍与配置文件相关的知识。

通过本章的学习，读者不仅可以了解如何在 Web.config 文件中进行配置，还可以掌握如何部署和发布网站，熟悉配置管理的相关知识。

本章的学习目标如下：

- 了解 ASP.NET Web 应用程序的配置文件。
- 熟悉 Web.config 配置文件的基本结构。
- 掌握如何创建一个 Web.config 配置文件。
- 了解<appSettings>、<configSections>和<location>配置节。
- 掌握<connectionStrings>节点的使用。
- 掌握<system.web>配置节下的常用节点。
- 熟悉 Web.config 配置文件的优点。
- 掌握 IIS 服务器的安装和配置。
- 了解 MMC ASP.NET 插件。
- 熟悉 Web 站点管理工具。
- 掌握如何通过“发布网站”的方式发布网站。
- 熟悉“复制网站”和 XCOPY 发布网站。

12.1　了解配置文件

.NET 框架提供的配置管理包括范围广泛的设置，允许管理员管理 Web 应用程序及其环境。这些设置存储在 XML 配置文件中。

ASP.NET 的配置文件为 XML 文件，.NET 框架定义了实现配置设置的一系列元素，并且 ASP.NET 配置架构包含控制 ASP.NET Web 应用程序行为的元素。本节将简单了解一下 ASP.NET 中的配置文件。

12.1.1　配置文件概述

程序开发人员可以使用任何文本编辑器编辑配置文件，配置文件实际上就是遵循 XML 文档格式的。在 ASP.NET Web 应用程序的配置文件中，Web.config 文件最为常用，但是，除了该文件外，还有用于其他功能的配置文件。例如，配置文件可以用于应用程序，也可以用于机器和代码访问安全性，如图 12-1 所示为程序员可以使用的用于配置 ASP.NET Web 应

用程序的配置文件。

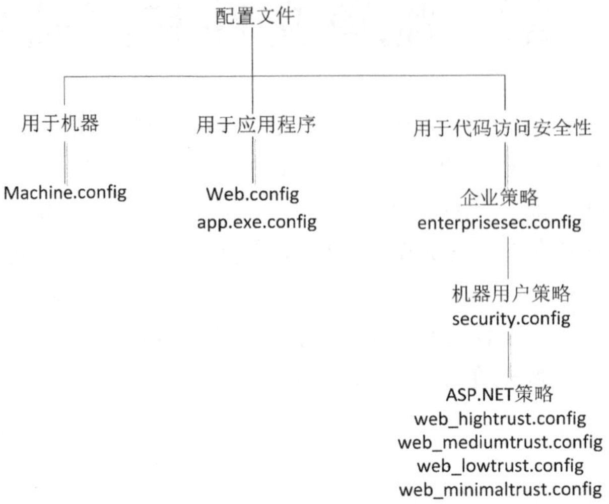

图 12-1　ASP.NET Web 应用程序的配置文件

从图 12-1 中可以看出，Web 应用程序的配置文件可以有多种，Machine.config 和 Web.config 文件共享许多相同的配置部分和 XML 元素。另外在该图中，Machine.config 文件用于将计算机访问的策略应用到本地计算机上运行的所有.NET 框架应用程序，开发者还可以使用应用程序特定的 Web.config 文件自定义单个应用程序的设置。

12.1.2　配置文件及其说明

表 12-1 对图 12-1 中的文件进行了简单说明，并显示了这些配置文件的位置。

表 12-1　配置文件的说明及其位置

配置文件	说　明	说　明
Machine.config	计算机中每个.NET 框架安装版一个	%system32%\Microsoft.NET\Framework\{version}\CONFIG 以 Windows XP 操作系统为例，Machine.config 文件存储于 C:\WINDOWS\Microsoft.NET\ Framework\[version]\Config
Web.config	每个应用程序有零个、一个或多个	\inetpub\wwwroot\web.config \inetpub\wwwroot\YourApplication\web.config \inetpub\wwwroot\YourApplication\SubDir\web.config
Enterprisesec.config	企业级 CAS 配置	%system32%\Microsoft.NET\Framework\{version}\CONFIG
Security.config	计算机级 CAS 配置	%system32%\Microsoft.NET\Framework\{version}\CONFIG
Security.config	用户级 CAS 配置	\Documents and Settings\{user}\Application Data\Microsoft\CLR Security Config\{version}

续表

配置文件	说 明	说 明
Web_hightrust.config Web_mediumtrust.config Web_lowtrust.config Web_minimaltrust.config	ASP.NET Web 应用程序 CAS 配置	%system32%\Microsoft.NET\Framework\{version}\CONFIG

12.2 了解 Web.config 文件

虽然在图 12-1 和表 12-1 中给出了多个配置文件，但只有 Web.config 配置文件最经常用到，它用于提供应用程序的配置信息。本节将简单了解 Web.config 配置文件的结构、优点和常用的配置节点等。

12.2.1 配置文件的结构

所有的 ASP.NET 配置信息都驻留在.config 文件中，位于.NET 框架系统文件夹中的 Machine.config 文件和根 Web.config 文件为服务器上运行的所有网站提供默认值。位于网站的根文件夹中的每个网站的 Web.config 文件提供对这些值的网站特定的重写，可以将其他 Web.config 文件置于一个网站的子文件夹中，以提供专用于该网站内的文件夹的重写。

web.config 文件包含将 configuration 元素作为根节点的 XML，此元素中的信息分为两个主区域：配置节处理程序声明区域和配置节设置区域。

【例 12-1】 节处理程序是用来实现 ConfigurationSection 接口的.NET 框架类，声明区域可标识每个节处理程序类的命名空间和类名。

节处理程序用于读取和设置与节有关的设置，下面的代码给出了 Web.config 文件的 XML 结构的简化视图：

```
<configuration>
   <!-- Configuration section-handler declaration area. -->
   <configSections>
      <section name="section1" type="section1Handler" />
      <section name="section2" type="section2Handler" />
   </configSections>
   <!-- Configuration section settings area. -->
   <section1>
      <s1Setting1 attribute1="attr1" />
   </section1>
   <section2>
      <s2Setting1 attribute1="attr1" />
   </section2>
   <system.web>
      <authentication mode="Windows" />
   </system.web>
</configuration>
```

在 Web.config 文件中，如果在位于配置层次结构中更高级别的.config 文件中声明节，则相应的节会在声明区域中尚未声明的设置区域中出现。例如，Machine.config 文件中声明了 system.web 节点。因此，无须在单个网站级 Web.config 文件中声明此节，如果在位于网站的根文件夹的 Web.config 文件中声明某个节，则可以包含该节的设置，而无须将其包含在位于子文件夹中的 Web.config 文件中。

1. 配置节处理程序声明

配置节处理程序声明区域位于配置文件中的 configSections 元素内，包含在其中声明节处理程序的 ASP.NET 配置 section 元素。可以将这些配置节处理程序声明嵌套在 sectionGroup 元素中，以帮助组织配置信息。通常，sectionGroup 元素表示要应用配置设置的命名空间。

例如，所有 ASP.NET 配置节处理程序都分组到 system.web 节组中。代码如下：

```
<sectionGroup name="system.web"
  type="System.Web.Configuration.SystemWebSectionGroup, System.Web,
  Version=2.0.0.0, Culture=neutral, PublicKeyToken=b03f5f7f11d50a3a">
    <!-- <section /> elements. -->
</sectionGroup>
```

配置节设置区域中的每个配置节都有一个节处理程序声明，节处理程序声明中包含配置设置节的名称(如 pages)以及用来处理该节中配置数据的节处理程序类的名称(如 System.Web.Configuration.PagesSection)。

下面的代码演示了映射到配置设置节的节处理程序类：

```
<section name="pages"
  type="System.Web.Configuration.PagesSection, System.Web,
  Version=2.0.0.0, Culture=neutral, PublicKeyToken=b03f5f7f11d50a3a">
</section>
```

程序员可需要声明配置节处理程序一次，默认 ASP.NET 配置节的节处理程序已经在 Machine.config 文件中进行声明。网站的 Web.config 文件和 ASP.NET 应用程序中的其他配置文件都自动继承在 Machine.config 文件中声明的配置处理程序。只有当创建用来处理自定义设置节的自定义节处理程序类时，才需要声明新的节处理程序。

2. 配置节设置

配置节设置区域位于配置节处理程序声明区域之后，它包含实际的配置设置。默认情况下，在当前配置文件或某个根配置文件中，对于 configSections 区域中的每个 section 和 sectionGroup 元素，都会有一个配置节元素。可以在 systemroot\Microsoft.NET\Framework\versionNumber\CONFIG\Machine.config.comments 文件中查看这些默认值。

【例 12-2】配置节元素还可以包含子元素，这些子元素与其父元素由同一个节处理程序处理。例如，下面的 pages 元素包含一个 namespace 元素，该元素没有相应的节处理程序，这是因为它是由 pages 节处理程序来处理的：

```
<pages buffer="true" enableSessionState="true" asyncTimeout="45"
  <!-- Other attributes. -->
```

```
>
    <namespaces>
        <add namespace="System" />
        <add namespace="System.Collections" />
    </namespaces>
</pages>
```

12.2.2　如何创建 Web.config 文件

所有的.config 文件实际上都是一个 XML 文本文件，当然 Web.config 文件也不例外。它用来存储 ASP.NET Web 应用程序的配置信息(例如最常用的是连接字符串和身份验证方式等)，它可以出现在应用程序的每一个目录中。当创建一个 Web 应用程序后，默认情况下会自动创建一个默认的 Web.config 文件，包括默认的配置设置，所有的子目录都继承它的配置设置，如果想要修改子目录的配置设置，可以在该子目录下新建一个 Web.config 文件，它可以提供除从父目录继承的配置信息以外的配置信息，也可以重写或修改父目录中定义的设置。

【例 12-3】例如，当用户新建一个默认的 ASP.NET 空网站时，自动创建的 Web.config 文件的配置信息如下：

```
<?xml version="1.0"?>
<!--
For more information on how to configure your ASP.NET application, please
visit http://go.microsoft.com/fwlink/?LinkId=169433
-->

<configuration>
    <system.web>
        <compilation debug="false" targetFramework="4.0" />
    </system.web>
</configuration>
```

上述信息非常简单，configuration 是节的根元素，其他节都是在它的内部；在该元素下添加一个 system.web 节点，它用于控制 ASP.NT 运行时的行为。在 system.web 节点下创建 compilation 子节点，compilation 中的 debug 属性指向是否调试程序；targetFramework 指向.NET 框架的版本。

一个应用程序中可以包含一个或者多个 Web.config 文件，因此，用户可以手动创建一个 Web.config 文件，并且向该文件中自定义配置信息。

【例 12-4】新建一个 Web.config 配置文件时很简单，一种是直接复制根目录中存在的 Web.config 文件到指定的目录下，在复制后的文件中自定义配置信息；另一种是像创建 Web 窗体页那样创建一个 Web.config 配置文件。

创建 Web.config 配置文件的主要步骤是：选择当前项目后，单击右键，从弹出的快捷菜单中选择“添加新项”命令，这时会弹出一个“添加新项”对话框。在弹出的对话框中找到“Web 配置文件”项并选中，然后直接单击“添加”按钮添加，效果如图 12-2 所示。

图 12-2　创建一个新的 Web.config 配置文件

12.2.3　Web.config 的常用配置节

我们可以向 Web.config 文件中自定义配置信息，下面列出了一些常用的配置节以及配置信息。

1．<appSettings>配置节

<appSettings>配置节用于定义应用程序设置项，对一些不确定的设置，还可以让用户根据自己的实际情况进行设置。向该配置节中添加内容时，需要通过<add>节点，它常用的属性有两个，分别是 key 属性和 value 属性。其中 key 属性指定自定义属性的关键字，以方便在应用程序中使用该配置节；value 属性表示自定义属性的值。细心的读者可以发现，在介绍模块和处理程序时使用到过<appSettings>配置节。

【例 12-5】下面向<appSettings>配置节中添加两个<add>节点内容。代码如下：

```
<appSettings>
    <add key="ConnectionStr"
      value="server=.;userid=sa;password=123456;database=mytest;" />
    <add key="ErrPage" value="Error.aspx" />
</appSettings>
```

上述代码第一个<add>节点定义了一个连接字符串常量，并且在实际应用时可以修改连接字符串，不用修改程序代码；第二个<add>节点定义了一个错误重定向页面，它指向 Error.aspx 页面。

一般情况下，向<appSettings>配置节下添加内容后，可以在页面中进行调用，以上个例子中的 ConnectionStr 为例，它可以在通用类中进行获取。通过 ConfigurationManager 对象的 AppSettings[int index]或者 AppSettings[string key]属性获取对应 key 的 value 属性值。其中，index 表示在配置的索引值；而 key 则表示配置节中的 key 值。

【例 12-6】下面在后台代码中分别通过索引和 key 两种形式获取连接字符串的内容，这两种形式的效果是一样的。代码如下：

```
protected void Page_Load(object sender, EventArgs e)
```

```
{
    string conn = ConfigurationSettings.AppSettings[0].ToString();
    string conn =
      ConfigurationSettings.AppSettings["ConnectionStr"].ToString();
}
```

2. <configSections>配置节

<configSections>指定了配置节和处理程序声明，虽然 ASP.NET 不对如何处理配置文件内的设置做任何假设，但是 ASP.NET 会将配置数据的处理委托给配置节处理程序。该配置节由多个<section>配置节组成，可以将这些配置节处理程序声明嵌套在<sectionGroup>节点中，以帮助组织配置信息。

<configSections>配置节的组成结构如下：

```
<configSections>
    <section />
    <sectionGroup></sectionGroup>
</configSections>
```

上述结构中，<section>定义配置节处理程序与配置元素之间的关联；<sectionGroup>定义配置节处理程序与配置节之间的关联。可以在<sectionGroup>中对<section>进行逻辑分组，以对<section>进行组织，并且避免命名冲突。

【例 12-7】<sectionGroup>中包含 name 和 type 两个属性，而<section>中这两个属性也经常被使用到。其中，name 属性指定配置数据配置节的名称；而 type 属性指定与 name 属性相关的配置处理程序类。在本例子中，首先向<configSections>中自定义配置信息，然后在页面中进行调用。操作步骤如下。

(1) 向 Web.config 配置文件的<configuration>根节点下添加一个<configSections>子节点，它必须是根元素下的第一个子元素节点。内容如下：

```
<configSections>
    <sectionGroup name="mySectionGroup">
        <section name="mySection" requirePermission="true"
          type="SectionHandler" />
    </sectionGroup>
</configSections>
```

(2) 在上个步骤中<sectionGroup>节点中提到了 mySectionGroup 和 mySection，它们是在 Web.config 中自定义的模块。代码如下：

```
<mySectionGroup>
    <mySection>
        <add key="No1" value="李磊" />
        <add key="No2" value="许飞" />
        <add key="No3" value="陈艳" />
        <add key="No4" value="朱小小" />
        <add key="No5" value="陈海风" />
    </mySection>
</mySectionGroup>
```

(3) 向当前网站下创建一个 SectionHandler 类，该类实现 IConfigurationSectionHandler 接口。在该类中为 Create()方法添加代码，在代码中创建 Hashtable 集合类，向该集合对象中读取数据并添加。代码如下：

```
public class SectionHandler : IConfigurationSectionHandler
{
    public object Create(object parent, object configContext,
      System.Xml.XmlNode section) {
        Hashtable ht = new Hashtable();              //创建 Hashtable 数据
        foreach (XmlNode node in section.ChildNodes) {
            if (node.Name == "add")
                ht.Add(node.Attributes["key"].Value,
                  node.Attributes["value"].Value);
        }
        return ht;
    }
}
```

(4) 向 Web 窗体页面的后台 Load 事件中添加代码，首先通过 ConfigurationManager 类的 GetSection()方法获取 Web.config 配置文件中 mySectionGroup/mySection 元素节点下的内容，得到返回的 Hashtable 对象。然后遍历 Hashtable 集合对象中的信息，并且将内容输出到网页中。代码如下：

```
protected void Page_Load(object sender, EventArgs e)
{
    Hashtable ht = ConfigurationManager
      .GetSection("mySectionGroup/mySection") as Hashtable;
    foreach (DictionaryEntry de in ht) {             //遍历 Hashtable 对象
        Response.Write(de.Key + " - " + de.Value + "<br>");
    }
}
```

(5) 运行本例的代码，查看窗体页的输出结果，读者可自己查看效果。

3. <location>配置节

在 Web.config 配置文件中的<location>配置节也会被使用到，它可以在同一个配置文件中指定多个设定组，使用<location>元素的 path 属性，可以指定设定应该被应用到的子目录或文件。

【例 12-8】多个<location>节点可以存在于同一个配置文件中，并且为相同的配置节指定不同的范围。例如，下面向 Web.config 配置文件中添加两个<location>节点，设置该节点的 path 属性，然后分别向<location>节点下添加内容，指定 HttpHandler 处理时的相关信息。

代码如下：

```
<configuration>
    <system.web>
        <sessionState cookieless="true" timeout="10" />
    </system.web>
```

```
    <location path="sub1">
    <!-- Configuration for the "Sub1" subdirectory. -->
       <system.web>
          <httpHandlers>
             <add verb="*" path="Sub1.Scott" type="Sub1.Scott" />
             <add verb="*" path="Sub1.David" type="Sub1.David" />
          </httpHandlers>
       </system.web>
    </location>
    <location path="sub2">
    <!-- Configuration for the "Sub2" subdirectory. -->
       <system.web>
          <httpHandlers>
             <add verb="*" path="Sub2.Scott" type="Sub2.Scott" />
             <add verb="*" path="Sub2.David" type="Sub2.David" />
          </httpHandlers>
       </system.web>
    </location>
</configuration>
```

4. <connectionStrings>配置节

除了向<appSettings>节点中添加连接字符串的内容外，还可以向<connectionStrings>节点中数据库的连接字符串信息。代码如下：

```
<connectionStrings>
    <add name="ConnStr" connectionString="server=.;userid=sa;
     password=123456;database=mytest;"/>
</connectionStrings>
```

在上述代码中，通过 name 指定连接字符串的名称；connectionString 属性用来指定连接字符串，包括数据库名称和连接用户名与密码等。

12.2.4　<system.web>配置节

除了上面介绍的几个配置节外，还有一个配置节被使用到，通过向该配置节中添加子节点，不仅可以指定数据库连接字符串，还可以实现身份验证和自定义错误等，下面将详细介绍<system.web>配置节。

1. <authentication>节点

<authentication>节点用来配置 ASP.NET 身份验证方案，该方案用于识别查看 ASP.NET 应用程序的用户。此节点中最常用的属性是 mode，该属性包含以下 4 种身份验证模式。

(1) Windows(默认验证)：将 Windows 验证指定为默认的身份验证模式，将它与以下任意形式的 Microsoft Internet 信息服务(IIS)身份验证结合起来使用——基本、摘要、集成 Windows 身份验证(NTLM/Kerberos)或证书。在这种情况下，开发人员的应用程序将身份验证责任委托给基础 IIS。

(2) Forms 身份验证：将 ASP.NET 基于窗体的身份验证指定为默认的身份验证模式，Forms 身份验证是最常用的一种身份验证方式。

(3) Passport 身份验证：将 Microsoft Passport Network 身份验证指定为默认的身份验证模式。

(4) None：不会指定任何身份验证，允许匿名访问，或手动编码控制用户访问。

【例 12-9】例如，下面的代码为基于窗体(Forms)的身份验证配置站点，当尚未登录的用户访问需要验证的网页时，网页将会自动跳转到登录页面。代码如下：

```
<authentication mode="Forms">
   <forms loginUrl="logon.aspx" name=".FormsAuthCookie"/>
</authentication>
```

上述代码中，loginUrl 表示登录网页的名称，即网址；name 则表示 Cookie 的名称。除了 loginUrl 和 name 属性外，还可以向该节点中添加其他属性，对这些属性说明如下。

- name：指定用于身份验证的 Cookie 名称。
- loginUrl：指定为登录而要重写向的 URL，默认值为 Default.aspx。
- defaultUrl：默认页的 URL，通过 FormsAuthentication.DefaultUrl 属性得到该值。
- timeout：指定以整数分钟为单位，表单验证的有效时间即是 Cookie 的过期时间。
- path：Cookie 的作用路径。默认为正斜杠(/)，表示该 Cookie 可用于整个站点。
- requireSSL：在进行 Forms 身份验证时，与服务器交互是否要求使用 SSL。
- slidingExpiration：是否启用“弹性过期时间”，如果该属性设置为 false，从首次验证之后过 timeout 时间后 Cookie 即过期；如果该属性为 true，则从上次请求开始过 timeout 时间才过期，这表示首次验证后，如果保证每 timeout 时间内至少发送一个请求，则 Cookie 将永远不会过期。
- enableCrossAppRedirects：是否可以将已经进行了身份验证的用户重定向到其他应用程序中。
- cookieless：定义是否使用 Cookie 以及 Cookie 的行为。
- domain：Cookie 的域。

2. <authorization>节点

<authorization>节点的作用是控制对 URL 资源的客户端访问(例如允许匿名用户访问)，该元素可以在任何级别(计算机、站点、应用程序、子目录或页)上声明，它必须与<authentication>节点配合使用。

【例 12-10】下面通过向<authorization>节点中添加内容，来禁止匿名用户的访问，允许角色是 admin 的访问。代码如下：

```
<system.web>
   <authorization>
      <deny users="?" />
      <allow roles="admin" />
   </authorization>
</system.web>
```

上述代码中，<authorization>节点下添加了 deny 和 allow 两个元素，其中 deny 表示拒绝，allow 表示允许。deny 和 allow 中都可以添加 user、roles 和 verbs 这 3 个属性，其说明如下。

- user：一个使用逗号进行分隔的用户名列表，列表中的用户被授予(或拒绝)对资源的访问。其中“?”表示匿名用户，而“*”则代表所有用户。
- roles：逗号进行分隔的角色列表，这些角色被授予(或拒绝)对资源的访问。
- verbs：逗号进行分隔的谓词列表，比如 GET、HEAD、POST 或 DEBUG 等。

3. <customErrors>节点

<customErrors>能够指定当出现错误时系统自动跳转到一个错误发生的页面，同时也能够为应用程序配置是否支持自定义错误。添加<customErrors>节点时，可以指定它的 mode 属性和 defaultRedirect 属性，其中前者表示自定义错误的状态，后者表示应用程序发生错误时所要跳转的页面。mode 属性的取值有 On、Off 和 RemoteOnly 三个，说明如下。

- On：表示启动自定义错误。
- Off：表示不启动自定义错误。
- RemoteOnly：表示给远程用户显示自定义错误。

【例 12-11】下面分别向<customErros>节点中添加两个<error>子节点，这两个节点用于处理访问页面时出现的 403 和 404 错误。代码如下：

```
<system.web>
  <customErrors mode="RemoteOnly" defaultRedirect="GenericErrorPage.htm">
    <error statusCode="403" redirect="NoAccess.htm" />
    <error statusCode="404" redirect="FileNotFound.htm" />
  </customErrors>
</system.web>
```

从上述代码中可以看出，添加<error>节点时为其指定 statusCode 属性和 redirect 属性，statusCode 属性用于捕捉发生错误时的状态码。例如请求资源不可用时的 403 错误；找不到网页时的 404 错误；redirect 属性表示发生错误后跳转的页面。

4. <httpModules>节点和<httpHandlers>节点

细心的读者对这两个节点一定会很熟悉，在第 10 章中提到过模块和处理程序，它们就是用来配置与模块和处理程序有关的信息的。

【例 12-12】<httpModules>节点定义 HTTP 请求时与模块有关的信息。代码如下：

```
<httpModules>
    <add name="MyHttpModule" type="MyHttpModule"/>
</httpModules>
```

<httpHandlers>节点可以用于根据请求中指定的 URL 和 HTTP 谓词(如 GET 和 POST)将传入的请求映射到相应的处理程序，可以针对某个特定的目录下指定的特殊文件进行特殊处理。

【例 12-13】下面向<httpHandlers>节点添加内容，针对网站 path 目录下的所有*.jpg 文件来编写自定义的处理程序。代码如下：

```
<httpHandlers>
   <add path="path/*.jpg" verb="*" type="HttpHandlerImagePic"/>
</httpHandlers>
```

5. <httpRuntime>节点

<httpRuntime>节点的作用是配置 ASP.NET HTTP 运行库设置，该节点可以在计算机、站点、应用程序和子目录级别声明。

【例 12-14】下面向<httpRuntime>节点中添加内容，控制用户上传文件最大为 4MB，最长时间为 60 秒，最多请求数为 100。代码如下：

```
<system.web>
   <httpRuntime maxRequestLength="4096" executionTimeout="60"
    appRequestQueueLimit="100"/>
</system.web>
```

6. <sessionState>节点

<sessionState>节点的作用是为当前应用程序配置会话状态设置，例如设置是否启用会话状态和会话状态保存位置等。

【例 12-15】下面向<sessionState>节点中添加代码，分别指定 mode、cookieless 和 timeout 属性的值。代码如下：

```
<sessionState mode="InProc" cookieless="true" timeout="20"/>
</sessionState>
```

在上述代码中，mode 属性表示在本地储存会话状态；cookieless 属性的值表示如果用户浏览器不支持 Cookie 时启用会话状态(默认为 False)；timeout 表示会话可以处于空闲状态的分钟数。mode 属性的取值可以有多个，包括 Off、InProc、StateServer 和 SqlServer 这 4 个，说明如下。

- Off：设置为该值时表示禁用该设置。
- InProc：表示在本地保存会话状态。
- StateServer：表示在服务器上保存会话状态。
- SqlServer：表示在 SQL Server 保存会话设置。

除了上述介绍的向<sessionState>节点中添加的属性外，还可以添加其他的属性，例如用来指定远程存储会话状态的服务器名和端口号的 stateConnectionString 属性；用来连接 SQL Server 的连接字符串的 sqlConnectionString 属性，当在 mode 属性中设置 SqlServer 时，则需要使用到该属性。

7. <trace>节点

<trace>节点的作用是配置 ASP.NET 跟踪服务，主要用来测试判断哪里出错。下面的代码为 Web.config 中的默认配置：

```
<trace enabled="false" requestLimit="10" pageOutput="false"
  traceMode="SortByTime" localOnly="true" />
```

上述代码中 enabled 表示是否启用连接，默认值为 false 时表示不启用连接；requestLimit 属性表示指定在服务器上存储的跟踪请求的数目；pageOutput 属性设置为 false 时表示只能通过跟踪实用工具访问跟踪输出；traceMode 属性指定为 SortByTime，表示以处理跟踪的顺序来显示跟踪信息；localOnly 属性的值为 true，表示跟踪查看器(trace.axd)只用于宿主 Web 服务器。

12.2.5　Web.config 文件的优点

Web.config 文件使 ASP.NET 应用程序的配置变得灵活、高效和容易实现，同时 Web.config 配置文件还为 ASP.NET 应用提供了可扩展的配置，使得应用程序能够自定义配置，不仅如此，Web.config 配置文件还包括其他多个优点。

(1)　配置设置易读性

由于 Web.config 配置文件是基于 XML 文件类型，所有的配置信息都存放在 XML 文本文件中，可以使用文本编辑器或者 XML 编辑器直接修改和设置相应的配置节，相比之下，也可以使用记事本进行快速配置而无须担心文件类型。

(2)　更新的即时性

在 Web.config 配置文件中，某些配置节被更改后，无须重启 Web 应用程序就可以自动更新 ASP.NET 应用程序配置。但是在更改有些特定的配置节时，Web 应用程序会自动保存设置并重启。

(3)　本地服务器访问

在更改了 Web.config 配置文件后，ASP.NET 应用程序可以自动探测到 Web.config 配置文件中的变化，然后创建一个新的应用程序实例。当用户访问 ASP.NET 应用程序时会被重定向到新的应用程序。

(4)　安全性

由于 Web.config 配置文件通常存储的是 ASP.NET 应用程序的配置，所以 Web.config 配置文件具有较高的安全性，一般的外部用户无法访问和下载 Web.config 配置文件。当外部用户尝试访问 Web.config 配置文件时，会导致访问错误。

(5)　可扩展性

Web.config 配置文件具有很强的扩展性，通过 Web.config 配置文件，开发人员能够自定义配置节，在应用程序中自行使用。

(6)　保密性

开发人员可以对 Web.config 配置文件进行加密操作而不会影响到配置文件中的配置信息。虽然 Web.config 配置文件具有安全性，但是通过下载工具依旧可以进行文件下载，对 Web.config 配置文件进行加密，可以提高应用程序配置的安全性。

12.3　IIS 服务器

IIS 是 Internet Information Services 的缩写，又被称为 Internet 信息服务或互联网信息服务。它是由微软公司提供的基于 Microsoft Windows 的互联网基本服务，最初是 Windows NT 版本的可选包，随后内置在 Windows 2000、Windows XP Professional 和 Windows Server 2003

中一起发行，但是在 Windows XP Home 版本上并没有 IIS。

12.3.1 安装 IIS 服务器

如果开发者要将创建好的网站发布和部署到局域网内，这需要使用 IIS 服务器。IIS 是 ASP.NET 的服务器，它其实是一种 Web 服务组件，包括 Web 服务器、FTP 服务器、NNTP 服务器和 SMTP 服务器。它也提供了 ISAPI(Intranet Server API)作为扩展 Web 服务器功能的编程接口。

默认情况下，系统安装完成后并不会自动安装 IIS 组件，因此需要开发人员自己动手安装，安装 IIS 之前，需要准备系统安装光盘或准备一份安装包，以便解压备用。不同的操作系统所运行的 IIS 版本不一样，表 12-2 给出了 Windows 版本中运行的 IIS 版本。

表 12-2 Windows 版本中运行的 IIS 版本

操作系统	IIS 版本
Windows Server 2008	IIS 7.0
Windows Server 2003	IIS 6.0
Windows XP Professional	IIS 5.1
Windows 2000 Server Windows 2000 Professional	IIS 5.0

以 Windows XP 操作系统为例，安装 IIS 之前准备 IIS 5.1 安装包。安装步骤如下。

(1) 从桌面选择“开始”→“设置”→“控制面板”→“添加或删除程序选项”，在打开窗口中，从菜单栏选择“工具”→“添加/删除程序”命令，在弹出的对话框中单击左侧的“添加/删除组件”选项，弹出“Windows 组件向导”对话框。如果没有添加 IIS 服务，则 Internet 信息服务不会被选中，应当选中此项。可以双击此项，打开“Internet 信息服务”对话框，查看所安装的与 IIS 服务有关的组件，如图 12-3 所示。

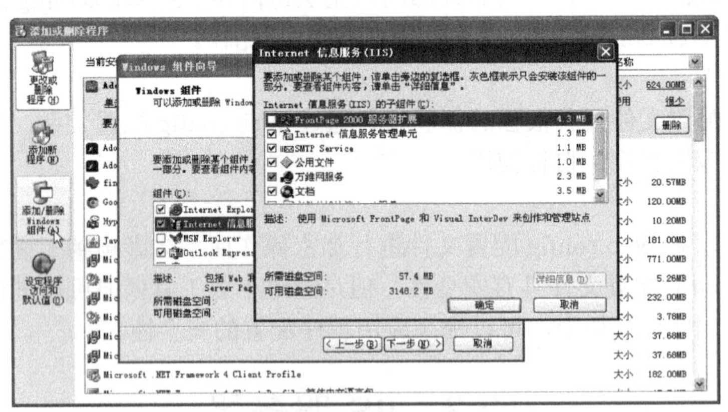

图 12-3 添加 Windows 组件向导

(2) 查看完成后，或添加完成后，单击“下一步”按钮进行下一步操作，按照提示操作安装 IIS，如图 12-4 所示。

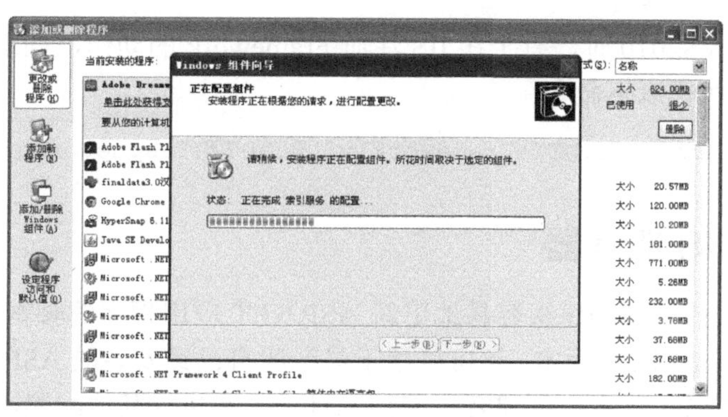

图 12-4 安装 IIS 时的效果

(3) 在安装过程中可能会因为自己准备的安装程序目录与安装系统时的系统盘目录不一致而导致系统不能自动找到安装文件，弹出如图 12-5 所示的“所需文件”对话框。单击“浏览”按钮找到安装光盘中的 I386 目录或者 IIS 安装包解压目录，然后选择相应的文件，单击“确定”按钮即可，如图 12-6 所示。如果有需要，会重复此步骤。

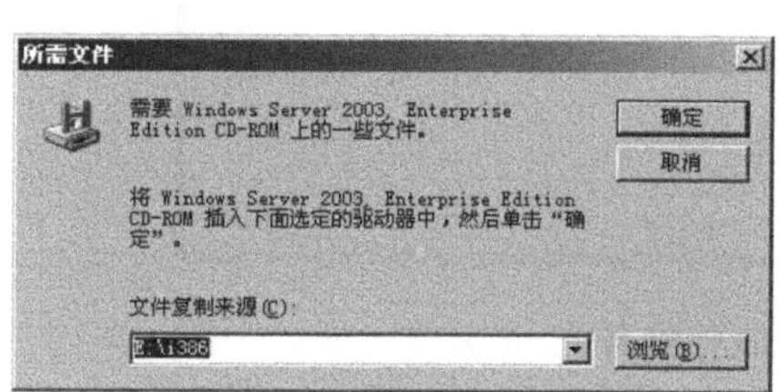

图 12-5 “所需文件”对话框

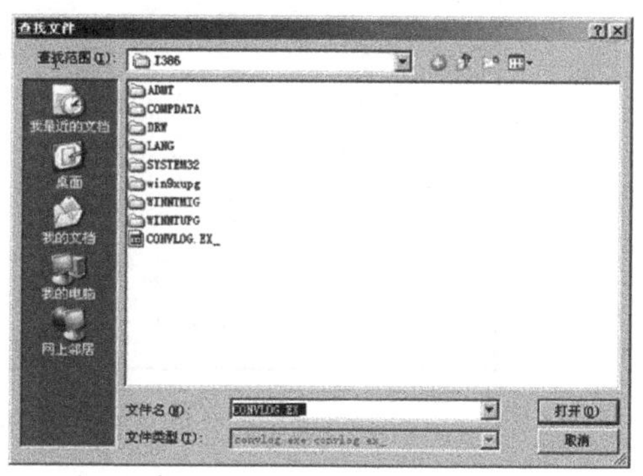

图 12-6 “查找文件”对话框

(4) 稍等片刻后，会提示 IIS 安装完成，效果如图 12-7 所示。

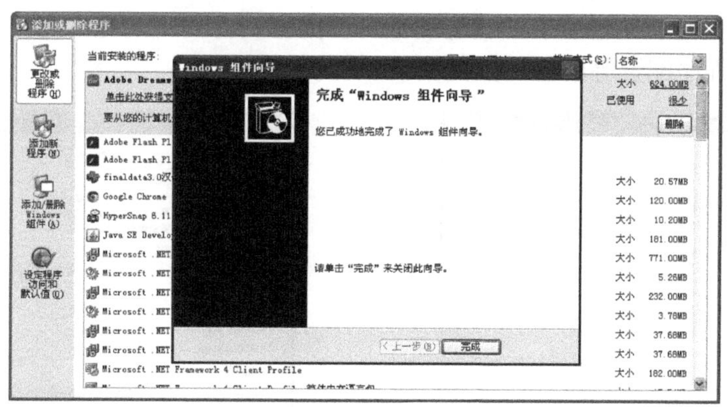

图 12-7 安装 IIS 成功

(5) 安装 IIS 成功后，可以在“开始”→“设置”→“控制面板”→“管理工具”选项下找到 Internet 信息服务。

开发者在安装 VS2010 时，有个在 IIS 注册 Framework 的动作，如果先安装了 VS2010 就必须重新注册。执行以下命令：

```
C:\Windows\Microsoft.NET\Framework\v2.0.50727\aspnet_regiis.exe -i
```

12.3.2 配置 IIS 服务器

IIS 允许管理员或安装程序很容易地更新 ASP.NET 应用程序的脚本映射，以便指向与工具相关的 ASP.NET ISAPI 版本。还可以用于显示所有已经安装的 ASP 版本的状态、注册与工具配置的 ASP.NET 版本、创建客户端脚本目录，并执行其他配置操作等。

配置 IIS 是很重要的，通过 IIS 可以配置计算机下的某一个虚拟目录，或所有的虚拟目录，下面通过简单的步骤对 IIS 进行配置。

(1) 找到并打开 Internet 信息服务，或者直接在运行中执行%SystemRoot%\system32\inetsrv\iis.msc(Windows XP 系统)命令打开，如图 12-8 所示。

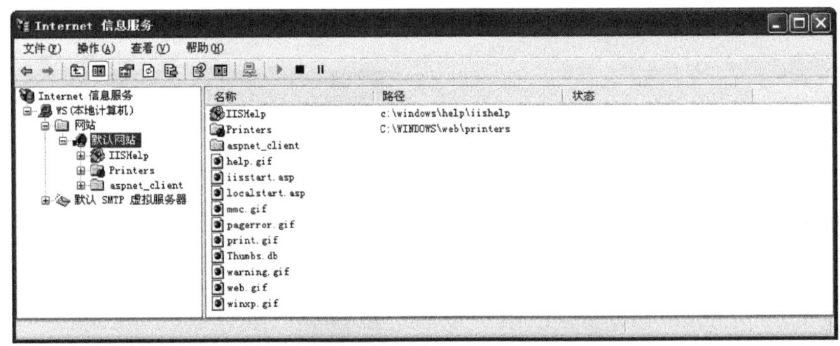

图 12-8 打开 Internet 信息服务

(2) 右击“默认网站”或其中的一个虚拟目录，从弹出的快捷菜单中选择“属性”命令，这样就可以打开当前目录的属性对话框，此对话框包含多个选项卡。它们主要包含网站配置、连接信息、访问权限等，如图 12-9 所示。

(3) 选择“主目录”选项卡，该选项卡可以配置资源的目的地、本地路径、资源的访问权限以及应用程序配置等信息，如图 12-10 所示。

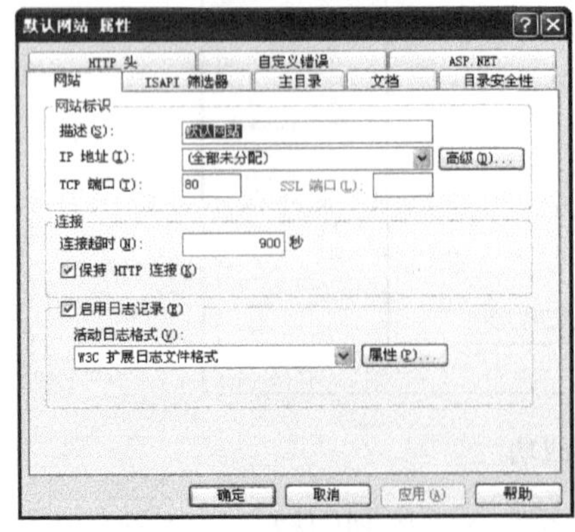

图 12-9 “网站”选项卡

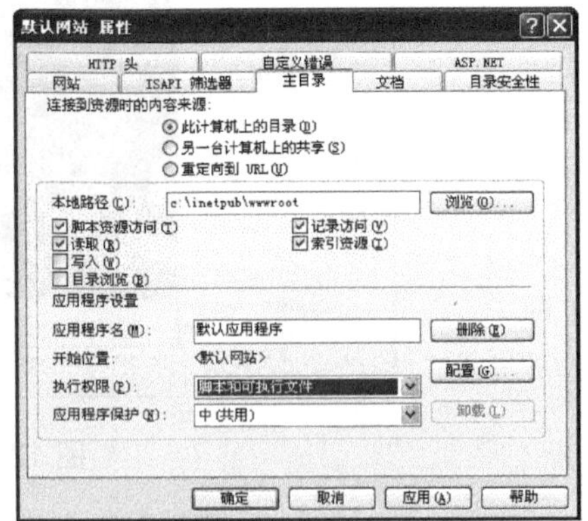

图 12-10 “主目录”选项卡

(4) 选择 ASP.NET 选项卡，如图 12-11 所示。在此选项卡中可以配置 ASP.NET 版本、虚拟路径、文件位置、文件创建日期以及上次修改文件的时间等信息。在此对话框中将 ASP.NET 的版本设置为第二个，显示此项就表示.NET Framework 4 已经安装成功。

(5) 选择“目录安全性”选项卡，如图 12-12 所示。在此选项卡中可以配置身份验证和访问控制、IP 地址和域名限制以及安全通信等信息。

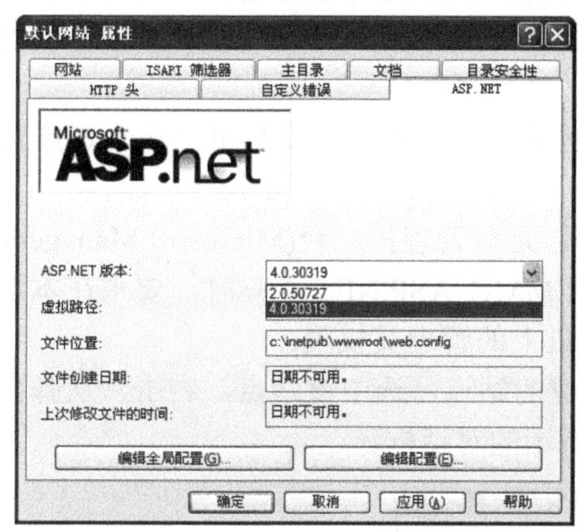

图 12-11 ASP.NET 选项卡

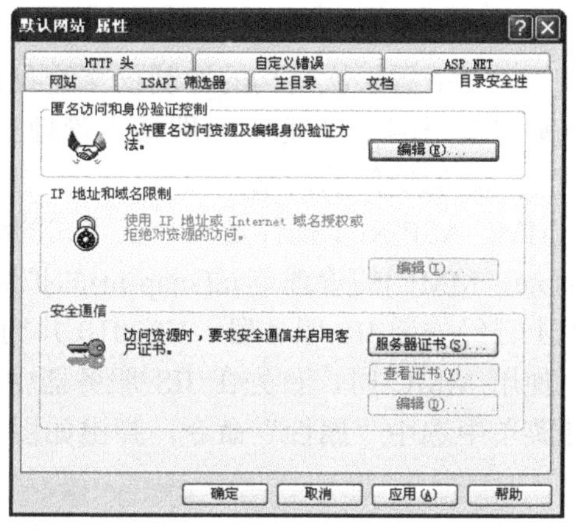

图 12-12 “目录安全性”选项卡

(6) 选择“文档”选项卡，如图 12-13 所示。该选项卡可以配置启用默认内容文档和启用文档页脚等信息，如单击“添加”按钮，将弹出“添加默认文档”的对话框。

(7) 选择“自定义”选项卡，可以查看或编辑 HTTP 错误信息，编辑时的效果如图 12-14 所示。

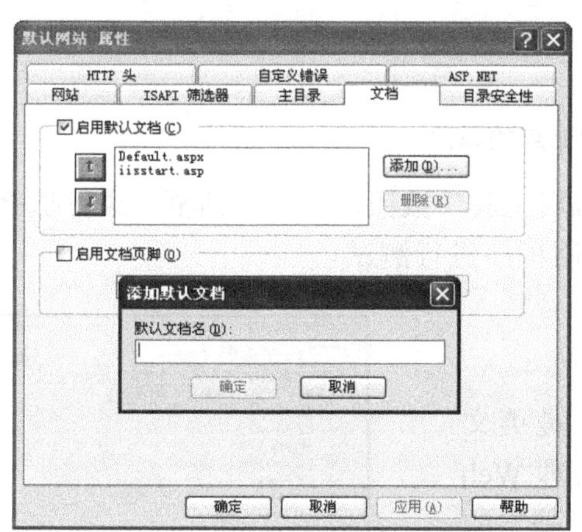

图 12-13 “文档”选项卡

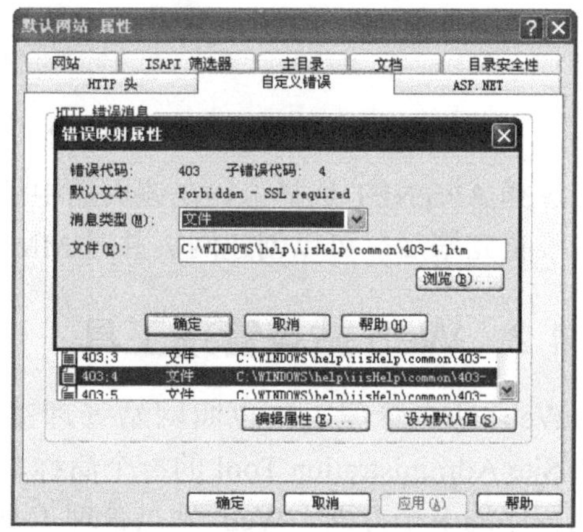

图 12-14 “自定义错误”选项卡

12.4 配置管理

VS2010 向 Web.config 配置文件中添加节点内容时有智能提示功能，如果开发者对这些提示不太满意，可以使用配置管理工具，本节将简单介绍 ASP.NET 的配置管理内容。

12.4.1 MMC ASP.NET 插件

ASP.NET 为程序开发者提供了多种建立应用程序的配置设置方式，常用的有以下 3 种：

- 使用 Configuration API 以编程方式来管理设置。
- 使用 ASP.NET Microsoft 管理控制台(MMC)。MMC 允许服务器管理员为所有的网站或特定的网站创建配置设置。与网站管理工具不同，MMC 将 Web 服务器的整个配置层次结构的控制权交给我们。
- 使用网站管理工具(即站点管理工具)。网站所有者使用该工具可以在本地或远程管理他们的网站。

MMC ASP.NET 插件是一个交互式的编辑工具，是对管理控制台(Microsoft Management Console，MMC)的管理单元(snap-in)的扩展。使用 MMC ASP.NET 工具时，要求在本地计算机上已经安装 IIS 服务器、VS2010 并拥有计算机上的管理员权限。

使用 MMC 时，首先在 IIS 服务器中找到新建的站点，选中该站点，右击，从弹出的快捷菜单中选中“属性”命令，弹出如图 12-15 所示的对话框。

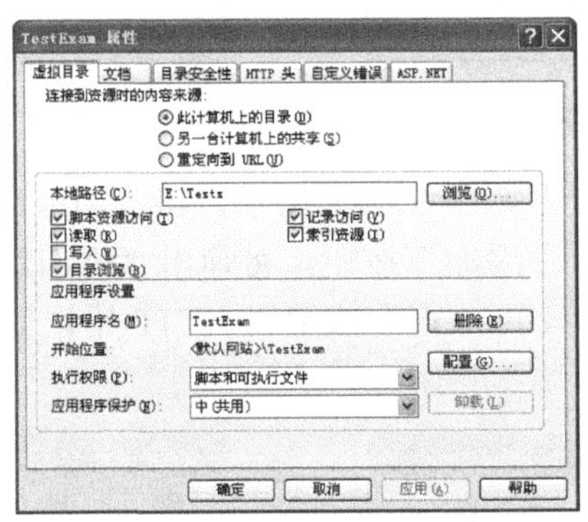

图 12-15 设置新建站点的属性

选择 APS.NET 选择卡，在该页面中单击“编辑工具”按钮，弹出对话框，进行选择设置。设置完毕后，可以创建网页并对 MMC 的应用程序进行测试。

12.4.2 Web 站点管理工具

Web 站点管理工具也叫网站管理工具，它是英文 Web Site Administration Tool 的一个简称，可以管理 Web 应用程序的多个方面。Web 站点管理工具是一个基本的 Web 应用程序，它主要通过一个简单、易用的 Web 接口管理 Web 站点的配置。

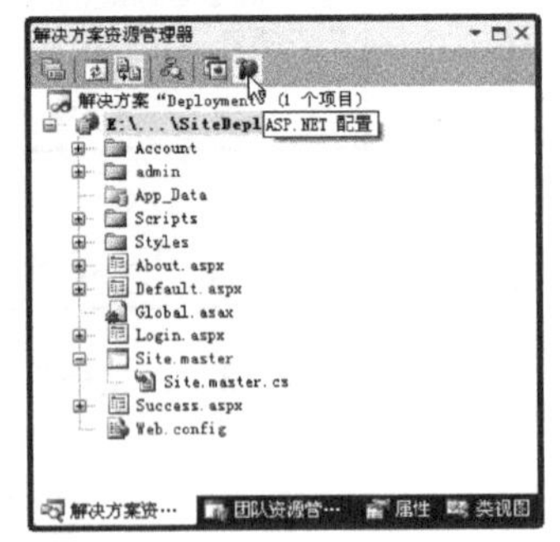

图 12-16 打开 Web 站点管理工具

开发者可以通过两种方式方便地打开 Web 站点管理工具：一种是选择头部菜单栏中“网站”→“ASP.NET 配置”菜单项，如图 12-16 所示；另一种是单击“解决资源方案管理器”中的工具栏。

打开 Web 站点管理工具后，首先进入欢迎页面，默认情况下是一个“主页”选项卡，效果如图 12-17 所示。

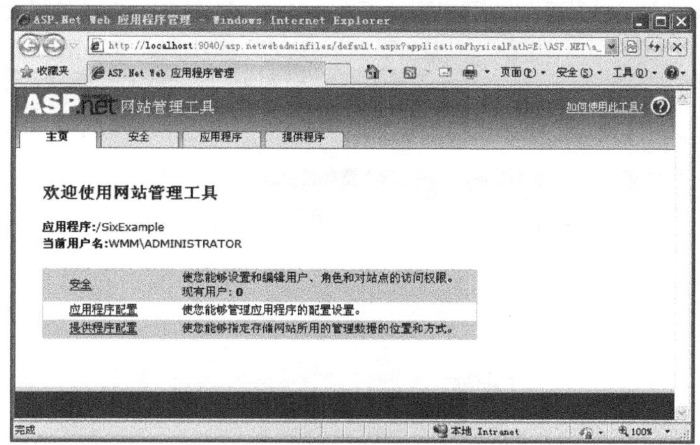

图 12-17 “主页”选项卡

从图 12-17 中可以看出，ASP.NET 网站管理工具包括 4 个选项卡，除了“主页”选项卡外，还包括“安全”选项卡、“应用程序”选项卡和“提供程序”选项卡。

1. “安全”选项卡

“安全”选项卡用于设置和编辑用户、角色和站点的访问权限，单击图 12-17 中名称为“安全”的选项卡，界面如图 12-18 所示。

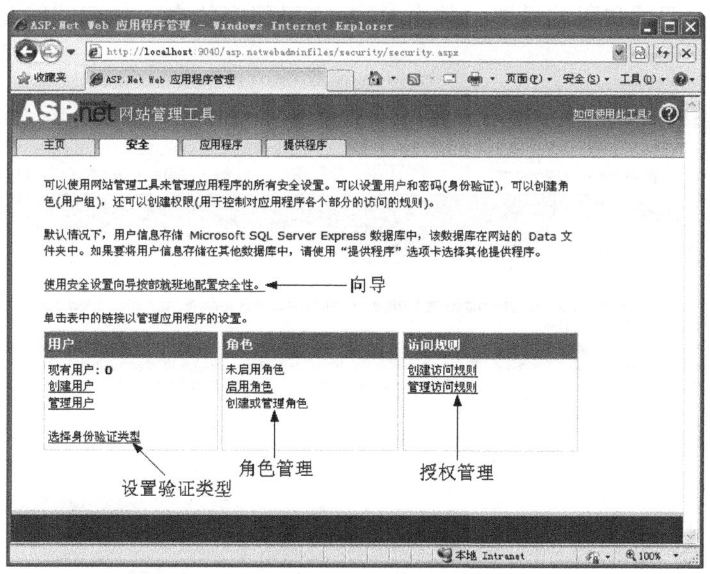

图 12-18 “安全”选项卡

通过向 Web.config 配置文件中添加<authentication>和<authorization>节点，可以验证身份并且授权，也可以直接在图 12-18 中添加有意义的用户和角色，直接单击其中的相关链接即可。例如，单击“创建用户”链接，这时会链接到“创建用户”页面，效果如图 12-19 所示。

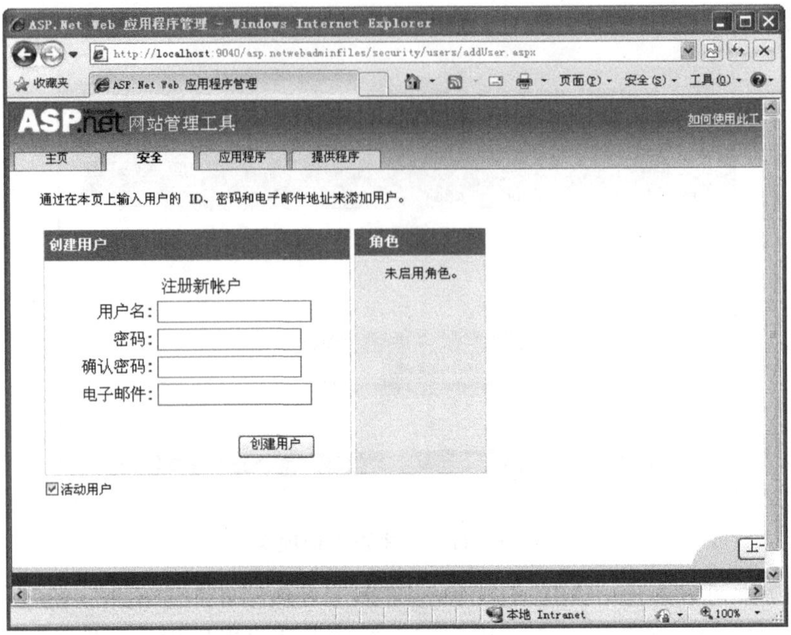

图 12-19 “创建用户”页面

2. “应用程序”选项卡

“应用程序”选项卡提供了许多与应用程序有关的配置，包含应用程序设置、SMTP 邮件服务器设置、调试和跟踪设置、整个 Web 应用程序的启动和调试以及默认错误页等，如图 12-20 所示。

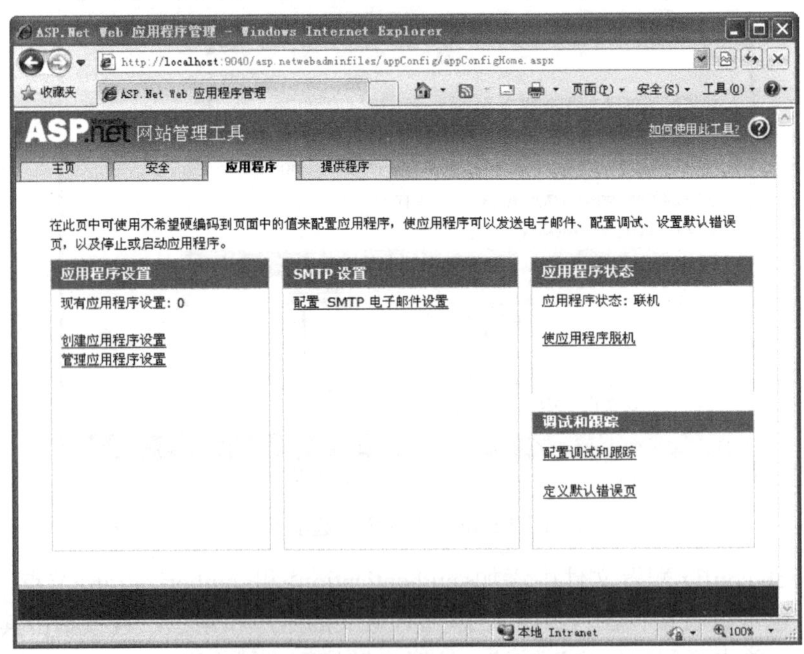

图 12-20 “应用程序”选项卡

在图 12-20 中，应用程序的设置对应 Web.config 配置文件中的<appSetting>配置节，它采用键/值对应的形式来表示，这部分内容也可以被称为自定义配置节，自定义配置有助于配置文件的扩展。在最早的配置文件中，没有数据库连接字符串的独立配置节，所以将连接字符串存入自定义配置节中。

3. “提供程序”选项卡

在“提供程序”选项卡中可以配置网站管理数据(例如成员资格)的存储方式。开发者可以对站点的所有管理数据只使用一个提供程序，也可以为每一种功能都指定不同的提供程序，如图 12-21 所示。

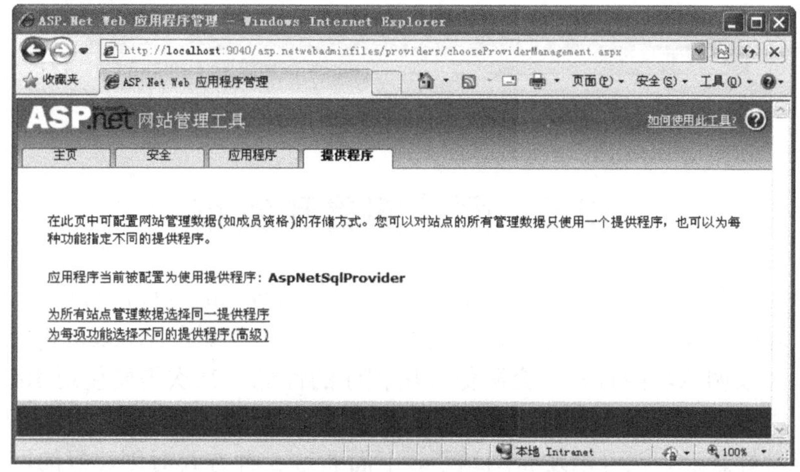

图 12-21　“提供程序”选项卡

单击“为每项功能选择不同的提供程序(高级)”链接选择程序，如图 12-22 所示。

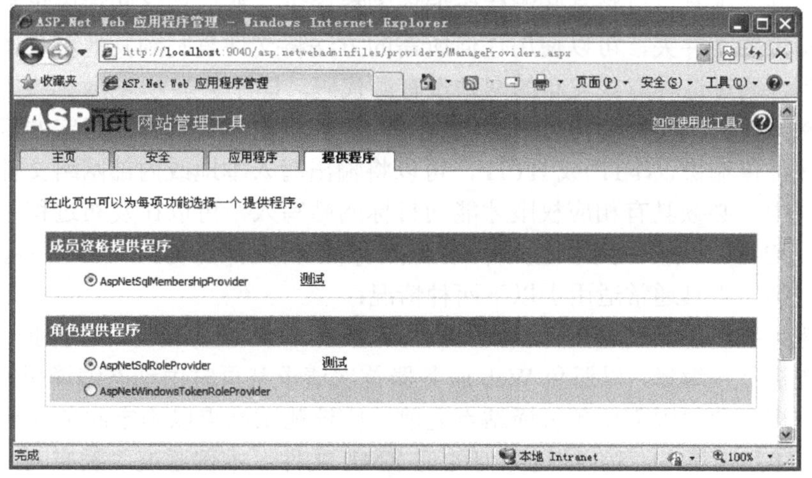

图 12-22　为每项功能选择不同的提供程序

单击图 12-22 中不同选项的测试链接，可以实现对成员资格提供程序或角色提供程序进行测试的功能。例如，开发者单击“角色提供程序”中的测试按钮，会弹出如图 12-23

所示的效果。

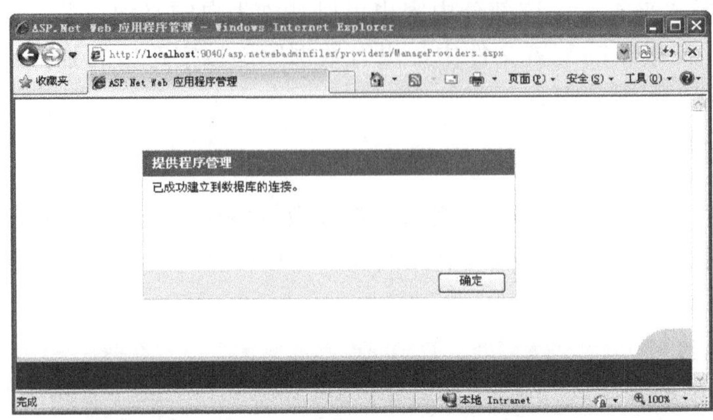

图 12-23　测试角色提供程序

12.5　网站部署和发布

部署是指一个获得应用程序并将它安装到另一台机器上的过程，可以通过执行安装程序来完成。在对网站发布之前，需要进行两个操作：首先需要在 Web.config 配置文件中关闭调试功能，如果调试功能打开，会降低应用程序的性能；其次需要使用 Release(发行版)的方式编译应用程序(直接从工具栏配置即可)。

部署工具做好之后，就可以发布网站了，下面通过 3 种方式对创建好的网站进行发布。

12.5.1　通过“发布网站”工具发布

“发布网站”工具可以将某些源代码编译为程序集，然后将这些程序集和其他必需的文件复制到指定的文件夹，可以使用任何所需的方法将文件复制到其他服务器。这种方式经常被使用到，通过这种方式发布的网站没有源代码，即不会显示.aspx.cs 文件及其内容。

“发布网站”工具对网站内容进行预编译，然后将输出复制到所指定的目录或服务器位置。使用文件传输协议(FTP)或 HTTP，可以将输出写入本地或内部网络文件系统中可用的任何文件夹中。必须具有相应权限才能向目标网站写入，可以在发布过程中直接发布到 Web 服务器，也可以预编译到本地文件夹，然后自己将文件复制到 Web 服务器。

“发布网站”工具通常适用于以下两种情况：

- 希望预编译站点以避免将源代码或标记放在 Web 服务器上，以保护知识产权。
- 希望进行预编译，以避免 Web 服务器首次请求某页时由动态编译引发的延迟。在决定出于此原因需要预编译站点之前，应该测试站点以确定此延迟是否显著。

【例 12-16】在第 11 章介绍过如何处理 XML 文件，本例通过“发布网站”的方式发布第 11 章中与处理 XML 文件有关的网站，发布完成后进行访问。基本步骤如下。

(1) 选择当前网站后右击，从弹出的快捷菜单中选择的“发布网站”命令，这时会弹出如图 12-24 所示的“发布网站”对话框。

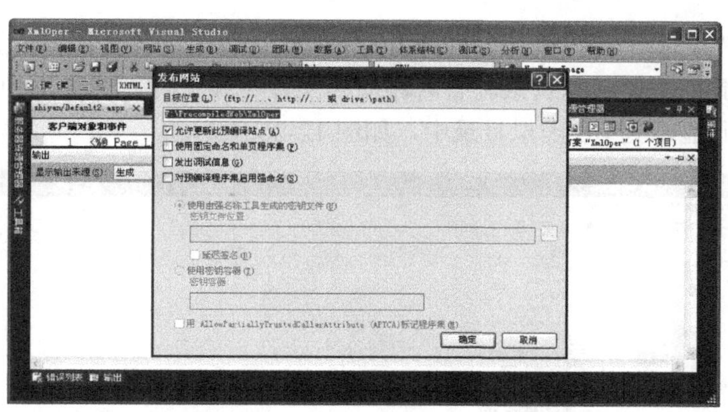

图 12-24 “发布网站”对话框

从图 12-24 中可以看出，其中包含多个操作，下面对这些操作进行简单说明。

- 允许更新此预编译站点：该项默认选中时表示将编译和复制站点，但是不会对.aspx 页面进行任何修改。也就是说，在预编译完成后，可以在不影响程序正常运行的情况下对页面进行修改。如果该项不选中，则页面中的所有代码都会被剥离，并放置在 DLL 文件中，这时如果修改页面，该页面将无法正常运行。
- 使用固定命名和单页程序集：默认不选中，这时编译过程将所有的页面代码和后台代码打乱编译成多个 DLL，这样代码就不容易被修改。不过，这可能会引起更新的不便，如果将来可能会更新站点的一部分(例如某个页面)就可以将其选中。
- 发出调试信息：默认不选中，如果选中则会发出调试的相关信息。
- 对预编译程序集启用强命名：默认不选中，如果选中，可以指定 DLL 过程中使用的键。这样预编译过程创建的 DLL 就成为强程序集。

(2) 单击图 12-24 中的省略号按钮时，会弹出一个新的对话框，在该对话框中选择“本地 IIS”后，单击右侧的“创建新虚拟目录”按钮，弹出“新虚拟目录”对话框，在此对话框中输入别名并选择路径后单击“确定”按钮，效果如图 12-25 所示。

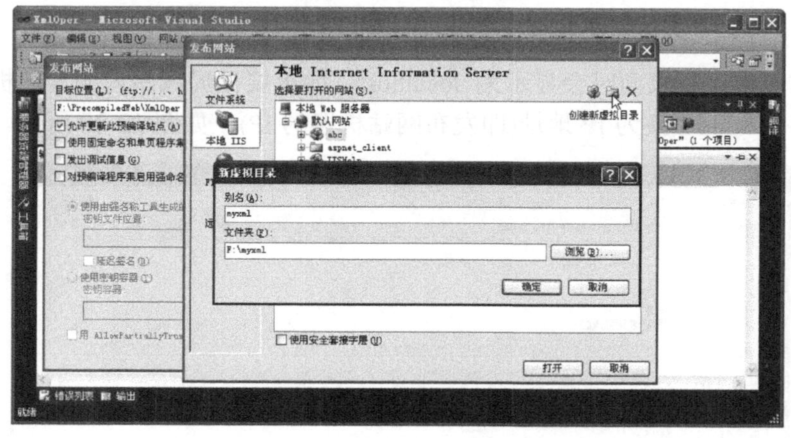

图 12-25 在本地 IIS 中创建虚拟目录

(3) 创建虚拟目录完毕后单击“确定”按钮，并且在本地 IIS 中选择当前创建的虚拟目录，然后单击“打开”按钮，这时会发布当前的网站。当发布网站成功后，会在左下角

显示“发布成功”文本，发布成功后打开 Internet 信息选项，并且在弹出的“Internet 信息服务”窗口中找到部署的虚拟目录。查看相应的文件夹和文件，通过这种方式发布网站并不会将后台源代码显示到 IIS 虚拟目录中，如图 12-26 所示。

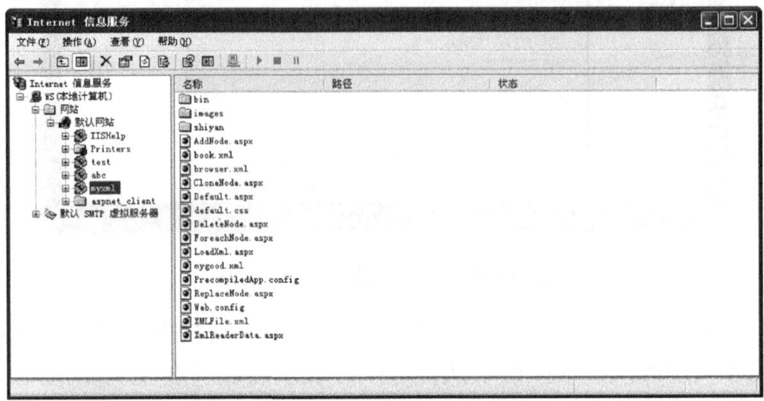

图 12-26　在虚拟目录中查看发布的网站

(4) 打开 shiyan 文件夹并且找到 Default2.aspx 页面，右击，从弹出的快捷菜单中选择“浏览”命令，如图 12-27 所示。

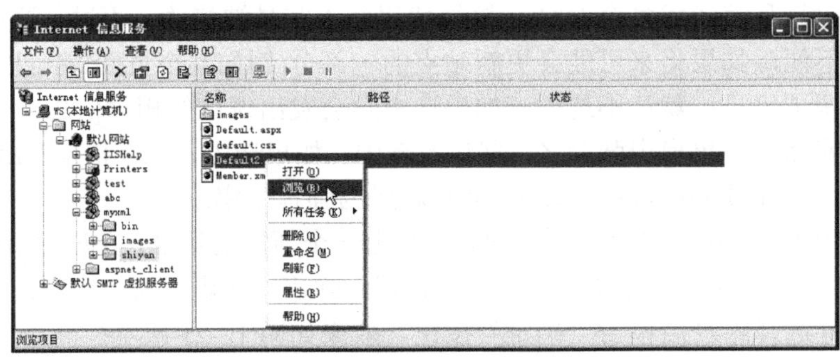

图 12-27　选择“浏览”命令浏览页面

(5) 在本机上运行页面时会显示为 localhost，如果要在局域网内的其他机器中访问页面，可直接将 localhost 换为 IP 地址(即发布网站机器的 IP)，如图 12-28 所示。

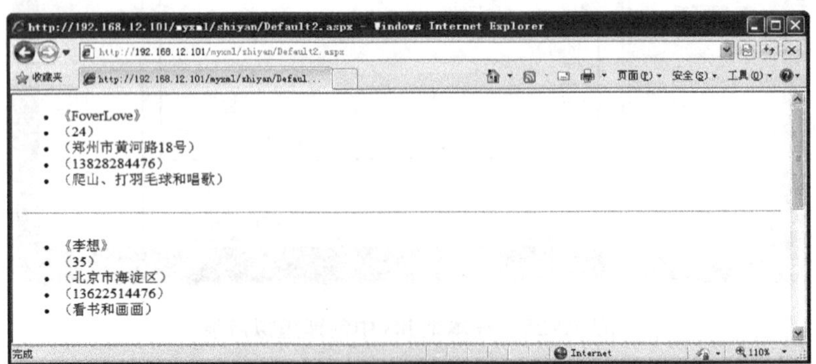

图 12-28　浏览 Default2.aspx 页面

12.5.2 通过“复制网站”工具发布

“复制网站”工具可以自动完成在打开的网站项目和其他站点之间复制和同步文件的过程。利用复制网站工具，可以打开目标站点上的文件夹(它可能在远程计算机上或仅是同一计算机上的不同文件夹)，然后在源网站和目标网站之间复制文件。

“复制网站”工具主要支持以下功能：

- 可以将源文件(包括.aspx 文件和类文件)复制到目标站点，在目标服务器上请求网页时动态编译这些网页。
- 可以使用 Visual Studio 所支持的任何连接协议复制文件。这包括本地 IIS、远程 IIS 和 FTP。如果使用 HTTP 协议，则目标服务器必须具有 FrontPage 服务器扩展。
- 同步功能检查源网站和目标网站中的文件，通知每个站点中哪些文件较新，并使开发人员能够选择要复制哪些文件以及要按照哪个方向复制它们。
- 在复制应用程序文件之前，此工具将名为 App_offline.htm 的文件放置在目标网站的根目录中。当 App_offline.htm 文件存在时，对网站的任何请求都将重定向到该文件。该文件显示一条友好消息，让客户端知道正在更新网站。复制完所有网站文件后，这种工具从目标网站删除 App_offline.htm 文件。

通过“复制网站”的方式发布网站项目时有两种方式：一种是选择当前网站后右击，从弹出的快捷菜单中选择“复制网站”命令；另一种是在菜单栏中找到“网站”→“复制网站”命令进行发布。

【例 12-17】通过“复制网站”的方式将第 11 章中处理 XML 的网站发布到指定的磁盘目录下。操作步骤如下。

(1) 从菜单栏中选择“网站”→“复制网站”命令，如图 12-29 所示，弹出如图 12-30 所示的界面。

(2) 单击“连接”按钮，弹出“发布网站”对话框(见图 12-25)，可以创建一个新的虚拟目录，也可以选择已经创建好的虚拟目录，创建完毕后的如图 12-31 所示。

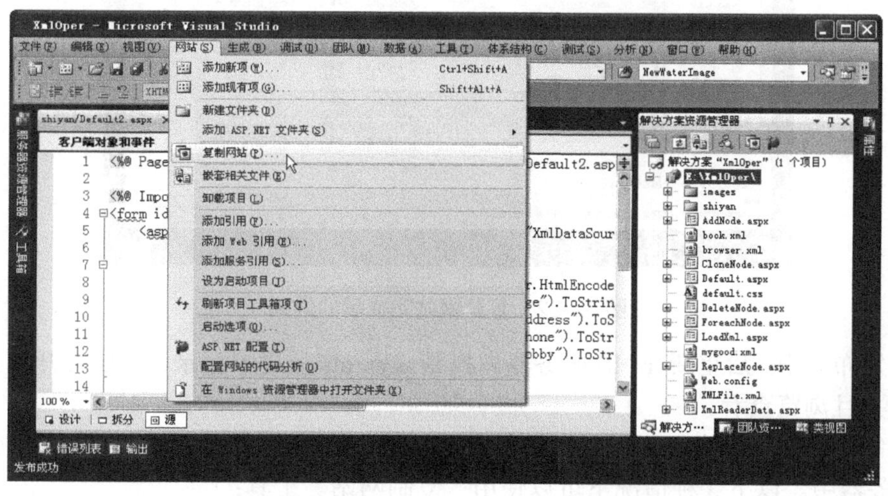

图 12-29 从菜单栏中选择“复制网站”命令

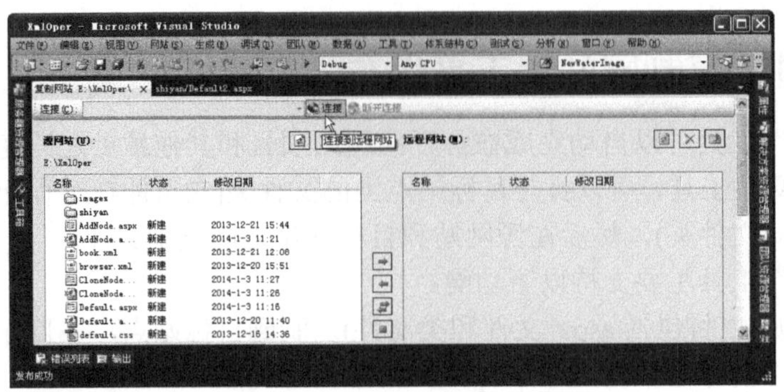

图 12-30　“复制网站”界面

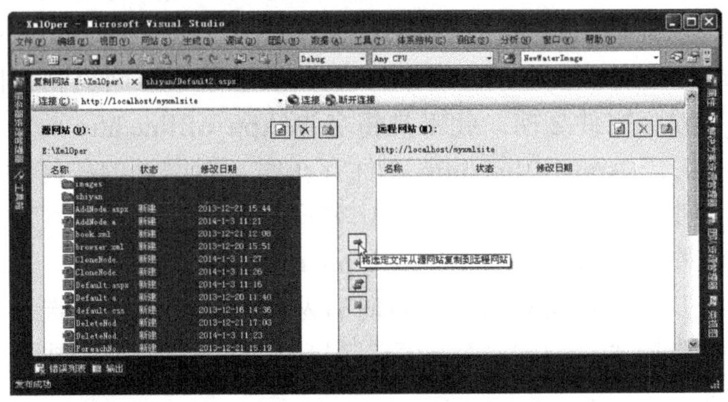

图 12-31　将选定的文件复制到远程网站

(3) 将图 12-31 中左侧的内容全部选中，然后单击相关的按钮复制到右侧的远程网站，复制完成后的效果如图 12-32 所示。

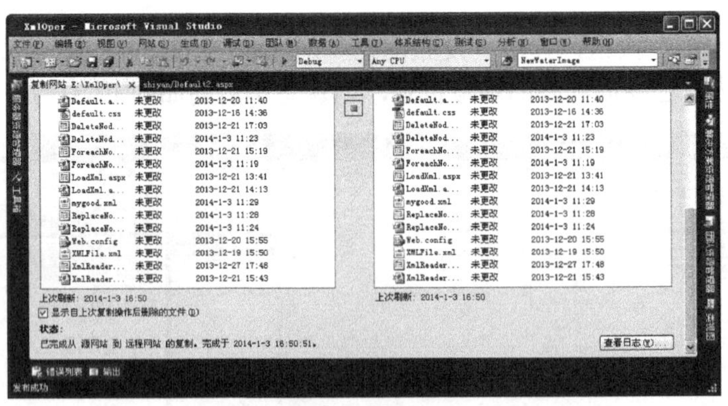

图 12-32　复制网站完成后的效果

(4) 发布完毕，后重新在 IIS 服务器中找到 myxmlsite 虚拟目录，可以打开该目录下的所有文件并且浏览查看。

“复制网站”工具会经常被使用，但是通过这种方式发布网站时，会将源文件也发布到 IIS 服务器中。以下 3 种情况下可以使用“复制网站”工具：

- 开发人员需要频繁更改站点，并且不希望每次更改时都必须手动编译站点。

- 希望使用该工具的同步功能，并且希望使用 FTP 或 HTTP 将站点部署到远程 Web 服务器。这里需要注意的是，“发布网站”工具只能复制到本地计算机或本地网络上的其他计算机。
- 无须预编译站点。

12.5.3 通过 XCOPY 工具进行发布

除了前面两种方式外，还可以通过第 3 种方式来发布网站。与前两种方式相比，XCOPY 是最简单的一种部署 Web 应用程序的方法。事实上，ASP.NET 的部署本身就是将页面文件、资源文件和程序集等内容复制到站点目录下，这一点与“复制网站”工具一致。

使用 XCOPY 复制网站时，有以下两种语法形式：

```
xcopy /I /s 源目标 目标目录
xcopy 源目录 目标目录 /f /e /k /h
```

无论是源目录还是目标目录，对于 XCOPY 工具来说，必须使用物理目录名称，而不是虚拟目录名。

【例 12-18】下面通过 XCOPY 的方式复制网站，首先在“开始”→“运行”中输入 cmd 命令弹出 DOS 窗口，接着向 DOS 窗口中输入 CD C:\切换到 C 磁盘目录下，然后输入命令进行复制操作，如图 12-33 所示，复制成功后的效果如图 12-34 所示。

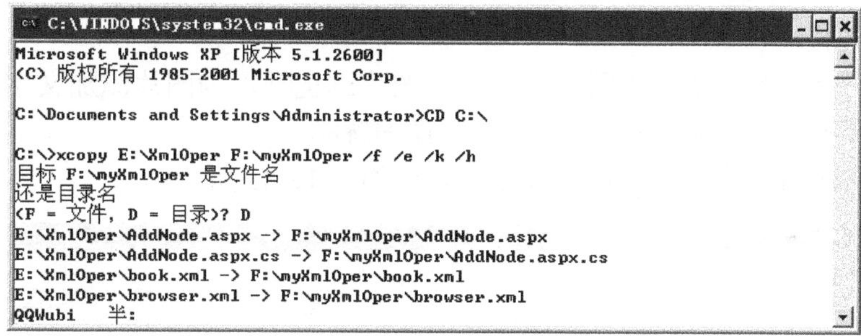

图 12-33 进行复制操作

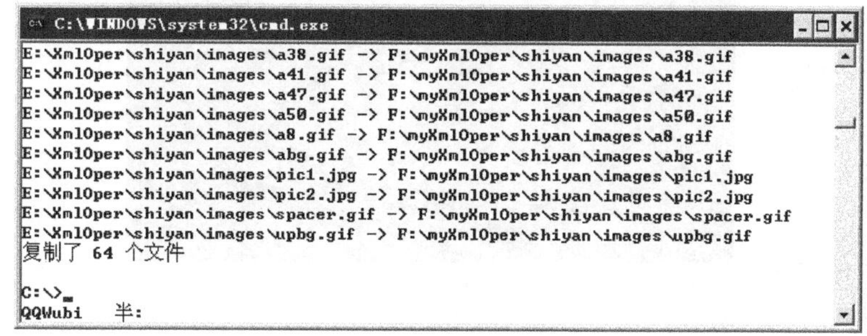

图 12-34 复制操作成功

通常情况下，通过 XPOCY 工具发布网站成功后，发现原来的项目有一个地方出错需要进行更改，这时不必再将所有的文件重新复制一次，而是直接将部署或更新 Web 应用程序中的单个文件即可。

在打开的 DOS 窗口中执行以下形式的命令：

```
xcopy 源路径 目标路径
```

【例 12-19】执行以下命令，将一个驱动器上\bin 目录中的一个 DLL 复制到另一个驱动器上的\bin 目录下：

```
xcopy c:\inetpub\wwwroot\devapp\bin\sampleAssembly.dll
d:\publicsites\liveapp\bin
```

xcopy 命令也支持通配符，下面执行命令，将一个驱动器上\bin 目录中的所有 DLL 文件复制到另一个驱动器的\bin 目录下。代码如下：

```
xcopy c:\inetpub\wwwroot\devapp\bin\*.dll d:\publicsites\liveapp\bin
```

12.6　实验指导——发布后显示图片水印

如果已经发布过与水印有关的网站，细心的程序员可以发现：当为图片添加水印后，将网站发布到 IIS 服务器上时，不会再显示水印。本节实验指导更改相关的配置信息，使发布网站后能将水印显示出来。

实验指导 12-1：发布网站后显示图片水印

实现步骤如下。

(1) 创建一个新的网站，该网站实现一个图片浏览器，为图片添加文字水印，其具体的实现可以参考第 9 章中的例 9-6，这里不再详细解释。

(2) 运行该网站中的图片浏览器程序，效果如图 12-35 所示。

图 12-35　没有发布网站前在本地访问页面

(3) 通过“发布网站”工具将表示图片浏览器的网站发布到 IIS 服务器中，发布完成后在局域网内进行访问，如图 12-36 所示。

图 12-36 在局域网内访问发布后的页面

从图 12-36 中可以看出：虽然开发者在 Web.config 配置文件中已经编写了与处理程序有关的文件，但它还是不起作用。这是因为通过 IIS 服务器请求时，并没有将.jpg 格式的图片使用.NET 引擎进行解释，而是如静态页面 HTML 一样直接加载图片返回给用户，并不会使用 aspnet_isapi.dll 进行处理，所以就达不到处理程序这一步。

(4) 如果开发者希望用户请求图片时也能像窗体页那样，还需要在 IIS 服务器中进行 aspnet_isapi.dll 的配置。

打开 IIS 服务器，找到发布的网站后右击，从弹出的快捷菜单中选择“属性”命令，在弹出的对话框中打开“虚拟目录”选项卡，然后单击“配置”按钮，弹出“应用程序配置”对话框，在“应用程序配置”对话框中单击“添加”按钮，弹出一个新的对话框，在其中添加.jpg 后缀的请求，交给 aspnet_isapi.dll 进行处理，如图 12-37 所示。

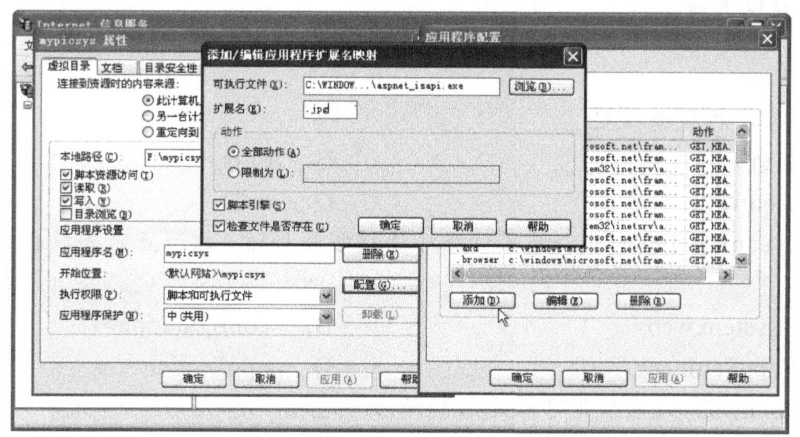

图 12-37 添加应用程序扩展名映射

(5) 设置应用程序扩展名映射完毕后，依次单击“确定”按钮，重新运行页面，查看效果，如图 12-38 所示。

图 12-38　重新运行虚拟目录下的页面

12.7　习　　题

1. 填空题

(1)　<appSettings>配置节通过<add>节点添加内容，该节点的__________属性表示自定义属性的值。

(2)　为<authentication>节点配置 ASP.NET 身份验证方案时，它的 mode 属性的默认值是__________。

(3)　IIS 服务器是英文__________的缩写。

(4)　使用 XCOPY 方式进行网站部署时，其语法格式是"xcopy 源目录 目标目录 /f ? /k /h"，其中?处应该填写__________。

2. 选择题

(1)　配置文件的后缀名是__________。

A．.aspx　　B．.asmx

C．.config　　D．.xml

(2)　通过<connectionStrings>设置数据库连接字符串时，该节点需要放在__________节点下。

A．<system.web>　　B．<configuration>

C．<appSettings>　　D．<appSection>

(3)　<system.web>配置节下可以添加的节点不包括__________。

A．<authentication>

B．<customErrors>

C．<sessionState>

D．<connectionStrings>

(4) 通过<customErrors>节点自定义错误内容时，将它的 mode 属性的值设置为__________时表示给远程用户显示自定义错误。

A. On　　B. Off

C. RemoteOnly　　D. None

(5) 下面选项中，__________不是 Web.config 文件的优点。

A. 开发者可以对 Web.config 文件进行加密操作而不会影响到配置文件中的配置信息，因此保密性比较好

B. 由于 Web.config 配置文件通常存储的是 ASP.NET 应用程序的配置，所以 Web.config 配置文件的安全性较低

C. Web.config 配置文件具有很强的扩展性，通过该文件，开发人员能够自定义配置节

D. Web.config 文件基于 XML 文件类型，所有的配置信息都存放在 XML 文本文件中，可以使用文本编辑器或者 XML 编辑器直接修改和设置相应配置节

(6) 在 Admin 文件夹下添加 Web.config 配置文件，在该配置文件中通过<authorization>节点添加内容。根据下面的代码可以知道允许访问 Admin 目录的角色包括__________。

```
<authorization>
   <allow roles="user"/>
   <allow roles="manager"/>
   <deny users="*"/>
   <allow roles="admin"/>
</authorization>
```

A. user 和 manager　　B. user、manager 和 admin

C. admin　　D. admin 和 manager

3. 简答题

(1) 简单描述 Web.config 配置文件的优点，以及常用的配置节。

(2) 安装和配置 IIS 服务器的基本步骤是什么？

(3) 分别描述如何通过“发布网站”、“复制网站”和 XCOPY 方式发布网站。

第 13 章　音乐产品展示

在前面的章节中，已经详细介绍了 ASP.NET 的相关知识，包括标准的服务器控件、用户控件、第三方控件、数据列表显示控件、ADO.NET 技术以及 HTTP 模块和 HTTP 处理程序等。本章把前面的知识点结合起来，完成一个综合的案例，实现一个音乐展品的展示平台，用户可以查看当前网站的一些最新歌曲，也可以试听歌曲。

通过本章的学习，读者不仅可以掌握如何通过三层架构开发网站，也可以掌握帮助类与基本数据控件的使用。

本章的学习目标如下：

- 了解本章所实现的前台功能。
- 熟悉实现功能时的系统硬件和软件。
- 掌握数据库表和存储过程的创建。
- 熟悉三层框架的优点和缺点。
- 掌握三层框架的搭建以及项目之间的引用。
- 熟悉 Web.config 文件的基本配置。
- 掌握 SqlHelper 类中的方法和实现。
- 掌握标准控件(例如 Text 和 Button)的使用。
- 掌握 Repeater 控件的使用。
- 掌握 Response 对象的使用。

13.1　系 统 分 析

在实现系统之前，需要了解一下它的开发背景和功能需求等基本内容。本节首先从开发背景来介绍；然后介绍基本的功能需求；最后再介绍实现本章内容的系统要求。

13.1.1　开发背景

Internet 是一个国际性的通信网络集合体，它集现代通信技术和计算机技术于一体，是计算机之间进行国际信息交流和实现资源共享的良好手段。Internet 也是人类历史发展中的一个伟大的里程碑，它是未来信息高速公路的雏形，人类正由此进入一个前所未有的信息化社会。

随着社会的发展和时代的前进，IT 行业的发展也日新月异，对人类的生产和生活方式产生了很大的影响。网络传播以其特有的快速、高效、便捷的传输方式被人们所接受，越来越多的网络用户希望能够在网络平台上更多地展现自己的个性，更方便与他人分享。

为了使在校学生以及社会上的其他人员能在适当的时候感受到音乐带来的力量，并能通过音乐平台实现更多的交流和倾诉，比如拥有一个自己独立的音乐共享空间，可以随时与他人分享自己喜欢的音乐等，建立音乐网站是必不可少的。

13.1.2 功能概述

一个功能完整的音乐网站可以包含前台和后台两部分。前台向用户展示音乐信息，一般情况下显示音乐列表。本章主要向读者介绍音乐平台系统的前台音乐展示部分，它包括的内容如图 13-1 所示。

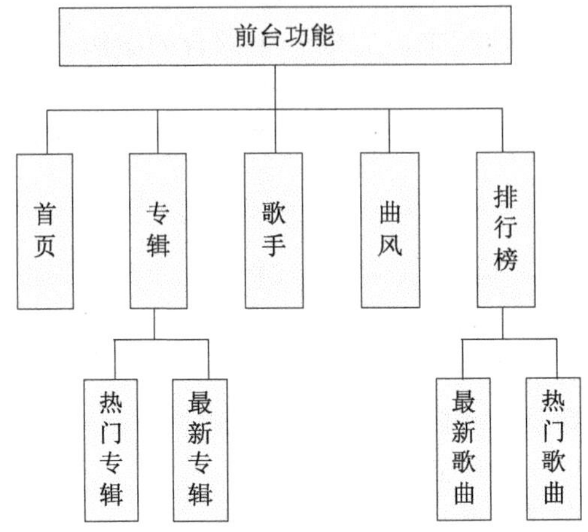

图 13-1 前台功能展示

从图 13-1 中可以看出，前台功能非常简单。它包括首页、专辑、歌手、曲风和排行榜这 5 部分。其中，专辑和排行榜还可以再次进行划分，读者可根据不同的条件进行查看。

后台的功能要比前台功能强大，基本操作包括音乐管理、歌手管理、曲风管理、专辑管理、密码修改以及安全管理等。用户可以对音乐、曲风、歌手和专辑等进行添加、删除、修改以及根据条件查看等操作。后台功能如图 13-2 所示。

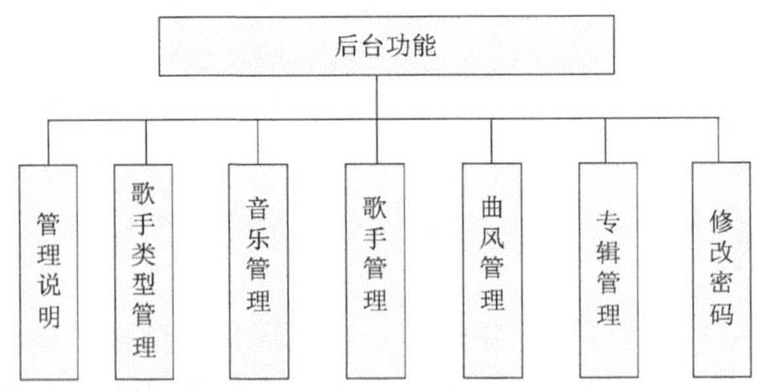

图 13-2 后台功能

13.1.3 系统实现

本章实现前台功能时，需要使用 ASP.NET 技术，系统需要满足的条件如下。

- 计算机系统：Windows XP 系统。
- 系统结构：B/S 结构。
- 开发工具：Visual Studio 2010。

- 开发数据库：Microsoft SQL Server 2008。
- 开发语言：C#语言。
- 其他使用到的技术：CSS、JavaScript 和 jQuery 等。

13.2 数据库设计

在一个网站或者系统中，如果使用数据库，则会大大提高工作效率。因此，设计一个完整的、合理的数据库是开发程序时的一个重点。本节详细介绍有关的数据库表，并且创建了一些存储过程。

13.2.1 设计数据库表

数据库指的是以一定方式储存在一起、能被多个用户共享、具有尽可能小的冗余度、与应用程序彼此独立的数据集合。

针对本章要实现的功能，创建了 DB_Music 数据库，向该数据库中设计了 6 个表。

1. MangerInfo 表

这是一个用户管理表，它提供了用户名、密码、新密码、登录时间、是否为超级管理员等字段，字段说明如表 13-1 所示。

表 13-1 MangerInfo 表

字 段 名	类 型	是否为主键	允许为空	说 明
MangerID	int	是	否	管理员 ID
MangerName	nvarchar(10)	否	是	管理员名称
MangerPassword	nvarchar(20)	否	是	管理员密码
MangerLoginDate	datetime	否	是	登录日期
IsSuper	bit	否	是	是否为超级管理员。0=false；1=true
Remark	nvarchar(10)	否	是	备注
RelationWay	nchar(50)	否	是	联系方式

2. Album 表

Album 是一个专辑表，存放与专辑相关的信息。包含专辑 ID、专辑名称、封面图片、歌手和发表日期等，如表 13-2 所示。

表 13-2 Album 表

字 段 名	类 型	是否为主键	允许为空	说 明
AlbumID	int	是	否	专辑 ID，用来标识专辑
AlbumName	nvarchar(50)	否	是	专辑名称
SingerID	int	否	是	歌手 ID，对应 Singer 表的主键

续表

字 段 名	类 型	是否为主键	允许为空	说 明
AlbumPhotoPath	nvarchar(100)	否	是	专辑封面图片路径
AlbumOnclickNum	int	否	否	点击率
PublishDate	datetime	否	是	发表日期

3. Music 表

Music 表是歌曲表，存放了一系列的歌曲信息。该表中包含歌曲 ID、歌曲名称、演唱歌手的 ID、歌曲的所属专辑、歌曲所在的位置、歌词位置以及点击率等多个字段，具体如表 13-3 所示。

表 13-3　Music 表

字 段 名	类 型	是否为主键	允许为空	说 明
MusicID	int	是	否	歌曲 ID，用来标识歌曲
MusicName	nvarchar(50)	否	是	歌曲名称
SingerID	int	否	否	演唱歌手 ID，对应 Singer 表的主键
AlbumID	int	否	是	所属专辑 ID，可以为空
MusicPath	nvarchar(100)	否	是	歌曲的文件路径
LyricPath	nvarchar(100)	否	是	歌曲的歌词文件
MusicStyleID	int	否	否	歌曲风格，对应 MusicStyle 表的主键
PublishDate	datetime	否	是	发表日期
OnClickNum	int	否	是	点击量

4. MusicStyle 表

歌曲风格有多种，例如摇滚、轻音乐、流行、怀旧、励志和甜蜜等。MusicStyle 表中只存放了与歌曲类型有关的字段，如表 13-4 所示。

表 13-4　MusicStyle 表

字 段 名	类 型	是否为主键	允许为空	说 明
MusicStyleID	int	是	否	歌曲类型 ID
MusicStyleName	nvarchar(10)	否	否	类型名称。例如轻音乐、摇滚
IsDelete	bit	否	是	是否删除。0=false；1=true

5. Singer 表

Singer 是歌手表，包含歌手的姓名、点击量、在网络上的评分、所属类型以及图像存放路径等字段，这些字段的说明如表 13-5 所示。

表 13-5　Singer 表

字 段 名	类　型	是否为主键	允许为空	说　明
SingerID	int	是	否	用来标识歌手的主键
SingerName	nvarchar(50)	否	否	歌手的名字
SingerOnclickNum	int	否	是	被点击次数
SingerMark	float	否	是	评分
SingerMarkNum	int	否	是	参与评分的人数
Sex	nvarchar(2)	否	是	性别
SingerTypeID	int	否	是	类型，对应 SingerType 表的主键
PhotoPath	nvarchar(100)	否	是	照片存储路径

6．SingerType 表

歌手的风格多种多样，有的歌手是唱摇滚乐的，因此会被称为摇滚歌手；有的歌手是唱 R&B 风格，因此会被称为 R&B 歌手。还可以根据国籍来分，例如华语男歌手、华语女歌手和日韩歌手等。

在 SingerType 表中存放了一系列的歌手风格，包含主键、风格名称和是否删除这 3 个字段，说明如表 13-6 所示。

表 13-6　SingerType 表

字 段 名	类　型	是否为主键	允许为空	说　明
SingerTypeID	int	是	否	歌手风格类型 ID
SingerTypeName	nvarchar(20)	否	否	风格类型名称
IsDelete	bit	否	是	是否删除。0=false；1=true

13.2.2　设计存储过程

数据库存储过程的实质就是部署在数据库端的一组定义代码以及 SQL。存储过程只在创建时进行编译，以后每次执行存储过程都不需要再重新编译，而一般 SQL 语句每执行一次就编译一次，所以使用存储过程可以提高数据库执行速度。

本章主要涉及到 8 个存储过程，包括最新字段列的获取、歌手和专辑的详细信息、类型信息以及最热歌曲等多个存储过程。

1．pro_AutoID 存储过程

该存储过程根据表名返回表中自增字段的下一个主键 ID。在该存储过程中，需要传入一个@TableName 参数，它表示一个表名。执行语句如下：

```
CREATE proc [dbo].[pro_AutoID]
 @TableName nvarchar(20)
 as
```

```
 declare @AutoID nvarchar(10)
 set @AutoID=(SELECT IDENT_CURRENT(@TableName)+(SELECT
IDENT_INCR(@TableName)))
 return @AutoID
GO
```

在上述代码中，IDENT_CURRENT()函数返回为某个会话和用域中的指定表生成的最新标识值；IDENT_INCR()函数则用于获取标识列的递增量。

2．pro_DetailAlbum 存储过程

该存储过程用于获取专辑的详细信息，需要传入一个表示专辑 ID 的@AlbumID 参数。执行语句如下：

```
CREATE proc [dbo].[pro_DetailAlbum]
@AlbumID int
as
update Album set AlbumOnclickNum=AlbumOnclickNum+1 where AlbumID=@AlbumID
select Album.*, SingerName, SingerTypeName, Singer.SingerTypeID,
Singer.SingerMark, Singer. SingerMa rkNum from Album,Singer,SingerType where
AlbumID=@AlbumID and Album.SingerID=Singer.SingerID and
Singer.SingerTypeID=SingerType.SingerTypeID
select MusicID,MusicName,SingerName,Music.SingerID from Music,Singer where
AlbumID=@AlbumID and Singer.SingerID=Music.SingerID
GO
```

从上述语句中可以看出，该存储过程中包含一条 update 语句和两条 select 语句，其中 update 语句用于更改专辑的点击量。

3．pro_PlayMusicList 存储过程

该存储过程根据传入的字符串 ID 获取歌曲信息。完整的执行语句如下：

```
CREATE proc [dbo].[pro_PlayMusicList]
@List_MusicID varchar(100)
as
declare @sql nvarchar(1024)
declare @sql_Update nvarchar(1024)
set @sql_Update='Update Music set OnClickNum+=1 where MusicID
in('+@List_MusicID+')'
set @sql='select MusicName,MusicPath,LyricPath,SingerName from Music,Singer
where MusicID in('+@List_MusicID+') and Singer.SingerID=Music.SingerID'
exec(@sql_Update)
exec(@sql)
GO
```

本节只介绍 3 个存储过程，其他的存储过程也非常简单，这里不再详细进行解释。

13.3 公共模块设计

音乐网站的前台通过三层架构来实现，本节将会详细介绍实现功能时的一些公共模块的设计。包括三层框架的搭建、Web.config 文件的配置、SqlHelper 类的创建以及母版页和用户控件的创建等多个内容。

13.3.1 了解三层框架

在软件体系架构设计中，分层式结构是最常见、也是最重要的一种结构。微软推荐使用三层架构，即将整个业务划分为表现层、业务逻辑层和数据访问层。

- 表现层(UI)：位于最外层(最上层)，用于显示数据和接收用户输入的数据，为用户提供一种交互式操作的界面。通俗地讲，就是展现给用户的界面，即用户在使用一个系统的时候他的所见、所得。
- 业务逻辑层(BLL)：它是系统架构中体现核心价值的部分，它的关注点主要集中在业务规则的制定、业务流程的实现等与业务需求有关的系统设计，也就是说，它是与系统所应对的领域逻辑相关的。该层处于数据访问层与表现层中间，起到数据交换中承上启下的作用。简单地说，业务逻辑层针对具体问题的操作，是对数据层的操作，对数据业务逻辑做处理。
- 数据访问层(DAL)：通常会称为持久层，其功能主要是负责数据库的访问，针对数据的增加、删除、修改、查找等。除了数据库外，还可以操作 XML 文档、文本文档和二进制文件。

1. 三层架构的优点

三层架构明确地区分层次，它的目的是为了实现“高内聚，低耦合”的思想。使用三层架构开发项目有多种优点：

- 开发者可以只关注整个结构中的某一层。
- 可以很容易地用新的实现来替换原有层次的实现。
- 可以降低层与层之间的依赖。
- 有利于标准化。
- 利于各层逻辑的复用。
- 结构更加明确。
- 在后期维护的时候，极大地降低了维护成本和维护时间。

2. 三层架构的缺点

除了优点外，使用三层架构还存在着缺点：

- 降低了系统的性能。如果不采用分层式结构，很多业务可以直接造访数据库，以此获取相应的数据，现在却必须通过中间层来完成。
- 有时会导致级联的修改。这种修改尤其体现在自上而下的方向。如果在表示层中需要增加一个功能，为保证其设计符合分层式结构，可能需要在相应的业务逻辑

层和数据访问层中都增加相应的代码。

- 增加了开发成本。

3. 三层架构与 MVC 的区别

MVC 即模型(Model)-视图(View)-控制器(Controller)，是一种设计模式。

MVC 和三层同样是架构级别的，它们都有一个表现层。但是它们有很大的不同，这主要表现在除了表现层以外的其他两个层。在三层架构中没有定义 Controller 的概念，这是最不同的地方。而 MVC 也没有把业务的逻辑访问看成两个层，这是采用三层架构或 MVC 搭建程序最主要的区别。另外，在三层架构中会经常提到 Model 层，但是它与 MVC 中 Model 的概念是不一样的，“三层”中典型的 Model 层是以实体类构成的；而 MVC 中，则是由业务逻辑与访问数据组成的。

13.3.2 搭建三层框架

本节将根据前面介绍的三层模型进行框架搭建。除了三层外，一般还需要搭建两个层：存放帮助类的 DBUtility 层和存放实体的 Model 层。如果有多个不同的数据库帮助类，那么可以将这些帮助类都放到 DBUtility 层下；如果只有一个，直接可以将其放到 DAL 下，在 DAL 层直接调用帮助类即可。

搭建三层框架的一般步骤如下。

(1) 首先创建一个空的解决方案，创建方法是：打开 VS2010 后，选择单击“文件”→“新建”→“项目”菜单命令，在弹出的对话框中输入解决方案的名称和路径，完成后单击“确定”按钮，如图 13-3 所示。

图 13-3 创建一个空白的解决方案

(2) 创建解决方案完成后选中并右击，从弹出的快捷菜单中选择“添加”→“新建项目”命令，这时会弹出如图 13-4 所示的对话框。

在图 13-4 中，从左侧找到并选择 Visual C#语言，从中间选择“类库”，并在下方输入类库的名称和路径，单击“确定”按钮创建一个 DAL 类库。

(3) 重复上个步骤，创建类库的方法，分别添加 BLL 层和 Model 层，它们表示业务逻辑层和实体模型层。

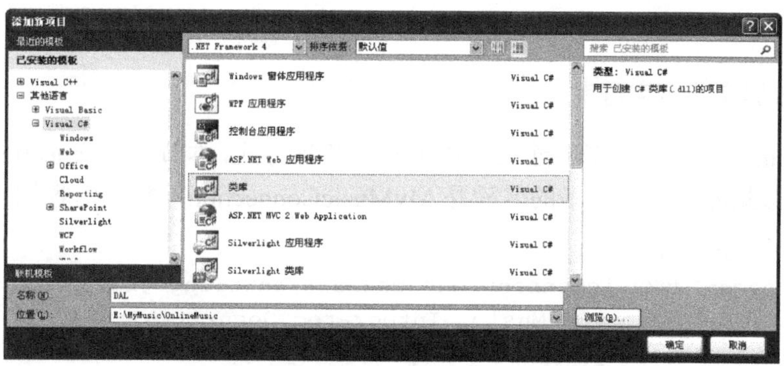

图 13-4　“添加新项目”对话框

(4) 创建一个名称是 WebUI 的网站，它表示表现层。

13.3.3　为三层框架添加引用

从上一小节中可以看出：类库和网站应用程序构成了三层框架，但它们之间是相互独立的，因此需要为不同的项目添加引用。需要添加的引用如下：

- DAL 层需要引用 Model 层，如果帮助类单独位于一个层中，那么还需要添加对它的引用。
- BLL 层需要引用 DAL 层和 Model 层。
- WebUI 层引用 BLL 层和 Model 层。

为不同的项目添加引用的方式很简单，选中要添加引用的项目后，右击，从弹出的快捷菜单中选择“添加引用”命令，弹出如图 13-5 所示的对话框。在对话框中选择“项目”选项卡，然后选择要添加的引用项目，最后单击“确定”按钮。

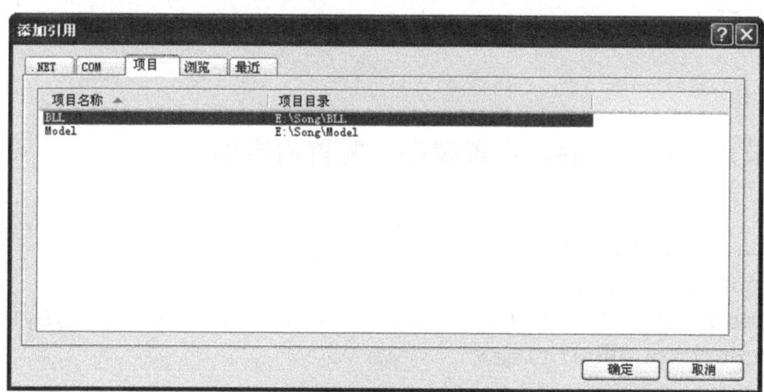

图 13-5　为 DAL 层添加引用时弹出的对话框

13.3.4　Web.config 配置

Web.config 文件是一个 XML 文本文件，用来存储 ASP.NET Web 应用程序的配置信息，可以出现在应用程序的每一个目录中。在创建网站完成后，会自动地在根目录下创建一个默认的 Web.config 文件，包括默认的一些配置。

向 Web.config 配置文件中添加的内容分为前台配置和后台配置，下面只介绍与前台有

关的配置。

1. 设置数据库连接字符串

在 Web.config 中配置数据库连接字符串时有两种方式，本节在<connectionStrings>节点中配置，指定数据库连接字符串的名称是 MyMusicConnection。配置内容如下：

```
<connectionStrings>
   <add name="MyMusicConnection" connectionString="Data Source=SJB;
    Initial Catalog=DB_Music; Integrated Security=True"
    providerName="System.Data.SqlClient"/>
</connectionStrings>
```

2. 设置编码

通过向<system.web>节点下添加<globalization>子节点设置编码，指定请求和响应的编码格式都为 UTF-8。配置内容如下：

```
<globalization requestEncoding="UTF-8" responseEncoding="UTF-8"
 fileEncoding="UTF-8"/>
```

3. 设置错误页面

继续向<system.web>节点下添加子节点，自定义错误信息的显示。当出现 404 错误时，会默认跳转到 404.aspx 错误页面。配置内容如下：

```
<customErrors defaultRedirect="404.aspx" redirectMode="ResponseRedirect"
 mode="On">
   <error statusCode="404" redirect="404.aspx"/>
</customErrors>
```

4. 设置缓存

向<caching>节点中添加内容，设置缓存。配置内容如下：

```
<caching>
   <outputCacheSettings>
      <outputCacheProfiles>
         <add name="Cache60Seconds" duration="60" varyByParam="none" />
      </outputCacheProfiles>
   </outputCacheSettings>
</caching>
```

13.3.5 SqlHelper 类

SqlHelper 类是自定义的一个帮助类，它简化了数据库连接，该类封装过后通常是只需要给方法传入一些参数就可以访问数据库了。这里将 SqlHelper 类放到 DAL 层中，需要使用时，直接调用该类的方法即可。

在介绍这些方法之前，首先声明一个全局的、静态的、只读的字符串变量，它用于获取 Web.config 配置文件中的连接字符串。代码如下：

```
public static readonly string connectionString = ConfigurationManager
  .ConnectionStrings["MyMusicConnection"].ConnectionString;
```

1. 增、删、改的方法

在对数据库表中的数据进行添加、修改和删除操作时，可以调用 SqlCommand 对象的 ExecuteNonQuery()方法。首先创建一个名称为 ExecuteNonQuery 的方法，向该方法中传入一个参数。代码如下：

```
public static int ExecuteNonQuery(string cmdText)
{
    using (SqlConnection con = new SqlConnection(connectionString)) {
        using (SqlCommand cmd = new SqlCommand(cmdText, con)) {
            con.Open();
            int val = cmd.ExecuteNonQuery();
            return val;
        }
    }
}
```

上述方法很简单，直接传入一条 SQL 语句即可。SQL 语句中可以直接包含参数，也可以声明参数将其传入。重新添加一段代码，它是上述方法的一个重载形式。代码如下：

```
public static int ExecuteNonQuery(string cmdText,
  params SqlParameter[] commandParams)
{
    using (SqlConnection con = new SqlConnection(connectionString)) {
        using (SqlCommand cmd = new SqlCommand()) {
            PrepareCommand(con, cmd, CommandType.Text,
              cmdText, commandParams);
            int val = cmd.ExecuteNonQuery();
            cmd.Parameters.Clear();
            return val;
        }
    }
}
```

很多时候，SQL 语句并不能满足用户的需求，用户还可能使用到存储过程。这时，可以重新添加 ExecuteNonQuery()方法的重载形式。代码如下：

```
public static int ExecuteNonQuery(CommandType cmdType, string cmdText,
  params SqlParameter[] commandParams)
{
    using (SqlConnection con = new SqlConnection(connectionString)) {
        using (SqlCommand cmd = new SqlCommand()) {
            PrepareCommand(con, cmd, cmdType, cmdText, commandParams);
            int val = cmd.ExecuteNonQuery();
            cmd.Parameters.Clear();
```

```
                return val;
            }
        }
    }
```

上述方法中cmdType是一个命名类型，如果是SQL语句，则设置为CommandType.Text；如果是存储过程，则设置为CommandType.StoredProcdure。cmdText表示一个SQL语句或者存储过程名称。commandParams是一个SQL参数，如果没有参数，则为NULL。

2．执行查询的方法

执行查询时有两种方法：一种是调用SqlDataReader()方法，它返回单条记录；另一种是使用SqlDataAdapter对象的Fill()方法填充DataSet对象，它可以返回多条记录。创建名称是ExecuteDataSet的方法，它可以有多个重载形式，这里只介绍一种。代码如下：

```
public static DataSet ExecuteDataSet(CommandType cmdType, string cmdText,
  params SqlParameter[] para)
{
    using (SqlConnection con = new SqlConnection(connectionString)) {
        SqlDataAdapter adapter = new SqlDataAdapter();
        using (SqlCommand cmd = new SqlCommand()) {
            DataSet ds = new DataSet();
            PrepareCommand(con, cmd, cmdType, cmdText, para);
            adapter.SelectCommand = cmd;
            adapter.Fill(ds);
            return ds;
        }
    }
}
```

3．执行查询第一行第一列的方法

下面创建ExecuteScalar()方法，该方法用于执行查询单个值，它支持存储过程，返回的结果是一个object对象。代码如下：

```
public static object ExecuteScalar(CommandType cmdType, string cmdText,
  params SqlParameter[] commandParameters)
{
    using (SqlConnection con = new SqlConnection(connectionString)) {
        using (SqlCommand cmd = new SqlCommand()) {
            PrepareCommand(con, cmd, cmdType, cmdText, commandParameters);
            object val = cmd.ExecuteScalar();
            cmd.Parameters.Clear();
            return val;
        }
    }
}
```

4. 创建 PrepareCommand()方法

前面的 3 个方法都调用了一个名称是 PrepareCommand 的方法，该方法用于创建 SqlCommand 对象。该方法的代码如下：

```
private static void PrepareCommand(SqlConnection con, SqlCommand cmd,
  CommandType cmdType, string cmdText, SqlParameter[] cmdParms)
{
    if (con.State != ConnectionState.Open)
        con.Open();
    cmd.Connection = con;
    cmd.CommandType = cmdType;
    cmd.CommandText = cmdText;
    if (cmdParms != null)
        foreach (SqlParameter para in cmdParms)
            cmd.Parameters.Add(para);
}
```

从上述代码中可以看出，PrepareCommand()方法需要传入 5 个参数，参数说明如下。

- con：表示一个 SqlConnection 对象。
- cmd：是一个 SqlCommand 对象。
- cmdType：是一个 CommandType 对象。对于 SQL 语句设置为 CommandType.Text；如果是存储过程，则将其设置为 CommandType.StoredProcdure。
- cmdText：它表示一个 SQL 语句或者存储过程名称。
- cmdParms：指定传入的参数。

5. 创建 Select_ID()方法

Select_ID()方法根据表名返回表中自增字段的下一个 ID。该方法先创建 SqlConnection 对象和 SqlCommand 对象；接着创建参数并指定参数的类型和值；然后打开数据库连接，调用 ExecuteNonQuery()方法执行操作，最后关闭数据库连接并返回一个 string 对象。代码如下：

```
public static string Select_AutoID(string TableName)
{
    SqlConnection conn = new SqlConnection(connectionString);
    SqlCommand cmd = new SqlCommand();
    cmd.Connection = conn;
    cmd.CommandType = CommandType.StoredProcedure;
    cmd.CommandText = "pro_AutoID";
    //创建参数
    IDataParameter[] parameter = {
        new SqlParameter("@TableName", SqlDbType.NVarChar, 20),
        new SqlParameter("@AutoID", SqlDbType.NVarChar, 10)
    };
    //设置参数类型
    parameter[0].Value = TableName;
    parameter[1].Direction = ParameterDirection.ReturnValue;
```

```
        cmd.Parameters.Add(parameter[0]);
        cmd.Parameters.Add(parameter[1]);
        conn.Open();
        cmd.ExecuteNonQuery();
        conn.Close();
        return parameter[1].Value.ToString();
    }
```

一个完整的 SqlHelper 类中不仅仅包含了本节介绍的这几个方法，还包含其他的方法。例如分页方法、根据条件更新记录和根据 ID 获取一条记录的方法等，读者可以在源代码中找到该文件并进行查看。

13.3.6 向三层添加内容

前面简单介绍了三层框架的搭建、Web.config 文件的配置和 SqlHelper 的创建，下面分别向三层中添加内容。

1. 向 Model 层添加内容

Model 层存放了一系列与实体相关的信息，它与数据库中的表息息相关。一般情况下，可以根据数据库表中的字段创建数据，也可以根据需要向表中添加一些其他信息。

以 Model 层的 CMusic 类为例，将数据库中 Music 表的字段作为类的私有变量，然后将这些变量封装为公有内容。该类的部分代码如下：

```
public class CMusic
{
    private string musicID;                 //歌曲 ID
    private string musicName;               //歌曲名称
    private int singerID;                   //歌手 ID
    private string musicPath;               //歌曲路径
    private string lyricPath;               //歌词路径
    private int albumID;                    //所属唱片
    private int musicStyleID;               //歌曲风格
    private DateTime publishDate;           //发表时间
    private string list_MusicID;
    public string MusicID
    {
        get { return musicID; }
        set { musicID = value; }
    }
    public string MusicName
    {
        get { return musicName; }
        set { musicName = value; }
    }
    /* 省略对其他字段的封装 */
}
```

2. 向 DAL 层添加内容

DAL 层除了包含 SqlHelper 类外，主要包含了数据处理类。例如向该层创建一个处理歌曲的类，分别添加执行添加、删除、修改和查询等操作的方法。

(1) 首先以 AddMusic()为例，代码如下：

```
public int AddMusic(Model.CMusic model)
{
    string sql = "insert into Music(MusicName, SingerID, MusicPath, LyricPath,
      AlbumID, MusicStyleID, PublishDate) values('" + model.MusicName
      + "','" + model.SingerID + "','" + model.MusicPath + "','"
      + model.LyricPath + "','" + model.AlbumID + "','"
      + model.MusicStyleID + "','" + model.PublishDate + "')";
     return SqlHelper.ExecuteNonQuery(sql);
}
```

从上述方法可以看出，AddMusic()方法需要传入一个 CMusic 实体类的实例对象。在该方法中首先声明 SQL 语句，然后调用 SqlHelper 类的 ExecuteNonQuery()方法执行添加操作并返回结果。

(2) 接着创建一个获取歌曲列表的 MusicInfo()方法，它返回一个 DataSet 对象。在该方法中首先声明 SQL 语句，然后调用 SqlHelper 类的 ExecuteDataSet()方法读取数据并将结果返回。

代码如下：

```
public DataSet MusicInfo()
{
    string sql = "select Music.*, SingerName, AlbumName, MusicStyleName
      from Music,Singer, MusicStyle, Album where Singer.SingerID =
      Music.SingerID and Album.AlbumID = Music.AlbumID and
      MusicStyle.MusicStyleID = Music.MusicStyleID";
    return SqlHelper.ExecuteDataSet(sql);
}
```

(3) 继续创建 DeleteMusic_ID()方法，该方法根据歌曲 ID 进行删除。它与添加方法非常相似，首先声明 SQL 语句，再调用 ExecuteNonQuery()方法进行删除并返回结果。代码如下：

```
public int DeleteMusic_ID(Model.CMusic model)
{
    string sql = "delete from Music where MusicID='" + model.MusicID + "'";
    return SqlHelper.ExecuteNonQuery(sql);
}
```

(4) 在执行歌曲添加或者删除时，可以判断该歌曲是否已经存在，如果不存在，则进行添加，否则不会进行添加。创建一个 ExistsMusic()方法，向该方法中传入一个 CMusic 实体的实例对象。

代码如下：

```
public bool ExistMusic(Model.CMusic model)
{
    string sql = "select * from Music where MusicName='"
      + model.MusicName + "' and SingerID='" + model.SingerID + "'";
    DataSet ds = SqlHelper.ExecuteDataSet(sql);
    if (ds.Tables[0].Rows.Count == 0) {   //如果获取到的结果为 0，则表示不存在
        return true;
    }
    else
    {
        return false;
    }
}
```

上述代码首先声明一个 SQL 语句，接着调用 SqlHelper 类的 ExecuteDataSet()方法获取数据并保存到 ds 对象中。通过 if 语句判断 ds 中的记录是否等于 0，如果是，则返回 true，表示不存在此歌曲；否则返回 false，表示此歌曲已经存在。

一个数据处理类中并不仅仅包含上面介绍的方法，还包含其他的方法，这些方法大同小异，这里不再详细解释。

3. 向 BLL 层添加内容

BLL 层包含一些逻辑操作，继续在前面的内容上进行操作。以歌曲相关的逻辑处理类为例，首先创建一个 AddMusic()方法。

该方法的代码如下：

```
public bool AddMusic(Model.CMusic model)
{
    if (!music.ExistMusic(model)) { //已经有此歌曲
        return false;
    } else {
        int result = music.AddMusic(model);
        if (result > 0) {
            return true;
        } else {
            return false;
        }
    }
}
```

从上述代码中可以看出，它通过 if-else 语句进行判断，根据判断的结果进行操作。在上述代码中，首先调用 DAL 层的 ExistsMusic()方法进行判断，如果返回的值为 false，则表示该歌曲存在，不进行添加；如果返回的值为 true 则调用 AddMusic()方法执行添加操作，并将返回的结果保存到 result 变量中。如果 result 变量的值大于 0，则表示添加成功，返回 true；否则返回 false。

如果不需要对结果进行操作，那么可以直接调用 DAL 层的方法返回结果。代码如下：

```
public DataSet MusicInfo()
{
    return music.MusicInfo();
}
```

4. 向 WebUI 层添加内容

WebUI 层即用户表现层，它与前面章节中的使用一样，可以创建 Web 窗体页、用户控件和母版页等，只是绑定数据时需要调用 BLL 层的方法。这里不再对 WebUI 层进行详细的介绍。如图 13-6 所示为一个完整的项目架构。

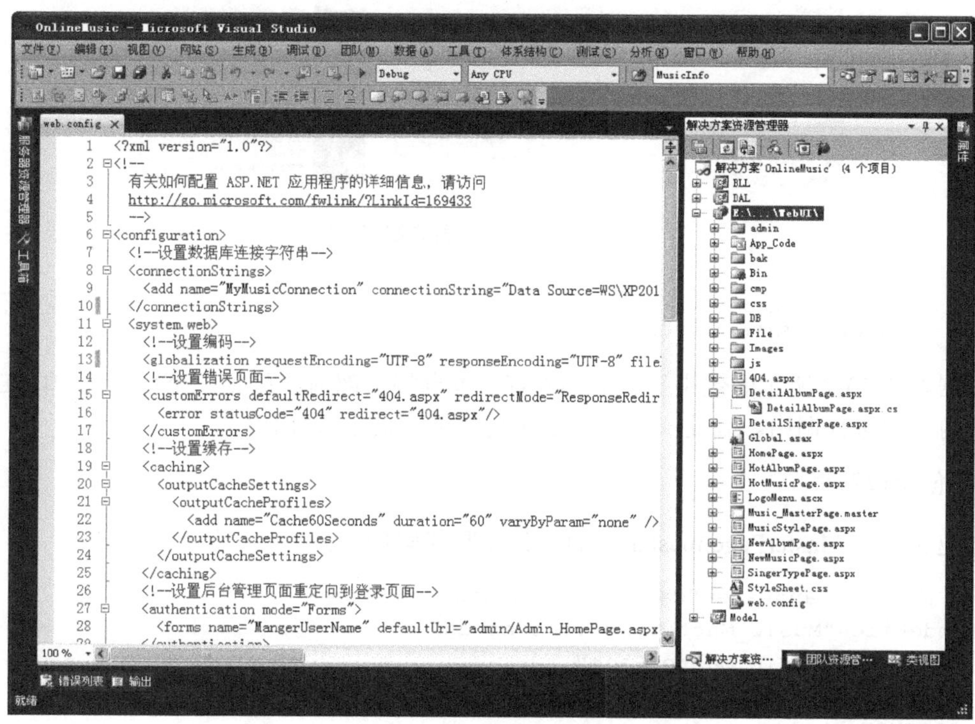

图 13-6　该项目的完整架构

13.4 首 页 模 块

首页是一个系统和网站的“脸面”，它的功能很全面，可以涵盖整个前台网站的内容。本节将详细介绍首页模块的具体实现，包括页面设计和后台代码等多个内容。

13.4.1 页面效果

本章实现的首页功能很简单，包括头部和内容两部分。头部显示公司 Logo、标题和菜单；内容部分包含一系列列表的显示。首页效果如图 13-7 所示。

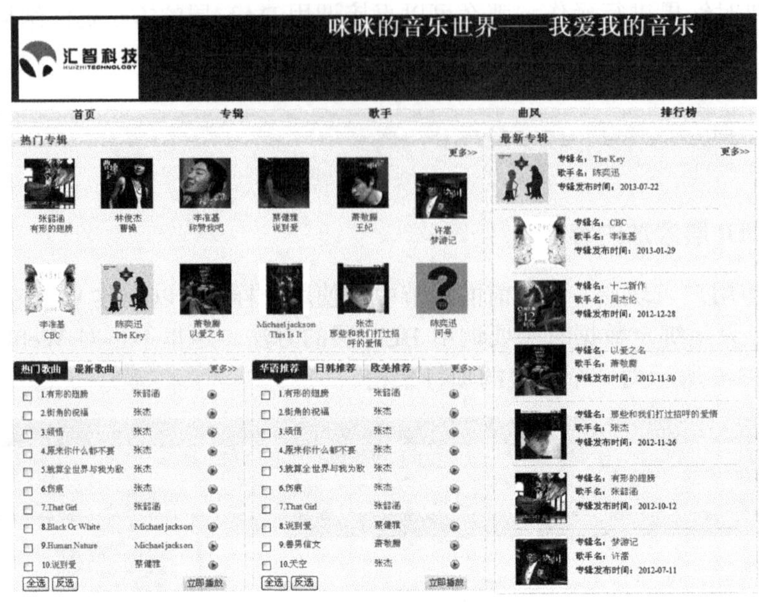

图 13-7　首页页面的效果

13.4.2　设计头部

根据如图 13-7 所示的效果设计头部内容，本章将头部内容放到一个母版页中，在其他所有的内容中进行调用。因此，设计头部即是向母版页中添加代码。

1. 创建母版页

创建 Music_MasterPage.master 页面，其完整代码如下：

```
<%@ Master Language="C#" AutoEventWireup="true"
  CodeFile="Music_MasterPage.master.cs"
  Inherits="Music_MasterPage" %>
<%@ Register src="LogoMenu.ascx" tagname="LogoMenu" tagprefix="uc1" %>
<!DOCTYPE html>
<html xmlns="http://www.w3.org/1999/xhtml">
<head runat="server">
    <link href="css/Client_StyleSheet.css" rel="Stylesheet" type="text/css"
      media="all" />
    <script type="text/javascript" src="js/jquery.min.js"></script>
    <script src="js/Client_JS.js" type="text/javascript"
      language="javascript">
    </script>
    <asp:ContentPlaceHolder ID="head" runat="server">
    </asp:ContentPlaceHolder>
</head>
<body>
    <form id="form1" runat="server">
    <div id="main">
```

```
        <div id="top">
            <div id="logoArea">
                <div id="logo"></div>
                <div id="logotwo">
                    <center>
                        <h1 style="color: white;">咪咪的音乐世界——我爱我的音乐
                        </h1>
                    </center>
                </div>
            </div>
            <uc1:LogoMenu ID="LogoMenu1" runat="server" />
        </div>
        <div id="mid">
            <asp:ContentPlaceHolder ID="ContentPlaceHolder1"
              runat="server">
            </asp:ContentPlaceHolder>
        </div>
        <br />
    </div>
    </form>
</body>
</html>
```

从上述代码可以看出，母版页在 head 部分添加了多个 CSS 文件和 JavaScript 文件。在 body 部分引入了一个用户控件，该用户控件用于绑定内容。

2．创建用户控件

用户控件包含一系列的导航菜单，导航菜单通过 ul 和 li 进行实现。如下所示为用户控件的完整代码：

```
<ul>
    <li><a href="HomePage.aspx">首页</a></li>
    <li>
        <a class="nav" id="nav_AlbumTitle" href="#">专辑</a>
        <div class="menuArea_Album"><span>
         |<a href="NewAlbumPage.aspx" class="a_nav">最新专辑</a>
         |<a href="HotAlbumPage.aspx">热门专辑</a>|</span>
        </div>
    </li>
    <li><a class="nav" href="#">歌手</a>
        <div class="menuArea_Singer">
            <asp:Repeater ID="RepeaterSingerType" runat="server">
                <ItemTemplate>
                    <asp:Label ID="Label1" runat="server"></asp:Label>
                    <asp:LinkButton ID="lbSinger" runat="server"
                      CommandName = "singername"
                      CommandArgument = '<%#Eval("SingerTypeID") %>'
                      OnCommand = "lbSinger_Command ">
                        <%#Eval("SingerTypeName") %>
```

```
                    </asp:LinkButton>
                </ItemTemplate>
                <SeparatorTemplate> |</SeparatorTemplate>
            </asp:Repeater>
        </div>
    </li>
    <li><a class="nav" href="#">曲风</a>
        <div class="menuArea_MusicStyle">
            <asp:Repeater ID="RepeaterMusicStyle" runat="server">
                <ItemTemplate>
                    <a href =" MusicStylePage.aspx?MusicStyleID =
                        <%#Eval("MusicStyleID") %>">
                      <%#Eval("MusicStyleName")%></a>
                </ItemTemplate>
                <SeparatorTemplate>|</SeparatorTemplate>
            </asp:Repeater>
        </div>
    </li>
    <li>
        <a class="nav" href="#">排行榜</a>
        <div class="menuArea_RankingList"><span>
        |<a href="NewMusicPage.aspx" class="a_nav">最新歌曲</a>
        |<a href="HotMusicPage.aspx">热门歌曲</a>|</span></div>
    </li>
</ul>
```

仔细观察用户控件的相关代码可以发现：“首页”、“专辑”和“排行榜”这 3 个导航是静态的；而“歌手”和“曲风”这两个导航是通过 Repeater 控件动态显示的。

在用户控件的后台 Load 事件中添加代码，首先在 Load 事件的外部实例化 BLL 层的 CSingerType 类。在 Load 事件中调用相关的方法，并且分别将不同的内容绑定到 Repeater 控件的数据源。代码如下：

```
BLL.CSingerType singerType = new BLL.CSingerType();
BLL.CMusicStyle musicStyle = new BLL.CMusicStyle();
protected void Page_Load(object sender, EventArgs e)
{
    DataSet ds_SingerType = singerType.SingerTypeName();
    DataSet ds_MusicStyle = musicStyle.MusicStyle();
    RepeaterSingerType.DataSource = ds_SingerType.Tables[0];
    RepeaterSingerType.DataBind();
    RepeaterMusicStyle.DataSource = ds_MusicStyle.Tables[0];
    RepeaterMusicStyle.DataBind();
}
```

继续在用户控件的后台添加代码，为 LinkButton 控件添加 Command 事件代码。在该事件的代码中获取 CommandArgument 属性的值，并且通过 Response.Redirect()方法实现页面跳转。

事件代码如下：

```
protected void lbSinger_Command(object sender, CommandEventArgs e)
{
    string value = e.CommandArgument.ToString();
    Response.Redirect("SingerTypePage.aspx?SingerTypeID=" + value);
}
```

13.4.3　设计内容

头部设计完成后，需要设计首页的内容了，首先针对上一节中的母版页添加一个 HomePage.aspx 内容页，页面的设计效果如图 13-8 所示。

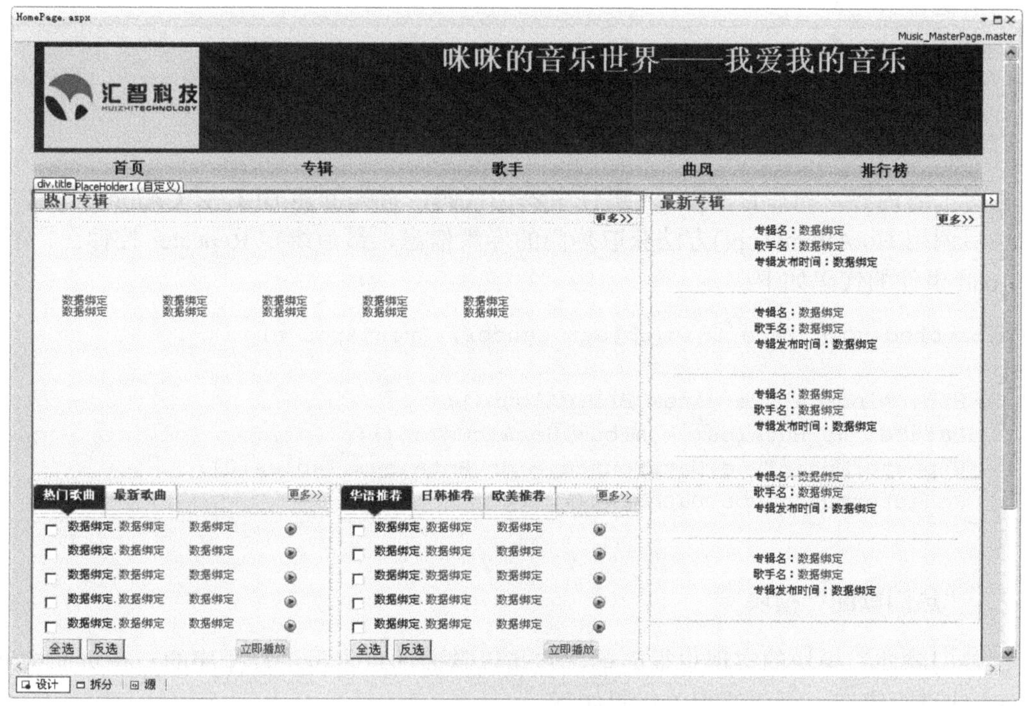

图 13-8　内容页的设计效果

根据如图 13-8 所示的效果添加内容页，上述图中，所有的数据实现都是通过 Repeater 控件来显示的。下面分别以“热门专辑”和“热门歌曲”两个模块进行介绍。

1. “热门专辑”模块

“热门专辑”模块很容易理解，它根据用户对该专辑的点击量进行排序，显示点击率最高的前几名专辑信息，包括专辑封面、名称和演唱歌手。

下面给出相关的页面代码：

```
<div id="hotAlbum">
<div class="title">热门专辑<span class="more">
<a href="HotAlbumPage.aspx">更多>></a></span></div>
<div class="albumDetail">
<asp:Repeater ID="RepeaterMusicType" runat="server">
```

```
<ItemTemplate>
<div class="hotAlbumUnit">
<div class="Photo">
<a href = "DetailAlbumPage.aspx?AlbumID = <%#Eval("AlbumID") %>">
<img class = "imgFrame" src = "<%#Eval("AlbumPhotoPath") %>" /></a></div>
<div class="singerName">
<a href="DetailSingerPage.aspx?SingerID=<%#Eval("SingerID") %>">
<%#Eval("SingerName") %></a></div>
<div class="albumName">
<a href="DetailAlbumPage.aspx?AlbumID= <%#Eval("AlbumID") %>">
<%#Eval("AlbumName")%></a></div>
</div>
</ItemTemplate>
</asp:Repeater>
</div>
</div>
```

针对上述内容，在后台的 Load 事件中添加代码，首先创建 BLL 层 CAlbum 的实例对象，然后调用 HotAlbumTop()方法获取热门的专辑信息，最后绑定 Repeater 控件。

Load 事件的代码如下：

```
protected void Page_Load(object sender, EventArgs e)
{
    BLL.CAlbum album = new BLL.CAlbum();
    DataSet ds_HotAlbum = album.HotAlbumTop();
    RepeaterMusicType.DataSource = ds_HotAlbum.Tables[0];
    RepeaterMusicType.DataBind();
}
```

2. “热门歌曲”模块

“热门歌曲”模块的实现也很简单，它是以歌曲的点击量进行排序的。在页面中通过 Eval()方法进行绑定，页面的相关代码如下：

```
<div class="titles">
<span class="select" id="hotMusicTitle">热门歌曲</span>
<span class="noSelect" id="newMusicTitle">最新歌曲</span>
<span class="more"><a href="#">更多>></a></span>
</div>
<div id="hotMusic">
<form method="post" action="" id="myhotmusicform" name="myhotmusicform">
<asp:Repeater ID="RepeaterHotMusic" runat="server">
<ItemTemplate>
<div class="Detail_Music">
<span class="Music_Select">
<input class="newMusic_sel" type="checkbox"
  name="myhotgequ" value="<%#Eval("MusicID") %>" />
</span>
<span class="MusicName">
```

```
<%#Container.ItemIndex+1 %>.<a target="_blank"
  href="cmp/MusicPlayer_Page.aspx?MusicID=<%#Eval("MusicID") %>"
  target="_blank">
<%#Eval("MusicName")%></a>
</span>
<span class="Music_SingerName">
<a href="DetailSingerPage.aspx?SingerID = <%#Eval("SingerID")%>">
  <%#Eval("SingerName")%></a>
</span>
<span class = "Music_Play"><a target = "_blank"
  href = "cmp/MusicPlayer_Page.aspx?MusicID = <%#Eval("MusicID") %>"
  target = "_blank"><img src = "Images/playbg.jpg" /></a>
</span>
</div>
</ItemTemplate>
<FooterTemplate>
<div>
<span class="selectMusic">
<input type="button" id="newMusic_allSel" value="全选" />
<input type="button" id="newMusic_noSel" value="反选" />
</span>
<span class = "musicOperate"><img src = "Images/playAllBt.jpg"
  onclick = "BoFangListSS()" />
</span>
</div>
</FooterTemplate>
</asp:Repeater>
</form>
</div>
```

继续向该页面的 Load 事件中添加绑定 Repeater 控件的代码。相关代码如下：

```
protected void Page_Load(object sender, EventArgs e)
{
    BLL.CMusic music = new BLL.CMusic();
    DataSet ds_HotMusic = music.HotMusicTop();
    RepeaterHotMusic.DataSource = ds_HotMusic.Tables[0];
    RepeaterHotMusic.DataBind();
    /* 省略其他内容 */
}
```

在该模块中，每首歌曲之前都包含一个复选框，在模块的下方有“全选”和“反选”两个按钮。单击“全选”按钮将当前的 10 首歌曲全部选中；单击“反选”按钮时会进行判断，如果这 10 首歌曲处于未被选中的状态，那么单击该按钮会被选中，否则不选择中。

实现“全选”和“反选”功能是通过 jQuery 代码完成的：

```
$("#newMusic_allSel").click(function () {
    $(".newMusic_sel").attr("checked", "true");
});
$("#newMusic_noSel").click(function () {
```

```
        $(".newMusic_sel").each(function () {
            if ($(this).attr("checked")) {
                $(this).removeAttr("checked");
            }
            else {
                $(this).attr("checked", "true");
            }
        })
    });
```

13.5 其他模块

除了首页模块外，还包含专辑模块、歌手模块、曲风模块和排行榜模块。这些模块的实现与首页相似，列表都是通过 Repeater 控件进行实现的。因此本节将对这些模块进行简单介绍，演示模块的实现效果。

13.5.1 专辑模块

专辑模块有两部分内容：第一部分是最新专辑；另一部分是热门专辑。用户可以单击菜单栏下的两个链接进行查看，如图 13-9 所示为查看最新专辑时的效果。

图 13-9 最新专辑页面

从图 13-9 中可以看出，在最新专辑页面包含 3 部分内容。左侧显示最新专辑列表，包括专辑名称、演唱歌手和发布日期；右侧包含热门歌曲排行和最新歌曲排行。

热门专辑页面与最新专辑很相似，直接单击如图 13-9 所示的“热门专辑”链接，此时效果如图 13-10 所示。

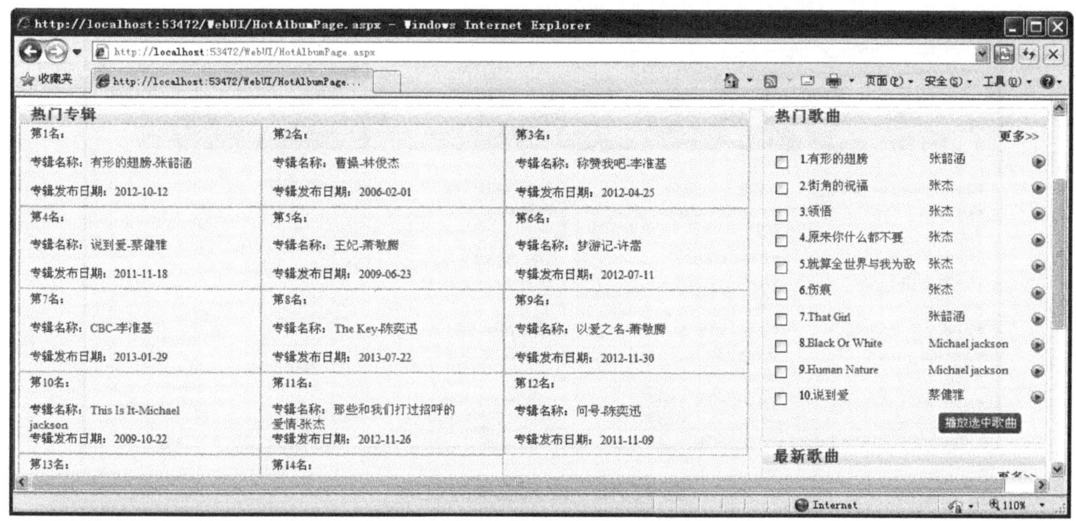

图 13-10 “热门专辑”页面

13.5.2 歌手模块

在“歌手”导航菜单下显示了一些歌手的类型，例如华语女歌手、华语男歌手、华语组合、日韩女歌手以及日韩男歌手等。用户可以单击“歌手”导航下的链接进行查看，如图 13-11 所示显示了华语女歌手列表。

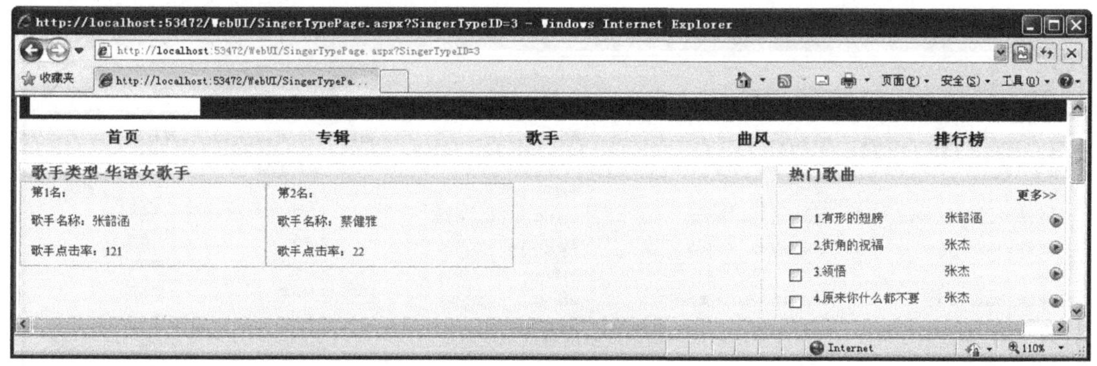

图 13-11 歌手模块页面

在图 13-11 中，右侧只显示了一部分，其右侧的效果与图 13-10 的一致，它也包括热门歌曲和最新歌曲两部分。

13.5.3 曲风模块

曲风模块是根据音乐的类型进行分类的，例如摇滚、乡村、流行、独立和民谣等。如果想要查看某个曲风下的歌曲，直接单击“曲风”导航下的链接即可，如图 13-12 所示为查看曲风为“纯音乐”类型时的效果。

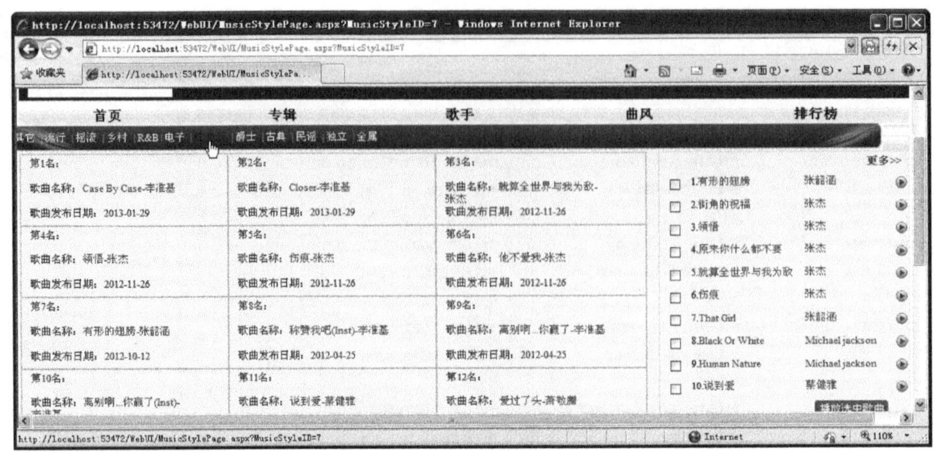

图 13-12 曲风模块的效果

13.5.4 排行榜模块

排行榜模块应该是歌迷最关心的一个模块，本例“排行榜”导航下只包含对“最新歌曲”的排行和“热门歌曲”排行两部分。“最新歌曲”是针对歌曲发布的时间进行排序的；而“热门歌曲”则是根据用户的点击量进行排序的。

用户可以单击“排行榜”导航下的任意一个链接进行查看，如图 13-13 所示为查看“最新歌曲”排行榜的效果。

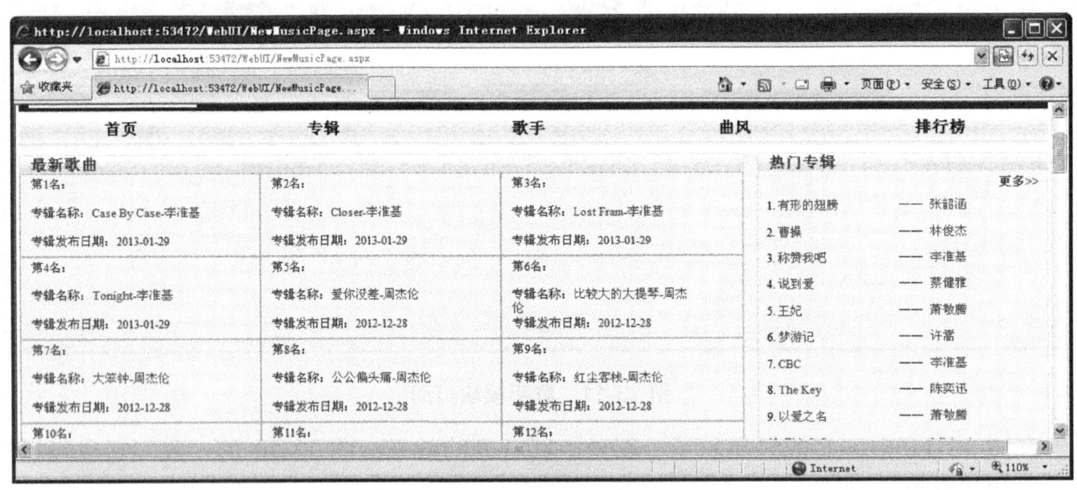

图 13-13 查看“最新歌曲”排行榜的效果

13.6 歌曲播放功能

歌曲播放是整个前台最重要的一个功能。本节通过两部分进行介绍，首先为按钮添加脚本代码；然后再为播放页面添加代码。

13.6.1　为按钮添加脚本

以图 13-7 为例，用户可以单击每首歌曲后面的播放按钮进行播放，也可以一次性选择多首歌曲单击按钮进行播放。

单击每首歌手后面的播放按钮时，会直接链接到 cmp 目录下的 MusicPlayer_Page.aspx 页面，并且会传入一个 MusicID 参数。代码如下：

```
<a target = "_blank" href = "cmp/MusicPlayer_Page.aspx?MusicID =
<%#Eval("MusicID") %>" target = "_blank"><%#Eval("MusicName")%></a>
```

例如，选择图 13-7 中“热门歌曲”下的多首歌曲，然后单击多个“立即播放”按钮，这时会跳转到 MusicPlayer_Page.aspx 页面并播放选中的歌曲。实现该功能时需要为“立即播放”按钮添加脚本代码，有以下两种方式实现。

(1)　通过 getElementsByName()方法来实现

这种方法适用于复选框较少的情况，首先通过 getElementsByName()方法获取页面中所有指定名称的复选框；然后在遍历语句中进行判断；最后通过 location.href 跳转页面。代码如下：

```
function SecondMyMysicList(namevalue) {
    var temp = "";
    var list = document.getElementsByName(namevalue);   //获取所有指定的名称
    for (var i=0; i<list.length; i++) {                  //遍历集合对象
        if (list[i].checked) {                           //如果当前项选中
            temp += list[i].value + ",";
        }
    }
    location.href = "cmp/MusicPlayer_Page.aspx?MusicID=" + temp;//跳转页面
}
```

(2)　通过 getElementById()方法来实现

通过 getElementById()方法获取指定 ID 的表单；然后获取表单下指定名称(这里全部指定为 music)的复选框，并且对这些复选框进行遍历；遍历完毕后跳转页面。相关的实现代码如下：

```
function BoFangListsS(name) {
    var addlist_form = document.getElementById(name); //获取指定 ID 的表单
    var temp = "";
    for (var i=0; i<addlist_form.musicid.length; i++) {
        //遍历表单下指定名称的复选框
        if (addlist_form.musicid[i].checked) {
            temp += addlist_form.musicid[i].value + ",";
        }
    }
    location.href = "cmp/MusicPlayer_Page.aspx?MusicID=" + temp;
}
```

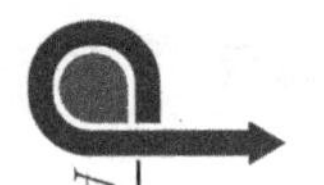

13.6.2　为播放页面添加内容

无论使用以上的哪种方法，都需要跳转到 cmp 目录下的 MusicPlayer_Page.aspx 页面。cmp 目录包含多个文件，其中 plugins 存放一些插件文件；skins 存放皮肤文件；另外，该目录还存放图片、JS 文件和.swf 文件。

1. 前台页面

MusicPlayer_Page.aspx 页面的前台主要通过 JavaScript 脚本控制播放器。实现的主要步骤如下。

(1) 首先向该页面中导入一个脚本文件，内容如下：

```
<script src="cmp.js" type="text/javascript"></script>
```

(2) 向该页面中添加自定义脚本，首先载入一个音乐播放器，指定各个属性的值。相关代码如下：

```
<script type="text/javascript">
    var flashvars = {
        name: "音乐播放器",
        api: "cmp_loaded",
        skin_id: 0,
        auto_play: 0,
        list_delete: 1,
        config: 0,
        lists: "",
        skins: "skins/default.zip",
        context_menu: 2,
        plugins: "plugins/snow.swf",
        snow_num: "2",
        snow_rest: "false",
        skin_id: "1"
    };
    CMP.write("cmp", "100%", "100%", "cmp.swf", flashvars);
    /* 省略其他代码 */
</script>
```

(3) 加载完成后，自动播放来源页面需要添加的列表内容，相关代码如下：

```
var player;
var axml;
function cmp_loaded(key) {
    player = CMP.get("cmp");
    if (player) {
        axml = "<%=getMusicList() %>";
        cmp_play(axml);
    }
}
```

(4) 在上述代码中调用到一个 cmp_play()函数，该函数将歌曲添加到列表，并且播放列表。代码如下：

```
function cmp_play(xml) {
    if (!player) {
        return;
    }
    var config = player.config();          //获取配置
    if (config["state"] == "playing") { //如果状态为正在播放，则先停止播放
        player.sendEvent("view_stop");
    }
    player.list_xml(xml, false);     //写入新的列表
    window.focus();
}
```

(5) 创建 cmp_add()函数，在该函数中生成 XML 列表，并且将歌曲附加到列表。函数代码如下：

```
function cmp_add(ids) {
    if (!player) {
        return;
    }
    var xml = makeListXml(ids);              //生成列表 XML
    player.list_xml(xml);      //附加到列表，第 2 个参数 true 表示往列表最后附加
    window.focus();
}
```

2. 后台代码

歌曲播放仅仅依靠前台的代码是不能够实现的，这时还需要在 MusicPlayer_Page.aspx 页面的后台添加代码。主要步骤如下。

(1) 首先在后台代码中实例化 Model 层和 BLL 层的 CMusic 类，然后声明一个 DataSet 对象。代码如下：

```
Model.CMusic Music = new Model.CMusic();
BLL.CMusic music = new BLL.CMusic();
DataSet ds;
```

(2) 向 Load 事件中添加代码，首先声明两个 string 类型的 List_MusicID 变量和 newList_MusicID 变量；然后判断从上一个页面传递过来的 MusicID 参数的值，并且在判断语句中对它们进行处理；最后调用业务逻辑层的方法进行处理。代码如下：

```
protected void Page_Load(object sender, EventArgs e)
{
    string List_MusicID = "";
    string newList_MusicID = "";
    if (Request.QueryString["MusicID"] == "0") { //如果传递过来的参数 ID 为 0
        newList_MusicID = Session["MusicID"].ToString() + "0";
    } else if (Session["MusicID"].ToString() == "") {   //Session 音乐为空
```

```
            newList_MusicID = Request.QueryString["MusicID"].ToString();
        } else {
            List_MusicID = Session["MusicID"].ToString()
              + Request.QueryString["MusicID"].ToString();
            List_MusicID = List_MusicID.Trim(',');
            string[] newid = List_MusicID.Split(',');
            for (int i=0; i<newid.Length; i++) {     //遍历歌曲
                if (!string.IsNullOrEmpty(newid[i])
                  && Convert.ToInt32(newid[i])>0) {
                    newList_MusicID += newid[i] + ",";
                }
            }
        }
        newList_MusicID = newList_MusicID.Trim(',');
        Music.List_MusicID = newList_MusicID;
        ds = music.Music_Player(Music);
    }
```

(3) 在前台页面的第 3 步中调用了后台的 getMusicList()方法，该方法返回一段 XML 格式的内容。这段内容用于获取播放歌曲文件、歌词和歌名等信息，方法代码如下：

```
public string getMusicList()
{
    string Music_List = "<?xml version='1.0' encoding='UTF-8'?><list>";
    foreach (DataRow dr in ds.Tables[0].Rows) {
        Music_List += "<m type='' src='../" + dr["MusicPath"] + "' lrc='../"
          + dr["LyricPath"] + "' label='" + dr["MusicName"] + "-"
          + dr["SingerName"] + "' />";
    }
    return Music_List += "</list>";
}
```

3．测试页面

所有的代码添加完毕后，运行页面，单击按钮进行查看。例如，在首页中单击“华语推荐”模块下的“全选”按钮，选中 10 首歌曲，效果如图 13-14 所示。

图 13-14　单击“全选”按钮时的效果

如果要查看“反选”按钮的效果，则直接单击“反选”按钮即可查看。选择 10 首歌曲后直接单击“立即播放”按钮，此时的效果如图 13-15 所示。

图 13-15　歌曲播放页面

单击图 13-15 中的按钮进行不同的操作，例如上一首、下一首歌曲的切换、换肤和音量大小的控制等，图 13-16 为换肤后加载播放时的效果。

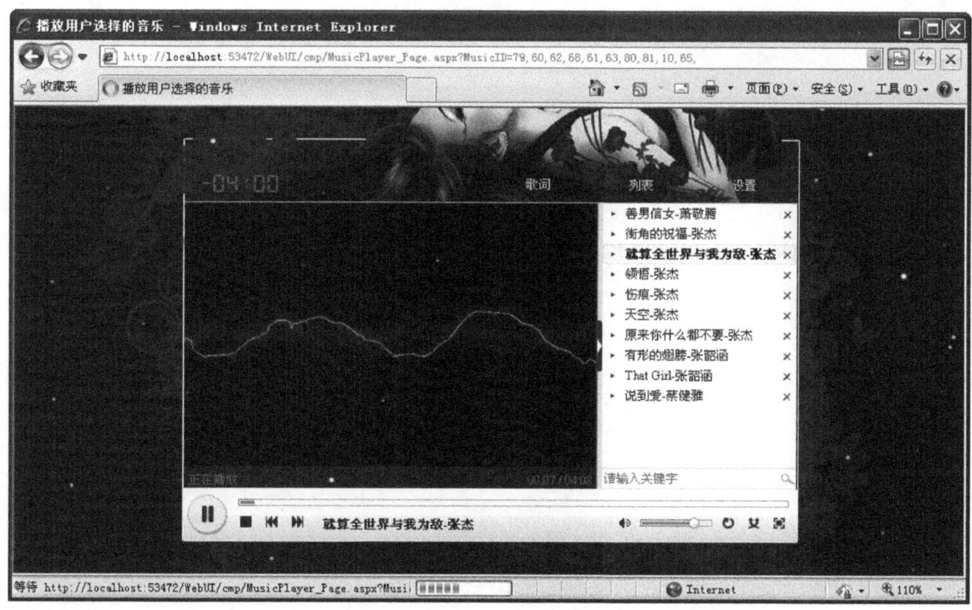

图 13-16　换肤效果

限于篇幅，本章仅针对音乐网站前台中的重要模块和代码进行了讲解。读者如果希望查看完整的实现，可以参考随书提供的源代码。

附录　各章习题参考答案

第 1 章　搭建 ASP.NET 开发环境

1. 填空题

(1) 公共语言运行时
(2) 托管代码
(3) System

2. 选择题

(1) B　　(2) A　　(3) C　　(4) B　　(5) D

第 2 章　Web 服务器控件

1. 填空题

(1) MultiLine
(2) ID
(3) RadioButtonList
(4) Multiple

2. 选择题

(1) D　　(2) B　　(3) C　　(4) A　　(5) C

第 3 章　Web 服务器验证控件

1. 填空题

(1) 服务器端验证
(2) Static
(3) RequiredFieldValidator
(4) MaximumValue

2. 选择题

(1) C　　(2) D　　(3) D　　(4) A　　(5) B　　(6) C

第 4 章　ASP.NET 的内置对象

1. 填空题

(1) Response
(2) UserHostAddress
(3) Redirect()
(4) Page
(5) HtmlEncode()

2. 选择题

(1) C　(2) B　(3) B　(4) D　(5) A　(6) C

第 5 章　用户控件

1. 填空题

(1) 用户控件
(2) @Control
(3) UserControl
(4) Src

2. 选择题

(1) A　(2) C　(3) D　(4) A

第 6 章　导航控件和母版页

1. 填空题

(1) Menu
(2) TreeNode
(3) DataPath
(4) 栏式结构布局
(5) sitemap

2. 选择题

(1) D　(2) B　(3) B　(4) A　(5) C
(6) C　(7) A

第 7 章 数据库操作对象

1. 填空题

(1) .NET 框架数据提供程序

(2) open() close()

(3) StoredProcdure

(4) reader.Read()

2. 选择题

(1) D (2) A (3) C (4) A (5) B (6) D

(7) A (8) C

第 8 章 数据列表显示控件

1. 填空题

(1) <%= %>

(2) Bind()

(3) ItemDataBound

(4) RepeatColumns

(5) AllowPaging

(6) #

2. 选择题

(1) B (2) D (3) C (4) B (5) D

(6) A (7) C

第 9 章 第三方控件和模块处理

1. 填空题

(1) Webvalidates.dll

(2) PageChanging

(3) UrlRewritePattern

(4) HTTP 处理程序

2. 选择题

(1) C (2) B (3) D (4) A (5) D

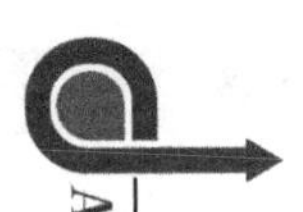

第 10 章 处理目录和文件的常用类

1. 填空题

(1) BinaryWriter

(2) Directory

(3) Directory.GetDirectories(path)

(4) Create()

2. 选择题

(1) D (2) B (3) C (4) C (5) B

(6) A (7) D

第 11 章 用 DOM 对象处理 XML 数据

1. 填空题

(1) eXtensible Markup Language

(2) version

(3) System.Xml

(4) XmlDocumentType

(5) CanReadBinaryContent

2. 选择题

(1) B (2) A (3) B (4) C (5) D

(6) A (7) A

第 12 章 配置文件和网站部署

1. 填空题

(1) value

(2) Windows

(3) Internet Information Services

(4) /e

2. 选择题

(1) C (2) B (3) D (4) C (5) B (6) A

参 考 文 献

1. Imar Spaanjaars. 刘楠，陈晓宇译. ASP.NET 4.5 入门经典(第 7 版). 北京：清华大学出版社，2013
2. 赛奎春，顾彦玲. ASP.NET 项目开发全程实录. 北京：清华大学出版社，2013
3. 徐雷，徐扬. ASP.NET MVC 4 Web 编程. 武汉：华中科技大学出版社，2013
4. 明日科技. ASP.NET 从入门到精通. 北京：清华大学出版社，2012
5. 明日科技. ASP.NET 项目开发案例全程实录. 北京：清华大学出版社，2011
6. Scott Millett. 杨明军译. ASP.NET 设计. 北京：清华大学出版社，2011
7. 郝冠军. ASP.NET 本质论. 北京：机械工业出版社，2011